T0222289

Masterclass

Die Buchreihe „Masterclass" richtet sich primär an fortgeschrittene Studierende der Mathematik und ihrer Anwendungen ab dem Bachelor. Anspruchsvollere Themen, wie man sie im Masterstudium entdecken oder vertiefen würde, werden hierbei verständlich und mit Blick auf mathematisch vorgebildete Studierende aufbereitet. Die Bände dieser Reihe eignen sich hervorragend als Einführung in neue mathematische Fragestellungen und als Begleittext zu Vorlesungen oder Seminaren, aber auch zum Selbststudium.

Weitere Bände in der Reihe http://www.springer.com/series/8645

Ludger Rüschendorf

Stochastische Prozesse und Finanzmathematik

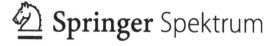 Springer Spektrum

Ludger Rüschendorf
Abteilung für Mathematische Stochastik
Albert-Ludwigs-Universität Freiburg
Freiburg, Deutschland

Masterclass
ISBN 978-3-662-61972-8   ISBN 978-3-662-61973-5   (eBook)
https://doi.org/10.1007/978-3-662-61973-5

Die Deutsche Nationalbibliothek verzeichnet diese Publikation in der Deutschen Nationalbibliografie;
detaillierte bibliografische Daten sind im Internet über http://dnb.d-nb.de abrufbar.

Planung/Lektorat: Iris Ruhmann
Springer Spektrum ist ein Imprint der eingetragenen Gesellschaft Springer-Verlag GmbH, DE und ist
ein Teil von Springer Nature.
Die Anschrift der Gesellschaft ist: Heidelberger Platz 3, 14197 Berlin, Germany

Einleitung

Das vorliegende Buch gibt eine Einführung in neuere Themengebiete der stochastischen Prozesse und stochastischen Analysis und verbindet diese mit einer Einführung in Grundlagen der Finanzmathematik. Durch eine gezielte Auswahl an Themen und eine motivierende (nicht technisch elaborierte) Darstellung ermöglicht es, einen Einblick in die grundlegenden Entwicklungen, Ideen und Modelle stochastischer Prozesse und stochastischer Analysis und deren Bedeutung für ein Verständnis der Fragestellungen und Konzepte der Finanzmathematik gewinnen. Im Unterschied zu anderen Textbüchern wird nicht auf eine stark reduzierte Darstellung des Themas (z. B. im Rahmen diskreter Zeitmodelle) zurückgegriffen.

Das Buch ist insbesondere geeignet als Grundlage oder Begleittext einer weiterführenden vierstündigen Vorlesung zu diesen Themen im Hauptstudium Mathematik. Angestrebt ist eine Darstellung der besonders interessanten Entwicklungen und Ideen in einem für eine Vorlesung passendem Umfang. Mit seiner motivierenden Darstellungsform und sprachlichen Gestaltung richtet es sich insbesondere an Studierende und bietet eine Fülle von anschaulichen Beispielen und Anwendungen. Es ist daher nicht nur besonders gut zum Selbststudium geeignet, sondern dürfte auch für Interessierte und Dozenten manche interessante Ergänzung bieten.

Voraussetzung des Buches sind gute Kenntnisse einer weiterführenden Wahrscheinlichkeitstheorie-Veranstaltung insbesondere von zeitdiskreten Prozessen (Martingale, Markov-Ketten) sowie einführend zeitstetige Prozesse (Brownsche Bewegung, Poisson-Prozess, Lévy-Prozesse, Prozesse mit unabhängigen Zuwächsen und Markovprozesse) wie sie in vielen existierenden guten Darstellungen der Wahrscheinlichkeitstheorie vermittelt werden; für deren Umfang vgl. Rüschendorf (2016).

In Kap. 1 wird in nicht-technischer Weise eine Einführung in die Grundprinzipien der Theorie arbitragefreier Preise, des Hedging-Prinzips und des risikoneutralen Preismaßes gegeben, die von der Binomialpreisformel durch Approximation auf die Black-Scholes-Formel führt. Das dazu notwendige Bindeglied von Prozessen in diskreter Zeit (Binomialmodell) zu solchen in stetiger Zeit (Black-Scholes-Modell) wird durch Approximationssätze für stochastische Prozesse wie etwa durch das fundamentale Donsker-Theorem und den zugehörigen Skorohodschen Einbettungssatz in Kap. 2 gegeben. Sätze dieses Typs erlauben eine Interpretation der stetigen Finanzmarktmodelle mit Hilfe von einfachen diskreten Modellen wie z. B. dem Cox-Ross-Rubinstein-Modell.

Der erste Hauptteil des Buches in Kap. 3 ist der Einführung des stochastischen Integrals (Itô-Integral) und der zugehörigen Theorie der Martingale und Semimartingale gewidmet. K. Itô hatte in mehreren Arbeiten 1944–1951 dieses Integral für die Brownsche Bewegung eingeführt. Es ist damit möglich – trotz der unendlichen Variation der Pfade der Brownschen Bewegung – Integrationsausdrücken der Form $\int_0^t \varphi_s dB_s$, für einen stochastischen Prozess (φ_s), eine sinnvolle Bedeutung zu geben. Auch hatte Itô erkannt, dass durch die korrespondierenden stochastischen Differentialgleichungen etwa der Form $dX_t = a(t, X_t)\, dt + b(t, X_t) dB_t$ in Analogie zu den gewöhnlichen Differentialgleichungen ein fundamentales Werkzeug gegeben ist, um durch lokale Eigenschaften, in obigem Beispiel den Drift a und die Volatilität b, ein zugehöriges stochastisches Modell zu konstruieren; in obigem Fall einen Diffusionsprozess; vergleiche dazu die Werke von Itô und McKean (1974) und Itô (1984).

Semimartingale sind eine Verallgemeinerung der Klasse der Diffusionsmodelle die durch einen (lokalen) Drift, einen stetigen (lokalen) Diffusionsanteil (Martingalteil) und einen Sprungteil beschrieben werden. Sie bilden eine fundamentale Klasse von Modellen insbesondere von Bedeutung auch für die relevanten Modelle der Finanzmathematik.

Der zweite Hauptteil des Textbuches ist in Kap. 4 der stochastischen Analysis, deren Bedeutung für die Modellbildung und deren Analyse gewidmet. Wesentliche Bausteine sind die partielle Integrationsformel und die Itô-Formel mit zahlreichen Anwendungen z. B. auf Lévy's Charakterisierung der Brownschen Bewegung. Das stochastische Exponential ist Lösung einer fundamentalen stochastischen Differentialgleichung und zeigt seine Bedeutung in der Charakterisierung von äquivalenten Maßwechseln (Satz von Girsanov). Zusammen mit dem Martingaldarstellungssatz (Vollständigkeitssatz) und dem Zerlegungssatz von Kunita-Watanabe bilden diese das Fundament für die arbitragefreie Bepreisungstheorie in der Finanzmathematik im dritten Teil des Textbuches.

Ein ausführlicher Abschnitt in diesem Teil ist den stochastischen Differentialgleichungen gewidmet. Insbesondere wird ein Vergleich der unterschiedlichen Zugänge zu Diffusionsprozessen dargestellt, nämlich 1. des Markovprozess-(Halbgruppen-) Zugangs, 2. des PDE-Zugangs (Kolmogorov-Gleichungen) und 3. des Zugangs durch stochastische Differentialgleichungen (Itô-Theorie). Darüber hinaus wird auch der besonders fruchtbare Zusammenhang von stochastischen und partiellen Differentialgleichungen (Dirichlet-Problem, Cauchy-Problem, Feynman-Kac-Darstellung) ausgeführt.

Kap. 5 führt in die Grundlagen der allgemeinen arbitragefreien Bepreisungstheorie ein. Grundlagen sind das erste und zweite Fundamentaltheorem der Asset Pricing und die zugehörige risikoneutrale Bewertungsformel, die auf der Bewertung mittels äquivalenter Martingalmaße basiert. Für deren Konstruktion erweist sich der Satz von Girsanov als sehr nützlich. Für die Standardoptionen lassen sich damit auf einfache Weise die entsprechenden Preisformeln (Black-Scholes-Formeln) ermitteln. Die Bestimmung der zugehörigen Hedging-Strategien führt im Black-Scholes-Modell (geometrische Brownsche Bewegung) auf eine Klasse von partiellen Differentialgleichungen, den Black-Scholes-Differentialgleichungen, zurückgehend auf die grundlegenden Beiträge von Black und Scholes. Die Verbindung mit dem stochastischem Kalkül geht zurück auf eine Ableitung von Merton in 1969. Dieses führte in der Periode 1979–1983 zur Entwicklung einer allgemeinen Theorie der arbitragefreien Bepreisung für zeitstetige Preisprozesse und der dazu wichtigen Rolle der äquivalenten Martingalmaße durch Harrison, Kreps und Pliska.

Zentrale Themen dieser allgemeinen Theorie sind die Vollständigkeit und Nichtvollständigkeit von Marktmodellen, die Bestimmung zugehöriger arbitragefreier Preisintervalle über die äquivalenten Martingalmaße und der entsprechenden Sub- bzw. Super-Hedging-Strategien (optionaler Zerlegungssatz).

In nichtvollständigen Modellen ist durch das No-Arbitrage Prinzip ein arbitragefreier Preis nicht eindeutig ausgezeichnet. Zur Auswahl eines arbitragefreien Preises müssen daher zusätzliche Kriterien angewendet werden. Kap. 6 gibt eine Einführung zur Bestimmung (bzw. Auswahl) von Optionspreisen über Minimumdistanz-Martingalmaße sowie zum Bepreisen und Hedgen über Nutzenfunktionen. Darüber hinaus wird das Problem der Portfoliooptimierung behandelt. Anhand von exponentiellen Lévy-Modellen werden für eine Reihe von Standard-Nutzenfunktionen diese Verfahren im Detail charakterisiert.

Kap. 7 ist der Bestimmung von optimalen Hedging-Strategien durch das Kriterium der varianz-minimalen Strategie gewidmet. In unvollständigen Marktmodellen ist nicht jeder Claim H hedgebar. Eine natürliche Frage ist daher: Wie gut ist H hedgebar? Die Antwort auf diese Frage beruht auf der Föllmer-Schweizer-Zerlegung, einer Verallgemeinerung der Kunita-Watanabe-Zerlegung, und dem assoziierten minimalen Martingalmaß.

Das vorliegende Textbuch basiert auf Vorlesungen des Autors zu stochastischen Prozessen und Finanzmathematik, wiederholt gehalten über viele Jahre seit etwa Mitte der 1990er Jahre, und auf zugehörigen Mitschriften und Ausarbeitungen von Sascha Frank und Georg Hoerder (2007), Anna Barz (2007) und Janine Kühn (2013). Kap. 6 stützt sich in größeren Teilen auf die Ausarbeitung von Sandrine Gümbel (2015). Ihnen allen sei hiermit herzlich gedankt. Besonderer Dank gilt auch Monika Hattenbach für die Erstellung einiger Teile des Textes sowie für die schon gewohnt vorzüglichen abschließenden Textkorrekturen und die Textgestaltung.

Inhaltsverzeichnis

Optionspreisbestimmung in Modellen in diskreter Zeit

Dieses Kapitel gibt eine Einführung in Grundbegriffe und Grundideen der Optionspreis-bestimmung im Rahmen von Modellen in diskreter Zeit. So lässt sich z.B. auf einfache Weise das grundlegende No-Arbitrage-Prinzip und die sich durch ein geeignetes Hedging-Argument daraus ergebende Festlegung des fairen (arbitragefreien) Preises erläutern. Dieser Zugang erlaubt es mit geringem technischen Aufwand wesentliche Begriffe und Methoden einzuführen und z.B. mittels Approximation die Black-Scholes-Formel herzuleiten.

Sei $(S_t)_{t\geq 0}$ der Preisprozess eines Wertpapiers (stock) das in einem Markt gehandelt wird. Weiter gebe es auf dem Markt eine risikolose, festverzinsliche Anlage $(B_t)_{t\geq 0}$ (bond), die verzinst wird mit dem Zinsfaktor $r \geq 0$. Der Wert des Bonds zur Zeit $t = 0$ ist also $\frac{1}{(1+r)^t}$ des Wertes zur Zeit t:

$$B_0 = \frac{1}{(1+r)^t} \cdot B_t.$$

Gehandelt werden im Markt sowohl Wertpapiere über Basisgüter (z.B. Weizen, Öl, Gold) als auch Derivate, d.h. Kontrakte (Funktionale) über Basisgüter. Zu den Derivaten gehören beispielsweise Forwards, Futures und Optionen wie Puts und Calls.

Forwards und Futures
Darunter versteht man Verträge, die dem Marktteilnehmer das Recht geben, ein Basis- bzw. Finanzgut zu einem Zeitpunkt T in der Zukunft bzw. in einem zukünf-tigen Zeitraum $[T, T']$ zu einem festgelegten Preis K zu kaufen bzw. zu verkaufen. Man unterscheidet zwischen einer

- **long position:** Eingehen eines Kaufvertrages und einer
- **short position:** Eingehen eines Verkaufvertrags

© Der/die Herausgeber bzw. der/die Autor(en), exklusiv lizenziert durch Springer-Verlag GmbH, DE, ein Teil von Springer Nature 2020
L. Rüschendorf, *Stochastische Prozesse und Finanzmathematik,* Masterclass, https://doi.org/10.1007/978-3-662-61973-5_1

Forwards und Futures beinhalten eine Absicherung zu ihrer Erfüllung, d.h. der Marktteilnehmer hat sowohl das Recht als auch die Pflicht zu kaufen bzw. zu verkaufen. Während Futures auf Finanzmärkten gehandelt werden, basieren Forwards auf einer individuellen Absprache der Beteiligten ohne Markteinschaltung.

Optionen, Call, Put
Eine **Call-Option** (kurz: Call) gibt dem Käufer das Recht, ein Finanzgut zu einem zukünftigen Zeitpunkt T zu einem vereinbarten Preis zu kaufen. Der Käufer ist jedoch zur Ausübung des Vertrags nicht verpflichtet. Hingegen sichert eine **Put-Option** (kurz: Put) dem Käufer das Recht zu, ein Finanzgut zu einem Zeitpunkt T zu einem festgelegten Preis zu verkaufen (Abb. 1.1).

Ein **European Call** ist das Recht (aber nicht die Pflicht) ein Wertpapier zur Zeit T zum Preis K zu kaufen. Der Wert eines Europäischen Calls zur Zeit T ist

$$Y = \left(S_T - K\right)_+.$$

Als Alternative gibt es den **American Call.** Dieser sichert dem Käufer das Recht, ein Wertpapier zu einem beliebigen Zeitpunkt τ im Zeitintervall $[0, T]$ zum Preis K zu kaufen. Der Zeitpunkt τ ist von mathematischem Standpunkt aus betrachtet eine Stoppzeit. Ein American Call hat demnach zum Ausführungszeitpunkt den Wert

$$Y = \left(S_\tau - K\right)_+.$$

Ein **Put** bezeichnet das Recht, ein Wertpapier zur Zeit T zu einem festgelegten Preis K zu verkaufen. Der Wert des Puts zur Zeit T ist demnach

$$Y = \left(K - S_T\right)_+.$$

Es stellt sich die Frage: Was ist eine korrekte Prämie für einen Call Y? Die klassische Antwort hierauf ist der erwartete Wert

$$EY = E\left(S_T - K\right)_+$$

Abb. 1.1 European Call,
$Y = (S_T - K)_+$

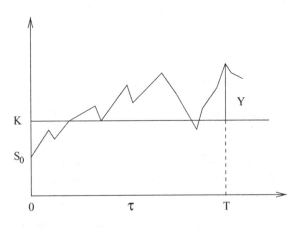

Black und Scholes führten 1973, eine neue überzeugende Methode ein um die Prämie zu berechnen. Im Folgenden wird diese Prämie als *fairer Preis* oder *Black-Scholes-Preis* bezeichnet.

Die Grundidee des Preisprinzips von Black-Scholes lässt sich anhand eines einfachen Preismodells erklären.

Einfaches Preismodell

Sei $S_0 = 100$ der Preis des Wertpapiers zur Zeit $t = 0$. Wir betrachten ein einperiodisches diskretes Modell. Bis zur Zeit $T = 1$ kann der Preis des Wertpapiers mit Wahrscheinlichkeit $p = 0{,}4$ steigen auf $S_1^a = 130$ und mit Wahrscheinlichkeit $p = 0{,}6$ fallen auf $S_1^b = 80$.

$$S_0 = 100 \quad \overset{p=0,4}{\nearrow} \quad 130 \qquad \begin{aligned} &T = 1, r = 0{,}05, K = 110, \\ &Y = (S_1 - K)_+ \end{aligned}$$
$$\underset{1-p=0,6}{\searrow} \quad 80$$

Ein Call sichert dem Käufer das Recht, das Wertpapier zur Zeit $T = 1$ zum Preis (strike) $K = 110$ zu kaufen. Demnach hat der Call zur Zeit $T = 1$ den Wert $Y = (S_1 - K)_+$. Als Alternative gebe es eine risikolose Geldanlage zum Zinssatz $r = 0{,}05$.

Mit der klassischen Bewertung würde man den Preis des Calls zur Zeit $t = 1$ wie folgt bestimmen:

$$E_p Y = 20 \cdot 0{,}4 = 8$$

Demnach ist der Wert des Calls zur Zeit $t = 0$

$$C_0 = \frac{1}{1 + r} \cdot E_p Y = \frac{8}{1{,}05} = 7{,}62.$$

Mit der Formel von Black-Scholes bekommt man eine andere Bewertung: $C_0^{BS} = 9{,}52$. Diese Bewertungsmethode basiert auf der folgenden Überlegung: Man bestimme ein Portfolio aus Anteilen vom Stock und vom Bond, welches zur Zeit $T = 1$ dieselbe Auszahlung generiert wie der Call. Solch ein Portfolio nennt man **duplizierendes Portfolio.** Hat man ein solches duplizierendes Portfolio bestimmt, hat man schon den fairen Preis für die Option gefunden. Beide Instrumente, der Call und das duplizierende Portfolio haben zur Zeit $T = 1$ dieselbe Auszahlung. Sie sollten daher auch denselben Preis haben.

$$\text{Preis des Calls } Y \overset{!}{=} \text{ Preis des duplizierenden Portfolios.}$$

Berechnung eines duplizierenden Portfolios in obigem Beispiel:

Sei π ein Portfolio

$$\pi = (\Delta, B),$$

wobei Δ die Stock-Anteile und B die Bond-Anteile bezeichnen. Wähle speziell

$$\Delta = 0{,}4 \text{ und } B = -30{,}48$$

Die Größe B ist hier negativ und bezeichnet damit einen Kredit. Der Preis des Portfolios zur Zeit $t = 0$ ist in dem Beispiel einfach zu berechnen:

$$V_0(\pi) = \Delta \cdot 100 + B = 40 - 30{,}48 = 9{,}52.$$

Der Wert des Portfolios zur Zeit $T = 1$ ist:

$$V_1(\pi) = \Delta \cdot S_1 + B \cdot (1 + r)$$

$$= \begin{cases} 0{,}4 \cdot 130 - 30{,}48 \cdot 1{,}05, & S_1 = 130 \\ 0{,}4 \cdot \ 80 - 30{,}48 \cdot 1{,}05, & S_1 = \ 80 \end{cases}$$

$$= \begin{cases} 20, & S_1 = 130 \\ 0, & S_1 = \ 80 \end{cases}$$

$$= Y$$

Das Portfolio generiert dieselbe Auszahlung wie der Call Y zur Zeit $T = 1$, d. h. das Portfolio dupliziert den Call Y. Damit ist der *faire Preis* des Calls zur Zeit $t = 0$ gleich dem Preis des Portfolios: $C_0^{BS} = 9{,}52$.

Wenn man den Preis des Calls anders setzen würde, dann wäre ein risikoloser Gewinn (arbitrage) möglich. Diese faire Preisfestsetzung basiert also auf dem *No-Arbitrage-Prinzip*:

> In einem realen Marktmodell ist kein risikoloser Gewinn möglich;
>
> NFLVR = No free lunch with vanishing risk

Dieses Prinzip impliziert, dass zwei Marktinstrumente mit gleicher Auszahlung auch denselben Preis haben.

Allgemeine diskrete Modelle für Wertpapiere:
Beschreibe $S_n = (S_n^0, S_n^1, \ldots, S_n^d)$ die Entwicklung von d Aktienpapieren; S_n^i bezeichne den Preis der i-ten Aktie zur Zeit n, $S_n^0 = (1 + r)^n$.

Die Dimension d des Wertpapierbestandes einer Großbank kann recht groß sein, z. B. bei der Deutschen Bank $d \approx 500.000$.

Einige grundlegende Begriffe für die Beschreibung des Wertpapierhandels sind im Folgenden zusammengestellt.

Ein **Portfolio** beschreibt die Anteile der verschiedenen Wertpapiere im Bestand.

Eine **Handelsstrategie** $\Phi = (\Phi_n) = \big((\Phi_n^0, \ldots, \Phi_n^d)\big)$ beschreibt die Entwicklung des Portfolios: $\Phi_n^i \sim \sharp$ Anteile vom Wertpapier Nr. i zur Zeit n.

Der **Wert** des Portfolios zur Zeit n ist

$$V_n(\Phi) = \Phi_n \cdot S_n = \sum_{i=0}^{d} \Phi_n^i \, S_n^i. \tag{1.1}$$

Φ heißt **selbstfinanzierend,** wenn

$$\Phi_n \cdot S_n = \Phi_{n+1} \cdot S_n. \tag{1.2}$$

Veränderungen des Portfolios ergeben sich nur durch Umschichtung. Kein zusätzliches Kapital wird für die Veränderung benötigt. Es findet keine Wertentnahme statt. Der Wertzuwachs beträgt $\Delta V_n(\Phi) = V_{n+1}(\Phi) - V_n(\Phi) = \Phi_{n+1} \cdot \Delta S_n$.
Das No-Arbitrage-Prinzip impliziert: Es gibt keine **Arbitrage-Strategie** Φ d.h., es gibt keine Strategie Φ so dass

$$V_0(\Phi) = 0, \ V_n(\Phi) \geq 0 \text{ und } P\big(V_n(\Phi) > 0\big) > 0, \tag{1.3}$$

äquivalent dazu ist:

$$V_0(\Phi) \leq 0, \ V_n(\Phi) \geq 0 \text{ und } P\big(V_n(\Phi) > 0\big) > 0.$$

Cox-Ross-Rubinstein-Modell
Ein einfaches und grundlegendes Modell für die Preisentwicklung in diskreter Zeit ist das Cox-Ross-Rubinstein-Modell. Dieses beschreibt die zeitliche Entwicklung des Preises eines Wertpapiers durch eine Unterteilung des Zeitintervalls $[0, T]$ in n Teilintervalle der Länge h, $T = nh$.
    Das CRR-Modell beruht auf folgender Annahme für die Preisentwicklung in den Teilintervallen (Abb. 1.2).

Annahme
A Die Preisentwicklung in einem Schritt ist konstant.

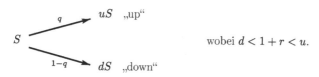

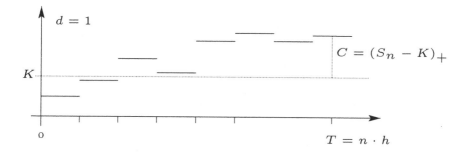

Abb. 1.2 Cox-Ross-Rubinstein-Modell für $d = 1$

Der Preis S_k nach k Teilschritten ist also von der Form $u^\ell d^{k-\ell} S_0$. Die Parameter dieses Modells sind u, d, q, n. Die grundlegende Frage ist: „Was ist der Wert eines Calls $Y := (S_n - K)_+$? "

Zur Beantwortung dieser Frage betrachten wir zunächst die Entwicklung des Wertes C in einer Periode.

1. Schritt: Wertentwicklung einer Periode

$$C \begin{array}{c} \overset{q}{\nearrow} \quad C_u = (uS - K)_+ \\ \\ \underset{1-q}{\searrow} \quad C_d = (dS - K)_+ \end{array}$$

Zur Bestimmung von C wird das hedging-Portfolio $\pi = (\Delta, B)$ (mit Δ: Stocks, B: Bonds) so gewählt, dass die Auszahlung am Ende der Periode identisch ist mit der des Calls. Die Wertentwicklung des Portfolios $\pi = (\Delta, B)$ in einer Periode ist wie folgt:

$$\Delta S + B \begin{array}{c} \overset{q}{\nearrow} \quad \Delta uS + (1+r)B \overset{!}{=} C_u \\ \\ \underset{1-q}{\searrow} \quad \Delta dS + (1+r)B \overset{!}{=} C_d \end{array}$$

Wert vom hedging-   Wert am Ende der Periode
Portfolio $\pi, t = 0$

Aus der postulierten Gleichheit der Auszahlung ergibt sich für das hedging-Portfolio eine eindeutige Lösung, das hedging-Portfolio (Δ, B) mit

$$\Delta = \frac{C_u - C_d}{(u-d)S}, \qquad B = \frac{uC_d - dC_u}{(u-d)(1+r)} \tag{1.4}$$

Aus dem No-Arbitrage-Prinzip folgt damit für den *fairen Preis* C des Calls:

$$\begin{aligned}
C &\overset{!}{=} \Delta S + B \\
&= \frac{C_u - C_d}{(u-d)} + \frac{uC_d - dC_u}{(u-d)(1+r)} \\
&= \left(\underbrace{\left(\frac{1+r-d}{u-d} \right)}_{=:p^*} C_u + \underbrace{\left(\frac{u - (1+r)}{u-d} \right)}_{=:1-p^*} C_d \right) \Big/ (1+r) \\
&= \left(p^* C_u + (1 - p^*)C_d \right)/(1+r) \\
&= E_{p^*} \frac{1}{1+r} Y, \qquad Y = Y_1, d = 1.
\end{aligned} \tag{1.5}$$

$P^* = (p^*, 1 - p^*)$ heißt **risikoneutrales Maß** oder auch Gleichgewichtsmaß.

Die Wertentwicklung des Preisprozesses in einer Periode bezüglich dem risiko-neutralen Maß P^* ist, mit $S_0 = S$

$$E_{P^*} S_1 = p^* u S + (1 - p^*) \, dS = \frac{1 + r - d}{u - d} u S + \frac{u - (1 + r)}{u - d} \, dS$$
$$= (1 + r) S.$$

Hierzu äquivalent ist:

$$E_{P^*} \frac{1}{1 + r} S_1 = S_0 = S. \tag{1.6}$$

Bezüglich dem risikoneutralem Maß P^* ist der erwartete diskontierte Wert von S_1 gleich dem von S_0 (Gleichgewicht). Gl. (1.6) besagt, dass der diskontierte Preispro-zess $\left(S_0, \frac{S_1}{1+r} \right)$ bzgl. P^* ein Martingal ist.

Wir halten zwei Besonderheiten dieses Prozesses fest:

a) Entwicklung des Preisprozesses:

Mit $p^* = \frac{(1+r)-d}{u-d}$ gilt: $p^* u S + (1 - p^*) d S = (1 + r) S$

$$S_0 \longrightarrow S_1$$

b) Der *faire Preis* $C = E_{P^*} \frac{1}{1+r} S_1$ ist unabhängig vom zugrunde liegenden *objekti-ven* Preismodell!
Der Wert des Calls zur Zeit $t = 0$ ist gleich dem erwarteten Wert des diskontierten Calls bzgl. dem risikoneutralen Maß.

2. Schritt: Zweiperioden-Modell
Im Zweiperioden-Modell sieht die Entwicklung des Preisprozesses $S_0 \to S_1 \to S_2$ und die zugehörige Entwicklung des Werteprozesses $C = C_0 \to C_1 \to C_2$ wie folgt aus:

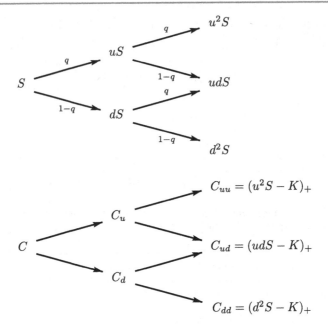

Den Wert C erhält man durch Rückwärtsinduktion durch iterierte Anwendung des ersten Teilschritts. C_u ergibt sich aus C_{uu}, C_{ud}.

$$C_u = \frac{1}{1+r}(p^* C_{uu} + (1-p^*)C_{ud})$$

C_d erhält man aus C_{ud}, C_{dd}
   Dann ergibt sich der Wert C zur Zeit $t = 0$ aus C_u, C_d

$$C_d = \frac{1}{1+r}(p^* C_{ud} + (1-p^*)C_{dd})$$

Allgemeiner ergibt sich analog durch Rückwärtsinduktion der Wert $C = C_n$ des Calls für n Perioden. Als Resultat folgt hieraus die **Binomialpreisformel**

$$C_n = \frac{1}{(1+r)^n} \sum_{j=0}^{n} \binom{n}{j}(p^*)^j (1-p^*)^{n-j} \big(\underbrace{u^j \, d^{n-j} \, S}_{=S_n} - K \big)_+ \qquad (1.7)$$

$$= E_{p^*} \frac{1}{(1+r)^n}(S_n - K)_+$$

Dabei ist $P^* = (p^*, 1-p^*)$ das risikoneutrale Maß:

$$p^* u + (1-p^*)d = 1 + r.$$

Der Wert des Calls $Y = (S_n - K)_+$ ist also gegeben als erwarteter diskontierter Wert vom Call bezüglich des risikoneutralen Maßes P^*. Die Wahrscheinlichkeiten für $P(S_n = u^j d^{n-j} S)$ sind gerade die Binomialwahrscheinlichkeiten. Die Preisentwicklung ist multiplikativ mit den Faktoren u, d.

Die Binomialpreisformel lässt sich durch logarithmische Transformation auch umschreiben in die Form

$$C_n = S\,\Phi_n(a, p') - K(1+r)^{-n}\Phi_n(a, p^*).$$

Dabei sind $p^* = \dfrac{1+r-d}{u-d}$, $\quad p' = \dfrac{u}{1+r}p^*$, $\quad a = \left[\left(\log\dfrac{K}{S\,d^n}\right)\Big/\left(\log\dfrac{u}{d}\right)\right]_+$ und

$$\Phi_n(a, p) := P(X_{n,p} \ge a), \qquad X_{n,p} \sim \mathcal{B}(n, p).$$

Der Übergang zum additiven Binomialmodell lässt sich wie folgt beschreiben. Es ist

$$\log\frac{S_n}{S} = \sum_{k=1}^{n} X_{n,k}$$

mit $X_{n,k} = \xi_{n,k}U + (1-\xi_{n,k})D$, wobei $U = \log\frac{u}{1+r} > 0 > D = \log\frac{d}{1+r}$, $(\xi_{n,k})_k$ eine i.i.d. $\mathcal{B}(1, p^*)$ verteilte Folge. (S_n) ist also ein *exponentielles Preismodell*.

$$S_n = S e^{\sum_{k=1}^{n} X_{n,k}} \tag{1.8}$$

mit einer Summe von i. i. d. Termen als Exponenten.

Als Resultat haben wir eine explizite Werteformel mit Hilfe der Binomialverteilung. Durch geeignete Wahl der Parameter u, d erhalten wir damit aus dem zentralen Grenzwertsatz eine Approximation der Werteformel durch die Normalverteilung.

Seien: $u = u_n = e^{\sigma\sqrt{\frac{t}{n}}}, d = d_n = e^{-\sigma\sqrt{\frac{t}{n}}}, h = \frac{t}{n}$. Dann folgt: $p^* \sim \frac{1}{2} + \frac{1}{2}\frac{\mu}{\sigma}\sqrt{\frac{t}{n}}$ und es gilt:

$$C_n \to C \tag{1.9}$$

mit

$$C = S\,\Phi(x) - K(1+r)^{-t}\,\Phi\left(x - \sigma\sqrt{t}\right) \tag{1.10}$$

$$x = \frac{\log(S/K(1+r)^t)}{\sigma\sqrt{t}} + \frac{1}{2}\sigma\sqrt{t}.$$

Dieses ist die berühmte **Black-Scholes-Formel.** Sie beschreibt also approximativ die arbitragefreie Bewertung eines Calls in einem Binomialmodell (Cox-Ross-Rubinstein-Modell). Das additive Binomialmodell (als stochastischer Prozess) lässt sich durch die Brownsche Bewegung approximieren (siehe das Donsker-Theorem in Kap. 3). Daher ist es naheliegend zu vermuten, dass die obige Preisformel (Black-Scholes-Formel) sich auch durch eine geeignete Herleitung des Preises eines Calls im analogen Modell in stetiger Zeit (Black-Scholes-Modell) ergeben wird. Dieses Modell in stetiger Zeit ist eine exponentielle Brownsche Bewegung (geometrische Brownsche Bewegung).

Analoge Preisformeln in allgemeinen Modellen in stetiger Zeit (wie z. B. exponentielle stabile Verteilungen, Weibull-Verteilungen oder hyperbolische Verteilungen) durch Approximation mit Cox-Ross-Rubinstein-Modellen finden sich in Rachev und Rüschendorf (1994).

Skorohodscher Einbettungssatz und Donsker-Theorem

2

Thema dieses Kapitels ist eine Beschreibung der Wechselwirkung von zeitdiskreten und zeitstetigen Modellen. Funktionale von zeitdiskreten Summenprozessen können approximativ durch Funktionale eines zeitstetigen Limesprozesses beschrieben werden. Umgekehrt lassen sich Funktionale des Limesprozesses durch solche von zeitdiskreten Prozessen simulieren. Durch diesen Zusammenhang lassen sich mittels einfacher Gesetzmäßigkeiten im diskreten Modell geeignete zeitstetige Modelle und deren Gesetzmäßigkeiten mittels Approximation begründen. Ein besonders wichtiges Beispiel für diesen Zusammenhang ist das Donsker-Theorem und der hiermit eng verknüpfte Skorohodsche Einbettungssatz. Hiermit lässt sich dann aus dem einfachen Binomialmmodell (oder allgemeiner dem Cox-Ross-Rubinstein-Modell) approximativ eine geometrische Brownsche Bewegung (oder allgemeiner ein exponentieller Lévy-Prozess als geeignetes zeitstetiges Limesmodell motivieren.

2.1   Skorohodscher Einbettungssatz

Wir betrachten eine i. i. d. Folge von reellen Zufallsvariablen (X_i) mit $E X_i = 0$ und $E X_i^2 = 1$ und mit Partialsummen $S_n := \sum_{i=1}^{n} X_i$.

Durch lineare Interpolation entsteht aus der Partialsummenfolge eine stetige Funktion (siehe Abb. 2.1). Man kann die Funktion auch ab einem festen Zeitpunkt n konstant setzen. Anschließend wird die Kurve reskaliert, indem man sie in der zeitlichen Dimension linear interpoliert und mit dem Faktor $\frac{1}{n}$ auf das Intervall $[0, 1]$ reskaliert und in der räumlichen Dimension mit dem Faktor $\frac{1}{\sqrt{n}}$ staucht. Wir erhalten die zufällige Funktion $\left(S_t^{(n)}\right)$, mit $t \in [0, 1]$. Die Aussage des Donsker-Theorems ist, dass der Prozess $\left(S_t^{(n)}\right)$ auf dem Einheitsintervall gegen die Brownsche Bewegung konvergiert:

$$\left(S_t^{(n)}\right)_{0 \leq t \leq 1} \xrightarrow{\mathcal{D}} \left(B_t\right)_{0 \leq t \leq 1}.$$

© Der/die Herausgeber bzw. der/die Autor(en), exklusiv lizenziert durch Springer-Verlag GmbH, DE, ein Teil von Springer Nature 2020
L. Rüschendorf, *Stochastische Prozesse und Finanzmathematik*, Masterclass, https://doi.org/10.1007/978-3-662-61973-5_2

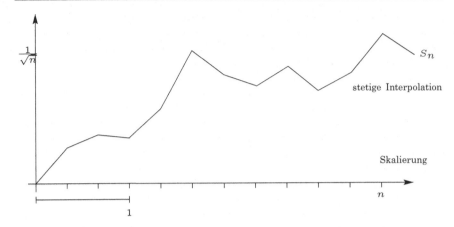

Abb. 2.1 Simulation Brownsche Bewegung

Die Konvergenz in Verteilung eines stochastischen Prozesses wird im Folgenden genauer erklärt. Der Prozess $(S_t^{(n)})$ wird in den folgenden zwei Schritten eingeführt:

1) stetige Interpolation
2) Skalierung in der zeitlichen und räumlichen Dimension

$(S_t^{(n)})$ spiegelt die ganze Partialsummenfolge $\left(\frac{S_k}{\sqrt{n}}\right)$ wider. Mit Hilfe des Donsker-Theorems kann man das Verhalten von Funktionalen von Partialsummen approximativ durch das Verhalten von Funktionalen der Brownschen Bewegung erklären. Das Modell der Brownschen Bewegung hat den Vorteil, dass es analytisch gut handhabbar ist. Wegen des obigen Zusammenhangs ist die Brownsche Bewegung ein universelles Modell, mit dem man das Verhalten von Funktionalen des Partialsummenprozesses approximativ beschreiben kann. Insbesondere erhält man als Konsequenz aus dieser Approximation das starke Gesetz großer Zahlen, den zentralen Grenzwertsatz und das Gesetz vom iterierten Logarithmus.

In umgekehrter Richtung liefert das Donsker-Theorem eine Standardmethode zur Simulation der Brownschen Bewegung durch die skalierten Partialsummenfolgen. Diese Methode wird bei vielen Simulationsprogrammen verwendet.

Stetige Prozesse induzieren Maße auf dem Raum der stetigen Funktionen. Man kann diese mit Hilfe einer allgemeinen Theorie der Verteilungskonvergenz für Funktionenräume behandeln. Es gibt jedoch auch einen anderen Weg um solche Approximationssätze auf einfache Weise zu erhalten. Dieser basiert auf der Skorohod-Darstellung (bzw. -Einbettung).

Satz 2.1 (Skorohod-Darstellung) *Sei X eine reelle Zufallsvariable mit $EX = 0$ und endlichem zweiten Moment $EX^2 < \infty$ und sei $B = (B_t)$ eine Brownsche Bewegung mit Start in Null, $P = P_0$. Dann existiert eine Stoppzeit τ, so dass*

$$B_\tau \stackrel{d}{=} X \quad und \quad E\tau = EX^2. \tag{2.1}$$

Der erste Punkt ist trivial zu erreichen, denn $\lim \sup B_t = \infty$, bzw. $\lim \inf B_t = -\infty$. Deshalb wird jeder Wert erreicht durch die Stoppzeit τ: Stoppe B_t wenn $X(\omega)$ erreicht wird. Dann gilt $B_\tau = X$. Damit ist die Zufallsvariable X reproduziert. Im allgemeinen ist jedoch $E\tau$ für die obige Stoppzeit nicht endlich.

Wir konstruieren im folgenden Beweis eine *erweiterte Stoppzeit* mit der Eigenschaft (2.1).

Beweis

1) **erster Fall**

Zu zwei Zahlen a und b mit $a < 0 < b$ definieren wir das Zweipunktmaß

$$\mu_{a,b}(\{a\}) := \frac{b}{b-a} \quad \text{und} \quad \mu_{a,b}(\{b\}) := \frac{-a}{b-a}.$$

Weiter sei $\mu_{0,0}(\{0\}) = 1$. Wir nehmen im ersten Fall an, dass die Verteilung von X das obige Zweipunktmaß ist:

$$Q := P^X = \mu_{a,b}.$$

Die Wahrscheinlichkeiten sind so gewählt, dass

$$EX = 0 \quad \text{und} \quad EX^2 = a^2 \frac{b}{b-a} - b^2 \frac{a}{b-a} = -ab.$$

Wir definieren

$$\tau := \inf\{t \geq 0 : B_t \notin (a,b)\} = \tau_{a,b},$$

d. h. wir stoppen wenn eine der Grenzen a oder b erreicht wird. Mit der Waldschen Gleichung folgt:

$$B_\tau \overset{d}{=} X, \, E\tau = -ab = EB_\tau^2 = EX^2,$$

d. h. mit den Eigenschaften der Brownschen Bewegung bekommen wir für den ersten Fall eine Lösung durch eine geeignete zweiseitige Stoppzeit.

2) **allgemeiner Fall**

Im allgemeinen Fall ist die Verteilung von X ein beliebiges Wahrscheinlichkeitsmaß:

$$Q = P^X \in M^1(\mathbb{R}^1, \mathcal{B}^1) \quad \text{mit} \quad EX = 0 = \int_{-\infty}^{\infty} x \, dQ(x).$$

Wir führen diesen Fall wie folgt auf den ersten Fall zurück. Sei

$$c := \int_{-\infty}^{0} (-u) \, dQ(u) = \int_{0}^{\infty} v \, dQ(v).$$

Q lässt sich dann als Mischung von Zweipunktmaßen $\mu_{a,b}$ darstellen. Zum Beweis sei $\varphi \in \mathcal{L}_b$ eine beschränkte, messbare Funktion mit $\varphi(0) = 0$, dann gilt:

$$c \int \varphi \, dQ = \int_0^\infty \varphi(v) \, dQ(v) \int_{-\infty}^0 (-u) \, dQ(u) + \int_{-\infty}^0 \varphi(u) \, dQ(u) \int_0^\infty v \, dQ(v)$$

$$= \int_0^\infty dQ(v) \int_{-\infty}^0 dQ(u) \big(v\varphi(u) - u\varphi(v) \big).$$

Damit folgt die Mischungsdarstellung von Q

$$E\varphi(X) = \int \varphi \, dQ \qquad (2.2)$$

$$= \frac{1}{c} \int_0^\infty dQ(v) \int_{-\infty}^0 dQ(u)(v - u) \underbrace{\left(\frac{v}{v - u} \varphi(u) + \frac{-u}{v - u} \varphi(v) \right)}_{= \int \varphi \, d\mu_{u,v}}$$

als Mischung der Zweipunktmaße $\mu_{u,v}$

$$\mu_{u,v}(\{u\}) := \frac{v}{v - u} \quad \text{und} \quad \mu_{u,v}(\{v\}) := \frac{-u}{v - u}.$$

Dazu sei ν das Maß auf $\mathbb{R}_+ \times \mathbb{R}_-$ definiert durch

$$\nu(\{0, 0\}) := Q(\{0\}) \quad \text{und für eine Teilmenge } A \text{ der Ebene mit } (0, 0) \notin A$$

sei $\nu(A) := \frac{1}{c} \int \int_A (v - u) \, dQ(u) \, dQ(v)$. Dann ist (mit $\varphi \equiv 1$) $1 = \int 1 \, dQ \overset{(2.2)}{=} \nu(\mathbb{R}_+ \times \mathbb{R}_-)$; also ist ν ein Wahrscheinlichkeitsmaß.

Formel (2.2) kann man auch wie folgt lesen: Seien (U, V) zwei Zufallsvariablen auf einem geeigneten Wahrscheinlichkeitsraum $(\Omega, \mathcal{A}, P)$ unabhängig von der Brownschen Bewegung $B = (B_t)$, so, dass $P^{(U,V)} = \nu$. Wegen (2.2) gilt dann mit $\varphi = (\varphi - \varphi(0)) + \varphi(0)$

$$\int \varphi \, dQ = E \int \varphi(x) \, d\mu_{U,V}(x), \quad \varphi \in \mathcal{L}_b. \qquad (2.3)$$

Jede Verteilung mit Erwartungswert Null kann man also darstellen als Mischung von Zweipunktmaßen $\mu_{a,b}$.

$\tau_{U,V}$ ist i.A. keine Stoppzeit bezüglich der von der Brownschen Bewegung erzeugten σ-Algebra $\mathcal{A}^B$. Es ist aber eine Stoppzeit bezüglich der vergrößerten σ-Algebra $\mathcal{A}_t := \sigma(B_s, s \leq t, U, V)$. Man nennt deshalb $\tau_{U,V}$ erweiterte Stoppzeit. Mit $\tau_{U,V}$ erhält man die Behauptung. Es gilt:

$$B_{\tau_{u,v}} \overset{d}{=} \mu_{u,v}. \qquad (2.4)$$

Wegen der Unabhängigkeit von (U, V) von der Brownschen Bewegung B folgt wegen (2.3):

$$B_{\tau_{U,V}} \stackrel{d}{=} \mu_{U,V} \stackrel{d}{=} X.$$

Wegen $P^X = Q$ folgt: Die Brownsche Bewegung, gestoppt mit $\tau_{U,V}$ liefert die Verteilung Q. Weiter folgt nach dem ersten Beweisschritt

$$E\tau_{U,V} = EE(\tau_{U,V} \mid U = u, V = v) = EE\tau_{u,v} \stackrel{(2.4)}{=} EB^2_{\tau_{u,v}} = EX^2. \qquad \square$$

Bemerkung 2.2 *Die Konstruktion einer (nicht erweiterten) Stoppzeit geht auf Azema und Yor (1979) zurück. Der aufwendigere Beweis ist etwa in Rogers und Williams (2000, S. 426–430) oder in Klenke (2006, S. 482–485) nachzulesen.*

Zufallsvariablen kann man also reproduzieren, indem man die Brownsche Bewegung zu geeigneten Zeitpunkten stoppt. Dieses Verfahren kann man auch für ganze Folgen von Zufallsvariablen durchführen.

Satz 2.3 (Skorohodscher Einbettungssatz) *Sei (X_i) eine i.i.d. Folge mit $P^{X_i} = \mu$, $EX_i = 0$, und endlichem zweiten Moment, $EX_1^2 < \infty$. Dann existiert eine Folge von identisch verteilten Zufallsvariablen $(\tau_n)_{n \geq 0}$ mit $E\tau_n = EX_1^2$, so dass die Partialsummenfolge (T_n) mit $T_0 := 0$ und $T_n := \sum_{i=1}^n \tau_i$ eine aufsteigende Folge von Stoppzeiten bezüglich der Brownschen Bewegung ist mit*

1) $P^{B_{T_n} - B_{T_{n-1}}} = \mu, \quad \forall n,$

2) $(B_{T_n} - B_{T_{n-1}}) \stackrel{d}{=} (X_n),$

3) $(S_n) \stackrel{d}{=} (B_{T_n})$ \hfill (2.5)

d. h. die Folge (S_n) ist in (B_t) ‚eingebettet'.

Folgerung Wegen der Einbettung $(S_n) \stackrel{d}{=} (B_{T_n})$ lassen sich eine Fülle von asymptotischen Eigenschaften der Partialsummenfolge mit Hilfe der Brownschen Bewegung erhalten.

Beweis Nach dem Skorohodschen Darstellungssatz existiert ein τ_1 mit $B_{\tau_1} \stackrel{d}{=} X_1$ und $E\tau_1 = EX_1^2$. Die Zuwächse der Brownschen Bewegung nach dem Zeitpunkt

τ_1, $\left(B_{t+\tau_1} - B_{\tau_1} \right)$, sind nach der starken Markoveigenschaft wieder eine Brownsche Bewegung. Auf diesen Prozess kann man das vorherige Resultat anwenden:

$$\exists \tau_2 : B_{\tau_2+\tau_1} - B_{\tau_1} \overset{d}{=} X_2 \text{ und } E\tau_2 = EX_2^2.$$

Wegen der Unabhängigkeitseigenschaft der Brownschen Bewegung ist τ_2 unabhängig von $\mathcal{A}_{\tau_1}$ insbesondere unabhängig von τ_1.

Induktiv erhalten wir eine Folge von Stoppzeiten T_n mit

$$T_n = T_{n-1} + \tau_n, \quad B_{T_n} - B_{T_{n-1}} \overset{d}{=} X_n \quad \text{und} \quad E\tau_n = EX_n^2,$$

und so dass τ_n unabhängig von $(\tau_i)_{i \leq n-1}$ ist. Entsprechend sind die Zuwächse $B_{T_i} - B_{T_{i-1}}$ unabhängig von $\mathcal{A}_{T_{i-1}}$. Damit folgt $\left(B_{T_n} - B_{T_{n-1}} \right) \overset{d}{=} (X_i)$. Daraus folgt

$$\left(S_n \right) \overset{d}{=} \left(B_{T_n} \right) \quad \text{und} \quad ET_n = \sum_{k=1}^{n} EX_k^2. \qquad \square$$

Bemerkung 2.4 *Die Einbettung gilt in analoger Weise auch für nicht identisch verteilte Summenfolgen.*

$$(S_n) = \left(\sum_{i=1}^{n} X_i \right) \overset{d}{=} \left(B_{T_n} \right) \quad mit \quad ET_n = \sum_{k=1}^{n} EX_k^2. \qquad (2.6)$$

Eine direkte Folgerung aus dem Skorohodschen Einbettungssatz ist der Zentrale Grenzwertsatz:

Satz 2.5 (Zentraler Grenzwertsatz) *Sei (X_i) eine i.i.d. Folge mit $EX_1 = 0$, $EX_1^2 = 1$, dann gilt:*

$$\frac{S_n}{\sqrt{n}} \overset{\mathcal{D}}{\longrightarrow} N(0, 1). \qquad (2.7)$$

Beweis Nach Satz 2.3 ist $S_n \overset{d}{=} B_{T_n}$ mit einer Stoppzeit $T_n = \sum_{i=1}^{n} \tau_i$ für eine i.i.d. Folge (τ_i) mit $E\tau_1 = EX_1^2 = 1 < \infty$. Mit der Standard Skalierungseigenschaft der Brownsche Bewegung folgt

$$\frac{S_n}{\sqrt{n}} \overset{d}{=} \frac{B_{T_n}}{\sqrt{n}} \overset{d}{=} B_{\frac{T_n}{n}}$$

Nach dem starken Gesetz großer Zahlen folgt: $\frac{T_n}{n} \to 1\,[P]$. Da die Brownsche Bewegung stetige Pfade hat, folgt

$$B_{\frac{T_n}{n}} \longrightarrow B_1 \overset{d}{=} N(0,1). \qquad\qquad \square$$

Im folgenden Satz wird gezeigt, dass sich mit Hilfe des Skorohodschen Einbettungssatzes das (relativ einfach zu beweisende) Gesetz vom iterierten Logarithmus für die Brownsche Bewegung auf den Beweis des Hartmann-Wintnerschen Satzes für partielle Summenfolgen übertragen lässt.

Satz 2.6 (Hartmann-Wintnersches Gesetz vom iterierten Logarithmus) *Sei (X_i) eine i.i.d. Folge von Zufallsvariablen mit $E X_i = 0$ und $\operatorname{Var} X_i = 1$, dann folgt*

$$\limsup \frac{S_n}{\sqrt{2n \log\log n}} = 1\,[P]. \qquad\qquad (2.8)$$

Beweis Nach Satz 2.3 gilt $(S_n) \overset{d}{=} (\widetilde{S}_n)$ mit $\widetilde{S}_n := B_{T_n} = \sum_{\nu=1}^{n}(B_{T_\nu} - B_{T_{\nu-1}})$, $B_{T_0} := 0$.

Nach dem Gesetz vom iterierten Logarithmus für die Brownsche Bewegung gilt (Abb. 2.2)

$$\limsup_{t\to\infty} \frac{B_t}{\sqrt{2t \log\log t}} = 1[P].$$

Behauptung:

$$\lim_{t\to\infty} = \frac{B_t - \widetilde{S}_{[t]}}{\sqrt{2t \log\log t}} = 0[P].$$

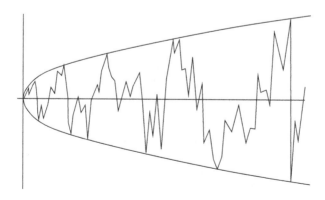

Abb. 2.2 Hartmann-Wintnersches Gesetz vom iterierten Logarithmus

Abb. 2.3 Beweis Hartmann-Wintnersches Gesetz

Hieraus folgt dann der Hartmann-Wintnersche Satz. Der Beweis verwendet das starke Gesetz großer Zahlen:

$$\frac{T_n}{n} \longrightarrow 1 \; [P]. \tag{2.9}$$

Damit gilt für $\varepsilon > 0$ und $t \geq t_0(\omega)$:

$$T_{[t]} \in \left[\frac{t}{1+\varepsilon}, t(1+\varepsilon) \right].$$

Sei $M_t := \sup \left\{ |B_s - B_t|, \frac{t}{1+\varepsilon} \leq s \leq t(1+\varepsilon) \right\}$ (Abb. 2.3) und betrachte die Teilfolge $t_k := (1+\varepsilon)^k \uparrow \infty$.

Für $t \in [t_k, t_{k+1}]$ gilt:

$$\begin{aligned} M_t &\leq \sup\{|B_s - B_t|; t_{k-1} \leq s \leq t_{k+2}\} \\ &\leq 2 \sup\{|B_s - B_{t_{k-1}}|; t_{k-1} \leq s \leq t_{k+2}\}. \end{aligned}$$

Wegen $t_{k+2} - t_{k-1} = \vartheta t_{k-1}$, $\vartheta = (1+\varepsilon)^3 - 1$, gilt mit dem Spiegelungsprinzip

$$\max_{0 \leq r \leq t} B_r \overset{d}{=} |B_t|, \tag{2.10}$$

und daher

$$\begin{aligned} &P\left(\max_{t_{k-1} \leq s \leq t_{k+2}} |B_s - B_{t_{k-1}}| > (3 \vartheta \, t_{k-1} \log \log t_{k-1})^{1/2} \right) \\ &= P\left(\max_{0 \leq r \leq 1} |B_r| > (3 \log \log t_{k-1})^{1/2} \right) \\ &\leq 2\kappa \, (\log \log t_{k-1})^{-1/2} \exp\left(-3 \log \log \frac{t_{k-1}}{2} \right), \text{ mit einer Konstanten } \kappa. \end{aligned}$$

Daraus folgt: $\sum_k P(\ldots) < \infty$. Das Borel-Cantelli-Lemma impliziert daher

$$\overline{\lim_{t \longrightarrow \infty}} \frac{|\tilde{S}_{[t]} - B_t|}{\sqrt{t \log \log t}} \leq (3\vartheta)^{1/2} \; [P].$$

Mit $\vartheta \longrightarrow 0$ folgt die Behauptung. $\qquad\qquad\qquad\qquad\qquad\qquad\qquad\qquad\square$

2.2 Funktionaler Grenzwertsatz

Für Anwendungen ist das Donkersche Invarianzprinzip von besonderer Bedeutung. Es besagt, dass stetige Funktionale der Partialsummenfolge in Verteilung gegen das entsprechende Funktional der Brownschen Bewegung konvergieren.

Idee:

$$\text{Funktional von} \left(\frac{S_k}{\sqrt{n}} \right)_{0 \leq k \leq n} \xrightarrow{\mathcal{D}} \text{Funktional von } (B_t).$$

Der Raum der stetigen Funktionen auf $[0, 1]$, $C = C[0, 1]$ versehen mit der Supremumsmetrik ist ein vollständig separabler metrischer Raum. Wir versehen diesen Raum mit der σ-Algebra die von den Projektionen erzeugt wird. Das ist dieselbe σ-Algebra wie die von der Topologie der gleichmäßigen Konvergenz erzeugte und auch von der Topologie der punktweisen Konvergenz auf C, die Borelsche σ-Algebra auf C.

$$\mathcal{E} = \mathfrak{B}_g(C) = \mathfrak{B}_p(C) =: \mathfrak{B}(C). \tag{2.11}$$

Definition 2.7 (Konvergenz in Verteilung) *Eine Folge von Wahrscheinlichkeitsmaßen $\mu_n \in M^1(C, \mathcal{B}(C))$ konvergiert in Verteilung gegen ein Maß $\mu \in M^1(C, \mathcal{B}(C))$,*

$$\mu_n \xrightarrow{\mathcal{D}} \mu$$

genau dann wenn für alle reellen, stetigen, beschränkten Funktionen auf C, $\varphi : C \to \mathbb{R}$ gilt:

$$\int \varphi \, d\mu_n \longrightarrow \int \varphi \, d\mu. \tag{2.12}$$

Auch für Maße in allgemeinen metrischen Räumen führt man die Konvergenz von Integralen stetiger beschränkter Funktionen ein. Entsprechend definiert man die Konvergenz in Verteilung für stochastische Prozesse mit stetigen Pfaden

$$X^{(n)} = \left(X_t^{(n)} \right)_{0 \leq t \leq 1} \xrightarrow{\mathcal{D}} X,$$

wenn die zugehörigen Verteilungen konvergieren, äquivalent, wenn die Erwartungswerte von stetigen beschränkten Funktionen Ψ konvergieren, $E\Psi(X^{(n)}) \longrightarrow E\Psi(X)$.

Bemerkung 2.8 *1) Gilt $X^{(n)} \xrightarrow{\mathcal{D}} X$ und ist $\Psi : C \longrightarrow \mathbb{R}$ P^X-fast sicher stetig, dann folgt*

$$\Psi\left(X^{(n)} \right) \xrightarrow{\mathcal{D}} \Psi(X),$$

denn für $\varphi \in C_b$ ist $\varphi \circ \Psi$ eine beschränkte P^X-fast sicher, stetige Funktion.

2) $\mu_n \xrightarrow{\mathcal{D}} \mu \iff \int \varphi \, d\mu_n \longrightarrow \int \varphi \, d\mu, \quad \forall \varphi \in C_b, \varphi \text{ gleichmäßig stetig.} \quad (2.13)$

Sei nun (X_i) eine i.i.d. Folge mit $EX_i = 0$ und $EX_i^2 = 1$. Wir führen eine geeignete Skalierung des Partialsummenprozesses in zwei Schritten ein.

a) **Lineare Interpolation:** Sei

$$\widetilde{S}^{(n)}(u) := \begin{cases} \dfrac{S_n}{\sqrt{n}}, & u \geq n \\[2mm] \dfrac{1}{\sqrt{n}}\big(S_k + (u-k)(S_{k+1} - S_k)\big), & u \in [k, k+1), 0 \leq k \leq n-1 \end{cases}$$

d. h. $\widetilde{S}^{(n)}$ ist der normierte Partialsummenprozess, definiert auf $[0, n]$ durch lineare Interpolation.

b) **zeitliche Skalierung**: Der Partialsummenprozess $S^{(n)} = (S_t^{(n)})_{0 \leq t \leq 1}$ ergibt sich aus $\widetilde{S}^{(n)}$:

$$S_t^{(n)} = \widetilde{S}^{(n)}(nt), \quad 0 \leq t \leq 1.$$

Durch lineare Interpolation der skalierten Partialsummenfolge und Zusammenstauchen auf das zeitliche Intervall $[0, 1]$ haben wir einen stochastischen Prozess mit stetigen Pfaden in $C[0, 1]$ erhalten. Eine wichtige Folgerung aus dem Skorohodschen Einbettungssatz ist das Donskersche Invarianzprinzip.

Satz 2.9 (Donskersches Invarianzprinzip) *Sei (X_i) eine i.i.d. Folge mit $EX_i = 0$ und $EX_i^2 = 1$, dann konvergiert der Partialsummenprozess $S^{(n)}$ gegen die Brownsche Bewegung in $C[0, 1]$,*

$$S^{(n)} \xrightarrow{\mathcal{D}} B. \quad (2.14)$$

Bedeutung Man kann eine Brownsche Bewegung also durch eine Partialsummenfolge (beispielsweise durch einen random walk) simulieren. Der Satz heißt Invarianzprinzip, weil der Limes von $S^{(n)}$ unabhängig von der Verteilung der X_i ist. Die fundamentale Konsequenz des Satzes ist die Möglichkeit, die Verteilung von Funktionalen eines Partialsummenprozesses approximativ durch ein Funktional der Brownschen Bewegung zu beschreiben. Das ist eine Verallgemeinerung des Zentralen Grenzwertsatzes, die viele grundlegende Anwendungen in der Wahrscheinlichkeitstheorie und mathematischen Statistik hat.

Beweis zu Satz 2.9 $(S_t^{(n)})$, der skalierte und interpolierte Summenprozess kodiert die Folge $(\frac{S_m}{\sqrt{n}})$. Es gilt:

$$\left(\frac{S_m}{\sqrt{n}}\right) \overset{d}{=} \left(\frac{B_{T_m}}{\sqrt{n}}\right) \overset{d}{=} \left(B_{\frac{T_m}{n}}\right).$$

Die Stoppzeitentransformation konvergiert f.s.,

$$\frac{T_{[ns]}}{n} \longrightarrow s \quad \text{f.s.}$$

Daraus folgt punktweise Konvergenz von $\frac{S_{[ns]}}{\sqrt{n}}$ in Verteilung

$$\frac{S_{[ns]}}{\sqrt{n}} \overset{d}{=} B_{\frac{T_{[ns]}}{n}} \longrightarrow B_s \quad \text{f.s.,} \quad 0 \leq s \leq 1.$$

Es gilt jedoch sogar gleichmäßige stochastische Konvergenz von $B_{\frac{T_{[ns]}}{n}}$.

Lemma 2.10 *Der Prozess* $\left(B_{\frac{T_{[ns]}}{n}}\right)$ *konvergiert stochastisch gegen* B *gleichmäßig in* $[0,1]$, *d. h.*

$$\sup_{t \in [0,1]} \left| B_{\frac{T_{[nt]}}{n}} - B_t \right| \underset{P}{\to} 0.$$

Beweis Mit einem einfachen Monotonieargument gilt $P\left(\sup_{0 \leq s \leq 1}\left|\frac{T_{[ns]}}{n} - s\right| < 2\delta\right)$ $> 1 - \varepsilon$ für $n \geq N_{\delta,\varepsilon}$. Wie im Beweis zu Satz 2.6 folgt daraus mit der Maximalungleichung für die Brownsche Bewegung die Behauptung. $\qquad\square$

Beweis zu Satz 2.9 (Fortsetzung): Zu zeigen ist: Sei $\varphi : C[0,1] \longrightarrow \mathbb{R}$ gleichmäßig stetig, beschränkt. Dann gilt

$$E\varphi(S^{(n)}) \longrightarrow E\varphi(B).$$

Wegen $\|S_t^{(n)} - \frac{S_{[nt]}}{\sqrt{n}}\|_\infty \underset{P}{\to} 0$ und $\left(\frac{S_{[nt]}}{\sqrt{n}}\right) \overset{d}{=} \left(\frac{B_{T_{[nt]}}}{\sqrt{n}}\right) \overset{d}{=} \left(B_{\frac{T_{[nt]}}{n}}\right)$ reicht es mit $B_t^{(n)} := B_{\frac{T_{[nt]}}{n}}$ zu zeigen:

$$E\varphi(B^{(n)}) \longrightarrow E\varphi(B).$$

Es gilt aber mit $\Delta_n := \|B^{(n)} - B\|$ wegen der gleichmäßigen Stetigkeit von φ:

$$\left| E\left(\varphi(B^{(n)}) - \varphi(B) \right) \right| \leq E(\varphi(B^{(n)}) - \varphi(B)) \mathbb{1}_{\{\Delta_n > \delta\}} + |E(\varphi(B^{(n)}) - \varphi(B)) \mathbb{1}_{\{\Delta_n \leq \delta\}}|$$

$$\leq 2 \sup |\varphi| P(\Delta_n > \delta) + \varepsilon \quad \text{für } \delta \leq \delta_0.$$

Nach Lemma 2.10 konvergiert der erste Term gegen 0. Damit gilt aber

$$B^{(n)} \xrightarrow{\mathcal{D}} B$$

und damit die Behauptung. □

Bemerkung und Beispiele

a) $\Psi : C \longrightarrow \mathbb{R}^1$, $\Psi(\omega) = \omega(1)$ ist eine stetige Funktion. Damit folgt aus dem Donskerschen Invarianzprinzip:

$$\Psi\left(S^{(n)}\right) = \frac{S_n}{\sqrt{n}} \xrightarrow{\mathcal{D}} \Psi(B) = B_1 \overset{d}{=} \mathcal{N}(0, 1).$$

Das ist gerade der zentrale Grenzwertsatz.

b) $\Psi(\omega) := \sup\{\omega(t), 0 \leq t \leq 1\}$ ist eine stetige Funktion. Es folgt also

$$\Psi\left(S^{(n)}\right) = \max_{0 \leq m \leq n} \frac{S_m}{\sqrt{n}} \xrightarrow{\mathcal{D}} M_1 = \sup_{0 \leq t \leq 1} B_t. \qquad (2.15)$$

Das Maximum des Partialsummenprozesses findet man wegen der linearen Interpolation gerade an den diskreten Zeitpunkten. Nach dem Andréschen Spiegelungsprinzip gilt

$$P_0(M_1 \geq a) = P_0(\tau_a \leq 1) = 2 P_0(B_1 \geq a) = P_0\left(|B_1| \geq a\right).$$

Also gilt $M_1 \overset{d}{=} |B_1|$. M_1 ist verteilt wie der Betrag einer standardnormalverteilten Zuvallsvariablen.

c) Sei (S_n) ein symmetrischer random walk, und sei $R_n =$ Range von S_n, d. h. die Anzahl der Punkte die bis zur Zeit n von S_n besucht werden.

$$R_n = 1 + \max_{m \leq n} S_m - \min_{m \leq n} S_m. \qquad (2.16)$$

Die Frage ist: Welches Intervall wird bis zum Zeitpunkt n überdeckt? Zur Beantwortung der Frage müssen wir geeignet normieren: $\frac{R_n}{\sqrt{n}} = \Psi(S^{(n)})$ ist ein Funktional des Partialsummenprozesses mit Ψ wie in (2.16). Daher folgt

$$\frac{R_n}{\sqrt{n}} \xrightarrow{\mathcal{D}} \Psi(B), \quad \Psi(B) = 1 + \sup_{t \leq 1} B_t - \inf_{t \leq 1} B_t. \qquad (2.17)$$

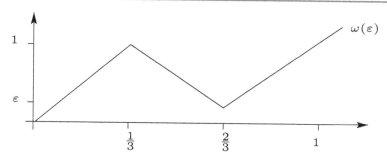

Abb. 2.4 Beispiel nicht stetig

d) Ein Beispiel, bei dem man die Erweiterung auf f.s. stetige Funktionale benötigt. Wir betrachten (Abb. 2.4)

$$\Psi(\omega) := \sup\{t \le 1; \omega(t) = 0\}.$$

$\Psi(\omega)$ bezeichnet den letzten Zeitpunkt t vor der eins, an dem $\omega(t) = 0$. Dieses Funktional ist nicht stetig, denn $\Psi(\omega_\varepsilon) = 0, \forall \varepsilon > 0$. Weiter gilt $\|\omega_\varepsilon - \omega_0\| \longrightarrow 0$, aber $\Psi(\omega_0) = \frac{2}{3}$.

Aber für $\omega \in C$ mit $\Psi(\omega) < 1$ und so, dass ω in jeder Umgebung $U_\delta(\Psi(\omega_0))$ positive und negative Werte für alle $\delta > 0$ hat, gilt Ψ ist stetig in ω. Diese ω haben Maß 1 bezüglich der Brownschen Bewegung. Also ist Ψ P_0 fast-sicher stetig.

Sei

$$L_n := \sup\{m \le n; S_{m-1}S_m \le 0\}$$

der Index des letzten Vorzeichenwechsels vor n des random walks. Analog sei

$$L := \sup\{0 \le t \le 1; B_t = 0\}$$

der Zeitpunkt der letzten Nullstelle der Brownschen Bewegung vor $t = 1$. Die Verteilung von L ist die Arcus-Sinus-Verteilung. Wir erhalten nun als Korollar.

Korollar 2.11 (Arcus-Sinus-Gesetz) *Für den random walk (S_n) konvergiert der normierte Zeitpunkt des letzten Vorzeichenwechsels vor n, $\frac{L_n}{n}$ in Verteilung gegen die Arcus-Sinus-Verteilung*

$$\frac{L_n}{n} \xrightarrow{\mathcal{D}} L. \tag{2.18}$$

e) **Positivitätsbereich** Sei $\Psi(\omega) := \lambda^1(\{t \in [0, 1]; \omega(t) > 0\})$. Ψ ist nicht stetig auf $C[0, 1]$ aber Ψ ist stetig in ω, wenn

$$\lambda^1(\{t \in [0, 1]; \omega(t) = 0\}) = 0.$$

Die Menge dieser Ausnahmepunkte hat das Maß 0 bezüglich P_0, der Verteilung der Brownschen Bewegung, denn nach Fubini ist

$$E_0\lambda^1(\{t \in [0, 1]; B_t = 0\}) = \int_0^1 P_0(B_t = 0)\,d\lambda^1(t) = 0.$$

Also ist Ψ P_0-f.s. stetig und es folgt aus dem Skorohodsatz

Korollar 2.12 (Konvergenz der Positivitätsbereiche)

$$\frac{|\{m \leq n; S_m > 0\}|}{n} \xrightarrow{\mathcal{D}} \lambda^1(\{t \in [0, 1]; B_t > 0\}). \tag{2.19}$$

f) Von Erdős und Kac (1946) wurde für $k = 2$ folgendes Funktional für den random walk untersucht, basierend auf der Funktion

$$\Psi(\omega) := \int_{[0,1]} \omega(t)^k\,d\lambda^1(t), \quad k \in \mathbb{N}.$$

Ψ ist stetig auf $C[0, 1]$. Daher folgt aus dem Skorohodschen Satz der **Satz von Erdős und Kac:**

$$\Psi(\widetilde{S}^{(n)}) = n^{-1-\frac{k}{2}} \sum_{m=1}^n S_m^k \xrightarrow{\mathcal{D}} \int_0^1 B_t^k\,dt. \tag{2.20}$$

Es ist bemerkenswert, dass auch für $k \geq 2$ die obige Approximation in (2.20) nur die Annahme $EX_i^2 = 1$, $EX_i = 0$ benötigt, nicht aber die Annahme $E|X_i|^k < \infty$. Im Fall $k = 1$ ergibt sich aus (2.20)

$$n^{-\frac{3}{2}} \sum_{m=1}^n (n + 1 - m)X_m \xrightarrow{\mathcal{D}} \int_0^1 B_t\,dt \stackrel{d}{=} N(0, 1).$$

Stochastische Integration

Ziel dieses Kapitels ist es, das stochastische Integral $\int_0^{\cdot} \varphi_s \, dX_s$ für Semimartingale X und stochastische Integranden φ einzuführen und dessen Eigenschaften zu beschreiben. Interpretiert man φ als eine Handelsstrategie und X als den Preisprozess eines Wertpapiers, dann kann das stochastische Integral als akkumulierter Gewinn aufgefasst werden. Das stochastische Integral wird in einer Reihe von Schritten konstruiert und auf allgemeine Funktionenklassen und Prozessklassen erweitert. Im ersten Teil des Kapitels wird nach einer Einführung in Martingale das stochastische Integral für eine Brownsche Bewegung als Modellfall eingeführt. Die Konstruktion wird dann in mehreren Schritten bis zur Integration von allgemeinen Semimartingalen ausgedehnt.

Die Einführung des stochastischen Integrals ist insbesondere ein wichtiges Werkzeug für die stochastische Modellbildung. In Analogie zu den gewöhnlichen Differentialgleichungen erlaubt es mittels der korrespondierenden stochastischen Differentialgleichung z.B. der Form $dX_t = a(t, X_t) \, dt + b(t, X_t) \, dB_t$ aus lokalen Eigenschaften, hier dem Drift a und der Volatilität b, ein stochastisches Modell zu konstruieren; in obigem Fall einen Diffusionsprozess. Semimartingale verallgemeinern dieses Prinzip und lassen sich durch lokale Charakteristiken, den (lokalen) Drift, den stetigen Diffusionsanteil (Martingalanteil) und einen (lokalen) Sprungteil beschreiben. Sie bilden eine fundamentale Modellklasse und sind insbesondere auch für Modelle der Finanzmathematik von Bedeutung.

3.1   Martingale und vorhersehbare Prozesse

Sei $(\Omega, \mathfrak{A}, P)$ ein vollständiger Wahrscheinlichkeitsraum und $(\mathfrak{A}_t)_{t \geq 0} \subset \mathfrak{A}$ eine Filtration in Ω. Wir postulieren generell eine Regularitätseigenschaft der Filtration:

Allgemeine Voraussetzung (conditions habituelles):

$(\mathfrak{A}_t)$ ist rechtsseitig stetig, d. h. $\mathfrak{A}_{t+} = \bigcap_{s > t} \mathfrak{A}_s = \mathfrak{A}_t$ (3.1)

$\mathfrak{A}_0$ enthält alle (Teilmengen von) P-Nullmengen.

© Der/die Herausgeber bzw. der/die Autor(en), exklusiv lizenziert durch Springer-Verlag GmbH, DE, ein Teil von Springer Nature 2020
L. Rüschendorf, *Stochastische Prozesse und Finanzmathematik,* Masterclass, https://doi.org/10.1007/978-3-662-61973-5_3

Sei X ein d-dimensionaler stochastischer Prozess, $X : [0, \infty) \times \Omega \longrightarrow \mathbb{R}^d$.

X heißt **adaptiert** an die Filtration $(\mathfrak{A}_t)$, wenn $X_t \in \mathcal{L}(\mathfrak{A}_t)$, für alle t, $X_t = X(t, \cdot)$.

Im Standardfall basierend auf der natürlichen Filtration $\mathfrak{A}_t := \bigcap_{\varepsilon>0} \sigma(\sigma(X_s, s \le t + \varepsilon) \cup \mathcal{N}_P) =: \mathfrak{A}_t^X$ ist die allgemeine Voraussetzung erfüllt.

Der zentrale Begriff dieses Kapitels und der stochastischen Integrationstheorie ist das Martingal.

Definition 3.1 $M = (M_t, \mathfrak{A}_t)$ *heißt* **Martingal** *wenn*

1) M *ist* $(\mathfrak{A}_t)$*-adaptiert*
2) $E|M_t| < \infty$, *für alle* t
3) $E(M_t \mid \mathfrak{A}_s) = M_s$ $[P]$, *für alle* $s \le t$

M heißt **Submartingal** *falls 1), 2) und*

3') $E(M_t \mid \mathfrak{A}_s) \ge M_s$ $[P]$

Gilt in 3') „$\le$", dann heißt M Supermartingal.
X heißt stetiger Prozess, wenn die Pfade von X stetig sind.

   X heißt **càdlàg-Prozess***, wenn die Pfade rechtsseitig stetig sind und linksseitige Limiten haben, d. h.* $X_t = \lim\limits_{s\downarrow t, s>t} X_s$, $X_{t-} = \lim\limits_{s\uparrow t, s<t} X_s$ *existiert.*

càdlàg ist eine Abkürzung für <u>c</u>ontinue <u>à</u> <u>d</u>roite, <u>l</u>imite <u>à</u> <u>g</u>auche (stetig von rechts, mit linksseitigem Limes).

Bemerkung 3.2 *Seien X, Y càdlàg. Gilt* $P(X_t = Y_t) = 1 \forall t$, *d. h. Y ist eine* **Version** *oder* **Modifikation** *von X, dann folgt* $P(X_t = Y_t, \forall t) = 1$, *d. h. X und Y sind* „**ununterscheidbar**' *(indistinguishable).*

Unter schwachen Regularitätsannahmen existiert eine càdlàg Version von Submartingalen.

Satz 3.3 (Regularitätssatz) *Sei X Submartingal und* $t \longrightarrow E X_t$ *rechtsseitig stetig Dann hat X hat (eine) càdlàg-Version, die ein* $(\mathfrak{A}_t)$ *Submartingal ist.*

Beweis Der Beweis basiert auf den folgenden Konvergenzsätzen für Submartingale in diskreter Zeit.

a) (X_n) Submartingal, $\sup E X_n^+ < \infty \Longrightarrow X_n \longrightarrow X_\infty$ fast sicher
b) (X_n) inverses Submartingal $\Longrightarrow X_n \longrightarrow X_\infty$ fast sicher
c) (X_n) inverses Martingal $\Longrightarrow X_n \longrightarrow X_\infty$ in L^1 und fast sicher

d) X_n inverses Submartingal, $\sup E|X_n| < \infty$

$\iff EX_n \geq K, \forall n$ d.h. EX_n ist nach unten beschränkt

$\implies X_n \longrightarrow X_\infty$ in L^1 und fast sicher Revuz und Yor (2005, S. 58).

Es folgt: $\forall t \in \mathbb{R}_+$: $\underbrace{\lim_{r \uparrow t, r \in \mathbb{Q}} X_r(\omega)}_{\text{Submartingal}}$ existiert fast sicher, denn $EX_r^+ \leq EX_t^+$, und

$\underbrace{\lim_{r \downarrow t, r \in \mathbb{Q}} X_r(\omega)}_{\text{inv. Submartingal}}$ existiert fast sicher.

Definiere $X_{t+} = \overline{\lim_{r \downarrow t, r \in \mathbb{Q}}} X_r$. X_{t+} ist rechtsseitig stetig und hat linksseitige Limiten, ist also càdlàg.

Behauptung: $(X_{t+}, \mathfrak{A}_t)$ ist ein Submartingal, und es gilt $X_t = E(X_{t+} \mid \mathfrak{A}_t) = X_{t+}$ $[P]$.

Zum Beweis dieser Behauptung ist zu bemerken, dass für eine antitone Folge $t_n \searrow t$ gilt:

$$(X_{t_n}) \text{ ist inverses Submartingal und } EX_{t_n} \geq EX_t.$$

Nach dem Konvergenzsatz für Submartingale, Teil d) folgt:
$X_{t+} \in L^1$, $X_{t_n} \longrightarrow X_{t+}$ in L^1 und fast sicher.
Wegen der Submartingal-Eigenschaft $X_t \leq E(X_{t_n} \mid \mathfrak{A}_t)$ folgt daraus $X_t \leq E(X_{t+} \mid \mathfrak{A}_t)$.
Wegen der L^1 Konvergenz und nach Voraussetzung der rechtsseitigen Stetigkeit von $t \longrightarrow EX_t$ ergibt sich

$$EX_{t+} = \lim EX_{t_n} = EX_t.$$

Damit erhält man

$$X_t = E(X_{t+} \mid \mathfrak{A}_t) = X_{t+} \ [P].$$

Insbesondere ist also (X_{t+}) eine càdlàg-Version von (X_t) und adaptiert. $\qquad\square$

Generelle Annahme: Im folgenden setzen wir stets càdlàg-Versionen der Submartingale voraus.

Definition 3.4 *Ein Martingal M heißt* **L^2-Martingal** *falls $EM_t^2 < \infty, \forall t < \infty$.*
Seien

$\mathcal{M}^2 := \{M; M \text{ ist } L^2\text{-Martingal}\}$,
$\mathcal{M}_0^2 =: \{M \in \mathcal{M}^2; M_0 = 0\}$
$\mathcal{M}_c^2 = \{M \in \mathcal{M}^2; M \text{ hat stetige Pfade}\}$.

Stoppzeiten sind ein fundamentales Instrument der Martingaltheorie.

Definition 3.5 (Stoppzeiten)

a) $\tau : \Omega \longrightarrow [0, \infty]$ *ist* **Stoppzeit** *bzgl.* $(\mathfrak{A}_t)$,

$$falls \ \{\tau \leq t\} \in \mathfrak{A}_t, \quad \forall t < \infty.$$

τ *heißt endliche Stoppzeit, falls* $\tau < \infty \ [P]$.

b) $\mathfrak{A}_\tau := \{A \in \mathfrak{A}_\infty; \ A \cap \{\tau \leq t\} \in \mathfrak{A}_t, \forall t\}$ *heißt* **σ-Algebra der τ-Vergangenheit.**

Nicht endliche Stoppzeiten werden auch als **Markovzeiten** bezeichnet. Eine schwächere Definition des Begriffes der Stoppzeit verlangt, dass $\{\tau < t\} \in \mathfrak{A}_t$ ist. Für rechtsseitig stetige Filtrationen ist dieses jedoch aquivalent zu der starken Definition der Stoppzeit.

Lemma 3.6 *Sei X adaptiert, rechtsseitig stetig, τ Stoppzeit. Dann gilt:*

$$X_\tau \ ist \ \mathfrak{A}_\tau\text{-}messbar \ auf \ \{\tau < \infty\}.$$

Beweis Zum Beweis zeigen wir zunächst, dass X progressiv messbar ist, d. h. $\forall t$ ist die Abbildung von $[0, t] \times \Omega \longrightarrow \mathbb{R}^d$, $(s, \omega) \longrightarrow X_s(\omega)$, $\mathfrak{B}[0, t] \otimes \mathfrak{A}_t$ messbar.

Dieses folgt durch diskrete Approximation. Denn $X^{(n)}(s, \omega) := X(\frac{kt}{2^n}, \omega)$, $\frac{(k-1)t}{2^n} \leq s < \frac{kt}{2^n}$ ist messbar bzgl. $\mathfrak{B}_t \otimes \mathfrak{A}_t$ und X ist rechtsseitig stetig. Daher folgt Konvergenz $X^{(n)}(s, \omega) \longrightarrow X(s, \omega)$ und X ist als Limes von $X^{(n)}$ progressiv messbar. Wir zeigen nun: $X_\tau \mathbb{1}_{\{\tau \leq t\}} \in \mathcal{L}(\mathfrak{A}_t), \forall t \geq 0$. (Daraus folgt die Behauptung des Lemmas.)

Die Behauptung $X_\tau \mathbb{1}_{\{\tau \leq t\}} \in \mathcal{L}(\mathfrak{A}_t)$ ist äquivalent zu $\{X_\tau \in A\} \cap \{\tau \leq t\} \in \mathfrak{A}_t, \forall A \in \mathbb{B}^d$ und damit auch äquivalent zu $\{X_{\underbrace{\tau \wedge t}_{=:S}} \in A\} \cap \{\tau \leq t\} \in \mathfrak{A}_t, \forall A \in \mathbb{B}^d$.

Betrachte nun die zusammengesetzte Abbildung

$$(\Omega, \mathfrak{A}_t) \longrightarrow ([0, t] \times \Omega, \mathfrak{B}[0, t] \otimes \mathfrak{A}_t) \longrightarrow (\mathbb{R}^d, \mathbb{B}^d)$$
$$\omega \overset{\text{messbar}}{\longmapsto} (S(\omega), \omega), \quad (s, \omega) \overset{\text{messbar}}{\longrightarrow} X_s(\omega)$$

Zusammengesetzte messbare Abbildungen sind messbar bzgl. $\mathfrak{A}_t$ und daher gilt die Behauptung des Lemmas.   □

Bemerkung 3.7 *Für rechtsseitig stetige Martingale (Submartingale) gelten die Ungleichungen und Konvergenzsätze wie in diskreter Zeit, wie z. B. der Satz von Doob und der Abschlusssatz. Sie ergeben sich durch diskrete Approximation mittels der diskreten Konvergenzsätze aus dem Beweis zu Satz 3.3. So gilt z. B.:*

Satz von Doob   *Sei (X_t) ein Submartingal mit $\sup\limits_{t} E X_t^+ < \infty$*

$\qquad\qquad\qquad \Longrightarrow \lim_{t \longrightarrow \infty} X_t$ *existiert P-fast sicher.*

Abschlusssatz   *(X_t) ist ein gleichgradig integrierbares Martingal*
$\qquad\qquad\qquad \Longleftrightarrow \exists X_\infty \in L^1 : X_t = E(X_\infty \mid \mathfrak{A}_t) \, [P].$*

Eine wichtig Rolle spielt im Folgenden auch das Optional Sampling Theorem.

Satz 3.8 (Optional Sampling Theorem)

a) *Sei X ein Martingal (Submartingal), rechtsseitig stetig, S, T beschränkte Stopp-zeiten, $S \leq T$, dann folgt*

$$X_S \overset{(\leq)}{=} E(X_T \mid \mathfrak{A}_S) \, [P].$$

b) *Sei $(X_t, \mathfrak{A}_t)_{0 \leq t \leq \infty}$ ein gleichgradig integrierbares, rechtsseitig stetiges Martingal (Submartingal), S, T beliebige Stoppzeiten, mit $S \leq T$, dann folgt*

$$X_S \overset{(\leq)}{=} E(X_T \mid \mathfrak{A}_S) \, [P].$$

c) *Sei $X = (X_t, \mathfrak{A}_t)$ rechtsseitig stetiges Supermartingal, $X \geq 0$, $S \leq T$ Stoppzei-ten, dann folgt*

$$X_S \geq E(X_T \mid \mathfrak{A}_S) \, [P].$$

Beweis

a) Sei T eine beschränkte Stoppzeit. Dann existiert eine Folge (T^k) von Stop-pzeiten, $T^k \downarrow T$; $|T^k(\Omega)| < \infty$ (nur endlich viele Werte), z. B.: $T^k = \frac{l}{2^n}$, falls $\frac{l-1}{2^n} \leq T \leq \frac{\ell}{2^n}$. Seien S^k, T^k; $S^k \downarrow S$, $T^k \downarrow T$; $S^k \leq T^k$; S^k, T^k haben endlich viele Werte. Nach dem Optional Sampling Theorem im Diskreten gilt

$$\int_A X_{S^k} \, dP \leq \int_A X_{T^k} \, dP, \quad \forall A \in A_S \subset A_{S^k}.$$

$X_{S^k} \longrightarrow X_S$, $X_{T^k} \longrightarrow X_T$ fast sicher, da X rechtsseitig stetig ist. Außerdem gilt die Konvergenz in L^1, da beide Folgen inverse Submartingale mit $E X_{S^k} \geq E X_0$ sind. Daraus folgt

$$\int_A X_S \, dP \leq \int_A X_T \, dP, \quad \forall A \in \mathfrak{A}_S.$$

b) Seien $S \leq T$ beliebige Stoppzeiten. Dann existieren Stoppzeiten $S^n \leq T^n$, $S^n \downarrow S$ und $T^n \downarrow T$. S^n, T^n haben abzählbar viele Werte. Nach dem diskreten Optional Sampling Theorem folgt

$$\int_A X_{S^n}\, dP \leq \int_A X_{T^n}\, dP, \quad \forall A \in \mathfrak{A}_{S^n}$$

und daher gilt diese Ungleichung auch für $A \in \mathfrak{A}_{S^+} = \bigcap_n \mathfrak{A}_{S^n}$.

S ist eine Stoppzeit und $S \leq S^n$ und daher $\mathfrak{A}_S \subset \mathfrak{A}_{S^n}$. Also gilt die Ungleichung auch für $A \in \mathfrak{A}_S$. Weiter ist $(X_{S^n}, \mathfrak{A}_{S^n})$ inverses Submartingal, $E X_{S^n} \downarrow$, $E X_{S^n} \geq E X_0$. Hieraus folgt, dass $\{X_{S^n}\}$ gleichgradig integrierbar ist.

Ebenso ist $\{X_{T^n}\}$ gleichgradig integrierbar, $X_S(\omega) = \lim X_{S^n}(\omega)$ und $X_T(\omega) = \lim X_T(\omega)$ fast sicher und in L^1. Daraus folgt, dass $X_S, X_T \in L^1$ und $\int_A X_S\, dP \leq \int_A X_T\, dP$.

c) siehe z. B. Elliott (1982, S. 36) oder Revuz und Yor (2005, S. 65). $\qquad\qquad\square$

Bemerkung 3.9 *Aus obigem Beweis folgt:*

Ist X ein gleichgradig integrierbares Submartingal (Martingal oder abgeschlossenes Submartingal), d. h. $X_t \overset{(=)}{\leq} E(X_\infty \mid \mathfrak{A}_t)$, dann folgt:

$\{X_S; S \leq T$ Stoppzeit$\}$ ist gleichgradig integrierbar und es gilt für Stoppzeiten $S \leq T$

$$X_S \overset{(=)}{\leq} E(X_T \mid \mathfrak{A}_S) \overset{(=)}{\leq} E(X_\infty \mid \mathfrak{A}_S).$$

Die folgende Anwendung von Stoppzeiten ist für eine Reihe von Eindeutigkeitsaussagen im Weiteren von Bedeutung.

Korollar 3.10 *Sei X ein nichtnegatives, rechtsseitig stetiges Supermartingal, und sei*

$$\tau := \inf\{t;\ X_t = 0 \text{ oder } X_{t-} = 0\}.$$

Dann gilt: $X.(\omega) = 0$ auf $[\tau(\omega), \infty)$.

Beweis Sei $\tau_n := \inf\{t;\ X_t \leq \frac{1}{n}\}$ dann folgt $\tau_{n-1} \leq \tau_n \leq \tau$; die Folge τ_n ist wachsend (Abb. 3.1).

Auf $\{\tau_n = \infty\} \subset \{\tau = \infty\}$ ist nichts zu zeigen.

Auf $\{\tau_n < \infty\}$ gilt $X_{\tau_n} \leq \frac{1}{n}$, da X rechtsseitig stetig. Sei $q \in \mathbb{Q}$, $q > 0$. Dann ist $\tau + q$ eine Stoppzeit und $\tau + q > \tau_n$. Nun ist nach dem Optional Sampling Theorem

$$\frac{1}{n} \geq E(X_{\tau_n} \mathbb{1}_{(\tau_n \leq \infty)}) \geq E(X_{\tau+q} \mathbb{1}_{(\tau_n \leq \infty)}) \geq 0.$$

Für $n \to \infty$ folgt daher nach dem Satz über monotone Konvergenz

$$E(X_{\tau+q} \mathbb{1}_{(\tau_n < \infty, \forall n)}) = 0.$$

Wegen $\{\tau < \infty\} \subset \bigcap_n \{\tau_n < \infty\}$ ergibt sich daraus, dass $X_{\tau+q} = 0$ fast sicher auf $\{\tau < \infty\}$, $\forall q \in \mathbb{Q}$, $q > 0$. Die rechtsseitige Stetigkeit von X impliziert dann die Behauptung $X.(\omega) = 0$ auf $[\tau, \infty)$. $\qquad\square$

Als Folgerung aus dem Optional Sampling Theorem erhalten wir die folgende Charakterisierung der Martingaleigenschaft durch die Erhaltung von Erwartungswerten unter Stoppzeiten.

Proposition 3.11 *Sei X càdlàg, adaptiert. Dann gilt:*
X ist Martingal $\iff \forall$ beschränkten Stoppzeiten τ ist $X_\tau \in L^1$ und $E X_\tau = E X_0$.

Beweis „$\implies$": Folgt aus dem Optional Sampling Theorem.
„$\impliedby$": Für $s < t$ und $A \in \mathfrak{A}_s$ definiere die Stoppzeit $\tau := t \mathbb{1}_{A^c} + s \mathbb{1}_A$

$$\implies E X_0 = E X_\tau = E X_t \mathbb{1}_{A^c} + E X_s \mathbb{1}_A.$$

Weiter gilt:

$$E X_0 = E X_t = E X_t \mathbb{1}_{A^c} + E X_t \mathbb{1}_A,$$

denn auch t ist eine Stoppzeit. Daraus folgt aber die Martingaleigenschaft:

$$X_s = E(X_t \mid \mathfrak{A}_s). \qquad\square$$

Die Martingaleigenschaft eines Prozesses bleibt unter Stoppen erhalten.

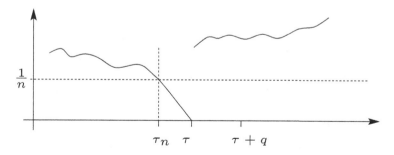

Abb. 3.1 Supermartingal

Korollar 3.12 *Sei M ein (càdlàg) Martingal, τ eine Stoppzeit, dann folgt*

$$M^\tau = (M_{t \wedge \tau})_{t \geq 0} \text{ ist ein (càdlàg) Martingal.}$$

Beweis Sei M^τ càdlàg und adaptiert. S sei eine beschränkte Stoppzeit. Dann ist $S \wedge \tau$ eine beschränkte Stoppzeit und daher folgt:

$$EM_S^\tau = EM_{S \wedge \tau} = EM_0 = EM_0^\tau.$$

Nach Proposition 3.11 ist dann M^τ ein Martingal bzgl. $(\mathfrak{A}_t)$. $\qquad\square$

Ein Standardhilfsmittel für Martingale sind die Maximalungleichungen von Doob.

Satz 3.13 (Doob-Ungleichung) *Sei $X = (X_t)_{t \in T}$ ein rechtsseitig stetiges Martingal oder positives Submartingal und sei $X^* := \sup_t |X_t|$. Dann folgt*

$$P(X^* \geq \lambda) \leq \sup_t \frac{E|X_t|^p}{\lambda^p} \text{ für } p \geq 1, \lambda > 0.$$

Weiter gilt für $1 < p < \infty$:

$$\|X^*\|_p \leq \frac{p}{p-1} \sup_t \|X_t\|_p.$$

Beweis Der Beweis folgt aus der diskreten Doob-Ungleichung. Sei $D \subset T$ abzählbar dicht, dann ist wegen der rechtsseitigen Stetigkeit von X, $X^* = \sup_{t \in D} |X_t|$. Also lässt sich die diskrete Doob-Ungleichung anwenden. $\qquad\square$

Wir benötigen eine wesentliche Erweiterung des Martingalbegriffes, das lokale Martingal.

Definition 3.14
a) *Ein adaptierter Prozess M heißt **lokales Martingal**, wenn es eine Folge von Stoppzeiten τ_n mit $\tau_n \uparrow \infty$ gibt, so dass $\forall n : M^{\tau_n} \in \mathcal{M}$, d. h. M^{τ_n} ist ein Martingal. (τ_n) heißt **lokalisierende Folge** $\mathcal{M}_{\text{loc}} := $ Menge der lokalen Martingale.*
b) *$M \in \mathcal{M}_{\text{loc}}$ heißt **lokales L^2-Martingal** $\Longleftrightarrow$ $\exists$ lokalisiernde Folge (τ_n), so dass $M^{\tau_n} \in \mathcal{M}^2$. $\mathcal{M}_{\text{loc}}^2 := $ Menge der lokalen L^2-Martingale.*

Bemerkung 3.15

a) $\mathcal{M} \subset \mathcal{M}_{\text{loc}}$. Betrachte die lokalisierende Folge $\tau_n = n$.

b) $\mathcal{M}_{\text{loc},c} \subset \mathcal{M}_{\text{loc}}^2$,
   denn z. B. $\tau_n = \inf\{t; |M_t| \geq n\} = \inf\{t; |M_t| = n\}$ ist eine lokalisierende Folge
   mit $M^{\tau_n} \in \mathcal{M}_{\text{loc}}^2$.

c) Für $M \in \mathcal{M}_{\text{loc}}$ gilt die folgende Charakterisierung der Martingaleigenschaft
   $M \in \mathcal{M} \iff M$ ist von der Klasse (DL), d. h. $\{M_T; T$ Stoppzeit, $T \leq a\}$ ist
   gleichgradig integrierbar, $\forall a < \infty$.

Beweis

„$\Longrightarrow$"   Nach dem Optional Sampling Theorem folgt

$$\sup_{T \leq a} \int_{\{M_T > K\}} M_T \, dP = \sup_{T \leq a} \int_{\{M_T > K\}} M_a \, dP \underset{K \to \infty}{\longrightarrow} 0,$$

also ist $\{M_T; T \leq a\}$ gleichgradig integrierbar.

„$\Longleftarrow$"   Sei (T_n) eine lokalisierende Folge von Stoppzeiten und sei $s < t$, dann ist
$M^{T_n \wedge t} \in \mathcal{M}$ und es gilt für $A \in \mathfrak{A}_s$

$$\int_A M_s^{T_n} \, dP = \int_A M_s^{T_n \wedge t} \, dP = \int_A M_t^{T_n} \, dP.$$

Wegen der gleichgradigen Integrierbarkeitsannahme folgt hieraus wegen
$M_s^{T_n \wedge t} \longrightarrow M_s$ und $M_t^{T_n \wedge t} \longrightarrow M_t$

$$\int_A M_s \, dP = \int_A M_t \, dP. \qquad \square$$

Für einen Prozess A definiere:
$V_t^A := \sup_{0 = t_0 < \cdots < t_n = t} \sum_{i=1}^n |A_{t_i} - A_{t_{i-1}}|$, die **Variation von A in $[0, t]$**.

Definition 3.16

*a) Sei $\mathcal{V}^+$ die Menge aller **wachsenden**, rechsseitig stetigen reellen, adaptierten*
   ***Prozesse** mit $A_0 \geq 0$. Sei weiter $\mathcal{V}_0^+ := \{A \in \mathcal{V}^+; A_0 = 0\}$.*

*b) Sei $\mathcal{V} := \{A = A^1 - A^2; A^i \in \mathcal{V}^+\}$ die Menge der adaptierten **Prozesse mit end-**
   ***licher Variation**.*

*c) A heißt Prozess von **beschränkter Variation**, wenn $\exists K < \infty$, so dass $V_t^A \leq K$, $\forall t$.*

Bemerkung 3.17

a) *Wachsende Prozesse $A^i \in \mathcal{V}^+$ haben auch linksseitige Limiten und sind daher càdlàg. Also gilt:* $A \in \mathcal{V} \implies A$ *càdlàg.*

b) $\mathcal{V} = \{A$ *adaptiert, càdlàg;* $V_t^A < \infty, \forall\, t < \infty\} =: FV$ *daher auch die Bezeichnung „von endlicher Variation".*
   Zum Beweis beachte, dass jedes $A \in FV$ eine eindeutige Zerlegung $A = A^+ - A^-$ mit $A_0^+ = A_0$ und $A^+, A^- \in \mathcal{V}^+$ hat, bei der A^+ minimal ist. Diese Zerlegung ist gegeben durch

$$A^+ = \frac{1}{2}(V^A + A), \quad A^- = \frac{1}{2}(V^A - A).$$

$V_t^A \uparrow$ *erzeugt ein Maß, das* **Variationsmaß** V_A:
$V^A((s, t]) := V_t^A - V_s^A$ *ist ein* zufälliges *Maß. Also ist $\int_0^t f(s)\, dV^A(s)$ wohldefiniert als Lebesgue-Stieltjes-Integral, und*

$$\int_0^t f(s)\, dA(s) = \int_0^t f(s)\, dA^+(s) - \int_0^t f(s)\, dA^-(s).$$

Nach diesen Vorbereitungen können wir nun den zentralen Begriff des Semimartingals einführen. Das Semimartingal ist ein fundamentaler Begriff für die Modellierung. Es setzt sich additiv zusammen aus einer Trendkomponente $A \in \mathcal{V}$ und einer stochastischen Schwankung $M \in \mathcal{M}_{\text{loc}}$

$$X = X_0 + M + A.$$

Für manche Zwecke ist eine Integrierbarkeitsbedingung für A nützlich.

Definition 3.18

a) *Ein adaptierter Prozess X heißt* **Semimartingal**, *wenn ein lokales Martingal $M \in \mathcal{M}_{\text{loc}}$ und ein Prozess von endlicher Variation $A \in \mathcal{V}$ existieren, so dass*

$$X_t = X_0 + M_t + A_t, \quad t \geq 0.$$

b) $\mathcal{A}^+ := \{A \in \mathcal{V}^+;\ EA_\infty < \infty\}$ *sind die* **integrierbaren wachsenden** *Prozesse.*
   $\mathcal{A} := \mathcal{A}^+ - \mathcal{A}^+$ *ist die Menge der* **Prozesse von integrierbarer Variation**, *d. h. für $A \in \mathcal{A}$ gilt $EV_\infty^A < \infty$.*

Bemerkung 3.19

a) *X heißt* **lokal beschränkter Prozess**, *falls es eine lokalisierende Folge von Stoppzeiten $\tau_n \uparrow \infty$ gibt, mit X^{τ_n} beschränkt.*
   $\mathcal{A}_{\text{loc}}$ *bezeichnet die* **lokal intergrierbare Prozesse**, *d. h. die Prozesse von lokal integrierbarer Variation.*
   $A \in \mathcal{A}_{\text{loc}} \implies E\sup_t |A_t^{\tau_n}| < \infty$, *d. h. $(A_t^{\tau_n})$ ist gleichgradig integrierbar für eine lokalisierende Folge (τ_n).*

b) *Nach dem technisch aufwendigen „**previsible section theorem**" gilt:*
Für $A \in \mathcal{V}$ „vorhersehbar" gilt: $A \in \mathcal{A}_{\mathrm{loc}}$.
Zum dabei verwendeten Begriff der Vorhersehbarkeit vergleiche Definition 3.21.

c) *$M \in \mathcal{M}_{\mathrm{loc}} \cap \mathcal{V} \Longrightarrow M \in \mathcal{A}_{\mathrm{loc}}$.   (vgl. auch Proposition 3.20)*

d) *Die Brownsche Bewegung B ist ein Martingal, $B \in \mathcal{M}$, aber B hat nicht endliche Variation $B \notin \mathcal{V}$.*

e) *Für $A \in \mathcal{V}$, X lokal beschränkt, progressiv messbar, lässt sich das stochastische Stieltjes-Integral einführen*

$$(X \cdot A)_t := \int_0^t X_s \, \mathrm{d}A_s.$$

Es gilt: $X \cdot A \in \mathcal{V}$,   denn: $V_t^{X \cdot A} \le \sup_{s \le t} |X_s| V_t^A < \infty$.
Mit der progressiven Messbarkeit von X folgt, dass $X \cdot A$ adaptiert ist.

Stetige lokale Martingale sind typischerweise nicht von endlicher Variation. Also ist keine pfadweise Konstruktion des stochastischen Integrals möglich. Für nichtstetige lokale Martingale vgl. Bemerkung 3.19, c).

Proposition 3.20 *Sei $M \in \mathcal{M}_{\mathrm{loc},c} \cap \mathcal{V}$ ein stetiges lokales Martingal von endlicher Variation. Dann existiert ein $c \in \mathbb{R}^1$ so dass: $M = c \, [P]$.*

Beweis O.E. sei $M_0 = 0$ und $M \in \mathcal{M}_c^2$; dieses lässt sich durch Lokalisieren erreichen.

Der Variationsprozess $V^M = M^+ + M^-$ ist stetig.

Sei $S_n := \inf\{s; V_s^M \ge n\} = \inf\{s; V_s^M = n\}$. S_n ist eine Stoppzeit, M^{S_n} ist von beschränkter Variation ($\le n$) und $M^{S_n} \le M_0 + n$.

Also reicht es die Behauptung für den Fall $|M| \le K$ und $V^M \le K$ zu zeigen.

Sei $\Delta = (t_i)$, $0 = t_0 < t_1 < \cdots < t_k = t$ eine Zerlegung von $[0, t]$. Dann gilt:

$$
\begin{aligned}
E M_t^2 &= E \sum_{i=0}^{k-1} (M_{t_{i+1}}^2 - M_{t_i}^2) && \textit{Teleskopsumme} \\
&= E \sum_{i=0}^{k-1} (M_{t_{i+1}} - M_{t_i})^2, && M \in \mathcal{M}^2, s < t : E M_s M_t = E M_s^2 \\
&\le E V_t^M \sup_i |M_{t_{i+1}} - M_{t_i}| \\
&\le K E \underbrace{\sup_i |M_{t_{i+1}} - M_{t_i}|}_{\longrightarrow 0 \text{ für } |\Delta| \longrightarrow 0} \\
&\longrightarrow 0 && \text{da } |M| \le K, M \in \mathcal{M}_c.
\end{aligned}
$$

Hier verwenden wir, dass stetige Funktionen gleichmäßig stetig auf kompakten Intervallen sind. Daraus folgt, dass $M_t = 0 \, [P]$. $\qquad\square$

Auf $\overline{\Omega} := [0, \infty) \times \Omega$ definieren wir geeignete σ-Algebren $\mathcal{P}, \mathcal{O}, \mathcal{P}_r$, die Messbarkeitsanforderungen an Prozesse beschreiben.

Definition 3.21

a) *Sei $\mathcal{E}$ die Klasse der **elementaren vorhersehbaren Prozesse** K der Form*
$$K(t, \omega) = K_t(\omega) = K_0(\omega)\mathbb{1}_{\{0\}} + \sum_{j=1}^{m-1} K_j(\omega)\mathbb{1}_{(t_j, t_{j+1}]}(t), \; mit \; 0 < t_0 < t_1 <$$
$\cdots < t_m$
$K_j \in B(\mathfrak{A}_{t_j}) = L_b(\mathfrak{A}_{t_j}), \; d.h. \; K_j \; sind \; beschränkt, \; \mathfrak{A}_{t_j}\text{-}messbar, \; 1 \le j \le m,$

b) *$\mathcal{P} := \mathcal{P}\big((\mathfrak{A}_t)\big) = \sigma(\mathcal{E})$ die σ-Algebra der **vorhersehbaren Mengen** in $\overline{\Omega}$, die von $\mathcal{E}$ erzeugte σ-Algebra.*

c) *Ein Prozess Y heißt **vorhersehbar**, wenn $Y \in L(\mathcal{P})$.*

Bemerkung 3.22 *Für Stoppzeiten S, T definieren wir das **stochastische Intervall** $[\![S, T[\![$ durch $[\![S, T[\![= \{(t, \omega); S(\omega) \le t < T(\omega)\}$; das stochastische Intervall $[\![S, T]\!]$ wird analog definiert.*

*T ist **vorhersehbare Stoppzeit**, falls Stoppzeiten (T_n) existieren mit $T_n(\omega) \uparrow T(\omega)$, $T_n(\omega) < T(\omega)$ fast sicher auf $\{T > 0\}$.*

T heißt **erreichbar**, wenn es eine Folge (T_n) von vorhersehbaren Stoppzeiten gibt so dass

$$[\![T]\!] \subset \bigcup [\![T_n]\!] \quad und \quad P\bigg(\bigcup_n \{T_n = T\}\bigg) = 1.$$

Wir verwenden nun den folgenden Satz über monotone Klassen:

Satz 3.23 (Satz über monotone Klassen) *Sei $(\Omega_0, \mathfrak{A}_0)$ ein Messraum und $\mathcal{H} \subset B(\Omega_0)$ ein Vektorraum, abgeschlossen unter beschränkter, punktweiser Konvergenz (d.h. $f_n \in \mathcal{H}$, $f_n \longrightarrow f$, $|f_n| \le K \Longrightarrow f \in \mathcal{H}$). Sei $\mathcal{G} \subset \mathcal{H}$ eine Algebra in $\mathcal{H}$ mit $1 \in \mathcal{G}$ (oder es existiere $K_n \in \mathcal{G}$ mit $K_n \longrightarrow 1$ punktweise).*

Dann gilt: $\mathcal{H} \supset B(\Omega_0, \sigma(\mathcal{G}))$.

Proposition 3.24 *Sei $\mu \in M_e(\overline{\Omega}, \mathcal{P})$, dann ist $\mathcal{E}$ dicht in $L^2(\overline{\Omega}, \mathcal{P}, \mu)$.*

Beweis $\mathcal{E}$ ist eine Algebra von Funktionen und es existiert eine Approximation K^n von $\mathbb{1}_{\overline{\Omega}}$, wie z.B. $K^n := \mathbb{1}_{[0,n]} \in \mathcal{E}$, $K^n \longrightarrow \mathbb{1}_{\overline{\Omega}}$.

Mit $\mathcal{G} = \mathcal{E}$ und $\mathcal{H}$ als Abschluss von $\mathcal{E}$ bezüglich beschränkter punktweiser Konvergenz in $B(\overline{\Omega})$ gilt nach dem monotonen Klassentheorem

$$\mathcal{H} \supset B(\sigma(\mathcal{E})) = B(\mathcal{P}).$$

Da μ endliches Maß ist, gilt $B(\mathcal{P}) \subset L^2(\mathcal{P}, \mu)$ ist dicht.

Damit folgt aber nach Definition von $\mathcal{H}$, dass $\mathcal{E}$ dicht in $L^2(\mathcal{P}, \mu)$ ist. $\qquad\square$

Proposition 3.25 $\mathcal{P} = \sigma(\mathcal{E})$
$= \sigma$ (*adaptierte linksseitige stetige Prozesse*)
$= \sigma$ (*stetige Prozesse*)

Beweis Sei $\tau_1 := \sigma(\mathcal{E}) = \mathcal{P}$,
$\tau_2 := \sigma$ (adaptierte linksseitig stetige Prozesse), und
$\tau_3 := \sigma$ (adaptierte stetige Prozesse).
Zu zeigen ist: $\tau_1 = \tau_2 = \tau_3$.

1.) $\tau_3 = \tau_2$, klar.
2.) $\tau_1 \subset \tau_2$, da Prozesse in $\mathcal{E}$ linksseitig stetig
3.) $\tau_2 \subset \tau_1$: Sei K linksseitig stetiger Prozess auf $[0, \infty)$ und sei $K_t^n(\omega) :=$
$X_0(\omega)\mathbb{1}_0(t) + \sum_{k=0}^{n2^n} K_{k/2^n}(\omega)\mathbb{1}_{(\frac{k}{2^n}, \frac{k-1}{2^n}]}(t) \in \mathcal{E}$.
Dann folgt $K_t^n \longrightarrow K_t$.
Also ist K $\sigma(\mathcal{E}) = \tau_1$ messbar und damit ist $\tau_2 \subset \tau_1$.
4.) $\tau_1 \subset \tau_3$: Zu $s < t$ existieren $f^n \in C_K$ mit Träger in $(s, t + \frac{1}{n})$ so dass $f^n \longrightarrow$
$\mathbb{1}_{(s,t]}$ (Abb. 3.2).

Also lassen sich Elemente aus $\mathcal{E}$ punktweise approximieren durch adaptierte stetige Prozesse. Daraus folgt die Behauptung. $\square$

Bemerkung 3.26 *Die Aussage von Proposition 3.20 lässt sich auf vorhersehbare (statt stetige) lokale Martingale ausdehnen. Es gilt also:*

$$M \in \mathcal{M}_{\text{loc}} \cap \mathcal{V} \text{ und } M \text{ vorhersehbar} \implies M = c \, [P].$$

Beispiele vorhersehbarer Prozesse werden im folgenden Lemma mittels Stoppzeiten konstruiert.

Lemma 3.27 *Seien $\sigma \leq \tau$ Stoppzeiten, X càdlàg, adaptiert. Dann gilt:*

$$f_t(\omega) := \mathbb{1}_{[0, \tau(\omega)]}(t)$$
$$g_t(\omega) := \mathbb{1}_{(\sigma(\omega), \tau(\omega)]}(t)$$
$$h_t(\omega) := X_{\sigma(\omega)}(\omega)\mathbb{1}_{(\sigma(\omega), \tau(\omega)]}(t)$$

sind vorhersehbare Prozesse.

Abb. 3.2 Stetige Approximation

Beweis f, g, h sind linksseitig stetig. Zu zeigen ist „adaptiert".

Zunächst ist

$\{f_t = 1\} = \{t \leq \tau\} \in \mathfrak{A}_t$, da τ eine Stoppzeit ist.

Weiter gilt:

$\{g_t = 1\} = \{\sigma < t\} \cap \{t \leq \tau\} \in \mathfrak{A}_t$.

Also sind f, g adaptiert. Schließlich definieren wir für festes t

$\sigma_n(\omega) := \frac{\lfloor 2^n \sigma(\omega) + 1 \rfloor}{2^n} \wedge t$.

Auf $\{\sigma < t\}$ gilt: $\sigma_n \downarrow \sigma, \sigma_n \leq t$.

Daraus folgt: $h_t(\omega) = \lim_n X_{\sigma_n(\omega)} \mathbb{1}_{\{\sigma(\omega) \leq t\}} \mathbb{1}_{\{\tau(\omega) \geq t\}}$ und es ist $X_{\sigma_n(\omega)} \in \mathcal{L}(\mathfrak{A}_t), \forall n$. Dieses impliziert aber $h_t \in \mathcal{L}(\mathfrak{A}_t)$. $\qquad\square$

Bemerkung 3.28 $\mathcal{O} := \sigma$ *(càdlàg-Prozesse) heißt **optionale σ-Algebra** (σ-Algebra der optionalen Mengen-Prozesse)*

*$\mathcal{P}_r := \sigma$ (progressive messbare Prozesse) heißt **progressive σ-Algebra**.*

Beides sind σ-Algebren auf $\overline{\Omega}$. Es gilt:

$\mathcal{P} \subset \mathcal{O} \subset \mathcal{P}_r \subset \mathfrak{B}_+ \otimes \mathfrak{A}$ (stetig $\rightarrow$ càdlàg $\rightarrow$ progressiv $\rightarrow$ produktmessbar)

$\mathcal{P}$ und $\mathcal{O}$ lassen sich auch von geeigneten stochastischen Intervallen erzeugen.

Es gilt

$\mathcal{P} = \sigma(\{[\![0, T]\!] \,;\, T \text{ Stoppzeit}\} \cup \widehat{\mathfrak{A}_0})$ wobei $\widehat{\mathfrak{A}_0} = \{\{0\} \times A \,;\, A \in \mathfrak{A}_0\}$

$\mathcal{O} = \sigma(\{[\![0, T[\![\,;\, T \text{ Stoppzeit}\}) = \sigma(\{[\![S, T[\![\,;\, S, T \text{ Stoppzeiten}, S \leq T\})$

3.2   Itô-Integral für die Brownsche Bewegung

Ziel dieses Abschnittes ist es, das stochastische Integral für die Brownsche Bewegung einzuführen. Die Brownsche Bewegung hat Pfade unendlicher Variation. Wir können also kein pfadweises Stieltjes-Integral definieren. Ihre Pfade sind jedoch von endlicher quadratischer Variation.

Proposition 3.29 (Quadratische Variation der Brownschen Bewegung) *Sei B eine Brownsche Bewegung, sei (t_i^n), $1 \leq i \leq n$, eine Zerlegung von $[0, T]$ mit $\Delta_n = \max |t_{i+1}^n - t_i^n| \longrightarrow 0$.*

a) Für die Pfade der Brownschen Bewegung gilt

$$V^n := \sum_{i=0}^{n} |B_{t_{i+1}^n} - B_{t_i^n}| \to \infty \text{ fast sicher,}$$

d. h. die Pfade sind P-fast sicher nicht von endlicher Variation.

b) Die Pfade sind P-fast sicher von endlicher quadratischer Variation. Es gilt:

$$Q^n := \sum_{i=0}^{n} (B_{t_{i+1}^n} - B_{t_i^n})^2 \longrightarrow T \text{ fast sicher.}$$

Beweis

b) ist eine bekannte wahrscheinlichkeitstheoretische Eigenschaft der Brownschen Bewegung (vgl. Rüschendorf (2016)).

a) folgt aus b): denn $Q^n \leq \underbrace{\max |B_{t^n_{i+1}} - B_{t^n_i}|}_{\longrightarrow 0} V^n$.

Da $\max |B_{t^n_{i+1}} - B_{t^n_i}| \longrightarrow 0$ P f.s., folgt, dass $V^n \longrightarrow \infty$ P f.s. $\qquad\square$

Bemerkung 3.30 (Eigenschaften der Brownschen Bewegung) *Die folgenden Eigenschaften der Brownschen Bewegung werden im Folgenden häufig verwendet:*

- *Die Pfade der Bronwschen Bewegung sind P-fast sicher nicht von endlicher Variation.*
- *Die Pfade sind aber P-fast sicher von endlicher quadratischer Variation.*
- *Die Brownsche Bewegung hat nirgends differenzierbare Pfade und unabhängige, normalverteilte Zuwächse. Es gilt: $(B_t - B_s)_{t \geq s}$, $\mathfrak{A}_s$ sind unabhängig.*
- *Die Brownsche Bewegung ist ein Martingal.*
- *$(B_t^2 - t)$ ist ein Martingal*

Zunächst definieren wir das stochastische Integral für elementare Prozesse.

Definition 3.31 Stochastisches Integral (in mehreren Schritten)

$$Sei \quad \mathcal{E} = \left\{ f; f_t(\omega) = \sum_{j=1}^{k} U_j(\omega) \mathbb{1}_{(s_{j-1}, s_j]}(t), \right.$$
$$\left. 0 = s_0 < s_1 < \cdots < s_k, \; U_j \in B(\mathfrak{A}_{s_{j-1}}) \right\}$$

die Menge der elementaren vorhersehbaren Prozesse.
*(1) **Integral für Elementarprozesse:** Zu $f \in \mathcal{E}$ definiere das stochastische Integral*

$$\int_0^t f \, dB := \sum_{j=1}^{k} U_j(B_{s_j \wedge t} - B_{s_{j-1} \wedge t}) = \sum_{j=1}^{k} U_j(B_{s_j}^t - B_{s_{j-1}}^t).$$

Grundlegende Eigenschaften dieses Integrals sind in der folgenden Proposition zusammengestellt.

Proposition 3.32 *a) $f, g \in \mathcal{E} \implies \int_0^t (f+g) \, dB = \int_0^t f \, dB + \int_0^t g \, dB$.*
b) $f \in \mathcal{E} \implies Y_t := \int_0^t f_s \, dB_s$ und $Y_t^2 - \int_0^t f_s^2 \, ds$ sind stetige $(\mathfrak{A}_t)$ Martingale.
c) $E \sup_{t \leq T} \left| \int_0^t f_s \, dB_s \right|^2 \leq 4E(\int_0^T f_s^2 \, ds)$

Beweis

a) Folgt direkt nach Definition und gemeinsamer Verfeinerung der Zerlegung des Zeitintervalls.

b) Die Stetigkeit folgt direkt nach Definition.

1.) $E(Y_t \mid \mathfrak{A}_s) = E\left(\int_0^s f_u\, dB_u + \int_s^t f_u\, dB_u \mid \mathfrak{A}_s\right)$,   o.E. seien $s, t \in \{s_j\}$

$$= Y_s + \sum_{\substack{1 \le j \le n \text{ mit} \\ s < s_j, s_{j+1} \le t}} E(U_{s_j}(B_{s_{j+1}} - B_{s_j}) \mid \mathfrak{A}_s).$$

Es ist aber $E(U_{s_j}(B_{s_{j+1}} - B_{s_j}) \mid \mathfrak{A}_s) = E\left(E\left(U_{s_j}(B_{s_{j+1}} - B_{s_j}) \mid \mathfrak{A}_{s_j}\right) \mid \mathfrak{A}_s\right) = E(U_{s_j} E(B_{s_{j+1}} - B_{s_j} \mid \mathfrak{A}_{s_j}) \mid \mathfrak{A}_s) = 0$.

Wegen der Martingaleigenschaft von B folgt daraus $E(Y_t \mid \mathfrak{A}_s) = Y_s$.

2.) $Y_t^2 = \sum_j U_j^2 (B_{s_j \wedge t} - B_{s_{j-1} \wedge t})^2$
$$+ \sum_{j \ne k} U_j U_k (B_{s_j \wedge t} - B_{s_{j-1} \wedge t})(B_{s_k \wedge t} - B_{s_{k-1} \wedge t}).$$

Zu zeigen ist: $E(Y_t^2 \mid \mathfrak{A}_s) - E(\int_0^t f_u^2\, du \mid \mathfrak{A}_s) = Y_s^2 - \int_0^s f_u^2\, du$.

Dazu betrachten wir zunächst

1. gemischter Term: o.E. $s, t \in \{s_j\}$

Falls s_{j-1} oder $s_{k-1} \ge t \Longrightarrow$ die Klammerausdrücke sind 0.

Falls s_{j-1} oder $s_{k-1} \ge s \Longrightarrow E(\cdots \mid \mathfrak{A}_s) = 0$ wegen der Unabhängigkeit der Zuwächse von B.

Falls $s_j, s_k \le s \Longrightarrow$ die Klammerausdrücke sind $\mathfrak{A}_s$ messbar $\Longrightarrow$ der Term bleibt beim Bedingen erhalten.

Ebenso ergibt sich für
$\int_0^t f_u^2\, du = \sum_{s_j \le t} U_j (s_j \wedge t - s_{j-1} \wedge t)$
$$+ \sum_{j \ne k} U_j U_k (s_j \wedge t - s_{j-1} \wedge t)(s_k \wedge t - s_{k-1} \wedge t),$$

dass, falls $s < s_{j-1}, s_{k-1} < t$, die Terme erhalten bleiben.

2. quadr. Terme: Ist $s_{j-1} \ge t$ dann entfällt der quadratische Term.

2a) $s \le a := s_{j-1} < b := s_j \le t$, $U = U_j \in \mathcal{L}(\mathfrak{A}_a)$. Dann gilt:

$$E(U^2(B_b - B_a)^2 \mid \mathfrak{A}_s) = E(E(U^2 \underbrace{(B_b - B_a)^2 \mid \mathfrak{A}_a}_{\text{unabh. Zuwachs.}}) \mid \mathfrak{A}_s)$$

$$= E(U^2(b - a) \mid \mathfrak{A}_s) \sim \text{Anteil von } E\left(\int_o^t f_u^2\, du \mid \mathfrak{A}_s\right)$$

2b) $a < s < b \Longrightarrow$
$$E(U^2(B_b - B_a)^2 \mid \mathfrak{A}_s) = E(U^2(B_b^2 - 2B_b B_a + B_a^2) \mid \mathfrak{A}_s)$$
$$= E(U^2(B_s - B_a)^2 + (b - s) \mid \mathfrak{A}_s), \text{ da } B_t^2 - t \text{ MG.}$$

Das entspricht dem Anteil von $E(U^2(s - a) + b - s \mid \mathfrak{A}_s)$.

2c) $a = s_{j-1} < b = s_j \le s$. Dann ist der Term messbar bzgl. $\mathfrak{A}_s$).

Aus diesen Falluntersuchungen folgt b).

c) (Y_t) ist ein stetiges Martingal. Nach der Doob-Ungleichung folgt dann:

$$E \sup_{t \leq T} Y_t^2 \leq 4E Y_T^2.$$

Nach b) folgt damit

$$E \sup_{t \leq T} |Y_t|^2 \leq 4E Y_T^2 = 4E \int_0^T f_s^2 \, ds. \qquad \square$$

3.2.1 Ausdehnung des Integrals auf L^2-Integranden

Im nächsten Schritt wird das Integral auf vorhersehbare L^2-Integranden ausgedehnt.

Definition 3.33
a) *Sei* $\mathcal{L}^2(B) := \left\{ f \in \mathcal{L}(\mathcal{P}); E \int_0^T f_s^2 \, ds < \infty, \ \forall \, T < \infty \right\}$ *die Klasse der* **L^2-Integranden** *bezüglich der Brownschen Bewegung.*
b) *Definiere das* **Doléans-Maß** μ *auf* $(\overline{\Omega}, \mathcal{P})$
$\mu(C) := E \int_0^\infty \mathbb{1}_C(s, \omega) \, ds, \quad C \in \mathcal{P}$
$\mu_T(C) := E \int_0^T \mathbb{1}_C(s, \omega) \, ds, \quad C \in \mathcal{P}$ *ist das auf* $[0, T] \times \Omega$ *eingeschränkte* **Doléans-Maß**, *wobei der Erwartungswert bzgl. P gebildet wird.*

Bemerkung 3.34
a) $\mu_T \in M_e(\overline{\Omega}, \mathcal{P})$ *ist ein endliches Maß.* μ *ist ein* σ-*endliches Maß und es gilt*

$$\mathcal{L}^2(\mu) = L^2(\mu, \mathcal{P}) \subset \bigcap_{T > 0} L^2(\mu_T) = \mathcal{L}^2(B).$$

b) $\mathcal{E} \subset \mathcal{L}^2(\overline{\Omega}, \mathcal{P}, \mu_T)$ *ist dicht nach Proposition 3.24,* $\forall \, T > 0$.
Für $f \in \mathcal{L}^2(B) = \bigcap \mathcal{L}^2(\mu_T)$ *existieren daher* $f^T \in \mathcal{E}$ *so dass*

$$\int_0^T |f_s^T - f_s|^2 \, d\mu_T = E \int_0^T |f_s^T - f_s|^2 \, ds \leq 2^{-2T}, \quad \forall \, T.$$

Definiere:

$$Y_t^N := \int_0^t f^N \, dB.$$

Y^N *ist ein stetiger Prozess.*
Behauptung: $\exists$ *ein stetiger adaptierter Prozess* $Y = (Y_t)$ *mit*

$$E \sup_{t \leq T} |Y_t^N - Y_t|^2 \xrightarrow[N \to \infty]{} 0, \quad \forall \, T > 0. \qquad (3.2)$$

Beweis Nach Proposition 3.32 gilt

$$E \sup_{t \le T} |Y_t^{N+1} - Y_t^N|^2 \le 4E \int_0^T |f_s^{N+1} - f_s^N|^2 \, ds$$

$$\le 4 \cdot 2 \; E \int_0^T \left((f_s^{N+1} - f_s)^2 + (f_s^N - f_s)^2 \right) ds$$

$$\le 8(2^{-2(N+1)} + 2^{-2N}) \quad \le 16 \cdot 2^{-2N}.$$

Mit obiger Abschätzung erhalten wir $E \sum_{N \ge 1} \sup_{t \le T} |Y_t^{N+1} - Y_t^N| < \infty$.
Damit folgt aber die f.s. Endlichkeit der unendlichen Reihe

$$\sum_{N \ge 1} \sup_{t \le T} |Y_t^{N+1} - Y_t^N|^2 < \infty \; [P].$$

Es gibt also eine Nullmenge A und einen stetigen Prozess Y, so dass $\forall \, \omega \in A^c$:

$$Y_t^N(\omega) \longrightarrow Y_t(\omega) \text{ gleichmäßig auf } [0, T], \quad \forall \, T < \infty.$$

Es reicht eine Folge $T_n \uparrow \infty$ zu betrachten und die abzählbar vielen Ausnahmenull-
mengen zu vereinigen. Damit gilt:

$$E \sup_{t \le T} |Y_t^N - Y_t|^2 \longrightarrow 0, \quad \forall \, T.$$

(2) **Integral für $\mathcal{L}^2(B)$**: Definiere für $f \in \mathcal{L}^2(B) = \bigcap_{T > 0} \mathcal{L}^2(\mu_T)$ das **stochastische
Integral**

$$\int_0^t f \, dB := \lim_{N \to \infty} \int_0^t f^N \, dB = Y_t.$$

Zu zeigen: die Definition ist unabhängig von der approximierenden Folge.
Sei $(g^N) \in \mathcal{E}$ so dass $E \int_0^N |g_s^N - f_s|^2 \, ds \longrightarrow 0$ (Konvergenz in $\mathcal{L}^2(\mu_N)$). Dann
gilt:

$$E \sup_{t \le T} \left| \int_0^t g_s^N \, dB_s - \int_0^t f_s^N \, dB \right|^2 = E \sup_{t \le T} \left| \int_0^t (g_s^N - f_s^N) \, dB \right|^2$$

$$\le 4E \int_0^T (g_s^N - f_s^N)^2 \, ds \longrightarrow 0.$$

Das stochastische Integral $\int_0^t f \, dB$ in (2) ist also eindeutig definiert. $\square$

Proposition 3.35 *Der für $f \in \mathcal{L}^2(B) = \bigcap_{T>0} \mathcal{L}^2(\mu_T)$ definierte Prozess (Y_t) heißt stochastisches Integral von f bzgl. der Brownschen Bewegung B,*

$$Y_t := \int_0^t f_s \, dB_s.$$

Es gelten die Eigenschaften a)–c) aus Proposition 3.32.

Beweis Y ist Martingal als L^1 Limes der Martingale Y^N. Die Eigenschaften a)–c) übertragen sich mit der Approximation in (3.2). $\qquad\square$

Bemerkung 3.36 *a) $Y_t^2 - \int_0^t f_s^2 \, ds \in \mathcal{M}$ ist ein Martingal. Daraus folgt, dass*

$$EY_t^2 = E \int_0^t f_s^2 \, ds = \|f\|_{2,\mu_t}^2.$$

b) Sei $\mathcal{H}^2 := \{Z \in \mathcal{M};\ \underbrace{\sup_{t<\infty} EZ_t^2}_{=EZ_\infty^2} < \infty\}$ Menge der L^2-beschränkten Martingale.

Nach dem Doobschen Konvergenzsatz konvergiert dann $Z_t \longrightarrow Z_\infty$ f.s. in L^2 und es gilt $EZ_\infty^2 = \sup_t EZ_t^2$. Wir definieren nun auf $\mathcal{H}^2$ die Norm

$$\|Z\|_{\mathcal{H}^2} := (EZ_\infty^2)^{1/2}.$$

Dann ist $(\mathcal{H}^2, \|\cdot\|_{\mathcal{H}^2})$ ein Hilbert-Raum. Das stochastische Integral I auf $\mathcal{L}^2(\mu)$,

$$\mathcal{L}^2(\mu) \xrightarrow{I} \mathcal{H}^2, \quad mit\ f \longrightarrow Y := \int_0^{\cdot} f \, dB$$

ist eine Isometrie zwischen Hilbert-Räumen. Dies gilt ebenso für

$$\mathcal{L}^2(\mu_T) \xrightarrow{I} \mathcal{H}_T^2 := \mathcal{M}^2([0,T]) \quad mit\ \|Y\|_{2,\mu_T} = (EY_T^2)^{1/2}.$$

Damit ist ein alternativer natürlicher Weg, das stochastische Integral für Integranden in der kleineren Klasse $\mathcal{L}^2(\mu)$ zu definieren, folgendermaßen:

Schritt 1: Definiere $I(f) = \int f \, dB$ für $f \in \mathcal{E}$ wie gehabt. I ist eine Isometrie von $\mathcal{E} \longrightarrow \mathcal{H}^2$.

Schritt 2: $\mathcal{E}$ ist dicht in $\mathcal{L}^2(\mu)$. Damit hat I eine eindeutige Fortsetzung als Isometrie auf $\mathcal{L}^2(\mu)$, das **stochastische Integral** auf $\mathcal{L}^2(\mu)$.

Für die weitere Ausdehnung des Integralbegriffs ist der Zusammenhang der Integration mit Stoppzeiten von Interesse.

Proposition 3.37 *Sei $f \in \mathcal{L}^2(B)$, $Z_t := \int_0^t f \, dB$ und σ eine Stoppzeit. Dann gilt:*

$$\int_0^t f \mathbb{1}_{[0,\sigma]} \, dB = Z_{t \wedge \sigma} = Z_t^\sigma = \int_0^{t \wedge \sigma} f \, dB. \tag{3.3}$$

Beweis

1) Es reicht, die Aussage für beschränkte Stoppzeiten zu zeigen.

   Denn $\sigma_n := \sigma \wedge n \longrightarrow \sigma$. Damit folgt aber mit majorisierter Konvergenz $Z_{t \wedge \sigma_n} = \int_0^t f \mathbb{1}_{[0,\sigma_n]} \, dB$ konvergiert, denn wegen $f_n \longrightarrow f \mathbb{1}_{[0,\sigma]}$ in $\mathcal{L}^2(\mu_T)$ folgt $\int_0^t \underbrace{f_n}_{=:f_n}$

   $dB \longrightarrow \int_0^t f \mathbb{1}_{[0,\sigma]} \, dB$ in $L^2(P)$ und $Z_{t \wedge \sigma_n} \longrightarrow Y_{t \wedge \sigma}$. Damit folgt die Darstellung in (3.2) für σ.

2) Sei $f \in \mathcal{E}$.

   a) Falls die Stoppzeit σ nur endlich viele Werte hat, folgt die Behauptung nach der Definition des Integrals für $f \in \mathcal{E}$, da $f \mathbb{1}_{[0,\sigma]} = \sum f \mathbb{1}_{[0,\sigma_i]} \mathbb{1}_{\{\sigma = \sigma_i\}} \in \mathcal{E}$.

   b) Ist σ eine beschränkte Stoppzeit, dann definiere $\sigma_m := \frac{\lceil 2^m \sigma \rceil}{2^m}$. Die Stoppzeit σ_m hat endlich viele Werte und $\sigma_m \downarrow \sigma$. Also gilt (3.2) für σ_m.

   Da $f^m := f \mathbb{1}_{[0,\sigma_m]} \longrightarrow f \mathbb{1}_{[0,\sigma]}$ in $\mathcal{L}^2(\mu_T)$ gilt (3.2) auch für σ.

   c) Für $f \in \mathcal{L}^2(B)$ ist $\int_0^t f \, dB = \lim \int_0^t \underbrace{f^N}_{\in \mathcal{E}} \, dB$ und es gilt:

   $$E \sup_{t \leq T} \Big| \underbrace{\int_0^t f \, dB}_{=:Z_t} - \underbrace{\int_0^t f^N \, dB}_{=:Z_t^N} \Big|^2 \longrightarrow 0.$$

   Ist $\sigma \leq T$ dann erhalten wir als Folgerung hieraus

   $$E |Z_{t \wedge \sigma} - Z_{t \wedge \sigma}^N|^2 \longrightarrow 0.$$

   Nach b) ist dann:

   $$Z_{t \wedge \sigma}^N = \int_0^t f^N \mathbb{1}_{[0,\sigma]} \, dB \longrightarrow \int_0^t f \mathbb{1}_{[0,\sigma]} \, dB = Z_{t \wedge \sigma}. \qquad \square$$

Für eine beschränkte Stoppzeit $\sigma \leq T$ definieren wir:

(3) **Integral und Stoppzeiten** $\int_0^\sigma f \, dB := \int_0^T f \mathbb{1}_{[0,\sigma]} \, dB, \quad \forall f \in \mathcal{L}^2(B)$.

Bemerkung 3.38

a) Ausdehnung auf adaptierte Integranden.
   Mit $\widehat{P} := \lambda_{[0,\infty)} \otimes P$ sei
   $\widehat{\mathcal{L}}_b^2(B) := \{g \text{ adaptiert}; \exists f \in \mathcal{L}^2(B) \text{ so dass } \widehat{P}(\{f \neq g\}) = 0\}.$
   *Nach dem **predictable projection Theorem** (einem aufwendigen maßtheoretischen Satz) gilt die Gleichheit*

$$\widehat{\mathcal{L}}^2(B) = \left\{ g \text{ adaptiert}; E \int_0^T g_s^2 \, ds < \infty, \forall \, T \right\}$$
$$= \widehat{\mathcal{L}}^2(\widehat{P}) \text{ die Menge der adaptierten Prozesse in } \mathcal{L}^2(\widehat{P}).$$

Diese Gleichheit ermöglicht die Definition des stochastischen Integrals für adaptierte Integranden. Für diese Funktionsklasse hat Itô in seiner Originalarbeit das stochastische Integral eingeführt.

b) Seien $f, g \in \mathcal{L}^2(B)$ und σ eine Stoppzeit und es gelte: $P(f_t = g_t, \forall \, t \leq \sigma) = 1$. Seien $Y_t := \int_0^t f \, dB$, $Z_t := \int_0^t g \, dB$, dann gilt:

$$Y_t^\sigma = \int_0^t f \mathbb{1}_{[0,\sigma]} \, dB = \int_0^t g \mathbb{1}_{[0,\sigma]} \, dB = Z_t^\sigma \text{ fast sicher}$$

und darüber hinaus $P(Y^\sigma = Z^\sigma) = 1$, da die Prozesse stetig sind.

3.2.2 Konstruktion des Integrals für $\mathcal{L}^0(B)$

Wir konstruieren nun die Ausdehnung des Integrals auf die finale Integrationsklasse $\mathcal{L}^0(B)$.

$$\mathcal{L}^0(B) := \left\{ f \in \mathcal{L}(\mathcal{P}); \int_0^t f_s^2 \, ds < \infty \text{ fast sicher}, \forall \, t < \infty \right\}.$$

Sei $f \in \mathcal{L}^0(B)$ und $\sigma^n := \inf\{t \geq 0; \int_0^t f_s^2 \, ds \geq n\}$. Dann gilt

$$\sigma^n \uparrow \infty, \text{ die Folge der Stoppzeiten konvergiert gegen } \infty.$$

Mit $f_t^n := f_t \mathbb{1}_{[0,\sigma^n]}(t)$ ist $\int_0^T (f_t^n)^2 \, dt \leq n$ für alle T, also ist $f^n \in \mathcal{L}^2(B)$.

Sei $Z_t^n := \int_0^t f^n \, dB \in \mathcal{M}_c$. Nach Bemerkung 3.38 *b)* mit $\sigma := \sigma^n$, $f := f^n$, $g := f^{n+1}$ gilt

$$P(Z_t^n = Z_{t \wedge \sigma^n}^{n+1}, \forall \, t) = 1.$$

Damit ist

$$Z_t(\omega) := \begin{cases} Z_t^n(\omega), & \sigma^{n-1}(\omega) < t \leq \sigma^n(\omega) \\ 0, & \text{sonst} \end{cases} \tag{3.4}$$

wohldefiniert und nach Proposition 3.37 gilt:

$$Z_{t \wedge \sigma^n} = Z_t^n = Z_t^{\sigma^n}.$$

Daher ist $Z = (Z_t) \in \mathcal{M}_{\mathrm{loc},c}$ mit lokalisierender Folge (σ^n).
   Weiter ist

$$X_t := Z_t^2 - \int_0^t f_s^2 \, ds \in \mathcal{M}_{\mathrm{loc},c},$$

da $X_{t \wedge \sigma^n} = (Z_t^n)^2 - \int_0^t (f_s^n)^2 \, ds \in \mathcal{M}_c$.
   Ist σ eine Stoppzeit so dass $f \mathbb{1}_{[0,\sigma]} \in \mathcal{L}^2(B)$ dann folgt nach Proposition 3.37

$$Z_{t \wedge \sigma}^n = \int_0^t f \mathbb{1}_{[0,\sigma]} \mathbb{1}_{[0,\sigma^n]} \, dB$$

Daraus folgt,

$$P\left(Z_{t \wedge \sigma} = \int_0^t f \mathbb{1}_{[0,\sigma]} \, dB, \forall t \right) = 1. \tag{3.5}$$

Denn nach (3.4) gilt:

$$Z_{t \wedge \sigma} = Z_{t \wedge \sigma}^n \qquad\qquad \text{falls } \sigma^{n-1} < t \wedge \sigma \leq \sigma^n,$$

$$= \int_0^t f \mathbb{1}_{[0,\sigma]} \mathbb{1}_{[0,\sigma^n]} \, dB \qquad \text{da } t \wedge \sigma \leq \sigma^n$$

$$= \int_0^t f \mathbb{1}_{[0,\sigma]} \, dB,$$

unabhängig von n und wohldefiniert, da $f \mathbb{1}_{[0,\sigma]} \in \mathcal{L}^2(B)$.
   Damit definieren wir für $f \in \mathcal{L}^0(B)$:
(4) **Integral für $\mathcal{L}^0(B)$:** Der Prozess (Z_t) definiert in (3.4) heißt stochastisches
Integral von f,

$$Z_t =: \int_0^t f \, dB.$$

Proposition 3.39 *Sei $f, g \in \mathcal{L}^0(B)$, dann gilt:*

a) $\displaystyle\int_0^t (f + g) \, dB = \int_0^t f \, dB + \int_0^t g \, dB$

b) $\displaystyle Y_t := \int_0^t f \, dB \in \mathcal{M}_{\mathrm{loc},c}$ *und* $\displaystyle X_t := Y_t^2 - \int_0^t f_s^2 \, ds \in \mathcal{M}_{\mathrm{loc},c}$

c) $\forall \lambda > 0, \varepsilon > 0$ gilt:

$$P\left(\sup_{t \leq T}\left|\int_0^t f \, dB\right| > \lambda\right) \leq 4\frac{\varepsilon}{\lambda^2} + P\left(\int_0^t f_s^2 \, ds > \varepsilon\right)$$

d) Gilt für $f^n, f \in \mathcal{L}^0(B), \int_0^T |f_s^n - f_s|^2 \, ds \xrightarrow{P} 0$, dann folgt:

$$\sup_{0 \leq t \leq T}\left|\int_0^t f_s^n \, dB_s - \int_0^t f_s \, dB_s\right| \xrightarrow{P} 0.$$

Es gilt also gleichmäßige stochastische Konvergenz auf Kompakta.

d) Sei $Y_t = \int_0^t f \, dB$ und σ eine Stoppzeit, dann gilt:

$$\int_0^t f \mathbb{1}_{[0,\sigma]} \, dB = Y_{t \wedge \sigma}.$$

Beweis

a), b) folgt aus der Definition mit lokalisierender Folge σ^n.

c)   Sei $\sigma := \inf\{t \geq 0; \int_0^t f_s^2 \, ds \geq \varepsilon\}$ dann ist $f\mathbb{1}_{[0,\sigma]} \in \mathcal{L}^2(B)$.

$$P\left(\sup_{t \leq T}\left|\underbrace{\int_0^t f \, dB}_{=:Z_t}\right| > \lambda\right) \leq P(\sigma < T) + P(\sup_{t \leq T \wedge \sigma} |Z_t| > \lambda, \sigma \geq T)$$

$$\leq P(\sigma < T) + P(\sup_{t \leq T} |Z_{t \wedge \sigma}| > \lambda)$$

$$\leq P(\sigma \leq T) + P\left(\sup_{t \leq T}\left|\int_0^t f\mathbb{1}_{[0,\sigma]} \, dB\right| > \lambda\right)$$

mit der Doob-Ungleichung, Satz 3.13 $\leq P(\sigma \leq T) + \dfrac{1}{\lambda^2} E \sup_{t \leq T}\left|\int_0^t \underbrace{f\mathbb{1}_{[0,\sigma]}}_{\in \mathcal{L}^2(B)} \, dB\right|^2$

mit Prop. 3.32 bzw. Prop. 3.35 $\leq P(\sigma \leq T) + 4\dfrac{1}{\lambda^2} E \int_0^{T \wedge \sigma} f_s^2 \, ds$

nach Definition von σ $\leq P(\sigma \leq T) + 4\dfrac{\varepsilon}{\lambda^2}$

$$= P\left(\int_0^T f_s^2 \, ds > \varepsilon\right) + 4\dfrac{\varepsilon}{\lambda^2}.$$

d) folgt aus c).

e) Sei $Y_t^n := \int_0^t \underbrace{f\mathbb{1}_{[0,\sigma^n]}}_{\in \mathcal{L}^2(B)} \, dB$ eine approximierende Folge. Dann ist

$$Y_{t \wedge \sigma}^n = \int_0^t \underbrace{f\mathbb{1}_{[0,\sigma]}\mathbb{1}_{[0,\sigma^n]}}_{\in \mathcal{L}^2(B)} \, dB.$$

Es gilt $Y_{t \wedge \sigma}^n \longrightarrow Y_{t \wedge \sigma}$ und $\int_0^t f\mathbb{1}_{[0,\sigma]}\mathbb{1}_{[0,\sigma^n]} \, dB \longrightarrow \int_0^t f\mathbb{1}_{[0,\sigma]} \, dB$ nach der Definition des Integrals. Daraus folgt aber die Behauptung. $\qquad \square$

Lemma 3.40 *Sei* $U \in L(\mathfrak{A}_u), u < r$. *Definiere:* $h_t := U\mathbb{1}_{(u,r]}(t)$ ($\notin \mathcal{E}$, *da* U *nicht beschränkt ist.*)
    Dann gilt

$$h \in \mathcal{L}^0(B) \ und \ \int_0^t h \, dB = U(B_{r\wedge t} - B_{u\wedge t}).$$

Beweis Sei $h_t^n := U\mathbb{1}_{(U \leq n)}\mathbb{1}_{(u,r]}(t)$. Dann ist $h^n \in \mathcal{E}$ und

$$\int_0^t h_t^n \, dB = U\mathbb{1}_{(U \leq n)}(B_{r\wedge t} - B_{u\wedge t}).$$

Es gilt: $\int_0^t |h_s^n - h_s|^2 \, ds = U^2\mathbb{1}_{(U>n)} \int_0^t \mathbb{1}_{(u,r]}(s) \, ds \xrightarrow{P} 0$. Nach Proposition 3.39 folgt die Behauptung. $\qquad\qquad\square$

Wir können nun das folgende Approximationsresultat herleiten.

Satz 3.41 (Riemann-Approximation) *Sei* f *ein im Riemann'schen Sinne quadratintegrierbarer, linksseitig stetiger, adaptierter Prozess, dann gilt mit* $\Delta = \{0 = s_0 < s_1 < \cdots < s_k = t\}$, $|\Delta| := \max |s_{i+1} - s_i|$

$$\int_0^t f \, dB = \lim_{|\Delta| \longrightarrow 0} \sum_{i=0}^{k-1} f_{s_i}(B_{s_{i+1}} - B_{s_i}) \quad (stoch. \ Konvergenz).$$

Beweis Sei $f^\Delta := \sum_{i=1}^k f_{s_i}\mathbb{1}_{(s_i,s_{i+1}]}$ (die f_{s_i} sind nicht beschränkt). Dann gilt nach Lemma 3.40 $\int_0^t f^\Delta \, dB = \sum_i f_{s_i}(B_{s_{i+1}} - B_{s_i})$. Nach den Eigenschaften des üblichen Riemann-Integrals gilt $\int_0^t |f_s^\Delta - f_s|^2 \, ds \xrightarrow{P} 0$ und damit folgt nach Proposition 3.39 d) die Behauptung. $\qquad\square$

Beispiel 3.42 *Es gilt* $B \in \mathcal{L}^2(B)$ *und*

$$\int_0^T B_s \, dB_s = \frac{1}{2}(B_T^2 - T).$$

Beweis: *Sei* $\Delta_n = \{0 = t_0^n < \cdots < t_k^n\}, k = 2^n, t_i^n = \frac{i}{2^n}T$. *Mit Satz 3.41 über die Riemann-Approximation gilt:*

$$\sum_{i=0}^{2^n-1} \underbrace{B_{t_i^n}}_{=:a} \big(\underbrace{B_{t_{i+1}^n}}_{=:b} - \underbrace{B_{t_i^n}}_{=:a} \big) \xrightarrow{P} \int_0^T B_s \, dB_s.$$

Wegen $a(b - a) = \frac{1}{2}(b^2 - a^2 - (b - a)^2)$ ist die linke Seite gleich:

$$\frac{1}{2} \sum_{i=0}^{2^n-1} \left(B^2_{t^n_{i+1}} - B^2_{t^n_i} - (B_{t^n_{i+1}} - B_{t^n_i})^2 \right)$$

$$= \frac{1}{2}(B^2_T - Q^n_T) \; mit \; Q^n_T := \sum_{i=0}^{2^n-1} (B_{t^n_{i+1}} - B_{t^n_i})^2 \longrightarrow T.$$

Die rechte Seite ist gerade die quadratische Variation von B: $\langle B \rangle_T = T$.
Wir erhalten also: $\int_0^T B_s \, dB_s = \frac{1}{2}(B^2_T - T)$.
Als Konsequenz ergibt sich:

$$B^2_t = 2 \int_0^t B_s \, dB_s + t$$

ist die Zerlegung des Submartingals B^2_t in ein Martingal und einen vorhersehbaren Prozess endlicher Variation. □

Wir führen nun zum Abschluss dieses Abschnitts noch unendliche Integrale ein.

Satz 3.43 *Sei $f \in \mathcal{L}(\mathcal{P})$, $\int_0^\infty f_s^2 \, ds < \infty$ fast sicher. Dann existiert eine Zufallsvariable Z_∞, so dass*

$$Z_t := \int_0^t f \, dB \xrightarrow{P} Z_\infty \quad f\ddot{u}r \; t \longrightarrow \infty.$$

Wir definieren das unendliche Integral durch
(5) **Integral für unendliche Intervalle:** $\qquad \int_0^\infty f \, dB := Z_\infty$.

Beweis Sei $t \geq u$ und $g := f \mathbb{1}_{[u,\infty)}$, dann ist

$$\int_0^t g \, dB = Z_t - Z_u = \int_0^t f \, dB - \int_0^u f \, dB.$$

Aus Proposition 3.39 c) erhalten wir

$$P(|Z_t - Z_u| > \delta) \leq 4\frac{\varepsilon}{\delta^2} + P\left(\int_u^t f_s^2 \, ds > \varepsilon \right).$$

Zu $\varepsilon > 0$, $\delta > 0$ sei $\eta > 0$, so dass $\frac{\varepsilon}{\delta^2} < \frac{\eta}{8}$. Dann wähle $t_0 > 0$ so, dass $\forall u$ mit $t_0 < u < t$:

$$P\left(\int_u^t f_s^2 \, ds > \varepsilon \right) \leq \frac{\eta}{2}.$$

Dann folgt

$$P(|Z_t - Z_u| > \delta) \leq \eta, \quad \forall u \text{ mit } t_0 < u \leq t.$$

Nach dem Cauchy-Kriterium für stochastische Konvergenz existiert dann ein Limes Z_∞,

$$Z_t \xrightarrow{P} Z_\infty \text{ für } t \longrightarrow \infty. \qquad \square$$

Damit lässt sich das Integral auch für beliebige Stoppgrenzen einführen.

Bemerkung 3.44 *Sei τ Stoppzeit, $f \in \mathcal{L}(\mathcal{P})$, $\int_0^\tau f_s^2 \, ds < \infty$, dann gilt:*

$$\int_0^t f \mathbb{1}_{[0,\tau]} \, dB \xrightarrow{P} \int_0^\infty f \mathbb{1}_{[0,\tau]} \, dB.$$

Also für eine Stoppzeit τ und für $f \in \mathcal{L}(\mathcal{P})$, so dass

$$\int_0^\tau f_s^2 \, ds < \infty \tag{3.6}$$

definieren wir nun

(6) **Integral für pfadweise $\mathcal{L}^2$-Prozesse:** $\quad \int_0^\tau f \, dB := \int_0^\infty f \mathbb{1}_{[0,\tau]} \, dB.$
Die Bedingung (3.6) gilt für $f \in \mathcal{L}^0(B)$, falls τ eine endliche Stoppzeit ist, oder falls $\int_0^\tau f_s^2 \, ds < \infty$ und τ eine beliebige Stoppzeit ist.

Wir erhalten nun als Konsequenz aus obigen Überlegungen das Optional Sampling Theorem für stochastische Intergrale.

Satz 3.45 (Optional Sampling Theorem für lokale Martingale) *Sei $f \in \mathcal{L}^0(B)$, $Y_t := \int_0^t f_s \, dB_s$ und τ eine Stoppzeit mit $E \int_0^\tau f_s^2 \, ds < \infty$. Dann folgt:*

$$EY_\tau = 0, \quad EY_\tau^2 = E \int_0^\tau f_s^2 \, ds < \infty.$$

Ist inbesondere $E\tau < \infty$ dann gilt mit $f \equiv 1$:

$$EB_\tau = 0, \quad EB_\tau^2 = E\tau.$$

Beweis Sei $Z_t := \int_0^t f \underbrace{\mathbb{1}_{[0,\tau]}}_{\in \mathcal{L}^2(B)} \, dB$, dann gilt nach Satz 3.43 und nach der Definition in (6)

$$I := \int_0^\tau f \, dB = \lim_{t \longrightarrow \infty} Z_t \quad \text{(stochastischer Limes)}.$$

Es reicht zu zeigen: $Z_t \xrightarrow{L^2} I$, denn:

$$EZ_t = 0, \qquad EZ_t^2 = 1 = E \int_0^{t \wedge \tau} f_s^2 \, ds.$$

Daraus folgt mit L^2-Konvergenz:

$$EI = 0, \qquad EI^2 = \int_0^\tau f_s^2 \, ds$$

also die Behauptung. Es gilt mit majorisierter Konvergenz:

$$E(Z_t - Z_s)^2 = E \int_s^t f_u^2 \mathbb{1}_{[0,\tau]}(u) \, du = E \int_{s \wedge \tau}^{t \wedge \tau} f_u^2 \, du \xrightarrow{s,t \to \infty} 0.$$

Also ist (Z_t) Cauchy-Netz in L^2 und daher existiert ein Limes in I von Z_t in L^2,

$$Z_t \xrightarrow{L^2} I. \qquad \square$$

Bemerkung 3.46 (Integralkonstruktion) *Für die Konstruktion des stochastischen Integrals bezüglich der Brownsche Bewegung wurden wesentlich die Maximalunglei-chung für Martingale sowie die Martingaleigenschaft von (B_t) sowie von $(B_t^2 - t)$ verwendet. Für stetige Martingale $M \in \mathcal{M}_c$ lässt sich dieser Prozess analog durch-führen.*

Gilt $M \in \mathcal{M}_c^2$ und ist $(M_t^2 - A_t) \in \mathcal{M}_c$ mit $A \in \mathcal{V}_+$, dann lässt sich das sto-chastische Integral $\int_0^t f \, dM$ analog zu dem für die Brownsche Bewegung erklären, wenn $E \int_o^T f_s^2 \, dA_s < \infty$. Für diese Prozessklasse wurde das Integral von Kunita und Watanabe (1967) eingeführt. Wir werden die Definition des stochastischen Integrals im folgenden Kapitel auf diese Klasse von Integratoren verallgemeinern.

3.3 Quadratische Variation von stetigen lokalen Martingalen

Für Prozesse $A \in \mathcal{V}$ und adaptierte lokal beschränkte, progressiv messbare Inte-granden X lässt sich das Integral $(X \cdot A)_t := \int_0^t X_s \, dA_s$ als stochastisches Stieltjes-Integral definieren und es gilt:

$$X \cdot A \text{ ist adaptiert und } X \cdot A \in \mathcal{V}.$$

Ist X càdlàg, dann sind obige Bedingungen erfüllt. X ist lokal beschränkt und pro-gressiv messbar. Unser Ziel ist es das Integral $X \cdot M$ für stetige Martingale M einzu-führen. Wie für die Brownsche Bewegung ist dazu die Endlichkeit der quadratischen Variation von M erforderlich.

Definition 3.47 $X = (X_t)$ *heißt Prozess von* **endlicher quadratischer Variation,**
wenn
$\exists A \in \mathcal{V}^+$, *so dass* $\forall\, t > 0$

$$T_t^\Delta := T_t^\Delta(X) = \sum_i (X_{t_{i+1} \wedge t} - X_{t_i \wedge t})^2 \overset{P}{\longrightarrow} A_t,$$

für alle Zerlegungen (t_i) *von* $\mathbb{R}_+$ *mit* $|\Delta| \longrightarrow 0$.
$A_t := [X]_t$ *heißt quadratischer Variationsprozess.*

Bemerkung 3.48 *Für die Brownsche Bewegung ist die quadratische Variation*

$$[B]_t = t \qquad \text{und es gilt } B_t^2 - t \in \mathcal{M}.$$

B ist nicht von endlicher Variation aber von endlicher quadratischer Variation.

Der folgende grundlegende Satz stellt die endliche Variation von stetigen beschränkten Martigalen sicher.

Satz 3.49
a) *Jedes stetige beschränkte Martingal M ist von endlicher quadratischer Variation
   und* $[M] \in \mathcal{V}_c^+$, *d. h. der Variationsprozess ist nichtnegativ, wachsend und stetig.*
b) *Es gibt einen eindeutigen, stetigen, adaptierten Prozess* $A \in \mathcal{V}^+$ *mit* $A_0 := 0$ *so
   dass*

$$M^2 - A \in \mathcal{M}_c.$$

$A =: \langle M \rangle$ *heißt* **vorhersehbare quadratische Variation** *von M. Die Eindeutigkeit
gilt auch in der Klasse* $\mathcal{P} \cap \mathcal{V}^+$ *der vorhersehbaren und wachsenden Prozesse.*
c) *Es gilt:* $[M] = \langle M \rangle$.

Beweis Wir beweisen zunächst die Eindeutigkeit in b).

b) **Eindeutigkeit**
   Seinen $A, B \in \mathcal{V}_c^+$, $A_0 = B_0 = 0$ und $M^2 - A$, $M^2 - B \in \mathcal{M}_c$. Dann folgt $A -
   B \in \mathcal{M}_c \cap \mathcal{V}$, und $A_0 = B_0 = 0$. Nach Proposition 3.20 folgt dann $A = B$. Die
   Eindeutigkeit gilt auch in der Klasse der vorhersehbaren Elemente in $\mathcal{V}^+$.
a) **Existenz und Endlichkeit der quadratischen Variation:**
   Der Beweis gliedert sich in mehrere Schritte.
   1. Schritt:
   $M_t^2 - T_t^\Delta(M) \in \mathcal{M}_c$
   Beweis: Sei $t_i < s \le t_{i+1}$, dann folgt:
   $E\big((M_{t_{i+1}} - M_{t_i})^2 \mid \mathfrak{A}_s\big) = E\big((M_{t_{i+1}} - M_s)^2 \mid \mathfrak{A}_s\big) + (M_s - M_{t_i})^2.$

Der gemischte Term fällt wegen der Martingaleigenschaft weg.
Seien $s < t, t_i < s \leq t_{i+1} < \cdots < t_{i+k} < t \leq t_{i+k+1}$. Dann folgt

$$E\big(T_t^\Delta(M) - T_s^\Delta(M) \mid \mathfrak{A}_s\big) \tag{3.7}$$

$$= \sum_{j=1}^{\infty} E\big((M_{t_j \wedge t} - M_{t_{j-1} \wedge t})^2 - (M_{t_j \wedge s} - M_{t_{j-1} \wedge s})^2 \mid \mathfrak{A}_s\big)$$

$$= \sum_{l=0}^{k} E\big((M_{t_{i+l+1} \wedge t} - M_{t_{i+l} \wedge t})^2 - (M_{t_{i+l+1} \wedge s} - M_{t_{i+l} \wedge s})^2 \mid \mathfrak{A}_s\big)$$

$$= \sum_{l=1}^{k} E\big((M_{t_{i+l+1} \wedge t} - M_{t_{i+l} \wedge t})^2 \mid \mathfrak{A}_s\big) + E\big((M_{t_{i+1}} - M_{t_i})^2 - (M_s - M_{t_i})^2 \mid \mathfrak{A}_s\big)$$

$$= E(M_t^2 - M_{t_{i+1}}^2 + (M_{t_{i+1}}^2 - M_s^2) \mid \mathfrak{A}_s) \quad \text{wegen der Martingaleigenschaft}$$

$$= E\big(M_t^2 - M_s^2 \mid \mathfrak{A}_s\big).$$

Daraus folgt $M_t^2 - T_t^\Delta(M) \in \mathcal{M}_c$.

2. Schritt:
Im zweiten Schritt ist es unser Ziel zu zeigen, dass für $a > 0$, und eine Zerlegung Δ_n von $[0, a]$ mit $|\Delta_n| \longrightarrow 0$ gilt, dass $T_a^{\Delta_n}$ einen Limes in L^2 hat:

$$T_a^{\Delta_n} \xrightarrow{L^2} [M]_a.$$

Behauptung: $(T_a^{\Delta_n})$ ist eine Cauchy-Folge in L^2.
Dazu seien Δ, Δ' Zerlegungen. Dann ist nach (3.7)
$X := T^\Delta - T^{\Delta'} \in \mathcal{M}_c$. Daraus folgt nach dem ersten Schritt angewendet auf X

$$EX_a^2 = E(T_a^\Delta - T_a^{\Delta'})^2 = ET_a^{\Delta\Delta'}(X),$$

wobei $\Delta\Delta'$ die gemeinsame Verfeinerung von Δ und Δ' bezeichnet. Damit gilt:

$$EX_a^2 \leq 2 \cdot E\big(T_a^{\Delta\Delta'} T^\Delta + T_a^{\Delta\Delta'} T^{\Delta'}\big),$$

da $(x + y)^2 \leq 2(x^2 + y^2)$.
Also reicht es zu zeigen:
a) $ET_a^{\Delta\Delta'} T^\Delta \longrightarrow 0$ für $|\Delta| + |\Delta'| \longrightarrow 0$.
Sei $s_k \in \Delta\Delta'$ und $t_l \in \Delta$ größter Punkt in Δ vor s_k, so dass $\underbrace{t_l}_{\in \Delta} \leq s_k \leq s_{k+1} \leq \underbrace{t_{l+1}}_{\Delta}$.

Dann gilt:

$$T_{s_{k+1}}^\Delta - T_{s_k}^\Delta = (M_{s_{k+1}} - M_{t_l})^2 - (M_{s_k} - M_{t_l})^2$$

$$= (M_{s_{k+1}} - M_{s_k})(M_{s_{k+1}} + M_{s_k} - 2M_{t_l}).$$

Daraus folgt:

$$T_a^{\Delta\Delta'} T^{\Delta} \leq \sup_k |M_{s_{k+1}} + M_{s_k} - 2M_{t_l}|^2 T_a^{\Delta\Delta'}(M).$$

Mit Cauchy-Schwarz folgt daraus:

$$ET_a^{\Delta\Delta'} T^{\Delta} \leq \big(E\underbrace{\sup_k |M_{s_{k+1}} + M_{s_k} - 2M_{t_l}|^2}_{=:a \quad \Delta\Delta' \longrightarrow 0}\big)^{\frac{1}{2}} \big(E(T_a^{\Delta\Delta'}(M))^2\big)^{\frac{1}{2}}$$

Es gilt: $a_{\Delta\Delta} \longrightarrow 0$ falls $|\Delta| + |\Delta'| \longrightarrow 0$. Denn M ist stetig also gleichmäßig stetig auf Kompakta.

Zu zeigen ist nun im nächsten Schritt:
b) $(E(T_a^{\Delta\Delta'}(M)^2)^{\frac{1}{2}}$ ist beschränkt unabhängig von Δ, Δ'.

Ohne Einschränkungen sei: $a := t_n$, und wir schreiben Δ anstelle von $\Delta\Delta'$. Es gilt:

$$(T_a^{\Delta})^2 = \left(\sum_{k=1}^n (M_{t_k} - M_{t_{k-1}})^2\right)^2$$

$$= 2\sum_{k+1}^n \underbrace{(T_a^{\Delta} - T_{t_k}^{\Delta})}_{\sum_{l>k}(M_{t_l} - M_{t_{l-1}})^2} \underbrace{(T_{t_k}^{\Delta} - T_{t_{k-1}}^{\Delta})}_{(M_{t_k} - M_{t_{k-1}})^2} + \sum_k (M_{t_k} - M_{t_{k-1}})^4$$

Nach dem 1. Schritt folgt
$E(T_a^{\Delta} - T_{t_k}^{\Delta} \mid \mathfrak{A}_{t_k}) = E\big((M_a - M_{t_k})^2 \mid \mathfrak{A}_k\big)$ da M Martingal.
Damit erhält man nach Bedingung unter $\mathfrak{A}_{t_k}$
c) $E(T_a^{\Delta})^2 = 2\sum_{k=1}^n E[(M_a - M_{t_k})^2 (T_{t_k}^{\Delta} - T_{t_{k-1}}^{\Delta})] + \sum_{k+1}^n E(M_{t_k} - M_{t_{k-1}})^4$
$\leq E\big[(2\underbrace{\sup_k |M_a - M_{t_k}|^2}_{\leq 4C^2} + \underbrace{\sup |M_{t_k} - M_{t_{k-1}}|^2}_{\leq 4C^2})\underbrace{T_a^{\Delta}}_{\text{wachsend}}\big]$
$\leq 12C^2 ET_a^{\Delta} \leq 12C^4$ da $ET_a^{\Delta} \overset{1.)}{=} EM_a^2 \leq C^2$.
Damit folgt b).
Mit der Doob-Ungleichung für Martingale angewendet auf $T^{\Delta_n} - T^{\Delta_m}$ folgt:
d) $E\sup_{t\leq a} |T_t^{\Delta_n} - T_t^{\Delta_m}|^2 \leq 4E(T_a^{\Delta_n} - T_a^{\Delta_m})^2 \longrightarrow 0$ für $|\Delta_n| \longrightarrow 0$ nach 2.), 2.a), 2.c). Daraus folgt die Behauptung 2.):
$(T_a^{\Delta_n})$ ist eine Cauchy-Folge und hat einen Limes in L^2 unabhängig von der Zerlegung, $T_a^{\Delta_n} \overset{L^2}{\longrightarrow} A_a = [M]_a$.

3. Schritt: Eigenschaften von $[M]$:

a) $M^2 - [M] \in \mathcal{M}$, ist ein Martingal, denn $T_t^{\Delta_n} - T_t^{\Delta_m} \in \mathcal{M}$ und $T_t^{\Delta_m} \xrightarrow{L^2}$ $[M]_t$ für $|\Delta_m| \longrightarrow 0$. Daraus folgt für $|\Delta_m| \longrightarrow 0$ Konvergenz in L^1 und damit gilt

$$T_t^{\Delta_n} - [M]_t \in \mathcal{M}.$$

Nach dem 1. Schritt ist also $M^2 - [M] \in \mathcal{M}$.
b) $[M]$ ist stetig.
Denn nach der Doob-Ungleichung ist
$E \sup_{t \leq a} |T_t^{\Delta_n} - [M]_t|^2 \leq 4E |T_a^{\Delta_n} - [M]_a|^2 \longrightarrow 0$.
Also existiert eine Teilfolge $(n_k): \sup_{t \leq a} |T_t^{\Delta_{n_k}} - [M]_t| \longrightarrow 0$ fast sicher (gleichmäßige Konvergenz).
Daraus folgt $[M]_t$ ist stetig.

c) $[M]_t \subset \mathcal{V}_c^+$ ist wachsend.
Denn ohne Einschränkung ist Δ_{n+1} Verfeinerung von Δ_n. $\bigcup \Delta_n$, ist dicht in $[0, a]$. Dann ist $T_s^{\Delta_n} \leq T_t^{\Delta_n}$, $s \leq t$, $s, t \in \Delta_n$. Damit folgt:
$[M]_t$ ist wachsend auf $\bigcup \Delta_n$, also auch auf $[0, a]$, da stetig.
3.a), b), c) $\Longrightarrow$ Der quadratische Variationsprozess $[M]$ ist der eindeutige stetige Prozess A, so dass $M^2 - A \in \mathcal{M}_c$. Damit gilt, dass $[M]$ gleich der vorhersehbaren quadratischen Variation ist.

$$[M] = \langle M \rangle. \qquad \square$$

Für nicht stetige Martingale wird sich später zeigen, dass die quadratische Variation und die vorhersehbare quadratische Variation unterschiedliche Prozesse sind.
    Zur Ausdehnung von Satz 3.49 auf nicht-beschränkte Prozesse benötigen wir den folgenden Zusammenhang mit Stoppzeiten.

Proposition 3.50 *Ist τ eine Stoppzeit, und $M \in \mathcal{M}_c$ beschränkt, dann gilt*

$$\langle M^\tau \rangle = \langle M \rangle^\tau.$$

Beweis Es ist: $M^2 - \langle M \rangle \in \mathcal{M}_c$. Die Martingaleigenschaft bleibt beim Stoppen erhalten. Damit folgt nach Korollar 3.12
$M_{t \wedge \tau}^2 - \langle M \rangle_{t \wedge \tau} \in \mathcal{M}_c$ also $(M^\tau)^2 - \langle M \rangle^\tau \in \mathcal{M}_c$.
Wegen der Eindeutigkeit der vorhersehbaren quadratischen Variation aus Satz 3.49 folgt:

$$\langle M^\tau \rangle = \langle M \rangle^\tau. \qquad \square$$

Bemerkung 3.51 (Lokalisieren)

a) *Es gilt: $X \in \mathcal{M}_{\text{loc}} \Longleftrightarrow \exists (\tau_n)$ Folge von Stoppzeiten mit $\tau_n \uparrow \infty$, so dass X^{τ_n} gleichgradig integrierbares Martingal ist.*
   Denn sei (τ_n) eine lokalisierende Folge. Dann definiert $\sigma_n = \tau_n \wedge n$ eine lokalisierende Folge so dass X^{σ_n} ein gleichgradig integrierbares Martingal ist.
   Für $M \in \mathcal{M}_{\text{loc},c}$, sei $S_n := \inf\{t : |M_t| \geq n\}$. Durch den Übergang von τ_n zu $\tau_n \wedge S_n$, erhält man eine lokalisierende Folge (τ_n), so dass (M^{τ_n}) sogar ein gleichgradig integrierbares beschränktes Martingal ist. Durch Lokalisieren kann man also für $M \in \mathcal{M}_{\text{loc},c}$ ohne Einschränkung gleichgradige Integrierbarkeit und Beschränktheit voraussetzen.

b) *Es gibt Beispiele gleichgradig integrierbarer lokaler Martingale, die nicht Martingale sind.*

c) *Sei $M = (M_n)$ diskretes Martingal, $\varphi = (\varphi_n)$ vorhersehbar. Dann ist die Martingaltransformation*

$$\varphi \cdot M = \left((\varphi \cdot M)_n \right) \ \text{mit} \ (\varphi \cdot M)_n = \sum_{k=1}^{n} \varphi_k (M_k - M_{k-1})$$

ein lokales Martingal, $\varphi \cdot M \in \mathcal{M}_{\text{loc}}$.
Dieses ist in Analogie zum stochastischen Integral in stetiger Zeit:
Ist $f \in \mathcal{L}^0(B)$, dann ist $(f \cdot B)_t = \int_0^t f \, \mathrm{d}B_s \in \mathcal{M}_{\text{loc}}$ ein lokales Martingal.

Die folgenden Begriffe beschreiben den Unterschied zwischen lokaler Martingaleigenschaft und der Martingaleigenschaft.

Definition 3.52 *Sei X ein adaptierter Prozess*

a) *X heißt Prozess der Klasse (D) (**Dirichlet-Klasse**),*
   falls $\{X_\tau; \tau \text{ endliche Stoppzeit}\}$ gleichgradig integrierbar ist.

b) *X heißt Prozess der Klasse (DL) (**lokale Dirichlet-Klasse**),*
   falls $\forall a > 0 : \{X_\tau; \tau \text{ Stoppzeit}, \tau \leq a\}$ gleichgradig integrierbar ist.

Satz 3.53 *Wenn X ein lokales Martingal ist, dann gilt:*

a) *$X \in \mathcal{M} \Longleftrightarrow X$ ist von der Klasse (DL)*

b) *X ist ein gleichgradig integrierbares Martingal $\Longleftrightarrow X$ ist von der Klasse (D)*

Beweis

a) „$\Longrightarrow$": Sei $X \in \mathcal{M}$ und $\tau \in \gamma^a$, d.h. τ ist eine Stoppzeit und $\tau \leq a$. Dann folgt nach dem Optional Sampling Theorem

$$X_\tau = E(X_a \mid \mathfrak{A}_\tau).$$

Dieses impliziert aber die gleichgradige Integrierbarkeit von $\{X_\tau ; \tau \in \gamma^a\}$.
„$\Longleftarrow$": Sei $X \in DL$ und (τ_n) eine lokalisierende Folge für X, so dass X^{τ_n} gleichgradig integrierbares Martingal ist. Dann gilt

$$X_{s \wedge \tau_n} = X_s^{\tau_n} = E(X_t^{\tau_n} \mid \mathfrak{A}_s) = E(X_{t \wedge \tau_n} \mid \mathfrak{A}_s).$$

Da $\tau_n \uparrow \infty$ folgt: $X_{s \wedge \tau_n} \longrightarrow X_s$ f.s. und $\{X_{s \wedge \tau_n}\}_n$ ist nach Voraussetzung (DL) gleichgradig integrierbar. Also gilt auch Konvergenz in L^1.
Ebenso gilt auch $X_{t \wedge \tau_n} \longrightarrow X_t$ f.s. und in L^1. Daraus folgt:

$$X_{s \wedge \tau_n} = E(X_{t \wedge \tau_n} \mid \mathfrak{A}_s) \longrightarrow E(X_t \mid \mathfrak{A}_s)$$

und daher ist $X_s = E(X_t \mid \mathfrak{A}_s)$. Also ist $X \in \mathcal{M}$.
b) „$\Longleftarrow$": Wenn $X \in \mathcal{M}_{\text{loc}} \cap (D)$, dann ist die Menge

$$\{X_t ; \ 0 \le t \le \infty\} \subset \{X_\tau ; \ \tau \text{ endliche Stoppzeit}\},$$

also gleichgradig integrierbar. Die Behauptung folgt dann aus a).
„$\Longrightarrow$": Wenn X ein gleichgradig integrierbares Martingal ist, und τ eine endliche Stoppzeit ist, dann liefert der Abschlusssatz $X_t \longrightarrow X_\infty$ fast sicher und in L^1 und $(X_t)_{t \le \infty}$ ist Martingal.
Nach dem Optional Sampling Theorem folgt, dass $X_\tau = E(X_\infty \mid \mathfrak{A}_\tau)$. Damit ergibt sich:

$$\{X_\tau ; \ \tau \text{ endliche Stoppzeit}\} = \{E(X_\infty \mid \mathfrak{A}_\tau); \ \tau \text{ endliche Stoppzeit}\}$$

ist gleichgradig integrierbar. $\square$

Der folgende Satz zeigt die Existenz der vorhersehbaren quadratischen Variation $\langle M \rangle$ für stetige lokale Martingale. Wie für beschränkte lokale Martingale stimmt sie mit der quadratischen Variation $[M]$ überein.

Satz 3.54 (Quadratische Variation von stetigen lokalen Martingalen) *Sei $M \in \mathcal{M}_{\text{loc},c}$ dann gilt:*

a) Es existiert genau ein Prozess $\langle M \rangle \in \mathcal{V}_c^+$ die vorhersehbare quadratische Variation von M, so dass

$$M^2 - \langle M \rangle \in \mathcal{M}_{\text{loc},c}.$$

b) $\forall t, \forall \Delta_n$ Zerlegungen von $\mathbb{R}^+$, mit $|\Delta_n| \longrightarrow 0$, gilt $\sup_{s \le t} |T_s^{\Delta_n} - \langle M \rangle_t| \xrightarrow{P} 0$, d.h. $\langle M \rangle$ ist identisch mit der quadratischen Variation $[M]$.

Beweis

a) $\exists$ eine Folge von Stoppzeiten $(T_n) \uparrow \infty$, so dass mit $X_n = M^{T_n} \in \mathcal{M}_c$ ein beschränktes Martingal ist. Nach Satz 3.49 existiert ein eindeutiger Prozess $(A_n) \subset \mathcal{V}_c^+, A_n(0) = 0$, so dass

$$X_n^2 - A_n \in \mathcal{M}_c.$$

Es folgt also

$$(X_{n+1}^2 - A_{n+1})^{T_n} = X_n^2 - A_{n+1}^{T_n} \in \mathcal{M}_c.$$

Die Eindeutigkeit impliziert, dass $A_{n+1}^{T_n} = A_n$ fast sicher. Daraus folgt, dass der Prozess $\langle M \rangle := A_n$ auf $[0, T_n]$ wohldefiniert ist. Es gilt:

$$(M^{T_n})^2 - \langle M \rangle^{T_n} \in \mathcal{M}_c, \quad \text{d.h. } M^2 - \langle M \rangle \in \mathcal{M}_{\text{loc},c}.$$

Damit gilt die Existenz der vorhersehbaren quadratischen Variation. Die Eindeutigkeit von $\langle M \rangle$ folgt aus der Eindeutigkeit auf $[0, T_n]$, $\forall\, n$.

b) Seien $\delta, \varepsilon > 0$; zu $t > 0$ existiert eine Stoppzeit S, so dass M^S beschränkt ist und $P(S \leq t) \leq \delta$.
Denn sei (τ_n) eine lokalisierende Folge und definiere

$$\nu_n := \inf\{t; |M_t^{\tau_n}| \geq a_n\}.$$

Dann gilt: $\nu_n \uparrow \infty$ falls $a_n \uparrow \infty$ genügend schnell.
Denn $P(\nu_n \leq t) = P(\sup_{s \leq t} |M_s^{\tau_n}| \geq a_n) \leq \frac{E(M_t^{\tau_n})^2}{a_n} \longrightarrow 0$ falls $a_n \uparrow \infty$ genügend schnell. Man wähle also z.B. $S = \nu_{n_0} \wedge \tau_{n_0}$.
Es gilt: $T^{\Delta}(M) = T^{\Delta}(M^S)$ und $\langle M \rangle = \langle M^S \rangle$ auf $[0, S]$.
Daraus folgt

$$P(\sup_{s \leq t} |T_s^{\Delta}(M) - \langle M^S \rangle| > \varepsilon) \leq \delta + P\Big(\underbrace{\sup_{s \leq t} |T_s^{\Delta}(M^S) - \langle M^S \rangle| > \varepsilon}_{\longrightarrow 0 \text{ für } |\Delta| \longrightarrow 0}\Big). \quad \square$$

Bemerkung 3.55 *Aus Proposition 3.50 und dem Beweis zu Satz 3.54 folgt für $M \in \mathcal{M}_{\text{loc},c}$ und eine Stoppzeit τ dass*

$$\langle M^{\tau} \rangle = \langle M \rangle^{\tau}.$$

Die Doob-Meyer-Zerlegung ist eine wichtige allgemeine Fassung von Satz 3.54, die auch für nichtstetige Prozesse gilt, die wir ohne Beweis anfügen.

Satz 3.56 (Doob-Meyer-Zerlegung) *Sei X ein Submartingal der Klasse (DL). Dann gilt:*

a) *$\exists M \in \mathcal{M}$ und $\exists A \in \mathcal{V}_0^+ \cap \mathcal{P}$, d. h. es existieren ein Martingal M und ein wachsender, vorhersehbarer Prozess A mit $A_0 = 0$, so dass*

$$X = M + A.$$

b) *Die Zerlegung ist eindeutig bezüglich A in der Klasse der wachsenden und vorhersehbaren Prozesse, die in 0 starten.* □

Zum Beweis vergleiche Karatzas und Shreve (1991, S. 22–28). A beschreibt den vorhersehbaren Drift von X.

Bemerkung 3.57 *Durch Lokalisierung lässt sich die Doob-Meyer-Zerlegung auf weitere Klassen von Prozessen ausdehnen. Dazu einige Varianten solcher Erweiterungen:*

a) *Zu $M \in \mathcal{M}_{\text{loc}}^2$ existiert ein vorhersehbarer Prozess A von endlicher Variation, $A \in \mathcal{V}_0^+ \cap \mathcal{P}$, so dass*

$$M^2 - A \in \mathcal{M}_{\text{loc}}.$$

b) *Ist $X \in \mathcal{A}^+ = \{A \in \mathcal{V}^+ \; ; \; EA_\infty < \infty\}$, dann ist X Submartingal der Klasse (D).*
   Daraus folgt, dass X eine Doob-Meyer-Zerlegung besitzt.
   Eine Folgerung hieraus ist:

c) *Ist $A \in \mathcal{A}_{\text{loc}}(\mathcal{A}_{\text{loc}}^+)$, dann existiert genau ein lokales Martingal $M \in \mathcal{M}_{\text{loc}}$ und $A^p \in \mathcal{A}_{\text{loc}} \cap \mathcal{P}$ $(\mathcal{A}_{\text{loc}}^+ \cap \mathcal{P})$, so dass $A = M + A^p$.*
   *A^p heißt **vorhersehbarer Kompensator (predictable compensator)** von A oder auch **dual predictable projection**. Äquivalent zur Definition des vorhersehbaren Kompensators A^p ist die Gültigkeit der Projektionsgleichungen*

$$EHA_\infty^p = EHA_\infty, \quad \forall H \in \mathfrak{L}_+(\mathcal{P})$$

d) *Im Unterschied zur „dual predictable projection" A^p ist die vorhersehbare Projektion (**predictable projection**) ^pX eines Prozesses $X \in \mathfrak{L}(\mathfrak{A} \otimes \mathfrak{B}_+)$ durch die folgenden Eigenschaften eindeutig definiert:*

   d.1) *$^pX \in \mathcal{P}$*
   d.2) *Für alle vorhersehbaren Stoppzeiten T gilt:*
        $^pX_T = E(X_T \mid \mathfrak{A}_{T-})$ auf $\{T < \infty\}$.

Für integrierbare Prozesse X existiert die vorhersehbare Projektion und ist eindeutig bis auf äquivalente Versionen. Es gilt:

$$^P(X^T) = {^P X} 1_{[\![0,T]\!]} + X^T 1_{]\!]T,\infty[\![}.$$

Für einen Poisson-Prozess N mit Intensität $\lambda > 0$ gilt:

$$^P N_t = N_{t-} \text{ und } N_t^P = \lambda t.$$

*d.3) Ein Prozess X heißt **Semimartingal**, wenn X eine Zerlegung der Form*

$$X = X_0 + \underbrace{M}_{\in \mathcal{M}_{\text{loc}}} + \underbrace{A}_{\in \mathcal{V} \cap \mathcal{O}}$$

hat. X ist also zerlegbar in ein lokales Martingal und in einen optionalen Prozess endlicher Variation. Sei $\mathcal{S}$ die Menge aller Semimartingale (vgl. Definition 3.18).
Im allgemeinen ist die Zerlegung eines Semimartingals X nicht eindeutig. Existiert jedoch eine Zerlegung mit $A \in \mathcal{P}$, d.h. A ist vorhersehbar, so ist die Zerlegung in der Klasse $A \in \mathcal{V} \cap \mathcal{P}$ eindeutig.
*X heißt **spezielles Semimartingal**, falls $A \in \mathcal{V} \cap \mathcal{P}$ wählbar ist.*

*Die Zerlegung $X = X_0 + M + A$, $A \in \mathcal{V} \cap \mathcal{P}$, heißt dann **kanonische Zerlegung von X**. Sei $\mathcal{S}_p$ die Menge der speziellen Semimartingale.*

Aus der Doob-Meyer-Zerlegung folgt: Ist X Submartingal in der Klasse (DL), dann ist $X \in \mathcal{S}_p$.

Die Eigenschaft ein spezielles Semimartingal zu sein ist im Wesentlichen eine Integrierbarkeitsbedingung. Sie bedeutet, dass die Sprünge nicht zu groß werden. Z.B. sind α-stabile Prozesse spezielle Semimartingale für $\alpha > 1$. Der Cauchy-Prozess mit $\alpha = 1$ ist kein spezielles Semimartingal.

Zur Beschreibung des Zusammenhangs von zwei Prozessen definieren wir die vorhersehbare quadratische Kovariation. Die vorhersehbare quadratische Variation entspricht der Varianz, die vorhersehbare quadratische Kovariation der Kovarianz.

Proposition 3.58 *Seien M und N stetige lokale Martingale, $M, N \in \mathcal{M}_{\text{loc},c}$, dann gilt:*

a) *Es existiert ein eindeutiger stetiger Prozess $\langle M, N \rangle$ mit endlicher Variation, so dass $MN - \langle M, N \rangle$ ein stetiges lokales Martingal ist, d.h.*
   $\exists! \langle M, N \rangle \in \mathcal{V}_c$, $\langle M, N \rangle_0 = 0$, $MN - \langle M, N \rangle \in \mathcal{M}_{\text{loc},c}$
   *$\langle M, N \rangle$ heißt **vorhersehbare quadratische Kovariation** bzw. **Spitzklammerprozess**.*

b) Sei

$$\widetilde{T}_s^{\Delta_n} := \sum_i \left(M_{t_{i+1}}^s - M_{t_i}^s \right)\left(N_{t_{i+1}}^s - N_{t_i}^s \right);$$

dann konvergiert $\widetilde{T}^{\Delta_n}$ gleichmäßig gegen den vorhersehbaren Kovariationsprozess $\langle M, N \rangle$.

$$\sup_{s \le t} \left\| \widetilde{T}_s^{\Delta_n} - \langle M, N \rangle_s \right\| \xrightarrow{P} 0, \quad falls \quad |\Delta_n| \longrightarrow 0,$$

d. h. die quadratische Kovariation $[M, N]$ (vgl. Proposition 3.78) existiert und ist identisch mit der vorhersehbaren quadratischen Kovariation $\langle M, N \rangle$.

Beweis

a) **Existenz**
Betrachte die lokalen stetigen Martingale $M + N, M - N \in \mathcal{M}_{\text{loc},c}$. Nach Satz 3.54 existieren dazu eindeutige vorhersehbare quadratische Variationsprozesse $\langle M + N \rangle \in \mathcal{V}_c^+, \langle M - N \rangle \in \mathcal{V}_c^+$. Es gilt also $(M + N)^2 - \langle M + N \rangle \in \mathcal{M}_{\text{loc},c}$ und $(M - N)^2 - \langle M - N \rangle \in \mathcal{M}_{\text{loc},c}$. Durch Polarisierung $MN = \frac{1}{2}((M + N)^2 - (M - N)^2)$ ergibt sich daraus
$$MN - \underbrace{\tfrac{1}{2}(\langle M + N \rangle - \langle M - N \rangle)}_{=:\langle M,N \rangle} \in \mathcal{M}_{\text{loc},c}\,.$$

Eindeutigkeit wie in den Sätzen 3.54 und 3.49. Durch Lokalisierung wird das Problem auf den Fall beschränkter Martingale reduziert. Für $M \in \mathcal{M}_{\text{loc},c}$ gilt $\langle M^\tau \rangle = \langle M \rangle^\tau$. Dieses liefert die Konsistenz in obiger Definition der Kovariation und als Konsequenz die Eindeutigkeit.

b) folgt durch Polarisation wie in a) der entsprechenden quadratischen Zuwächse. $\qquad\qquad\square$

Bemerkung 3.59 *Aus b) folgt: Die (vorhersehbare) quadratische Kovariation ist eine Bilinearform auf der Menge der stetigen lokalen Martingale*

$$\langle \alpha M_1 + \beta M_2, N \rangle = \alpha \langle M_1, N \rangle + \beta \langle M_2, N \rangle.$$

Dass die quadratische Kovariation ähnliche Eigenschaften hat wie die Kovarianz sieht man auch an der folgenden Proposition; Teil c).

Proposition 3.60 *Sei M ein stetiges, lokales Martingal $M \in \mathcal{M}_{\text{loc},c}$.*

a) Sei τ eine Stoppzeit, dann gilt:

$$\langle M^\tau, N^\tau \rangle = \langle M, N^\tau \rangle = \langle M, N \rangle^\tau$$

b) $\langle M \rangle_a = 0 \, f.s. \Longleftrightarrow M_t = M_0 \, f.s. \; \forall \, t \le a$

c) Allgemein gilt für a < b:

$$\{\omega; \; M_t(\omega) = M_a(\omega), \; \forall \, t \in [a, b]\} = \{\omega; \; \langle M \rangle_b(\omega) = \langle M \rangle_a(\omega)\} \; f.s.$$

d. h. ist die quadratische Variation auf einen Intervall konstant, dann ist dort auch der Prozess konstant.

Beweis

a) folgt aus der Konstruktion der quadratischen Kovariation und der entsprechenden Eigenschaft für die quadratische Variation.

b), c) Nach a) reicht es b) für den Fall beschränkter Martingale M zu zeigen. Dann gilt

$$M_t^2 - \langle M \rangle_t \in \mathcal{M}_c.$$

Daraus folgt für alle $t \le a$:
$E(M_t - M_0)^2 = E\langle M \rangle_t$ und analog $E(M_b - M_a)^2 = E\langle M \rangle_b - E\langle M \rangle_a = 0$.
Daraus folgen b) und c). □

Die vorhersehbare quadratische Variation beschreibt das Wachstum des Prozesses. Die quadratische Kovariation beschreibt wie die Kovarianz das Abhängigkeitsverhalten. Der quadratische Kovariationsprozess induziert ein Maß

$$d|\langle M, N \rangle| := dV^{\langle M, N \rangle} \ll d\langle M \rangle.$$

Dieses Maß ist absolut stetig bezüglich dem Variationsprozess $\langle M \rangle$ oder auch $\langle N \rangle$. Diese Stetigkeit ist Konsequenz aus der folgenden Ungleichung.

Proposition 3.61 *Seien* $M, N \in \mathcal{M}_{\mathrm{loc},c}$, $H, K : (\Omega \times \mathbb{R}_+, \mathcal{A} \otimes \mathfrak{B}_+) \longrightarrow (\mathbb{R}, \mathfrak{B})$

$$\int_0^t |H_s K_s| \, d|\langle M, N \rangle|_s \le \left(\int_0^t H_s^2 \, d\langle M \rangle_s \right)^{1/2} \cdot \left(\int_0^t K_s^2 \, d\langle N \rangle_s \right)^{1/2}.$$

Beweis Es genügt den Fall zu betrachten, dass die Integranden beschränkt und ≥ 0 sind. Wir zeigen die Aussage zunächst für Elementarprozesse. Dann folgt die Aussage für beschränkte, positive Integranden mit dem monotonen Klassentheorem.

Seien dazu K, H Prozesse der Form $K = K_0 \mathbb{1}_{\{0\}} + K_1 \mathbb{1}_{[0,t_1]} + \ldots + K_n \mathbb{1}_{[t_{n-1},t_n]}$,
$H = H_0 \mathbb{1}_{\{0\}} + H_1 \mathbb{1}_{[0,t_1]} + \cdots + H_n \mathbb{1}_{[t_{n-1},t_n]}$ mit $H_i, K_i \in \mathcal{L}(\mathcal{A})$ und H_i, K_i beschränkt. Mit $\langle M, N \rangle_s^t := \langle M, N \rangle_t - \langle M, N \rangle_s$ ist dann für $r \in \mathbb{Q}$:

$$\langle M + rN, M + rN \rangle_s^t = \underbrace{\langle M \rangle_s^t}_{=:c} + 2r \underbrace{\langle M, N \rangle_s^t}_{=:b} + r^2 \underbrace{\langle N \rangle_s^t}_{=:a} \ge 0.$$

Daher ist die obige quadratische Form auch für $r \in \mathbb{R}$ positiv und in Folge ist die Diskriminante $D = b^2 - ac \leq 0$, d.h.

$$|\langle M, N \rangle_s^t| \leq (\langle M \rangle_s^t)^{1/2} (\langle N \rangle_s^t)^{1/2} \quad f.s.$$

Daraus ergibt sich aber nach Cauchy-Schwarz

$$
\begin{aligned}
\int_0^t |H_s K_s| \, d|\langle M, N \rangle|_s &\leq \sum_i |H_i K_i| |\langle M, N \rangle_{t_i}^{t_{i+1}}| \\
&\leq \sum_i |H_i| |K_i| (\langle M \rangle_{t_i}^{t_{i+1}})^{1/2} (\langle N \rangle_{t_i}^{t_{i+1}})^{1/2} \\
&\leq \left(\sum_i H_i^2 \langle M \rangle_{t_i}^{t_{i+1}} \right)^{1/2} \left(\sum_i K_i^2 \langle N \rangle_{t_i}^{t_{i+1}} \right)^{1/2} \\
&= \left(\int_0^t H_s^2 \, d\langle M \rangle_s \right)^{1/2} \left(\int_0^t K_s^2 \, d\langle N \rangle_s \right)^{1/2}
\end{aligned}
$$

Insbesondere ist $V^{\langle M,N \rangle}(ds)$ stetig bezüglich dem Maß $d\langle M \rangle_s$. Die Aussage des Satzes folgt nun mit monotoner Konvergenz. $\qquad \square$

Das Variationsmaß der Kovariation ist also stetig bzgl. des Variationsmaßes von jeder Komponente. Die Aussage ist zentral für die Ausdehnung des stochastischen Integrals für quadratische Martingale. Mit Hilfe der Hölderschen Ungleichung folgt aus Proposition 3.61

Korollar 3.62 (Kunita-Watanabe-Ungleichung) *Seien* $p, q \geq 1$, $\frac{1}{p} + \frac{1}{q} = 1$, H, K, M, N *wie in Proposition 3.61. Dann gilt:*

$$E \int_0^\infty |H_s K_s| \, d|\langle M, N \rangle|_s \leq \left\| \left(\int_0^\infty H_s^2 \, d\langle M \rangle_s \right)^{1/2} \right\|_p \cdot \left\| \left(\int_0^\infty K_s^2 \, d\langle N \rangle_s \right)^{1/2} \right\|_q$$

Die Kunita-Watanabe-Ungleichung induziert eine wichtige Bilinearform auf der Menge der L^2-beschränkten Martingale.

Definition 3.63 *Sei*

$$\mathcal{H}^2 := \{ M \in \mathcal{M}; \ \sup_t E M_t^2 < \infty \}$$

die Klasse der $\boldsymbol{L^2}$-beschränkten Martingale.

Bemerkung 3.64 *Nach dem Doobschen Konvergenzsatz gilt für* $M \in \mathcal{H}^2$:

$$M_t \longrightarrow M_\infty, \ f.s. \ und \ in \ L^2.$$

Außerdem gilt der **Abschlusssatz**: *Wenn man den Grenzwert hinzunimmt, bleibt die Martingaleigenschaft erhalten,*

$$(M_t)_{t \leq \infty} \in \mathcal{M}^2.$$

Insbesondere ist die Menge (M_t) *gleichgradig integrierbar und es gilt*

$$M_t = E(M_\infty \mid \mathcal{A}_t), \qquad M_\infty \in L^2.$$

Die Brownsche Bewegung ist nicht in $\mathcal{H}^2$, *denn sie ist nicht gleichmäßig beschränkt in* L^2, *sondern nur nach Lokalisierung.*

Zwei wichtige Normen auf $\mathcal{H}^2$ *sind die folgenden:*

Normen für die Klasse $\mathcal{H}^2$

Es ist $M_\infty^* := \sup_t |M_t| \in L^2$ *für* $M \in \mathcal{H}^2$. *Sei*

$$\|M\|_{\mathcal{M}_2^*} := \|M_\infty^*\|_2 = \left(E \sup_t M_t^2\right)^{1/2} \qquad die \ \mathcal{M}_2^*\text{-}Norm$$
$$\|M\|_{\mathcal{H}^2} := \|M_\infty\| = \left(E M_\infty^2\right)^{1/2} = \lim\left(E M_t^2\right)^{1/2} \ die \ \mathcal{H}^2\text{-}Norm$$

Die $\mathcal{M}_2^*$-*Norm ist die* $\mathcal{L}^2$-*Norm vom Supremum* M_∞^*. *Die* $\mathcal{H}^2$-*Norm dagegen ist die* $\mathcal{L}^2$-*Norm von* M_∞, *also der Limes von* $\left(E M_t^2\right)^{1/2}$. *Es gilt nach der Maximalungleichung von Doob*

$$\|M\|_{\mathcal{H}^2} \leq \|M_\infty^*\|_2 \overset{Doob}{\leq} 2 \cdot \|M\|_{\mathcal{H}^2}$$

d. h. die Normen sind äquivalent. $\mathcal{H}^2$ *versehen mit* $\|\cdot\|_{\mathcal{H}^2}$ *ist ein Hilbertraum.* $\mathcal{H}^2$ *mit* $\|\cdot\|_{\mathcal{M}_2^*}$ *ist kein Hilbertraum. Diese Norm ist aber nützlich für Approximationsargumente.*

Proposition 3.65
a) $\left(\mathcal{H}^2, \|\cdot\|_{\mathcal{H}^2}\right)$ *ist ein Hilbert-Raum.*
b) *Die Abbildung* $\mathcal{H}^2 \longrightarrow L^2(\Omega, \mathcal{A}_\infty, P)$, $M \longrightarrow M_\infty$ *ist eine Isometrie.*
c) $\mathcal{H}_c^2 \subset \mathcal{H}^2$ *ist ein abgeschlossener Unterraum.*

Beweis
a), b) $M \longrightarrow M_\infty$ ist bijektiv, denn man kann die Umkehrung mit Hilfe der Darstellung $M_t = E[M_\infty \mid \mathcal{A}_t]$ direkt angeben. Die Isometrieeigenschaft folgt aus der Definition, denn die $\mathcal{H}^2$-Norm ist über die L^2-Norm von M_∞ definiert. Jedes $Y \in L^2(\Omega, \mathcal{A}_\infty, P)$ erzeugt ein L^2-beschränktes Martingal $M_t = E(Y \mid \mathcal{A}_t)$, so dass $M_t \longrightarrow Y$. Die L^2-beschränkten Martingale kann man also mit dem L^2-Raum identifizieren.

c) Abgeschlossenheit der stetigen Elemente in $\mathcal{H}^2$: Wir betrachten eine Folge stetiger L^2-beschränkter Martingale, die in $\mathcal{H}^2$ konvergiert:
Sei $\{M^n\} \subset \mathcal{H}_c^2$, $\quad M^n \longrightarrow M$ in $\mathcal{H}^2$. Dann folgt:

$$E \sup_t |M_t^n - M_t|^2 \le 4 \cdot \|M^n - M\|_{\mathcal{H}^2}^2 = 4 \cdot \|M_\infty^n - M_\infty\|_2^2 \longrightarrow 0.$$

Es gibt also eine Teilfolge so dass $\sup_t |M_t^{n_k} - M_t| \longrightarrow 0$ fast sicher. Damit ist $M \in \mathcal{H}_c^2$, denn der Limes von stetigen Funktionen unter gleichmäßiger Konvergenz ist stetig. Die Abschlusseigenschaft für die stetigen L^2-beschränkten Martingale erhält man also mit Hilfe der Äquivalenz der beiden oben eingeführten Normen. $\square$

Für stetige lokale Martingale kann man die Eigenschaft in $\mathcal{H}_c^2$ zu sein charakterisieren über die quadratische Variation.

Proposition 3.66 *Sei $M \in \mathcal{M}_{\mathrm{loc},c}$. Dann gilt:*

$$M \in \mathcal{H}_c^2 \Longleftrightarrow M_0 \in L^2 \quad und \quad \langle M \rangle \in \mathcal{A}^+,$$

$\langle M \rangle \in \mathcal{A}^+$ bedeutet: Der Variationsprozess ist ein integrierbarer, wachsender Prozess,
d.h. $E\langle M \rangle_\infty < \infty$. Weiter gilt für $M \in \mathcal{H}_c^2$:

a) $M^2 - \langle M \rangle$ ist ein gleichgradig integrierbares Martingal
b) $\forall$ Stoppzeiten $S \le T$ gilt:
$E(M_T^2 - M_S^2 \mid \mathcal{A}_S) = E((M_T - M_S)^2 \mid \mathcal{A}_S) = E(\langle M \rangle_S^T \mid \mathcal{A}_S),$

d.h. der bedingte quadratische Zuwachs wird beschrieben durch den bedingten Variationsprozess zwischen den Stoppzeiten.

Beweis „$\Longrightarrow$": Seien $T_n \uparrow \infty$ Stoppzeiten, so dass M^{T_n} ein beschränktes Martingal ist. Dann gilt nach dem Optional Sampling Theorem

$$E\left(\left(M^{T_n}\right)_t^2 - \langle M^{T_n} \rangle_t \right) = EM_{T_n \wedge t}^2 - E\langle M \rangle_{T_n \wedge t} \tag{3.8}$$

$$= EM_0^2 < \infty \text{ also } M_0 \in L^2.$$

Weiter ist $M_\infty^* \in L^2$ und $E\langle M \rangle_{T_n \wedge t} \longrightarrow E\langle M \rangle_\infty$ (monotone Konvergenz). Daraus folgt, dass die rechte Seite in (3.8) für $n \longrightarrow \infty, t \to \infty$ gegen $EM_\infty^2 - E\langle M \rangle_\infty$ konvergiert.
Also gilt: $0 \le EM_0^2 = EM_\infty^2 - E\langle M \rangle_\infty$ und damit $E\langle M \rangle_\infty < \infty$.

„$\Longleftarrow$": Nach (3.8) ist $EM_{T_n \wedge t}^2 \le E\langle M \rangle_\infty + EM_0^2 =: K < \infty$. Damit folgt mit dem Lemma von Fatou:

$$EM_t^2 \le \underline{\lim} EM_{T_n \wedge t}^2 \le K.$$

Also ist $\{M_t\} \subset L^2$-beschränkt.

Insbesondere gilt daher L^1-Konvergenz. Zum Nachweis der Martingaleigenschaft:

Mit (T_n) wie oben eingeführt gilt für $s \leq t$:

$$E(M_{t \wedge T_n} \mid \mathfrak{A}_s) = M_{s \wedge T_n}.$$

Hieraus folgt mit Hilfe der gleichgradigen Integrierbarkeit $E(M_t \mid \mathfrak{A}_s) = M_s$.

Wegen $EM_\infty^2 \leq \underline{\lim} EM_t^2 \leq K < \infty$ ist (M_t) L^2-beschränktes Martingal und also $M \in \mathcal{H}_c^2$.

Zum Beweis von a), b):

$M^2 - \langle M \rangle$ ist gleichgradig integrierbares Martingal, denn

$$\sup_t |M_t^2 - \langle M \rangle_t| \leq (M_\infty^*)^2 + \langle M \rangle_\infty \in L^1 \text{ da } \langle M \rangle \in \mathcal{A}^+.$$

Also ist $M^2 - \langle M \rangle$ gleichgradig majorisiert durch eine L^1-Funktion und damit gleichgradig integrierbar.

Nach Satz 3.53 ist $M^2 - \langle M \rangle$ von der Klasse (D), d. h. die Menge $\{M_\tau^2 - \langle M \rangle_\tau; \tau$ endliche Stoppzeit$\}$ ist gleichgradig integrierbar.

Nach dem Optional Sampling Theorem folgt daher b). $\qquad \square$

Eine Folgerung aus der Martingaleigenschaft von $M^2 - \langle M \rangle$ ist das folgende Korollar:

Korollar 3.67 *Sei* $M \in \mathcal{H}_c^2$, $M_0 = 0$. *Dann folgt:*

$$\|M\|_{\mathcal{H}^2} = \|\langle M \rangle_\infty^{1/2}\|_2 = \left(E\langle M \rangle_\infty\right)^{1/2}.$$

Die Hilbertraumnorm auf $\mathcal{H}^2$, ist identisch mit der L^2-Norm von $\langle M \rangle_\infty^{1/2}$ d. h. mit $\left(E\langle M \rangle_\infty\right)^{1/2}$.

Die folgende Proposition gibt eine Anwendung des Variationsprozesses auf die Charakterisierung der Konvergenzmenge von stetigen lokalen Martingalen. Dieses ist eine Erweiterung der Doobschen Konvergenzsätze auf nicht L^1-beschränkte lokale Martingale.

Proposition 3.68 (Konvergenzmengen) *Sei* M *ein stetiges lokales Martingal* $M \in \mathcal{M}_{\mathrm{loc},c}$, *dann gilt:*

$$\{\langle M \rangle_\infty < \infty\} \subset \left\{\lim_{t \to \infty} M_t \text{ existiert } P\text{-fast sicher}\right\} \quad \text{fast sicher.}$$

Beweis Sei o.E. $M_0 = 0$, und sei $\tau_n := \inf\{t; \langle M \rangle_t \geq n\}$. Dann gilt $\langle M^{\tau_n} \rangle = \langle M \rangle^{\tau_n}$ $\leq n$. Daraus folgt, dass (M^{τ_n}) beschränkt in $\mathcal{L}^2$ ist, da $\left(M^{\tau_n}\right)^2 - \langle M^{\tau_n} \rangle$ ein Martingal ist. Damit existiert nach dem Martingalkonvergenzsatz $\lim_{t\to\infty} M_t^{\tau_n}$ f.s. und in L^2. Auf $\{\langle M\rangle_\infty < \infty\}$ gilt $\tau_n = \infty$ für $n \geq n_0(\omega)$. Damit folgt aber

$$\lim_{t\to\infty} M_t^{\tau_n} = \lim_{t\to\infty} M_t, \qquad n \geq n_0. \qquad \square$$

Auf der Menge, wo die Variation im Unendlichen endlich ist, konvergiert das Martingal. Es gilt sogar die Umkehrung, d. h. es gilt f.s. Gleichheit der Mengen.

3.4 Stochastisches Integral von stetigen lokalen Martingalen

Wir konstruieren das stochastische Integral in einer Reihe von Schritten.

3.4.1 Stochastisches Integral für stetige L^2-Martingale

Wir definieren das stochastische Integral zunächst für die Klasse $\mathcal{M}_c^2 = \{M \in \mathcal{M}_c; EM_t^2 < \infty, \ \forall\, t\}$ der stetigen L^2-Martingale. Wichtige Beispiele für stetige L^2-Martingale finden sich in der Klasse der Diffusionsprozesse. Diese Prozesse sind von Bedeutung in der stochastischen Analysis. Sie sind das stochastische Analogon zu den elliptischen partiellen Differentialgleichungen.

Zunächst wird das Integral wieder für die elementaren, vorhersehbaren Prozesse eingeführt.

Sei $f \in \mathcal{E}$, $f_t(\omega) = U_0\mathbb{1}_{\{0\}} + \sum_{j=0}^m U_j \cdot \mathbb{1}_{(s_j, s_{j+1}]}, 0 = s_0 < s_1 < \cdots < s_m, U_j \in B(\mathcal{A}_{s_{j-1}})$.

Für solche Integranden definieren wir das Integral wie bei der Brownschen Bewegung:

$$\int_0^t f\,\mathrm{d}M := U_0 M_0 + \sum_{j=0}^{m-1} U_j \big(M_{s_{j+1}}^t - M_{s_j}^t\big) =: (f \cdot M)_t.$$

In Analogie zum stochastischen Integral für die Brownsche Bewegung und mit Hilfe der vorhersehbaren quadratischen Variation erhalten wir die grundlegenden Eigenschaften.

Proposition 3.69 *Seien $f, g \in \mathcal{E}$, $M, N \in \mathcal{M}_c^2$, dann gilt:*

a) $\displaystyle\int (f+g)\,\mathrm{d}M = \int f\,\mathrm{d}M + \int g\,\mathrm{d}M$

b) $\displaystyle\int f\,d(M+N) = \int f\,\mathrm{d}M + \int f\,\mathrm{d}N$

c) $f \cdot M \in \mathcal{M}_c^2$ *und* $\displaystyle\langle f \cdot M, N\rangle_t = \int_0^t f_s\,\mathrm{d}\langle M, N\rangle_s = \big(f \cdot \langle M, N\rangle\big)_t$

d) $E \sup\limits_{t \le T} \left| \int_0^t f \, dM \right|^2 \le 4 \cdot E \int_0^t g^2 \, d\langle M \rangle, \quad \forall \, T < \infty.$

Beweis

a), b) analog zu Proposition 3.32

c)   Der Raum der L^2-Martingale $\mathcal{M}_c^2$ ist ein Vektorraum.
       Die Abbildung $X \mapsto \langle X, N \rangle$ ist linear. Also genügt es *c)* für den Fall
       $f := U \mathbb{1}_{(s,u]}(t), \quad U \in B(\mathcal{A}_s)$ zu zeigen. In diesem Fall gilt:
       $(f \cdot M)_t = U \left(M_{u \wedge t} - M_{s \wedge t} \right) = U \left(M_t^u - M_t^s \right) \in \mathcal{M}_c^2.$ Weiter ist

$$\langle f \cdot M, N \rangle_t = \langle U \left(M_{\cdot}^u - M_{\cdot}^s \right), N \rangle_t$$
$$= U \left(\langle M^u, N \rangle_t - \langle M^s, N \rangle_t \right)$$
$$= U \left(\langle M, N \rangle_t^u - \langle M, N \rangle_t^s \right)$$

       Zusammenhang von quadratischer Variation und Stoppzeiten

$$= \left(f \cdot \langle M, N \rangle \right)_t$$

d)   folgt aus der Maximalungleichung von Doob.   □

Die vorhersehbare Kovariation von $(f \cdot M)$ mit einem anderen Prozess N ist gerade das Lebesgue-Stieltjes-Integral von f bezüglich dem Kovariationsprozess $\langle M, N \rangle$. Insbesondere gilt

$$\langle f \cdot M, f \cdot M \rangle = \langle f \cdot M \rangle = f^2 \cdot \langle M \rangle$$

Für den Ausdehnungsprozess des stochastischen Integrals ist ein maßtheoretisches Argument für das in der folgenden Definition eingeführte Doléansmaß wichtig.

Definition 3.70

a) Sei M ein stetiges L^2-Martingal, $M \in \mathcal{M}_c^2$, dann definieren wir

$$\mathcal{L}^2(M) := \left\{ f \in \mathcal{L}(\mathcal{P}); \ E \int_0^T f^2 \, d\langle M \rangle < \infty, \quad \forall \, T < \infty \right\}$$

*b) Wir definieren das **eingeschränkte Doléans-Maß** μ_T auf der σ-Algebra $\mathcal{P}$ in $\overline{\Omega} = [0, \infty) \times \Omega$*

$$\mu_T(C) = \int_\Omega \int_0^T \mathbb{1}_C \, d\langle M \rangle_t \otimes P = E \int_0^T \mathbb{1}_C(t, \omega) \, d\langle M \rangle_t.$$

*c) Als **Doléans-Maß** bezeichnen wir – falls es existiert – das Maß μ auf $(\overline{\Omega}, \mathcal{P})$ definiert durch*

$$\mu(C) = E \int_0^\infty \mathbb{1}_C(t, \omega) \, d\langle M \rangle_t.$$

Es gilt:

$$\mathcal{L}^2(M) = \bigcap_{T>0} \mathcal{L}^2(\mu_T, \mathcal{P}).$$

μ_T *ist ein endliches Maß auf* $\overline{\Omega}$, *denn* $\mu_T(\overline{\Omega}) = E M_T^2 < \infty$, $M \in \mathcal{M}_c^2$. *Für* $M \in \mathcal{H}_c^2$ *ist das Doléans-Maß* μ *endlich auf* $\overline{\Omega}$ *und es ist* $\mathcal{L}^2(\mu, \mathcal{P}) \subseteq \mathcal{L}^2(M)$.

Für L^2-Martingale M sind die eingeschränkten Doléans-Maße endliche Maße. Wegen der Endlichkeit der Maße sind die elementaren vorhersehbaren Prozesse dicht in $\mathcal{L}^2(\overline{\Omega}, \mathcal{P}, \mu_T)$, $\forall\, T > 0$. Mit Hilfe dieser maßtheoretischen Dichtheitsaussage ergibt sich die Ausdehnung des stochastischen Integrals auf Integranden in $\mathcal{L}^2(M)$ wie folgt:

Zu $g \in \mathcal{L}^2(M)$ existiert eine Folge von Elementarprozessen $(g^N) \in \mathcal{E}$ so dass:

$$\int (g^N - g)^2 \, \mathrm{d}\mu_N = E \int_0^N (g^N - g)^2 \, \mathrm{d}\langle M \rangle \le 2^{-2N}.$$

Für die elementaren Integranden hatten wir das stochastische Integral erklärt. Wir definieren nun

$$Y_t^N := \int_0^t g^N \, \mathrm{d}M \in \mathcal{M}_c^2.$$

Diese Folge ist eine Cauchy-Folge. Wie in Kap. 3.2 für die Brownsche Bewegung existiert ein Limesprozess $Y \in \mathcal{M}_c^2$ so dass

$$E \sup_{t \le T} \left(Y_t^N - Y_t \right)^2 \longrightarrow 0.$$

Für jeden weiteren elementaren Prozess $f \in \mathcal{E}$ gilt:

$$E \sup_{t \le T} |Y_t^N - (f \cdot M)_t|^2 \le 4 \cdot E \int_0^T |g_s^N - f_s|^2 \, \mathrm{d}\langle M \rangle_s.$$

Für $N \longrightarrow \infty$ folgt daraus

$$E \sup_{t \le T} \left| Y_t - \int_0^t f \, \mathrm{d}M \right|^2 \le 4 E \int_0^T (g_s - f_s)^2 \, \mathrm{d}\langle M \rangle_s = 4 \int (g_s - f_s)^2 \, \mathrm{d}\mu_T.$$

Also ist der Limes Y unabhängig von der approximierenden Folge (g^N) definiert und wir erhalten:

Satz 3.71 *Sei M ein stetiges L^2-Martingal und sei $g \in \mathcal{L}^2(M)$. Dann heißt der zugehörige Prozess $Y = (Y_t)$ **stochastisches Integral von g bezüglich M***

$$Y_t := \int_0^t g \, \mathrm{d}M = (g \cdot M)_t.$$

Es gelten die Eigenschaften a)–d) aus Proposition 3.69.

Dieser Teil des Definitionsprozesses ist wie bei der Brownschen Bewegung. Die folgende Charakterisierung des stochastischen Integrals mit Hilfe des Kovariationsprozesses gibt eine alternative und etwas abstraktere Möglichkeit, das stochastische Integral einzuführen. Dieser Weg zur Konstruktion wird in Revuz und Yor (2005) eingeschlagen.

Satz 3.72 (Charakterisierung des stochastischen Integrals) *Sei $M \in \mathcal{M}_c^2$ und $g \in \mathcal{L}^2(M)$ dann gilt: $g \cdot M$ ist das eindeutig bestimmte Element $\Phi \in \mathcal{M}_c^2$, das das folgende Gleichungssystem löst:*

$$\langle \Phi, N \rangle = g \cdot \langle M, N \rangle, \quad \forall N \in \mathcal{M}_c^2. \tag{3.9}$$

Beweis Nach Satz 3.71 gilt:

$$\langle g \cdot M, N \rangle = g \cdot \langle M, N \rangle, \quad \forall N \in \mathcal{M}_c^2,$$

d. h. das stochastische Integral $g \cdot M$ erfüllt das Gleichungssystem (3.9).

Zum Nachweis der Eindeutigkeit nehmen wir an, dass (3.9) für $\Phi \in \mathcal{M}_c^2$ gilt. Dann folgt:

$$\langle \Phi - g \cdot M, N \rangle = 0[P]\text{-f.s.} \quad \forall N \in \mathcal{M}_c^2.$$

Wählt man N speziell als $N := \Phi - g \cdot M$, dann folgt:

$$\langle N, N \rangle = \langle N \rangle = 0, \quad N_0 = 0.$$

Mit Proposition 3.60 folgt dann $N = 0$, d. h. $\Phi = g \cdot M$.   □

Bemerkung 3.73 (Stochastisches Integral und Satz von Riesz)

a) *Gleichung (3.9) führt auf eine alternative Konstruktionsmöglichkeit für das stochastische Integral: Für $M \in \mathcal{H}_c^2 \subset \mathcal{M}_c^2$ und $f \in \mathcal{L}^2(\mu) \subset \mathcal{L}^2(M)$, μ das Doléans-Maß, definieren wir auf dem Hilbertraum $\left(\mathcal{H}_c^2, \| \cdot \|_{\mathcal{H}_c^2} \right)$ das Funktional*

$$\mathcal{H}_c^2 \xrightarrow{T} \mathbb{R}, \quad N \longmapsto E\left(f \cdot \langle M, N \rangle \right)_\infty. \tag{3.10}$$

Die Abbildung T ist linear und stetig in der Hilbert-Raum-Norm $\| \cdot \|_{\mathcal{H}_c^2}$. *Das folgt aus der Ungleichung von Kunita-Watanabe. Die Norm von dem Bild kann man abschätzen durch die Norm von dem Urbild. Mit dem Satz von Riesz folgt:* $\exists! \Phi \in \mathcal{H}_c^2$ *so dass*

$$(\Phi, N)_{\mathcal{H}_c^2} = E\Phi_\infty N_\infty = E\big(f \cdot \langle M, N \rangle\big)_\infty = T(N). \qquad (3.11)$$

Wir definieren nun das stochastische Integral: $f \cdot M$ *als diese Lösung* $\Phi = \Phi_f$:

$$\Phi = \Phi_f =: f \cdot M.$$

Nach Satz 3.72 bleibt zu zeigen, dass Φ *eine Lösung von (3.9) ist um dann als Konsequenz die Gleichheit beider Konstruktionen des stochastischen Integrals zu erhalten. Es gilt aber für alle Stoppzeiten* τ:

$$\begin{aligned} E(\Phi_f N)_\tau &= E \; E(\Phi_f \mid \mathfrak{A}_\tau)N_\tau = E(\Phi_f)_\infty N_\tau \\ &= E(\Phi_f)_\infty N_\infty^\tau = E(f \cdot \langle M, N^\tau \rangle)_\infty \\ &= E(f \cdot \langle M, N \rangle^\tau)_\infty \\ &= E(f \cdot \langle M, N \rangle)_\tau. \end{aligned}$$

Daraus folgt, dass

$$\Phi_f N - f \cdot \langle M, N \rangle \in \mathcal{M}.$$

Damit gilt:

$$\langle \Phi_f, N \rangle = f \cdot \langle M, N \rangle. \qquad (3.12)$$

Also ist nach (3.9) das nach Riesz definierte stochastische Integral Φ_f *identisch mit dem zuvor eingeführten Integralbegriff.*

a) **Stochastisches Integral als Isometrie**
Das stochastische Integral für $M \in \mathcal{H}_c^2$ *ist eine Isometrie von* $\mathcal{L}^2(\mu)$ *nach* $\mathcal{H}_c^2$, *d. h.*

$$\mathcal{L}^2(\mu) \longrightarrow \mathcal{H}_c^2, \quad f \longrightarrow \Phi_f = f \cdot M \text{ ist eine Isometrie.} \qquad (3.13)$$

Denn nach Definition des Doléans-Maßes gilt:

$$\|f\|_{\mathcal{L}^2(\mu)}^2 = E \int f^2 \, \mathrm{d}\langle M \rangle = E\Phi_\infty^2 = \|\Phi\|_{\mathcal{H}_c^2}^2 \qquad (3.14)$$

nach der Charakterisierung in (3.9). Wegen dieser Isometrie lässt sich das stochastische Integral für $\mathcal{H}_c^2$ *und Integranden in* $\mathcal{L}^2(\mu)$ *am einfachsten als isometrische Fortsetzung des stochastischen Integrals für elementare Integranden* $\mathcal{E} \subset \mathcal{L}^2(\mu)$ *einführen. Diese liegen dicht in* $\mathcal{L}^2(\mu)$.

3.4.2 Ausdehnung auf die Menge der stetigen lokalen Martingale

In diesem Abschnitt wird die Konstruktion des stochastischen Integrals auf die Menge der stetigen, lokalen Martingale ausgedehnt. Analog zum Fall der Brownschen Bewegung bezeichnet $\mathcal{M}_{\mathrm{loc},c}$ die Klasse der stetigen lokalen Martingale.

Für $M \in \mathcal{M}_{\mathrm{loc},c}$ führen wir als Klasse von Integranden ähnlich wie für die Brownschen Bewegung die Klasse $\mathcal{L}^0(M)$ ein:

$$\mathcal{L}^0(M) := \left\{ f \in \mathcal{L}(\mathcal{P}); \quad \int_0^T f_s^2 \, \mathrm{d}\langle M\rangle_s < \infty \ \text{ f.s., } \quad \forall\, T < \infty \right\}.$$

Der Unterschied zur Brownschen Bewegung ist hier der Integrator. Statt dem Lebesgue-Maß verwenden wir den Variationsprozess. Sei $\tau_n' \nearrow \infty$ eine Lokalisierung, so dass $M^{\tau_n'} \in \mathcal{M}$, $n \in \mathbb{N}$. Für die Lokalisierung τ_n mit

$$\tau_n := \inf \left\{ t \geq 0; \quad \langle M\rangle_t \geq n \text{ oder } \int_0^t f_s^2 \, \mathrm{d}\langle M\rangle_s \geq n \right\} \wedge \tau_n'$$

folgt, dass die zweiten Momente der gestoppten Prozesse beschränkt sind:

$$E\left(M_t^{\tau_n}\right)^2 = E\langle M\rangle_t^{\tau_n} \leq n.$$

Es gilt: $M^{\tau_n} \in \mathcal{M}_c^2$. Das gestoppte Martingal ist sogar ein gleichmäßig beschränktes Martingal und für $f_t^n := f_t \mathbb{1}_{[0,\tau_n]}(t)$ ist $f^n \in \mathcal{L}^2\left(\mu_{M^{\tau_n}}, \mathcal{P}\right)$, d.h. f^n ist ein Element des $\mathcal{L}^2$ bezüglich dem Doléans-Maß. f^n ist vorhersehbar, $f^n \in \mathcal{L}(\mathcal{P})$, da $\mathbb{1}_{[0,\tau_n]}(t)$ linksseitig stetig ist. Damit definieren wir das stochastische Integral von f^n bezüglich dM^{τ_n}

$$X_t^n := \int_0^t f^n \, \mathrm{d}M^{\tau_n}$$

Diese Integrale sind konsistent definiert. Analog zu dem Argument für die Brownsche Bewegung gilt

$$P\left(X_{t\wedge\tau_n}^n = X_{t\wedge\tau_n}^{n+1}, \quad \forall\, t\right) = 1,$$

denn

$$P\left(f_{t\wedge\tau_n}^n = f_{t\wedge\tau_n}^{n+1}, \quad \forall\, t\right) = 1.$$

Sei Ω^0 die Menge aller ω, für die Gleichheit gilt:

$$\Omega^0 := \left\{ \omega; \quad X_{t\wedge\tau_n(\omega)}^n(\omega) = X_{t\wedge\tau_n(\omega)}^{n+1}(\omega), \quad \forall\, t, \ \forall\, n \right\}$$

dann folgt $P(\Omega^0) = 1$ und wir können X_t konsistent definieren:

$$X_t(\omega) := \begin{cases} X_t^n(\omega), & \tau_{n-1}(\omega) \le t < \tau_n(\omega), \ \omega \in \Omega_0 \\ 0 & \text{sonst.} \end{cases}$$

X_t ist wohldefiniert und vor der Zeit τ_n stimmt X_t mit X_t^n überein. Also ist X_t stetig. Damit können wir das stochastische Integral als diesen Prozess definieren

$$X_t := \int_0^t f \, dM =: (f \cdot M)_t.$$

Mit Hilfe dieser Lokalisierung übertragen sich die grundlegenden Integraleigenschaften aus dem Fall $\mathcal{M}_c^2$, Proposition 3.69. Das Argument in (3.12) ergibt die grundlegende Beziehung $\langle f \cdot M, N \rangle = f \cdot \langle M, N \rangle$ für $M, N \in \mathcal{M}_{\text{loc},c}$.

Satz 3.74 *Seien $M, N \in \mathcal{M}_{\text{loc},c}$, dann gilt für $f \in \mathcal{L}^0(M)$*

a) $X := f \cdot M \in \mathcal{M}_{\text{loc},c}$, $\quad f \cdot M$ ist ein stetiges lokales Martingal
b) $\langle X \rangle = f^2 \cdot \langle M \rangle$
c) $\langle X, N \rangle = f \cdot \langle M, N \rangle$
d) $(f + g) \cdot M = f \cdot M + g \cdot M, \quad f, g \in \mathcal{L}^0(M)$
e) $f \cdot (M + N) = f \cdot M + f \cdot N, \quad f \in \mathcal{L}^0(M) \cap \mathcal{L}^0(N)$.

Die Konstruktion des stochastischen Integrals basiert auf Lokalisierungen. Das folgende Lemma liefert uns eine Maximalungleichung des Integrals auf $[0, \sigma]$ für endliche Stoppzeiten σ.

Lemma 3.75 *Sei $M \in \mathcal{M}_{\text{loc},c}$, $\quad f \in \mathcal{L}^0(M)$ und sei σ eine endliche Stoppzeit. Dann gilt:*

$$E \sup_{t \le \sigma} \left\| \int_0^t f \, dM \right\|^2 \le 4 \cdot E \int_0^\sigma f_s^2 \, d\langle M \rangle_s.$$

Beweis Sei o.E. $E \int_0^\sigma f_s^2 \, d\langle M \rangle_s < \infty$. Wir definieren

$$\sigma_k := \inf \left\{ t; \int_0^t f_s^2 \, d\langle M \rangle_s \ge k \right\} \quad \text{und} \quad f_t^k := f_t \mathbb{1}_{[0,\sigma_k]}(t).$$

Für $X := f \cdot M$, $X^k := f^k \cdot M$ gilt dann:

$$X_{t \wedge \sigma_k} = X_{t \wedge \sigma_k}^k.$$

Es ist $E \int_0^\infty (f_s^k)^2 \, d\langle M \rangle_s \le k$; also ist $f^k \in \mathcal{L}^2(M)$. Damit ist $X^k \in \mathcal{M}_c^2$.

Nach der Doob-Ungleichung folgt dann:

$$E \sup_{t \leq \sigma \wedge \sigma_k} (X_s^k)^2 \leq 4E[X_{\sigma \wedge \sigma_k}^k]^2 = 4E(X_{\sigma \wedge \sigma_k}^k)^2$$

$$= 4E \int_0^{\sigma \wedge \sigma_k} (f_s^k)^2 \, d\langle M \rangle_s$$

$$= 4E \int_0^{\sigma \wedge \sigma_k} f_s^2 \, d\langle M \rangle_s \leq 4E \int_0^{\sigma} f_s^2 \, d\langle M \rangle_s.$$

Nach dem Satz über monotone Konvergenz folgt

$$E \sup_{t \leq \sigma} X_t^2 = \lim_{k \longrightarrow \infty} E \sup_{t \leq \sigma \wedge \sigma_k} X_{t \wedge \sigma_k}^2$$

$$= \lim_{k \longrightarrow \infty} E \sup_{t \leq \sigma} (X_t^k)^2 \leq 4E \int_0^{\sigma} f_s^2 \, d\langle M \rangle_s. \qquad \square$$

Auch für die stochastischen Integrale gibt es einen Satz über die dominierte Konvergenz.

Satz 3.76 (Dominierte Konvergenz) *Sei M ein stetiges lokales Martingal und seien f^n, f und g vorhersehbare Prozesse aus $\mathcal{L}^0(M)$. Die f^n seien gleichmäßig beschränkt $|f^n| \leq g$ und die Folge f^n konvergiere punktweise, $f^n \longrightarrow f$. Dann folgt:*

$$\sup_{t \leq T} \left| \int_0^t f^n \, dM - \int_0^t f \, dM \right| \xrightarrow{P} 0, \quad \forall T < \infty.$$

Beweis Die Folge von Stoppzeiten $\tau_k := \inf \left\{ t; \int_0^t g_s^2 \, d\langle M \rangle_s \geq k \right\}$ konvergiert gegen ∞, $\tau_k \nearrow \infty$, da $g \in \mathcal{L}^0(M)$. Dann gilt

$$\int_0^{\tau_k} g_s^2 \, d\langle M \rangle_s \leq k.$$

Nach Lemma 3.75 gilt mit Hilfe des Satzes über majorisierte Konvergenz:

$$b_{k,n} := E \sup_{t \leq \tau_k} \left| \int_0^t f^n \, dM - \int_0^t f \, dM \right|^2$$

$$\leq 4E \int_0^{\tau_k} \underbrace{|f_s^n - f_s|^2}_{\leq 2(g+|f|)^2 \leq 4(g^2+f^2)} \, d\langle M \rangle_s \longrightarrow 0 \quad \forall k.$$

Zu $\varepsilon > 0, \delta > 0 : \exists k : P(\tau_k < T) < \delta/2$, da $\tau_k \nearrow \infty$. Daraus folgt:

$$P \left(\sup_{t \leq T} \left| \int_0^t f^n \, dM - \int_0^t f \, dM \right| > \varepsilon \right) \leq \frac{b_{k,n}}{\varepsilon^2} + P(\tau_k < T) < \delta \text{ für } n \geq n_0. \square$$

3.4.3 Ausdehnung auf den Fall von stetigen Semimartingalen

Sei X ein **stetiges Semimartingal**, d. h. X hat eine Zerlegung der Form

$$X_t = X_0 + M_t + A_t, \text{ mit } M \in \mathcal{M}_{\text{loc},c}, \quad A \in \mathcal{V}_c, \text{ d. h. } V_t^A < \infty, \quad \forall\, t < \infty.$$

Mit $\mathcal{S}$ bzw. $\mathcal{S}_c$ bezeichnen wir die Menge aller Semimartingale bzw. stetigen Semimartingale.

Für den Fall der stetigen Semimartingale ist die Vorgehensweise wie für stetige lokale Martingale. Zunächst definieren wir die Klassen der Integranden:

$$\mathcal{L}^0(X) := \left\{ f \in \mathcal{L}(\mathcal{P});\quad \int_0^t f_s^2 \, d\langle M \rangle_s < \infty \text{ und } \int_0^t |f_s| \, dA_s < \infty, \quad \forall\, t \right\}.$$

Bemerkung 3.77 (càdlàg-Prozesse) *Ist der Prozess Y càdlàg, dann definieren wir Y_- durch*

$$(Y_-)_0 := 0, \qquad (Y_-)_t := \lim_{s \uparrow t} Y_s$$

Dann gilt:

Y_- ist linksseitig stetig, also vorhersehbar,

Y, Y_- sind lokal beschränkt d. h. beschränkt auf endlichen Intervallen.

Für $X \in \mathcal{S}_c$ ist dann $\int_0^t (Y_-)_s^2 \, d\langle M \rangle_s < \infty$ und $\int_0^t (Y_-)_s \, d|A_s| < \infty$, $\forall\, t$. Also ist $Y_- \in \mathcal{L}^0(X)$ für alle càdlàg Prozesse Y.

Für die Klasse $\mathcal{L}^0(X)$ definieren wir das stochastische Integral

$$\int_0^t f \, dX := \int_0^t f \, dM + \int_0^t f \, dA. \tag{3.15}$$

Die Eigenschaften der stochastischen Integrale für die Klasse der lokalen stetigen Martingale übertragen sich auf die Klasse der stetigen Semimartingale: Linearität, majorisierte Konvergenz, Riemannsche Summenapproximation.

Proposition 3.78 (Quadratische Variation) *Sei X ein stetiges Semimartingal und seien $\Delta^n = (\tau_i^n)$ Folgen von Zerlegungen von $\mathbb{R}^+$ mit Stoppzeiten τ_i^n, so dass $|\Delta^n| = \sup(\tau_{i+1}^n - \tau_i^n) \longrightarrow 0$ f.s. und sei*

$$Q_t^n = \sum_i \left(X_{\tau_{i+1}^n}^t - X_{\tau_i^n}^t \right)^2.$$

Dann folgt:

a) *Es existiert ein Prozess* $[X] \in \mathcal{V}_c^+$ *so dass* $Q_t^n \xrightarrow{P} [X]_t$.
   Dieser Prozess heißt **quadratischer Variationsprozess** *(eckiger Klammernprozess).*

b) *Die quadratische Variation ist unabhängig von der Zerlegung definiert und es gilt:*

$$X_t^2 = X_0^2 + 2 \int_0^t X_{s^-} \, dX_s + [X]_t.$$

c) *Es gilt gleichmäßige stochastische Konvergenz:*

$$\sup_{t \leq T} \left| Q_t^n - [X]_t \right| \xrightarrow{P} 0.$$

Beweis Für ein stetiges lokales Martingal M bezeichnet $[M]$ die quadratische Variation und $\langle M \rangle$ die vorhersehbare quadratische Variation, d.h. es gilt $M^2 - \langle M \rangle \in \mathcal{M}_{\mathrm{loc},c}$.
Sei Y ein càdlàg-Prozess und sei

$$W_t^n := \sum_i Y_{\tau_i^n}^t (X_{\tau_{i+1}^n}^t - X_{\tau_i^n}^t) = \int_0^t Y^n \, dX$$

mit $Y^n := \sum Y_{\tau_i^n} \mathbb{1}_{(\tau_j^n, \tau_{j+1}^n]} \in \mathcal{L}(\mathcal{P})$. Y^n konvergiert punktweise gegen Y_-,

$$Y^n \longrightarrow Y_-.$$

$h_t := \sup_{s \leq t} |Y_s|$ ist lokal beschränkt, also $h \in \mathcal{L}^0(X)$ und $|Y_t^n| \leq h_t$. Damit folgt nach Satz 3.76 über dominierte Konvergenz

$$\sup_{t \leq T} \left| \int_0^t Y^n \, dX - \int_0^t Y_- \, dX \right| \xrightarrow{P} 0. \tag{3.16}$$

Speziell für $Y = X$ folgt daher:

$$\sup_{t \leq T} \left| W_t^n - \int_0^t X_s \, dX_s \right| \xrightarrow{P} 0. \tag{3.17}$$

Mit $a := X_{\tau_i^n}^t, b := X_{\tau_{i+1}^n}^t$ und $b^2 - a^2 = 2a(b-a) + (b-a)^2$ folgt dann nach Summation über i

$$X_t^2 - X_0^2 = 2W_t^n + Q_t^n.$$

Damit folgt nach (3.17):

$$Q_t^n \xrightarrow{P} [X]_t := X_t^2 - X_0^2 - 2 \int_0^t X_{s-} \, dX_s.$$

Für $\tau_i^n \leq t$ ist $Q_{\tau_i^n}^n \leq Q_t^n$. Daher ist $[X]_t$ wachsend und $[X] \in V_c^+$. Die Konvergenz ist gleichmäßig auf $[0, T]$. Als Folgerung ergibt sich die Gleichheit der quadratischen und der vorhersehbaren quadratischen Variation. $\qquad\square$

Korollar 3.79 *Sei $M \in \mathcal{M}_{\mathrm{loc},c}$, $M_0 := 0$, dann gilt:*

$$M_t^2 - [M]_t = 2 \int_0^t M_{s-} \, dM_s \in \mathcal{M}_{\mathrm{loc},c}.$$

Damit folgt

$$[M] = \langle M \rangle.$$

Beweis Zu zeigen bleibt die Eindeutigkeit der vorhersehbaren quadratischen Variation. Dieses folgt analog zu Satz 3.54. $\qquad\square$

Der quadratische Kovariationsprozess lässt sich nun durch Polarisierung einführen.

Definition 3.80 (Quadratische Kovariation) *Seien X, Y stetige Semimartingale. Dann heißt*

$$[X, Y]_t := \frac{1}{4} \cdot \big([X + Y]_t - [X - Y]_t\big)$$

***quadratische Kovariation** von X und Y.*

Proposition 3.81 (Partielle Integrationsformel) *Für zwei stetige Semimartingale X und Y gilt*

$$X_t Y_t = X_0 Y_0 + \int_0^t X_{s-} \, dY_s + \int_0^t Y_{s-} \, dX_s + [X, Y]_t.$$

Beweis Nach Proposition 3.78 gilt:

$$[X + Y]_t = (X + Y)_t^2 - (X_0 + Y_0)^2 - 2 \int_0^t (X_- + Y_-)_s \, d(X + Y)_s$$

$$[X - Y]_t = (X - Y)_t^2 - (X_0 - Y_0)^2 - 2 \int_0^t (X_- - Y_-)_s \, d(X - Y)_s$$

Mit $a \cdot b = \frac{1}{4}\big((a + b)^2 - (a - b)^2\big)$ und der Bilinearität des Integrals folgt die Behauptung. $\qquad\square$

Bemerkung 3.82

a) *Die obige partielle Integrationsformel gilt auch für allgemeine Semimartingale (vgl. Proposition 3.94).*

b) *Ist $f = f(t)$ eine deterministische stetige Funktion, dann gilt (vgl. Proposition 3.86)*

$$f \in \mathcal{S}_c \iff f \in \mathcal{V}_c.$$

Der lokale Martingalanteil ist also identisch null. Für $f, g \in \mathcal{S}_c$ ist $[f, g] = 0$ und obige partielle Integrationsformel beinhaltet die partielle Integrationsformel für (stetige) Funktionen endlicher Variation.

3.5   Integration von Semimartingalen

Für die Integration von nicht stetigen Martingalen und allgemeiner von Semimartingalen werden einige Zerlegungssätze benötigt. Diese werden im Folgenden (teilweise ohne Beweis) zusammengestellt. Ein càdlàg-Prozess X heißt **Semimartingal** $X \in \mathcal{S}$, wenn er sich zerlegen lässt in ein lokales Martingal und einen Prozess von endlicher Variation.

$$X = X_0 + M + A \tag{3.18}$$

mit $M \in \mathcal{M}_{\mathrm{loc}}$ und $A \in \mathcal{V}$. Beispiele für Semimartingale sind Sprungprozesse mit abzählbarem Zustandsraum wie z. B. verallgemeinerte Poissonprozesse, Markovsche Sprungprozesse, (exponentielle) Lévy-Prozesse mit allgemeinem Zustandsraum und Diffusionsprozesse mit Sprüngen.

Die **speziellen Semimartingale** $X \in \mathcal{S}_p$ sind die Semimartingale, für die man A in obiger Zerlegung vorhersehbar wählen kann, d. h. $A \in \mathcal{V}_p := \mathcal{V} \cap \mathcal{P}$. Für die speziellen Semimartingale ist diese Zerlegung eindeutig (kanonische Zerlegung), für die allgemeinen Semimartigale hingegen nicht. Die speziellen Semimartingale sind genau die Semimartingale, für die der Anteil endlicher Variation lokal integrierbar ist.

Genauer gilt folgende Äquivalenz:

Lemma 3.83 *Für ein Semimartingal X gilt:*

$$X \in \mathcal{S}_p \iff \exists \text{ Zerlegung von } X \text{ mit } A \in \mathcal{A}_{\mathrm{loc}}, \text{ der Klasse der Prozesse von}$$
$$\text{lokal integrierbarer endlicher Variation}$$
$$\iff \forall \text{ Zerlegungen von } X \text{ gilt } A \in \mathcal{A}_{\mathrm{loc}}$$
$$\iff Y_t = \sup_{s \leq t} |X_s - X_0| \text{ ist lokal integrierbar.}$$

Folgendes Lemma konkretisiert obige Aussage.

Lemma 3.84 *Sei $X \in \mathcal{S}$ und $|\Delta X| \leq a < \infty$, dann ist $X \in \mathcal{S}_p$.*
Für die kanonische Zerlegung $X = X_0 + M + A$ von X gilt:

$$|\Delta A| \leq a, \quad |\Delta M| \leq 2a.$$

Für $X \in \mathcal{S}_{p,c}$ folgt, dass $M \in \mathcal{M}_{\mathrm{loc},c}$ und $A \in \mathcal{V}_{p,c}$.
$\mathcal{S}$ und $\mathcal{S}_p$ sind stabil unter Stoppen.

Proposition 3.85 (Stetiger Martingalanteil) *Zu $X \in \mathcal{S}$ existiert eine eindeutige Zerlegung der Form*

$$X = X_0 + X^c + M + A \text{ mit } X^c \in \mathcal{M}_{\mathrm{loc},c}, M \in \mathcal{M}_{\mathrm{loc}}, A \in \mathcal{V} \qquad (3.19)$$

$X_0^c = 0$ so dass für alle Zerlegungen $M = M_1 + M_2$ mit $M_1 \in \mathcal{M}_{\mathrm{loc},c}, M_2 \in \mathcal{M}_{\mathrm{loc}}$ gilt $M_1 = 0$.
*X^c heißt **stetiger Martingalanteil** von X.*

Proposition 3.86 *Sei $f = f(t)$ eine deterministische càdlàg-Funktion. Dann gilt*

$$f \in \mathcal{S} \Longleftrightarrow f \text{ ist von endlicher Variation, } f \in \mathcal{V}.$$

Beweis Es ist nur die Richtung „$\Longrightarrow$" zu zeigen. Nach Lemma 3.84 gilt

$$f = f(0) + M + A \in \mathcal{S}_p \text{ ist ein spezielles Semimartingal.}$$

Es gibt eine Lokalisierung $\tau_n \uparrow \infty$:

$$f^{\tau_n} = f(0) + M^{\tau_n} + A^{\tau_n} \text{ mit } EA_t^{\tau_n} < \infty.$$

Daraus folgt

$$Ef_{t \wedge \tau_n} = f(0) + \underbrace{EA_{t \wedge \tau_n}}_{\in \mathcal{V}} = f(t)P(\tau_n > t) + \underbrace{\int_0^t f(y)\, dP^{\tau_n}(y)}_{\in \mathcal{V}}.$$

Für alle $T > 0$ und $t \leq T$ ist für $n \geq n_0$, $P(\tau_n > t) > 0$.
Obige Darstellung impliziert dann, dass $f \in \mathcal{V}$. $\qquad \square$

Wir behandeln nun einige Zerlegungssätze für allgemeine Semimartingale und beschreiben deren Variations- und Kovariationsprozesse.

3.5.1　Zerlegungssätze

Sei $M \in \mathcal{M}_{\text{loc}}^2$ mit $M_0 = 0$, d.h. es existiert eine Lokalisierung $\tau_n \uparrow \infty$, so dass $M^{\tau_n} \in \mathcal{M}^2$ ein L^2-Martingal ist. Dann ist $(M^{\tau_n})^2$ ein Submartingal der Klasse (DL).

Mit dem Satz von Doob-Meyer folgt:

Es existiert genau ein vorhersehbarer, wachsender Prozess $A \in \mathcal{V}_+ \cap \mathcal{L}(\mathcal{P}) = (\mathcal{V}_p)_+$, $A_0 = 0$, so dass $M^2 - A \in \mathcal{M}_{\text{loc}}$.

(Definition auf $[0, \tau_n]$, konsistente Fortsetzung auf $[0, \infty)$.)

Der Prozess $A =: \langle M \rangle$ heißt **vorhersehbare quadratische Variation** von M.

Mit Hilfe der Polarisierungsformel lässt sich dann für M, $N \in \mathcal{M}_{\text{loc}}^2$ die **vorhersehbare quadratische Kovariation** von M, N　$\langle N, M \rangle \in \mathcal{L}(\mathcal{P})$ einführen und charakterisieren dadurch, dass

$$MN - \langle M, N \rangle \in \mathcal{M}_{\text{loc}}. \tag{3.20}$$

Da $\mathcal{M}_{\text{loc},c} \subset \mathcal{M}_{\text{loc}}^2$ verallgemeinert dieses den vorhersehbaren Variationsprozess von stetigen lokalen Martingalen.

Wie im stetigen Fall bekommen wir eine Ungleichung für N, $M \in \mathcal{M}_{\text{loc}}^2$:

$$|\langle M, N \rangle_t| \leq \left(\langle M \rangle_t \langle N \rangle_t \right)^{1/2} \quad \text{f.s.} \quad \forall t,$$

d.h. die Wurzel aus dem Produkt der Variationen ist eine Majorante für den Betrag der Kovariation.

Der Grund dafür, dass die quadratintegrierbaren Prozesse eine besondere Rolle spielen, ist der folgende Zerlegungssatz:

Proposition 3.87 (spezieller Zerlegungssatz) *Sei $X \in \mathcal{S}$, dann existiert eine Zerlegung von X der Form*

$$X = X_0 + M + A \quad \text{mit } M \in \mathcal{M}_{\text{loc}}^2 \text{ und } A \in \mathcal{V}.$$

Obige Zerlegung ist für $A \in \mathcal{V}$ nicht eindeutig. Das Argument für obige Zerlegung besteht darin, die großen Sprünge von M aus einer Zerlegung auf den Prozess A zu übertragen, ohne die endliche Variation zu verlieren.

Wendet man diesen speziellen Zerlegungssatz auf ein lokales Martingal an, so ergibt sich als Korollar

Korollar 3.88 *Sei $M \in \mathcal{M}_{\text{loc}}$, $M_0 = 0$, dann existiert ein Prozess $M' \in \mathcal{M}_{\text{loc}}^2$ und $A \in \mathcal{V}$ mit $M = M' + A$.*

Als Konsequenz hiervon kann man sich bei der Definition des stochastischen Integrals für Semimartingale auf den Fall beschränken, dass der Martingalanteil in $\mathcal{M}_{\text{loc}}^2$ liegt.

Eine nützliche Eigenschaft vorhersehbarer wachsender Prozesse (wie in der Definition spezieller Semimartingale) formuliert das folgende Lemma.

Lemma 3.89 *Sei A ein vorhersehbarer Prozess $A \in \mathcal{V}_p$ von endlicher Variation, $A_0 = 0$, dann ist $A \in \mathcal{A}_{\text{loc}}$, A hat lokal integrierbare Variation, d. h. es gibt eine Lokalisierung (τ_n), so dass A^{τ_n} integrierbare Variation hat $\forall\, n \in \mathbb{N}$.*

Als Korollar hieraus ergibt sich die folgende Integrierbarkeitsaussage.

Lemma 3.90 *Sei $f \in \mathcal{L}(\mathcal{P})$ ein vorhersehbarer Prozess und sei $A \in \mathcal{A}_+ \cap \mathcal{L}(\mathcal{P})$ vorhersehbar und wachsend, und sei $\int_0^t |f_s|\, dA_s < \infty$, $\forall\, t$ f.s. Dann gilt:*

$$B_t := \int_0^t f_s \, dA_s \in \mathcal{L}(\mathcal{P}) \cap \mathcal{A}_{\text{loc}},$$

d. h. das Integral $B = f \cdot A$ ist vorhersehbar und lokal integrierbar.

Beweis Sei $f \in \mathcal{E}$ und sei $\mathcal{H} := \left\{ X \text{ càdlàg}; \int_0^t f\, dX \in \mathcal{L}(\mathcal{P}) \right\}$ dann gilt $\mathcal{H} \supset$ {stetige Prozesse}, da $f \cdot X$ stetig ist. Für alle càdlàg-Prozesse f ist das Integral $f \cdot X$ definiert.

Mit dem monotonen Klassentheorem folgt:

$\mathcal{H}$ enthält alle beschränkten vorhersehbaren Prozesse.

Mit Lokalisierung folgt dann:

$$B = f \cdot A \in \mathcal{L}(\mathcal{P}) \cap \mathcal{A}_{\text{loc}}, \quad \forall\, A \in \mathcal{V}_+ \cap \mathcal{L}(\mathcal{P}),\, f \in \mathcal{E}.$$

Daraus folgt wieder mit dem monotonen Klassentheorem die Behauptung für $f \in \mathcal{L}(\mathcal{P})$, f beschränkt.

Für allgemeine vorhersehbare Funktionen wird die Aussage durch Lokalisieren auf den beschränkten Fall zurückgeführt: Sei $f^k := (f \wedge k) \vee (-k)$, dann konvergiert die Folge f^k punktweise: $f^k \longrightarrow f$. Nach Voraussetzung ist die Folge $|f^k|$ durch eine integrierbare Funktion majorisiert:

$$|f^k| \leq |f| \text{ und } \int_0^t |f|_s \, dA_s < \infty.$$

Die Behauptung folgt nun mit dem Satz von der majorisierten (dominierten) Konvergenz. □

3.5.2 Stochastisches Integral für $\mathcal{M}_{\text{loc}}^2$

Das stochastische Integral wird nun im nächsten Schritt ähnlich wie für $\mathcal{M}_c^2$ eingeführt.

Sei $M \in \mathcal{M}_{\text{loc}}^2$, und $\mathcal{L}^0(M) := \left\{ f \in \mathcal{L}(\mathcal{P}); \int_0^t f_s^2 \, d\langle M \rangle_s < \infty, \text{ f.s. } \forall\, t < \infty \right\}$.

Dann folgt nach Lemma 3.90 $B_t := \int_0^t f_s^2 \, d\langle M \rangle_s \in \mathcal{P} \cap \mathcal{A}_{loc}$, für $f \in \mathcal{L}^0(M)$.
Also existiert eine lokalisierende Folge $\sigma_n \uparrow \infty$: $E B_t^{\sigma_n} < \infty$.
Für $M \in \mathcal{M}^2$ wird das stochastische Integral $X_t := \int_0^t f \, dM$ wie für Martingale
$M \in \mathcal{M}_c^2$ definiert. Anschließend erweitert man die Klasse der Integratoren auf $\mathcal{M}_{loc}^2$
durch Lokalisieren wie zuvor:
Sei (σ_n') eine lokalisierende Folge, so dass $M^{\sigma_n'} \in \mathcal{M}^2$ und sei $\tau_n := \sigma_n \wedge \sigma_n'$.
Wir definieren auf $[0, \tau_n]$ das stochastische Integral durch

$$\int_0^t f \, dM := \int_0^t f \mathbb{1}_{[0,\tau_n]} \, dM^{\tau_n} \text{ auf } [0, \tau_n].$$

Zur Identifizierung der vorhersehbaren quadratischen Kovariation verwenden wir
Doob-Meyer:
Sei $N \in \mathcal{M}_{loc} \cap \mathcal{P}$, $N_0 = 0$ und $N \in \mathcal{V}$, dann gilt

$$P(N_t = 0, \forall t) = 1$$

wegen der Eindeutigkeit im Satz von Doob-Meyer. Dieses impliziert die Eindeutig-
keit von $\langle X, N \rangle$.
    Wir erhalten $X = f \cdot M \in \mathcal{M}_{loc}^2$ und es gelten die Integraleigenschaften (vgl.
Proposition 3.69) sowie der Satz über dominierte Konvergenz für das stochastische
Integral. Insbesondere gilt auch die Kovariationsformel.

3.5.3   Stochastisches Integral für Semimartingale

Sei $X \in \mathcal{S}$ ein Semimartingal. Dann kann man nach dem Zerlegungssatz X zerlegen:

$$X = M + A, \qquad M \in \mathcal{M}_{loc}^2, A \in \mathcal{V}.$$

Diese Zerlegung ist nicht eindeutig.
    Unser Ziel ist die Konstruktion eines Integrals, welches unabhängig von der Zer-
legung ist. Angenommen

$$X = M + A = N + B, \qquad M, N \in \mathcal{M}_{loc}^2, \; A, B \in \mathcal{V}$$

sind zwei Zerlegungen von X. Für eine elementare Funktionen $f \in \mathcal{E}$ gilt dann nach
Definition des Integrals

$$\int_0^t f \, dM + \int_0^t f \, dA = \int_0^t f \, dN + \int_0^t f \, dB \qquad (3.21)$$

Die Menge der f, die diese Bedingung erfüllt, ist abgeschlossen bezüglich punktweiser Konvergenz. Mit dem Satz von der monotonen Klasse und dem Satz von der
dominierten Konvergenz folgt:
    (3.21) gilt auch für beschränkte vorhersehbare Prozesse $f \in \mathcal{P}$.

Mit einem Abschneideargument folgt: (3.21) gilt für $f \in \mathcal{P}$ unter der Bedingung

$$\int_0^t f_s^2 \, d\langle M \rangle_s < \infty \quad \text{f.s.}, \qquad \int_0^t |f_s| \, d|A|_s < \infty \quad \text{f.s.},$$

$$\text{und} \int_0^t f_s^2 \, d\langle N \rangle_s < \infty \quad \text{f.s.}, \qquad \int_0^t |f|_s \, d|B|_s < \infty \quad \text{f.s.} \; \forall t, \tag{3.22}$$

d. h. Gleichheit gilt in der Klasse aller f mit (3.22).

Wir definieren daher die Integrationsklasse

$$\mathcal{L}^0(X) := \left\{ f \in \mathcal{L}(\mathcal{P}); \; \exists \text{ Zerlegung } X = M + A, \text{ mit } M \in \mathcal{M}_{\text{loc}}^2, \; A \in \mathcal{V}, \text{ so dass } (3.22) \text{ gilt} \right\}.$$

Für diese Klasse ist die Definition des Integrals eindeutig und es gelten die Integraleigenschaften wie in Kap. 3.4.2, da im Wesentlichen nur der Satz von der majorisierten Konvergenz benutzt wird.

Die Aussage über die quadratische Variation für stetige Semimartingale überträgt sich wie folgt:

Proposition 3.91 (Quadratische Variation) *Sei $X \in \mathcal{S}$, ein càdlàg-Semimartingal und sei (τ_i^n) eine Folge von Zerlegungen mit $|\Delta_n = | \longrightarrow 0$. Dann gilt*

$$Q_t^n := \sum \left(X_{\tau_{i+1}^n \wedge t} - X_{\tau_i^n \wedge t} \right)^2 \xrightarrow{P} [X]_t$$

und es gilt die Darstellungsformel

$$X_t^2 = X_0^2 + 2 \cdot \int_0^t X_{s-} \, dX_s + [X]_t. \tag{3.23}$$

Die Konvergenz ist gleichmäßig auf $[0, t]$.

Der Beweis dieser Proposition ist wie der Beweis in Proposition 3.78 mit dem Satz von der dominierten Konvergenz. Der wesentliche Schritt ist der Nachweis der folgenden

Proposition 3.92 *Sei $X \in \mathcal{S}$ càdlàg; Y càdlàg und (τ_i^n) eine Folge von Zerlegungen mit $\Delta_n \longrightarrow 0$. Sei weiter $Z_t^n := \sum Y_{\tau_i^n} (X_{\tau_{i+1}^n \wedge t} - X_{\tau_i^n \wedge t})$. Dann gilt*

$$\sup_{t \leq T} \left| Z_t^n - \int_0^t Y_- \, dX \right| \xrightarrow{P} 0.$$

Durch die quadratische Variation erhalten wir auch die quadratische Kovariation durch Polarisierung aus der quadratischen Variation.

Definition 3.93 (Kovariation) *Für X, Y ∈ S definieren wir die quadratische Kovariation*

$$[X, Y] := \frac{1}{4}\big([X + Y] - [X - Y]\big)$$

Es überträgt sich die partielle Integrationsformel.

Proposition 3.94 (Partielle Integrationsformel) *Für X, Y ∈ S gilt:*

$$X_t Y_t = X_0 Y_0 + \int_0^t X_- \, dY + \int_0^t Y_- \, dX + [X, Y]_t.$$

Insbesondere liefert Proposition 3.94 im Fall deterministischer Funktionen von endlicher Variation die klassische partielle Integrationsformel als Spezialfall (vgl. Proposition 3.81).

Proposition 3.95 *Seien M, N ∈ $\mathcal{M}_{\text{loc}}$, f ∈ $\mathcal{L}(\mathcal{P})$ lokal beschränkt, dann gilt:*

a) $Y_t := \int_0^t f \, dM = (f \cdot M)_t \in \mathcal{M}_{\text{loc}}$

b) $MN - [M, N] \in \mathcal{M}_{\text{loc}}.$

Beweis

1) Aus dem Zerlegungssatz folgt die Existenz einer Zerlegung $M = M^* + A$ mit $M^* \in \mathcal{M}_{\text{loc}}^2$ und $A \in \mathcal{V}$. $A = M - M^*$ ist als Differenz von zwei lokalen Martingalen selbst ein lokales Martingal, $A \in \mathcal{M}_{\text{loc}}$. Nach Konstruktion ist das stochastische Integral $f \cdot M^* \in \mathcal{M}_{\text{loc}}^2$. Es bleibt zu zeigen: $f \cdot A \in \mathcal{M}_{\text{loc}}$.
   Sei $\tau_n^1 := \inf\{t; |A|_t \geq n\}$ und (τ_n^2) eine lokalisierende Folge mit $A^{\tau_n^2} \in \mathcal{M}$ und definiere $\tau_n := \inf\{\tau_n^1, \tau_n^2\}$. Dann gilt für $t < \tau_n$, dass $|A|_t \leq n$. Damit folgt $|A|_{\tau_n} \leq 2n + |A_{\tau_n}|$ und $|A|^{\tau_n} \in \mathcal{A}$.
   Sei $g = f \mathbb{1}_{[0,\tau_n]}$, $B = A^{\tau_n}$, dann ist $(f \cdot A)^{\tau_n} = g \cdot B$ und $|B| \in \mathcal{A}$.
   Bezeichne $\mathcal{H} := \{h \in \mathcal{L}(\mathcal{P}); h$ beschränkt, $h \cdot B \in \mathcal{M}\}$, dann gilt:

   $\mathcal{H} \supset \mathcal{E}$, $\mathcal{H}$ ist abgeschlossen bezüglich punktweiser beschränkter Konvergenz;

   also ist $\mathcal{H}$ eine monotone Klasse.
   Damit folgt: $\mathcal{H} \supset B(\mathcal{P})$. Also gilt: $f \cdot A \in \mathcal{M}_{\text{loc}}$.
2) folgt aus der Charakterisierungseigenschaft *a)* und Proposition 3.91. □

Bemerkung 3.96 *Für M, N ∈ $\mathcal{M}_{\text{loc}}^2$ ist*

$$MN - \langle M, N \rangle \in \mathcal{M}_{\text{loc}},$$

$\langle M, N \rangle \in \mathcal{V}_p$ *ist von endlicher Variation und vorhersehbar.*
Die quadratische Kovariation $[M, N]$ *ist i.A. nicht vorhersehbar. Mit Proposition 3.95 folgt*

$$[M, N] - \langle M, N \rangle \in \mathcal{M}_{\text{loc}}$$

d. h. $\langle M, N \rangle$*, die* **vorhersehbare Kovariation** *von M und N, ist die vorhersehbare quadratische Variation von dem Kovariationsprozess* $[M, N]$*.*
Der vorhersehbare Variationsprozess der Kovariation ist identisch mit der vorhersehbaren Kovariation von M und N.

Wir beschreiben nun einige Eigenschaften der **Sprünge bei Semimartingalen**.
Sei $(\Delta X)_t := X_t - X_{t-}$ der **Sprungprozess** an der Stelle t. Ist der Prozess X càdlàg, dann gibt es höchstens abzählbar viele Sprünge.

Proposition 3.97 *Sei* $X \in \mathcal{S}$*,* $Y \in \mathcal{P}$ *lokal beschränkt,* $Z := Y \cdot X$*, dann gilt:*

a) Der Sprungprozess von Z ist das Integral $Y \cdot \Delta X$, $\quad \Delta Z = Y \cdot \Delta X$
b) $\Delta[X] = (\Delta X)^2$
c) $\sum_{0 \leq s \leq t} (\Delta X_s)^2 \leq [X]_t$.

Beweis Für den Fall, dass $Y = Y_-$ linksseitig stetig ist:
a) Sei $Y = Y_-$ und

$$Y_t^n := \sum Y_{\tau_i^n} \mathbb{1}_{(\tau_i^n, \tau_{i+1}^n]}(t),$$
$$Z_t^n := \sum Y_{\tau_i^n} \big(X_{\tau_{i+1}^n}^t - X_{\tau_i^n}^t \big) \quad \text{das Integral des elementaren Prozesses } Y_t^n \text{ bezüglich } X.$$

Dann gilt wegen der linksseitigen Stetigkeit von Y

$$Y_t^n \xrightarrow{P} Y_t.$$

Mit dem Satz von der dominierten Konvergenz für Semimartingale folgt analog zu Proposition 3.78:

$$\sup_{t \leq T} \left| Z_t^n - \int_0^t Y \, dX \right| \xrightarrow{P} 0.$$

Es gilt $\Delta Z^n \longrightarrow \Delta Z$ und nach dem Satz über dominierte Konvergenz

$$Y^n \cdot \Delta X \longrightarrow Y \cdot \Delta X$$

wegen der gleichmäßige Konvergenz auf kompakten Intervallen.
Wegen $\Delta Z^n = Y^n \cdot \Delta X$, $\Delta Z = Y \cdot \Delta X$ folgt daher $\Delta Z = Y \cdot \Delta X$.

b) Mit der Darstellungsformel aus Proposition 3.91 für die quadratischen Variation folgt:

$$X_t^2 = X_0^2 + 2 \cdot \int_0^t X_- \, dX + [X]_t.$$

Bildet man den Zuwachs auf beiden Seiten, dann folgt mit a):

$$\Delta X^2 = 2X_- \cdot \Delta X + \Delta[X].$$

Andererseits gilt:

$$(\Delta X)_t^2 = (X_t - X_{t-})^2 = X_t^2 - X_{t-}^2 - 2 \cdot X_{t-}(X_t - X_{t-})(\Delta X^2)_t - 2X_{t-}(\Delta X)_t.$$

Damit folgt $\Delta[X] = (\Delta X)^2$.

c) folgt nach Definition von $[X]$ und nach b), denn auch der stetige Anteil trägt zu der quadratischen Variation bei. $\qquad\square$

Bemerkung 3.98 *Die Summe der quadratischen Sprünge von X ist kleiner als der Variationsprozess an der Stelle t. Insbesondere ist diese Summe endlich. Typischerweise gilt nicht die Gleichheit. Zusätzlich zu dem Anteil der quadratischen Variation der von den Sprüngen kommt gibt es noch einen Anteil, der von den Stetigkeitsbereichen des Prozesses kommt. Die quadratische Variation wächst durch die Sprünge, aber auch durch die Stetigkeitsbereiche.*

Es folgt eine nützliche Rechenregel für die quadratische Kovariation:

Lemma 3.99 *Sei $X \in \mathcal{S}$, $A \in \mathcal{V}$, d.h. X ist Semimartingal und A von endlicher Variation, dann gilt*

a) *Ist A oder X stetig, dann folgt $[X, A] = 0$.*

b) *Die Kovariation von X und A ist die Summe der Produkte der Sprünge der Zuwächse*

$$[X, A] = \sum_{0 < s \leq t} (\Delta X)_s (\Delta A)_s.$$

Beweis

b) Sei $t_i^n = \dfrac{i}{2^n} t$, $n \geq 1$, $i \leq 2^n$ eine Partition der reellen Achse, dann gilt für $A \in \mathcal{V}$:

$$\sum_{i=1}^{2^n} X_{t_{i+1}^n} \left(A_{t_{i+1}^n} - A_{t_i^n} \right) \xrightarrow{P} \int_0^t X_s \, dA_s, \qquad \text{da X càdlàg ist. Weiter gilt}$$

$$\sum_{i=1}^{2^n} X_{t_i^n} \left(A_{t_{i+1}^n} - A_{t_i^n} \right) \xrightarrow{P} \int_0^t X_{s-} \, dA_s \qquad \text{(vgl. Proposition 3.78)}$$

Daraus folgt: $[X, A]_t = \lim \sum_{i=1}^{2^n} \left(X_{t_{i+1}^n} -, X_{t_i^n} \right) \left(A_{t_{i+1}^n} - A_{t_i^n} \right)$, stochastischer Limes

$$= \int_0^t X_s \, dA_s - \int_0^t X_{s-} \, dA_s$$

$$= \int_0^t (\Delta X)_s \, dA_s$$

$$= \sum_{s \leq t} (\Delta X)_s (\Delta A)_s, \quad \text{da } X \text{ nur abzählbar viele Sprünge hat.}$$

a) folgt aus b). $\qquad\qquad\square$

Korollar 3.100 *Sei X ein stetiges Semimartingal $X = X_0 + M + A \in \mathcal{S}_c$ mit $M \in \mathcal{M}_{\mathrm{loc},c}$, $A \in \mathcal{V}_c$ dann folgt:*

$$[X] = [M] = \langle M \rangle.$$

Beweis $[X] = [M + A, M + A]$

$\qquad\quad = [M] + [A] + [M, A] + [A, M] \qquad$ da $[\,]$ eine Bilinearform ist

$\qquad\quad = [M] + 0 + 0 + 0$

$\qquad\quad = [M].$

$[M]$ ist stetig also insbesondere vorhersehbar.

Weiter ist M stetig, also $M \in \mathcal{M}_{\mathrm{loc}}^2$. Mit der Darstellungsformel in Korollar 3.79 folgt:

$$M^2 - [M] \in \mathcal{M}_{\mathrm{loc},c}.$$

Wegen der Eindeutigkeit der vorhersehbaren Variation folgt:

$$[M] = \langle M \rangle \quad \text{(vgl. Satz 3.54).} \qquad\qquad\square$$

Bemerkung 3.101

a) Allgemeine lokale Martingale $M \in \mathcal{M}_{\mathrm{loc}}$ kann man auf eindeutige Weise zerlegen

$$M = M_0 + M^c + M^d$$

in einen rein stetigen Anteil $M^c \in \mathcal{M}_{\mathrm{loc},c}$ und einen rein unstetigen Anteil M^d, der senkrecht auf jedem stetigen lokalen Martingal steht,

$$M^d \perp X, X \in \mathcal{M}_{\mathrm{loc},c}, \quad d.\,h.\ es\ gilt\ M^d X \in \mathcal{M}_{\mathrm{loc}}.$$

Dabei heißt ein Prozess M^d rein unstetig, wenn für alle $X \in \mathcal{M}_{\mathrm{loc},c}$ gilt $M^d \perp X$, d.\,h. $M^d X$ ist ein lokales Martingal, $M^d X \in \mathcal{M}_{\mathrm{loc}}$:
Die Orthogonalitätsrelation $\perp$ auf der Menge der lokalen Martingale hat ähnliche Eigenschaften wie die Orthogonalitätsrelation in einem Hilbertraum. Ein stetiges lokales Martingal, das senkrecht auf sich selbst steht ist null.

*Für $X \in S$ ist die Zerlegung $X = X_0 + M + A$ im Allgemeinen nicht eindeutig,
aber der stetige Martingalanteil von X ist unabhängig von der Darstellung.
Bezeichnung:* $X^c := M^c$ **stetiger Martingalanteil von X.**
*Die allgemeine Formel für die quadratische Kovariation zweier Semimartingale
X, Y ist*

$$[X, Y]_t = \langle X^c, Y^c \rangle + \sum_{s \leq t} \Delta X_s \Delta Y_s.$$

$\langle X^c, Y^c \rangle$ *ist die quadratische Kovariation der stetigen Anteile und ist identisch
mit der vorhersehbaren quadratischen Kovariation.*

b) *Der stetige Martingalanteil eines Semimartingals ist unabhängig von der Zerlegung. Mit Hilfe dieses Anteils definiert man die Semimartingal-Charakteristik.
Die* **Semimartingal-Charakteristik** *von* $X \in S_p$ *hat drei Komponenten*
$(A, \langle X^c \rangle, \mu)$. *Dabei ist* $A \in V$ *der „Drift" von X,* $\langle X^c \rangle$ *die vorhersehbare Variation des stetigen Martingalanteils* X^c *von X und* μ *der Kompensator des Sprung-
prozesses.
Im Fall allgemeiner Semimartingale* $X \in S$ *definiert man mit einer Abschneidefunktion h mit $h(x) = x$ in einer Umgebung von 0, h beschränkt, z. B. $h(x) =
x 1_{\{|x| \leq 1\}}$,*

$$\overline{X}_t(h) := \sum_{s \leq t} (\Delta X_s - h(\Delta X_s)) = (x - h(x)) * \mu^X,$$

die Summe der großen Sprünge, μ^X *das Sprungmaß von X. Dann ist*

$$X(h) := X - \overline{X}(h) \in S_p$$

*ein Spezialsemimartingal. Die Semimartingalcharakteristik von X(h) wird dann
als Charakteristik von X bezeichnet.
Für einen Lévy-Prozess ist* $A_t = a \cdot t$, $\langle X^c \rangle = \sigma^2 t$ *und* $\mu = \lambda^1 \otimes L$, *L das Lévy-
Maßss. In diesem Fall sind die Charakteristiken deterministisch.*

Proposition 3.102 *Seien* $X, Y \in S$, $f \in \mathcal{L}^0(X)$, *dann gilt:*

$$[f \cdot X, Y] = f \cdot [X, Y]$$

wobei $f \cdot [X, Y]$ *das Stieltjes-Integral bezüglich* $[X, Y]$ *ist.*

Beweis Mit der partiellen Integrationsformel ist obige Aussage äquivalent zu:

$$(f \cdot X)_t Y_t = (f \cdot X)_0 Y_0 + \int_0^t (f \cdot X)_- \, dY + \underbrace{\int_0^t (f \cdot Y)_- \, dX}_{= \int_0^t Y_- \, d(f \cdot X)} + \underbrace{\int_0^t f \, d[X, Y]}_{= (f \cdot [X, Y])_t}.$$

Diese Gleichheit gilt für $f = U \cdot \mathbb{1}_{(r,s]}$, $U \in B(\mathcal{A}_r)$ nach Definition.

Wegen der Linearität des Integrals folgt die Aussage für $f \in \mathcal{E}$.

Beschränkte, vorhersehbare Prozesse für die die Gleichung gilt, sind abgeschlossen unter beschränkter punktweiser Konvergenz. Mit dem monotonen Klassentheorem folgt daher die Gleichheit für beschränkte vorhersehbare Funktionen f. $\qquad\square$

Elemente der stochastischen Analysis

4

Der zweite Hauptteil des Textbuches ist der stochastischen Analysis, deren Bedeutung für die Modellbildung und deren Analyse gewidmet. Wesentliche Bausteine sind die partielle Integrationsformel und die Itô-Formel mit zahlreichen Anwendungen z. B. auf Lévy's Charakterisierung der Brownschen Bewegung. Das stochastische Exponential ist Lösung einer fundamentalen stochastischen Differentialgleichung und zeigt seine Bedeutung in der Charakterisierung von äquivalenten Maßwechseln (Satz von Girsanov). Zusammen mit dem Martingaldarstellungssatz (Vollständigkeitssatz) und dem Zerlegunssatz von Kunita-Watanabe bilden diese das Fundament für die arbitragefreie Bepreisungstheorie in der Finanzmathematik im dritten Teil des Textbuches.

Ein ausführlicher Abschnitt ist den stochastischen Differentialgleichungen gewidmet. Insbesondere wird ein Vergleich der unterschiedlichen Zugänge zu Diffusionsprozessen dargestellt, nämlich 1. des Markovprozess-(Halbgruppen-)Zugangs, 2. des PDE-Zugangs (Kolmogorov-Gleichungen) und 3. des Zugangs durch stochastische Differentialgleichungen (Itô-Theorie). Darüber hinaus wird auch der besonders fruchtbare Zusammenhang von stochastischen und partiellen Differentialgleichungen (Dirichlet-Problem, Cauchy-Problem, Feynman-Kac-Darstellung) ausgeführt.

4.1 Itô-Formel

Die Itô-Formel ist ein wichtiges Hilfsmittel zur Untersuchung von Funktionen von Semimartingalen. Eine grundlegende Frage ist eng verknüpft mit der Itô-Formel: Sei X ein Semimartingal. Für welche Funktionen f ist $f(X)$ auch ein Semimartingal und wie erhält man gegebenenfalls die Zerlegung in Martingal- und Driftanteil?

Beispiel 4.1 (Semimartingal-Zerlegungen) *Für die Brownsche Bewegung und* $f(x) = x^2$ *gilt:*

$$B_t^2 = 2 \underbrace{\int_0^t B_s \, dB_s}_{Martingal} + t.$$

© Der/die Herausgeber bzw. der/die Autor(en), exklusiv lizenziert durch Springer-Verlag GmbH, DE, ein Teil von Springer Nature 2020
L. Rüschendorf, *Stochastische Prozesse und Finanzmathematik,* Masterclass, https://doi.org/10.1007/978-3-662-61973-5_4

Allgemein gilt nach der Formel für die quadratische Variation (Proposition 3.91) für ein Semimartingal X und $f(x) = x^2$ die Darstellung

$$X_t^2 = X_0^2 + 2 \int_0^t X_- \, \mathrm{d}X + [X]_t.$$

Für Semimartingale X, $Y \in \mathcal{S}$ gilt die partielle Integrationsformel (Proposition 3.102):

$$X_t Y_t = X_0 Y_0 + \int_0^t X_- \, \mathrm{d}Y + \int_0^t Y_- \, \mathrm{d}X + [X, Y]$$

Die Itô-Formel liefert eine entsprechende Zerlegung für allgemeine Funktionen.

Definition 4.2 *Sei $X = (X^1, \ldots, X^d) \in \mathcal{S}^1$ ein d-dimensionales (Semi-)Martingal, d.h. X^i ist ein (Semi-)Martingal $\forall i$. Falls $X^i \in \mathbb{C}$ (komplexwertig), dann ist X ein (Semi-)Martingal falls Re X^i und Im X^i (Semi-)Martingale sind und wir verwenden die Bezeichnungen $\in \mathcal{S}^{\mathbb{C}}$, $\mathcal{M}^{\mathbb{C}}$, analog für lokale Martingale $\mathcal{M}_{\mathrm{loc}}^{\mathbb{C}}$ etc.*

Satz 4.3 (Itô-Formel) *Sei $X = (X^1, \ldots X^n) \in \mathcal{S}_c^d$ ein stetiges Semimartingal, $f \in C^2(\mathbb{R}^d, \mathbb{R}) = C^2$ sei zwei mal stetig differenzierbar, dann folgt: $f(X) \in \mathcal{S}_c$ ist ein stetiges Semimartingal und*

$$f(X_t) = f(X_0) + \sum_{i=1}^d \int_0^t \frac{\partial f}{\partial x_i}(X_s) \, \mathrm{d}X_s^i + \frac{1}{2} \sum_{i,j} \int_0^t \frac{\partial^2 f}{\partial x_i \partial x_j}(X_s) \underbrace{\mathrm{d}\langle X^i, X^j\rangle_s}_{=\mathrm{d}[X^i, X^j]_s}.$$

$$(4.1)$$

Beweis Im ersten Schritt des Beweises zeigen wir: Falls (4.1) für f gilt, dann auch für $g(x) = x_i \cdot f(x)$, wobei x_i die i-te Komponente von x ist. Mit Induktion folgt dann die Gültigkeit für alle Polynome. Wir betrachten zunächst den Fall $(d = 1)$. Angenommen, die Itô-Formel (X) gilt für f, d.h.

$$f(X) = f(X_0) + f'(X) \cdot X + \frac{1}{2} f''(X) \cdot \langle X \rangle.$$

Sei $g(x) = xf(x)$, dann ist $g'(x) = f(x) + xf'(x)$ und $g''(x) = f'(x) + f'(x) + xf''(x) = 2f'(x) + xf''(x)$. Damit erhalten wir mit Hilfe der partiellen Integrationsformel und (4.1) für f:

$$g(X) = Xf(X) = X_0 f(X_0) + X \cdot f(X) + f(X) \cdot X + \langle X, f(X) \rangle$$

$$= X_0 f(X_0) + (Xf'(X)) \cdot X + \frac{1}{2}(f''(X)X) \cdot \langle X \rangle$$

$$+ f(X) \cdot X + \langle X, f'(X) \cdot X \rangle + \underbrace{\left\langle X, \frac{1}{2} f''(X) \cdot \langle X \rangle \right\rangle}_{=0}$$

$$= g(X_0) + g'(X) \cdot X + \frac{1}{2} g''(X) \cdot \langle X \rangle,$$

denn der zweite Variationsterm der vorletzten Zeile ist 0.

Auf ähnliche Weise ergibt sich für $d \geq 1$:

$$X_t^i f(X_t) = X_0^i f(X_0) + \int_0^t X_s^i \, df(X_s) + \int_0^t f(X_s) \, dX_s^i + \langle X^i, f(X) \rangle_t$$

$$= g(X_0) + \int_0^t X_s^i \sum_j \frac{\partial f}{\partial x_j}(X_s) \, dX_s^j + \frac{1}{2} \sum_{j,k} \int_0^t X_s^i \frac{\partial^2 f}{\partial x_j \partial x_k}(x_s) d\langle X^i, X^k \rangle_s$$

$$+ \int_0^t f(X_s) \, dX_s^i + \langle X^i, f(X) \rangle_t$$

$$= g(X_0) + \sum_j \int_0^t \frac{\partial g}{\partial x_j}(X_s) \, dX_s^j + \frac{1}{2} \sum_{j,k} \int_o^t \frac{\partial^2 g}{\partial x_j \partial x_k}(X_s) d\langle X^i, X^j \rangle_s.$$

Daraus folgt: Die Itô-Formel gilt für Polynome. Mit Stoppen ist es ausreichend, (4.1) für Prozesse X mit Werten in einem kompakten Intervall K zu zeigen. Nach Weierstraß lässt sich aber jedes $f \in C^2$ auf K gleichmäßig durch eine Folge von Polynomen (P_n) in $C^2(K)$ approximieren, so dass $\|P_n - f\|_{C^2(K)} \to 0$, d. h. $P_n(X) \to f(X)$, $P_n^{(\alpha)}(X) \to f^{(\alpha)}(X)$ gleichmäßig für $|\alpha| \leq 2$ (d. h. die ersten zwei Ableitungen konvergieren). Nach dem Satz über majorisierte Konvergenz folgt $P_n^{(i)}(X) \cdot X \to f^{(i)}(X) \cdot X$ und $\frac{\partial^2}{\partial x_i \partial x_j} P_n(X) \to \frac{\partial^2}{\partial x_i \partial x_j} f(X) \cdot \langle X \rangle$. Das impliziert die Behauptung. $\qquad \square$

Bemerkung 4.4 *a) Itô-Formel in Differentialschreibweise*

$$df(X_t) = \sum_i \frac{\partial f}{\partial x_i}(X_t) \, dX_t^i + \frac{1}{2} \sum \frac{\partial^2 f}{\partial x_i \partial x_j}(X_t) \, d\langle X^i, X^j \rangle_t.$$

b) Für $X \in \mathcal{S}_c$, $A \in \mathcal{V}$ betrachten wir das stetige Semimartingal $(X, A) \in \mathbb{R}^{d+1}$. Es gilt dann für $f \in C^{2,1}(\mathbb{R}^d \times \mathbb{R})$, $f = f(x, y)$

$$f(X_t, A_t) = f(X_0, A_0) + \sum_i \int_0^t \frac{\partial f}{\partial x_i}(X_s, A_s) \, dX_s^i + \int_0^t \frac{\partial f}{\partial y}(X_s, A_s) \, dA_s$$

$$+ \frac{1}{2} \sum_{i,j} \int_0^t \frac{\partial^2 f}{\partial x_i \partial x_j}(X_s, A_s) d\langle X^i, X^j \rangle$$

c) Sei $d = 1$, $\Phi \in C^1$, supp$\Phi \subset (0, t)$. Dann folgt mit der Formel für die partielle Integration

$$X_t \underbrace{\Phi(t)}_{=0} = X_0 \underbrace{\Phi(0)}_{=0} + \int_0^t \Phi(s)\, \mathrm{d}X_s + \int_0^t X_s \Phi'(s)\, \mathrm{d}s + \underbrace{\langle X, \Phi \rangle}_{=0},$$

da Φ stetig. Daraus folgt

$$\int_0^t \Phi(s)\, \mathrm{d}X_s = - \int_0^t X_s \Phi'_s\, \mathrm{d}s.$$

Diese Identität kann man als Ausgangspunkt der Definition des stochastischen Integrals nehmen, das dann über Ableitungen im Sinne von Distributionen auf allgemeinere Funktionen $\Phi(s)$ erweitert wird. Das allgemeine stochastische Integral erlaubt jedoch auch stochastische Prozesse Φ als Integranden.

d) **Allgemeine Itô-Formel** *Die Itô-Formel lässt sich auch auf allgemeine nichtstetige Semimartingale erweitern. Sei $X \in \mathcal{S}^d$, $f \in C^{2,1}$, $f = f(x, s)$, dann gilt:*

$$f(X_t, t) = f(X_0, 0) + \int_0^t f_s(X_s, s)\, \mathrm{d}s + \sum_j \int_0^t f_j(X_{s-}, s)\, \mathrm{d}X_s^j$$

$$+ \frac{1}{2} \sum_{j,k} \int_0^t f_{j,k}(X_{s-}, s) \mathrm{d}[X^j, X^k]_s$$

$$+ \sum_{0 \leq s \leq t} \left\{ f(X_s, s) - f(X_{s-}, s) - \sum_j f_j(X_{s-}, s) \Delta X_s^j \right.$$

$$\left. - \frac{1}{2} \sum_{j,k} f_{j,k}(X_{s-}, s) \Delta X_s^j \Delta X_s^k \right\}.$$

Bemerkung 4.5 *Die Formel gilt auch für $f : U \longrightarrow \mathbb{R}$, $U \subset \mathbb{R}^d$ offen, falls $X, X_- \in U$, d. h. die Formel gilt auch für Abbildungen von offenen Teilmengen von $\mathbb{R}^d$ nach $\mathbb{R}$, falls X und der linksseitige Grenzwert X_- in U liegen. Die obige Formel liefert eine Semimartingaldarstellung von $f(X)$.*

Die Itô-Formel ist eine Kettenregel für die stochastische Integration. Insbesondere besagt sie, dass für eine C^2-Funktion f und ein Semimartingal X auch $f(X)$ wieder ein Semimartingal ist. An der Itô-Formel kann man die Semimartingaldarstellung ablesen. Insbesondere ist für ein Martingal X und eine konvexe Funktion f $f(X)$ ein Submartingal. In diesem Fall liefert die Itô-Formel die Doob–Meyer Zerlegung von diesem Submartingal.

Es folgen einige direkte Anwendungen der Itô-Formel.

Beispiel 4.6 *Sei B die Brownsche Bewegung und $f(x) = x^m$, dann folgt nach der Itô-Formel*

$$B_t^m = m \int_0^t B_s^{m-1} \, dB_s + \frac{m(m-1)}{2} \int_0^t B_s^{m-2} \, ds.$$

Dieses führt für $m = 2$ zu

$$B_t^2 = 2 \int_0^t B_s \, dB_s + t \quad also \quad \int_0^t B_s \, dB_s = \frac{1}{2}(B_t^2 - t).$$

Für $m = 3$ ergibt sich mit Hilfe des Falls $m = 2$ und partieller Integration

$$\begin{aligned}
B_t^3 &= 3 \int_0^t B_s^2 \, dB_s + 3 \int_0^t B_s \, ds \\
&= 6 \int_0^t \left(\int_0^s B_u \, dB_u \right) dB_s + 3 \int_0^t s \, dB_s + 3 \int_0^t B_s \, ds \\
&= 3t B_t + 6 \int_0^t \left(\int_0^s B_u \, dB_u \right) dB_s.
\end{aligned}$$

Man erhält also eine Formel mit einem iterierten stochastischen Integral.

Im folgenden Satz wird mit Hilfe der Itô-Formel eine wichtige Klasse von lokalen Martingalen konstruiert, die stochastischen Exponentiale.

Satz 4.7 (Exponentielles Martingal) *Sei $M \in \mathcal{M}_{loc,c}$ und sei $f \in C^{2,1}(\mathbb{R} \times \mathbb{R}_+)$, $f = f(x, y)$ Lösung der partiellen Differentialgleichung*

$$\frac{\partial f}{\partial y} + \frac{1}{2} \frac{\partial^2 f}{\partial x^2} = 0.$$

Dann ist $f(M_t, \langle M \rangle)$ ist ein stetiges, lokales Martingal,

$$f(M_t, \langle M \rangle) \in \mathcal{M}_{loc,c}.$$

Insbesondere für $\lambda \in \mathbb{C}$ ist

$$\mathcal{E}^\lambda(M)_t := \exp\left(\lambda M_t - \frac{\lambda^2}{2} \langle M \rangle_t \right) \in \mathcal{M}_{loc,c}.$$

Für $\lambda = 1$ heißt $\mathcal{E}^1(M) := \mathcal{E}(M)$ exponentielles Martingal oder stochastisches Exponential.

Beweis Sei $f(x, y) := e^{x - \frac{1}{2}y}$. Dann folgt: $\frac{\partial f}{\partial x} = e^{x - \frac{1}{2}y} = f$, $\frac{\partial f}{\partial y} = -\frac{1}{2}e^{x - \frac{1}{2}y}$, $\frac{\partial^2 f}{\partial x^2} = e^{x - \frac{1}{2}y}$.

Es gilt also: $\frac{\partial f}{\partial y} + \frac{1}{2}\frac{\partial^2 f}{\partial x^2} = 0$, d. h. diese Funktion f erfüllt die Differentialgleichung aus dem ersten Teil des Satzes. Also ist der zweite Teil ein Spezialfall des ersten Teils (komplexes Martingal) unter Beachtung von $\langle \lambda M \rangle = \lambda^2 \langle M \rangle$.

Für den Nachweis des ersten Teils betrachten wir das Semimartingal $(M_t, \langle M \rangle_t) \in \mathcal{S}_c$. Dann folgt mit der Itô-Formel unter Verwendung obiger Voraussetzung an f

$$f(M_t, \langle M \rangle_t) = f(M_0, \langle M_0 \rangle) + \int_0^t \frac{\partial f}{\partial y}(M_s, \langle M \rangle_s) \mathrm{d}\langle M \rangle_s$$
$$+ \int_0^t \frac{\partial f}{\partial x}(M_s, \langle M \rangle_s) \, \mathrm{d}M_s + \int_0^t \frac{1}{2}\frac{\partial^2 f}{\partial x^2}(M_s, \langle M \rangle) \mathrm{d}\langle M \rangle_s$$
$$= f(M_0, \langle M \rangle_0) + \int_0^t \frac{\partial f}{\partial x}(M_s, \langle M \rangle_s) \, \mathrm{d}M_s \in \mathcal{M}_{\mathrm{loc},c}. \tag{4.2}$$

Da es sich hier um ein stochastisches Integral bzgl. eines lokalen Martingals handelt, ist das Ergebnis ein lokales Martingal.

Im Spezialfall des stochastischen Exponentials $f(x, y) = e^{x - \frac{1}{2}y}$ ergibt (4.2):

$$\mathcal{E}^\lambda(M)_t = 1 + \int_0^t \mathcal{E}^\lambda(M)_s \, \mathrm{d}M_s. \qquad \square$$

Das exponentielle Martingal ist Lösung einer grundlegenden stochastischen Differentialgleichung, die die Bezeichnung *stochastisches Exponential* erklärt.

Korollar 4.8 (Stochastisches Exponential) *Sei $M \in \mathcal{M}_{\mathrm{loc},c}$, dann ist*

$$\mathcal{E}(M) = e^{M - \frac{1}{2}\langle M \rangle}$$

eindeutige stetige Lösung der Integralgleichung

$$X_t = 1 + \int_0^t X_s \, \mathrm{d}M_s. \tag{4.3}$$

Schreibweise als Differential: $\mathrm{d}X_t = X_t \, \mathrm{d}M_t$ mit der Anfangsbedingung $X_0 = 1$.

Beweis a) **Existenz** $X = \mathcal{E}(M)$ ist Lösung der Differentialgleichung (4.3) nach Beweis zu Satz 4.7.

b) **Eindeutigkeit** $X_t := \mathcal{E}(M)_t$ ist Lösung von (4.3). Sei Z eine weitere Lösung der Integralgleichung (4.3). Wir setzen $X := \mathcal{E}(M)$ und $V := \frac{1}{X} = e^{-(M - \frac{1}{2}\langle M \rangle)} = e^{-M} \cdot e^{\frac{1}{2}\langle M \rangle}$.

V ist das Produkt zweier Prozesse. Nach der partiellen Integrationsformel gilt:

$$\mathrm{d}V = e^{-M}\mathrm{d}\big(e^{\frac{1}{2}\langle M \rangle}\big) + e^{\frac{1}{2}\langle M \rangle}\mathrm{d}\big(e^{-M}\big) + \mathrm{d}\big(\underbrace{\langle e^{-M}, e^{\frac{1}{2}\langle M \rangle}\rangle}_{=0}\big). \qquad \Box$$

Für $e^{-M} = f(M)$ folgt mit der Itô-Formel:

$$\mathrm{d}V = \frac{1}{2}e^{-M}e^{\frac{1}{2}\langle M \rangle}\mathrm{d}\langle M \rangle + e^{\frac{1}{2}\langle M \rangle}\Big(-e^{-M}dM + \frac{1}{2}e^{-M}\mathrm{d}\langle M \rangle\Big)$$
$$= V\mathrm{d}\langle M \rangle - V\,\mathrm{d}M. \tag{4.4}$$

Wir definieren $\xi_t := Z_t V_t = \frac{Z_t}{X_t}$. Zu zeigen ist $\xi_t = 1, \forall\, t$. Zum Nachweis erhalten wir mit der Formel für partielle Integration

$$\xi_t = Z_t V_t = 1 + \int_0^t (Z\,\mathrm{d}V + V\,\mathrm{d}Z) + [V, Z]_t$$
$$= 1 + \int_0^t \{(-ZV)\,\mathrm{d}M + VZ\mathrm{d}\langle M \rangle + VZ\,\mathrm{d}M\} + [V, Z]$$
$$= 1 + \int_0^t \xi\mathrm{d}\langle M \rangle + [V, Z].$$

Alle Prozesse sind stetig. Damit folgt mit (4.4) unter Verwendung von $Z = 1 + Z \cdot M$

$$[V, Z] = [V \cdot \langle M \rangle - V \cdot M, Z]$$
$$= -V \cdot [Z, M] = -(VZ) \cdot [M]$$
$$= -\xi \cdot [M],$$

denn $[V \cdot \langle M \rangle, Z] = 0$ wegen Lemma 3.99. Daraus folgt aber

$$\xi = 1 + \xi \cdot \langle M \rangle - \xi \cdot \langle M \rangle = 1. \qquad \Box$$

Bemerkung 4.9 *a) Doléans-Dade-Formel Wir haben die stochastische Integral-gleichung (4.3) nur für stetige lokale Martingale betrachtet. Die Gleichung ist auch für beliebige Semimartingale von Bedeutung. Sei $X \in \mathcal{S}$, dann hat die ver-allgemeinerte stochastische Integralgleichung*

$$Y = 1 + Y_- \cdot X.$$

*in der Schreibweise als Differential $dY = Y_- dX$, $Y_0 = 1$, die eindeutige Lösung $\mathcal{E}(X)_t$, das **verallgemeinerte stochastische Exponential***

$$\mathcal{E}(X)_t := \exp\left(X_t - X_0 - \frac{1}{2}\langle X^c \rangle_t\right) \prod_{s \le t}\left(1 + \Delta X_s\right)e^{-\Delta X_s}$$

*und heißt **Doléans-Dade-Formel**. Hier ist $\langle X^c \rangle$ die vorhersehbare quadrati-sche Variation des stetigen Martingalanteils X^c von X. Der multiplikative Teil $\prod_{s \le t}\left(1 + \Delta X_s\right)e^{-\Delta X}$ entspricht dem Anteil der Sprünge.*
*b) **Stochastischer Logarithmus** Sei $Z \in \mathcal{S}$, $Z > 0$, $(Z, Z_- \ne 0)$ ein positives Semimartingal. In der reellen Analysis ist die Umkehrfunktion der Exponenti-alfunktion der Logarithmus. In Analogie dazu heißt die ,Umkehrfunktion' des stochastischen Exponentials stochastischer Logarithmus. Sei*

$$X := \frac{1}{Z_-} \cdot Z,$$

dann gilt:
X ist das eindeutige Element (Semimartingal) $X \in \mathcal{S}$ mit $X_0 = 0$ und $Z = Z_0 \mathcal{E}(X)$, d. h. Z ist das stochastische Exponential vom stochastischen Logarith-mus X. Schreibweise: $\mathfrak{L}(Z) := X$.

Beweis Sei $X = \mathfrak{L}(Z)$ dann ist $X_0 = 0$ und

$$Z = Z_0 + 1 \cdot Z$$

$$= Z_0 + Z_- \cdot \left(\frac{1}{Z_-} \cdot Z\right)$$

$$= Z_0 + Z_- \cdot X$$

d. h. Z ist eine Lösung dieser Gleichung. Damit folgt: Z ist Lösung der stochastischen Exponentialgleichung (4.3), $Z = Z_0 \mathcal{E}(X)$.
Eindeutigkeit Sei $X \in \mathcal{S}$, $X_0 = 0$ und $Z := Z_0 \mathcal{E}(X)$. Behauptung: $X = \mathfrak{L}(Z)$.
Es gilt: Z ist Lösung der Gleichung für das stochastische Exponential:

$$Z = Z_0 + Z_- \cdot X.$$

Daraus folgt

$$\frac{1}{Z_-} \cdot Z = \frac{1}{Z_-} \cdot (Z_- \cdot X)$$

$$= \left(\frac{1}{Z_-} Z_-\right) \cdot X$$

$$= 1 \cdot X = \int 1 \, dX = X - X_0 = X.$$

Also ist der stochastische Logarithmus die eindeutige Lösung der grundlegenden stochastischen Differentialgleichung in (4.3). Der stochastische Logarithmus $\mathfrak{L}(Z)$ ist auch wohldefiniert für $Z \in \mathcal{S}$, so dass $Z, Z_- \in \mathbb{R} \setminus \{0\}$. $\square$

Korollar 4.10 *Sei* $\varphi \in \mathcal{L}^0(B)$, *dann hat die stochastische Differentialgleichung*

$$dL = L\varphi \, dB, \qquad L_0 = 1$$

eine eindeutige (stetige) Lösung, nämlich

$$L_t = \exp\left(\int_0^t \varphi_s \, dB_s - \frac{1}{2} \int_0^t \varphi_s^2 \, ds\right).$$

Beweis Die Gleichung ist ein Spezialfall von Bemerkung 4.9, mit $M := \varphi \cdot B \in \mathcal{M}_{\mathrm{loc},c}$. Dann ist

$$\langle M \rangle_t = \left\langle \int_0^t \varphi_s \, dB_s \right\rangle = \langle \varphi \cdot B \rangle_t = (\varphi^2 \cdot \langle B \rangle)_t = \int_0^t \varphi_s^2 \, ds.$$

Nach Bemerkung 4.9 ist daher

$$L_t = \exp\left(\int_0^t \varphi_s \, dB_s - \frac{1}{2} \int_0^t \varphi_s^2 \, ds\right) = \exp\left(M_t - \frac{1}{2}\langle M \rangle_t\right) = \mathcal{E}(M)_t$$

eindeutige Lösung der Gleichung $dL = L \, dM = L\varphi \, dB$. $\square$

In Abschn. 4.4 werden allgemeine Aussagen über die Lösung von stochastischen Differentialgleichungen bewiesen. Stochastische Differentialgleichungen sind ebenso wie deterministische Differentialgleichungen wichtig für die Modellierung. Der Grund hierfür ist, dass für die Formulierung dieser Differentialgleichungen oft nur lokale Größen wie etwa Drift und Diffusion benötigt werden. Solche lokalen Größen sind in vielen Anwendungen bekannt. Die Lösung einer (stochastischen) Differentialgleichung gibt dann Informationen über das globale Verhalten des beschriebenen Prozesses. Das folgende Beispiel, die geometrische Brownsche Bewegung, ist das Standardmodell, welches in der Finanzmathematik zugrundegelegt wird.

Bemerkung 4.11 (Geometrische Brownsche Bewegung) *Sei* $\widehat{S}_t := e^{\sigma B_t - \frac{1}{2}\sigma^2 t}$, *dann ist* $\widehat{S}_t$ *ein exponentielles Martingal, also Lösung der Differentialgleichung (vgl. Korollar 4.10).*

$$\mathrm{d}\widehat{S}_t = \widehat{S}_t \sigma \, \mathrm{d}B_t.$$

$\sigma > 0$ *ist eine positive Konstante. Sie heißt in der Finanzmathematik* **Volatilität**. *Wir definieren das Produkt*

$$S_t := e^{\mu t}\widehat{S}_t = e^{(\mu - \frac{1}{2}\sigma^2)t + \sigma B_t},$$

dann folgt mit der partiellen Integrationsformel:

$$\mathrm{d}S_t = e^{\mu t}\mathrm{d}\widehat{S}_t + \mu e^{\mu t}\widehat{S}_t \, \mathrm{d}t = \mu S_t \, \mathrm{d}t + \sigma S_t \, \mathrm{d}B_t$$
$$= S_t(\mu \, \mathrm{d}t + \sigma \, \mathrm{d}B_t). \tag{4.5}$$

(S_t) *heißt* **geometrische Brownsche Bewegung** *mit Drift* μ *und Volatilität* σ. (S_t) *ist ein exponentieller Prozess mit unabhängigen logarithmischen Zuwächsen.*

(S_t) *ist ein Standardmodell für die Entwicklung von Aktienkursen. Der Grund dafür ist der folgende: Schreibt man die obige Differentialgleichung in diskretisierter Form, dann sind die relativen Zuwächse (Returns)*

$$r_t := \frac{S_{t+h} - S_t}{S_t}.$$

Diese sind bei empirischen Daten oft angenähert i. i. d. und normalverteilt. Äquivalent dazu ist, dass die logarithmischen Zuwächse unabhängig und normalverteilt sind.

Das ist auch eine Begründung dafür, dass wichtige Modelle in der Finanzmathematik exponentielle Lévy-Modelle sind. Nicht die Preisprozesse selbst sind Lévy-Prozesse, sondern die logarithmischen Preisprozesse sind Lévy-Prozesse. Das wichtigste Beispiel für exponentielle Lévy-Prozesse ist die von Samuelson eingeführte geometrische Brownsche Bewegung. Die Black-Scholes-Formel basiert auf diesem Modell. Mit der Differentialgleichung (4.5) kann man diesen Prozess gut verstehen: Die lokale Änderung ist proportional zum Prozess selbst. Wir haben einen Driftterm und einen Volatilitätsterm. Mit Hilfe der Itô-Formel erhalten wir die Lösung dieser Differentialgleichung in expliziter Form.

Es folgen einige Bemerkungen, die die Martingaleigenschaft des stochastischen Exponentials betreffen.

Proposition 4.12 *a) Sei M ein nichtnegatives, lokales Martingal* $M \in \mathcal{M}_{\mathrm{loc},c}$, $M \geq 0$, *dann ist M ein Supermartingal.*
b) Sei $M \in \mathcal{M}_{\mathrm{loc}}$, $M_0 = 0$, *dann gilt:*

1) $N := \mathcal{E}(M)$ *ist ein Supermartingal mit* $E N_t \leq 1$ $\forall t$
2) $N \in \mathcal{M} \Longleftrightarrow E N_t = 1$ $\forall t$
3) Jede der folgenden Bedingungen

$$E e^{\frac{1}{2}\langle M \rangle_t} < \infty \quad \forall t \leq T \qquad \qquad \textbf{\textit{Novikov-Bedingung}}$$

$$E \exp\left(\frac{1}{2} M_t\right) < \infty \quad \forall t \leq T \qquad \textbf{\textit{Kazamaki-Bedingung}}$$

ist hinreichend dafür, dass $\mathcal{E}(M)$ *ein Martingal auf* $[0, T]$ *ist.*

Beweis a) Sei τ_n eine lokalisierende Folge, dann folgt

$$E(M_{t \wedge \tau_n} \mid \mathcal{A}_s) = M_{s \wedge \tau_n}, \quad s \leq t. \tag{4.6}$$

Wegen $M \geq 0$ existiert eine untere Schranke für M. Mit dem Lemma von Fatou folgt für $n \to \infty$:

$$\begin{aligned}
M_s = \liminf M_{s \wedge \tau_n} &= \liminf E(M_{t \wedge \tau_n} \mid \mathcal{A}_s) \\
&\geq E(\liminf M_{t \wedge \tau_n} \mid \mathcal{A}_s) = E(M_t \mid \mathcal{A}_s).
\end{aligned}$$

Wir erhalten die charakteristische Gleichung für ein Supermartingal.
b) 1) folgt aus *a)*
2) Nur die Richtung „$\Leftarrow$" ist zu zeigen. Nach Voraussetzung ist N ein nichtnegatives lokales Martingal, also auch ein Supermartingal. Nach *a)* folgt daher $E(N_t \mid \mathcal{A}_s) \leq N_s$. Dieses impliziert

$$E N_t = E E(N_t \mid \mathcal{A}_s) \leq E N_s.$$

Gleichheit gilt genau dann, wenn N ein Martingal ist.
3) Zu zeigen ist: Die Bedingungen implizieren, dass man eine Folge von Lokalisierungen wählen kann, so dass die Folge der gestoppten Prozesse $\{N_{t \wedge \tau_n}\}$ gleichgradig integrierbar ist. Wir verzichten auf den etwas aufwendigen Beweis. Für den Fall, dass M ein beschränktes Martingal ist, ist diese Bedingung trivialerweise erfüllt. $\qquad\square$

Es folgt eine Hilfsaussage über die Kovariation von unabhängigen Prozessen.

Lemma 4.13 *Seien* $M, N \in \mathcal{M}_{\text{loc}}^2$. *Sind* M *und* N *stochastisch unabhängig, dann folgt:*

$$\langle M, N \rangle = 0.$$

Beweis Wir betrachten den Spezialfall, dass M und N lokale Martingale bezüglich einer gemeinsamen Filtrierung $(\mathcal{A}_t)_{t\geq 0}$ sind.

Die Bedingung $\langle M, N \rangle = 0$ ist äquivalent dazu, dass $MN \in \mathcal{M}_{\text{loc}}$, denn

$$MN - 0 \in \mathcal{M}_{\text{loc}} \iff \langle M, N \rangle = 0;$$

die vorhersehbare quadratische Kovariation $\langle M, N \rangle$ ist der eindeutig bestimmte Prozess den man von MN abziehen muss, damit MN ein lokales Martingal ist.

Ohne Einschränkung (mittels Lokalisierung) können wir annehmen, dass beide Prozesse quadratintegrierbare Martingale sind, $M, N \in \mathcal{M}^2$.

Sei $\widetilde{\mathcal{A}}_s := \sigma\big(\mathcal{A}_s, \sigma(N)\big)$, die σ-Algebra bei der die von dem Prozess N erzeugte σ-Algebra zu der Filtration hinzugenommen wird. Dann folgt

$$E(M_t N_t \mid \mathcal{A}_s) = E\big(E(M_t N_t \mid \widetilde{\mathcal{A}}_s) \mid \mathcal{A}_s\big)$$
$$= E\big(N_t E(M_t \mid \widetilde{\mathcal{A}}_s) \mid \mathcal{A}_s\big)$$

Es gilt $E(M_t \mid \widetilde{\mathcal{A}}_s) = E(M_t \mid \mathcal{A}_s)$, da M, N unabhängig sind. Daraus folgt

$$E(M_t N_t \mid \mathcal{A}_s) = E\left(N_t E(M_t \mid \mathcal{A}_s) \mid \mathcal{A}_s\right)$$
$$= M_s E(N_t \mid \mathcal{A}_s) = M_s N_s. \qquad \square$$

Bemerkung 4.14 *Zwei Prozesse $M, N \in \mathcal{M}^2_{\text{loc}}$ heißen **orthogonal**, wenn $MN \in \mathcal{M}_{\text{loc}}$. Der Begriff wurde schon eingeführt bei der Zerlegung von lokalen Martingalen in einen stetigen und einen absolut unstetigen Anteil. Die Eigenschaft, dass M absolut unstetig ist, ist äquivalent damit, dass M orthogonal zu jedem stetigen lokalen Martingal $N \in \mathcal{M}_{\text{loc},c}$ ist.*

Die folgende Proposition gibt eine Charakterisierung harmonischer Funktionen aus der Analysis mit Hilfe von Brownschen Bewegungen.

Proposition 4.15 (Harmonische Funktionen) *Sei B eine Brownsche Bewegung, sei $f \in C^{2,1}(\mathbb{R}^d, \mathbb{R}_+)$, und sei der Differentialoperator $\mathcal{L}$ definiert durch*

$$\mathcal{L}f := \frac{1}{2}\Delta f + \frac{\partial f}{\partial t} = \frac{1}{2}\sum \frac{\partial^2 f}{\partial x_i^2} + \frac{\partial f}{\partial t}.$$

Dann ist

$$M_t^f := f(B_t, t) - \int_0^t \mathcal{L}f(B_s, s)\, \mathrm{d}s \in \mathcal{M}_{\text{loc},c}.$$

Insbesondere gilt:
Eine Funktion $f = f(x)$ ist genau dann **harmonisch** in $\mathbb{R}^d$ (d. h. $\Delta f = 0$), wenn $f(B) \in \mathcal{M}_{loc,c}$.

Beweis Analog zum Beweis von Satz 4.7 folgt diese Aussage mit der Itô-Formel und Lemma 4.13. In der Itô-Formel treten die Kovariationsterme auf. Für unabhängige Prozesse sind diese Kovariationsterme null. Deshalb bleiben hier nur die Diagonalterme übrig:

$$\langle B^i, B^j \rangle_t = \partial_{ij} t.$$

Damit gilt für $f = f(x)$

$$f(B_t) \in \mathcal{M}_{loc,c} \iff \int_0^t \Delta f(B_s) \, ds = 0, \quad \forall t$$

$$\iff \Delta f(B_t) = 0, \quad \forall t, \quad \text{da } \Delta f \text{ stetig}$$

$$\iff \Delta f = 0 \quad \text{d. h. } f \text{ ist harmonisch.} \qquad \Box$$

Bemerkung 4.16 (Infinitesimaler Operator)

a) *Allgemeiner gilt: Für stetige Markovprozesse X existiert ein Operator $\mathcal{L}$ (Differentialoperator, Differenzenoperator oder allgemein linearer, stetiger Operator) derart, dass*

$$f(X_t, t) - \int_0^t \mathcal{L}f(X_s, s) d\langle X \rangle_s \in \mathcal{M}_{loc,c}. \tag{4.7}$$

*Den linearen, stetigen Operator $\mathcal{L}$ nennt man **infinitesimaler Erzeuger** des Markovprozesses. Diese Gleichung charakterisiert den Markovprozess X. Für die Brownsche Bewegung ist $\mathcal{L}$ der partielle Differentialoperator zweiter Ordnung, $\mathcal{L}f = \frac{1}{2}\Delta f + \frac{\partial f}{\partial t}$, $f \in C^{2,1}$, $\mathcal{L}$ ist assoziiert mit der Wärmeleitungsgleichung. Die elliptischen Operatoren (partielle Differentialoperatoren zweiter Ordnung) sind mit einer Teilklasse der Markovprozesse, den **Diffusionsprozessen** assoziiert. Das Problem, einen Prozess mit Hilfe einer Martingaleigenschaft wie in (4.7) zu beschreiben nennt man **Martingalproblem**.*

b) ***Eindeutigkeit des Dirichlet-Problems***
Sei $D \subset \mathbb{R}^d$ ein beschränktes Gebiet und sei h eine stetige Funktion auf dem Rand von D, $h \in C(\partial D)$. Gesucht ist eine Funktion $u \in C^2(D) \cap C(\overline{D})$, d. h. im Inneren des Gebietes zweimal stetig differenzierbar und auf dem Rand stetig, derart, dass zwei Eigenschaften gelten:

1) $u = h$ auf ∂D, d. h. auf dem Rand von D stimmt u mit h überein
2) Im Inneren von D ist u harmonisch, d. h. im Inneren gilt die partielle Differenti-
   algleichung $\Delta u = 0$

Mit Hilfe der starken Markoveigenschaft für die Brownschen Bewegung, folgt für
Gebiete mit regulärem Rand, dass

$$u(x) := E_x h(B_{\tau_D})$$

eine Lösung des Dirichlet-Problems ist. Dabei ist τ_D die erste Austrittszeit aus D.
Die Eindeutigkeit der Lösung folgert man üblicherweise mit Hilfe eines analyti-
schen Resultats, des Maximumsprinzips für harmonische Funktioonen. Wir zeigen
nun, dass die Eindeutigkeit von Lösungen auch direkt aus der Itô-Formel gefolgert
werden kann.

Eindeutigkeitsbeweis mit der Itô-Formel
Sei u eine Lösung des Dirichlet-Problems auf D. Dann folgt mit der Itô-Formel

$$u(B_t) = u(B_0) + \underbrace{\int_0^t \nabla u(B_s) \cdot \mathrm{d}B_s}_{\text{Produkt in } \mathbb{R}^d} + \underbrace{\frac{1}{2} \int_0^t \Delta u(B_s) \, \mathrm{d}s}_{=0}$$

Dabei verwenden wir $\langle B^i, B^j \rangle_t = 0$, $\forall\, i \neq j$, da die Komponenten von B unab-
hängig sind und daher nur die Diagonalterme übrig bleiben und weiter, dass u
harmonisch ist. Daraus erhalten wir

$$u\left(B_{t \wedge \tau_D}\right) = u(B_0) + \underbrace{\int_0^{t \wedge \tau_D} \nabla u(B_s) \cdot \mathrm{d}B_s}_{M_t \in \mathcal{M}}.$$

Der Gradient von u ist stetig und B_s bewegt sich bis zur Zeit τ_D in dem beschränkten
Gebiet D, d. h. M ist beschränkt und damit ist M ein Martingal, $M \in \mathcal{M}_c$. Mit dem
Optional Sampling Theorem folgt nun

$$E_x u\left(B_{t \wedge \tau_D}\right) = u(x), \quad \forall\, t.$$

Für $t \to \infty$ folgt nach dem Satz über majorisierte Konvergenz und da $u \in C(\overline{D})$

$$u(x) = E_x u\left(B_{\tau_D}\right) = E_x h\left(B_{\tau_D}\right)$$

denn auf dem Rand stimmen u und h überein. Damit folgt die Eindeutigkeit der
Lösung.

c) **Rekurrenz der Brownschen Bewegung**

Das Grundproblem dieses Abschnittes ist die Frage nach der Rekurrenz der Brownschen Bewegung in $\mathbb{R}^d$, d. h. bei beliebigem Startpunkt x wird jede beliebig kleine Kugel in $\mathbb{R}^d$ irgendwann von der Brownschen Bewegung erreicht. O.E. betrachten wir eine Kugel mit Mittelpunkt in 0 (Abb. 4.1).

Sei B eine d-dimensionale Brownsche Bewegung, d. h. die Komponenten von B sind unabhängig. Wir betrachten einen Kreisring $D := B(0, R) - B(0, r)$ um null mit $0 < r < R < \infty$. In dem Kreisring in Punkt x startet die Brownsche Bewegung B. Mit welcher Wahrscheinlichkeit wird dann der kleine Kreis $B(0, r)$ eher als das Komplement des großen Kreises $B(0, R)$ erreicht?

Dieses Problem kann man mit einer Eigenschaft von harmonischen Funktionen behandeln, die aus der Itô-Formel folgt. Wir betrachten für die Dimension d die harmonische Funktion u

$$d = 2, \quad u(x) := -\log|x| = u\big(|x|\big),$$
$$d \geq 3, \quad u(x) := |x|^{2-d} = u\big(|x|\big).$$

u ist harmonisch auf D, d. h. es gilt die Laplace-Gleichung

$$\Delta u = 0 \text{ in } D \quad \left(\text{dazu verwende } \frac{\partial |x|}{\partial x_i} = \frac{x_i}{|x|}\right).$$

Wir betrachten eine Brownsche Bewegung die in einem Punkt x des Kreisrings D startet,

$$B_0 = x \in D$$

Abb. 4.1 Rekurrenz

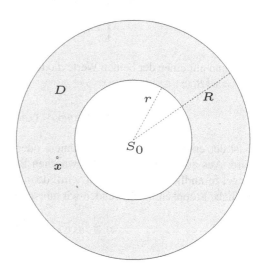

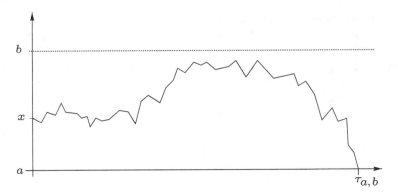

Abb. 4.2 reelles stetiges Martingal M, Stoppzeit $\tau_{a,b}$

Dann folgt nach Proposition 4.15 für eine Stoppzeit $\tilde{\tau} \leq \tau_R$

$$M_t := u\left(B_{t \wedge \tilde{\tau}}\right) \in \mathcal{M}_c$$

denn auf einem beschränkten Gebiet ist u beschränkt. Wir verwenden nun eine wohlbekannte Eigenschaft von stetigen reellen Martingalen.

Sei $M \in \mathcal{M}_c$ ein stetiges reelles Martingal. Wir starten M in einem Punkt $x \in [a, b]$ und warten bis eine der beiden Grenzen a, b erreicht wird. Wir nehmen an, dass diese Stoppzeit endlich ist, $\tau := \tau_{a,b} < \infty$. Dann gilt nach dem Optional Sampling Theorem

$$\begin{cases} P\left(M_\tau = a\right) = \dfrac{b-x}{b-a} & \text{und} \\[2mm] P\left(M_\tau = b\right) = \dfrac{x-a}{b-a} \end{cases} \tag{4.8}$$

M_τ kann nur einen der beiden Werte a oder b annehmen (Abb. 4.2). Sei nun speziell $M_t := u\left(B_{t \wedge \tilde{\tau}}\right) \in \mathcal{M}_c$ mit

$$\tilde{\tau} := \min\left\{\tau_{\partial B(0,r)}, \tau_{\partial B(0,R)}\right\}, \quad x \in D.$$

$\tilde{\tau}$ ist der erste Zeitpunkt, wo die innere oder die äußere Kugeloberfläche erreicht wird. Aus dem Verhalten der Brownschen Bewegung wissen wir, dass die äußere Kugel in endlicher Zeit erreicht wird, denn $\limsup |B_t| = \infty$. Deshalb ist $\tilde{\tau}$ eine endliche Stoppzeit. (4.8) wenden wir nun auf das obige Martingal an. Sei

$$a := u(R) \quad \text{und} \quad b := u(r).$$

Dann ist $u(r) > u(R)$, denn u ist antiton, $u \downarrow$. Sei $\tau := \tau_{a,b}$, dann folgt nach (4.8)

$$P_x\big(\tau_{\partial B(0,r)}(B) < \tau_{\partial B(0,R)}(B)\big) = P_{u(x)}\big(M_\tau = u(r)\big)$$

$$= \begin{cases} \dfrac{\log R - \log(|x|)}{\log R - \log r}, & d = 2, \\[2ex] \dfrac{|x|^{2-d} - R^{2-d}}{r^{2-d} - R^{2-d}}, & d \geq 3. \end{cases}$$

Das Problem für die Brownsche Bewegung wird transformiert auf ein Stopp-Problem für die transformierte Brownsche Bewegung. Die Wahrscheinlichkeit, dass die kleinere Kugel erreicht wird bevor die größere Kugel erreicht wird ist gleich der Wahrscheinlichkeit, dass $M_\tau = u(r)$, d.h. $u(B_t)$ erreicht $u(r)$ zuerst. $u(r) = b$ ergibt die obere Schranke und $u(R) = a$ ergibt die untere Schranke nach der Transformation. Die Transformation ist strikt antiton, d.h. die Ordnung bleibt erhalten.

Für $R \to \infty$ folgt für $d = 2$:

$$P_x\big(\exists\, t > 0;\quad B_t \in B(0,r)\big) = P_x\big(\tau_{B(0,r)}(B) < \infty\big)$$

$$= \lim_{R \to \infty} P_x\big(\tau_{B(0,r)}(B) < \tau_{B(0,R)}(B)\big) = 1.$$

Für $d \geq 3$ folgt analog

$$P_x\big(\tau_{B(0,r)}(B) < \infty\big) = \left(\frac{|x|}{r}\right)^{2-d}, \qquad |x| > r.$$

Bei Start in x mit $|x| > r$ ist die Wahrscheinlichkeit, dass die kleine Kugel in endlicher Zeit getroffen wird größer als null. Sie hängt aber davon ab, wie weit der Startpunkt von null entfernt ist. Diese Wahrscheinlichkeit geht gegen null für $|x| \to \infty$.

Satz 4.17 *Für $d = 2$ ist die Brownsche Bewegung rekurrent, für $d \geq 3$ ist die Brownsche Bewegung nicht rekurrent.*

Interpretation: Das Ergebnis ist analog zu dem Fall eines random walks auf dem d-dimensionalen Gitter. Für die Dimensionen 1 und 2 ist der random walk rekurrent, für höhere Dimensionen hingegen ist er nicht rekurrent. Wenn zuviel Raum vorhanden ist, wird die kleine Kugel von der Brownschen Bewegung mit positiver Wahrscheinlichkeit in $d \geq 3$ nicht wiedergefunden.

Eine weitere wichtige Anwendung der Itô-Formel ist die Charakterisierung der Brownschen Bewegung von Lévy. Eine Brownsche Bewegung ist ein Prozess mit stetigen Pfaden, der durch zwei Eigenschaften definiert wird:

1) Die Zuwächse von X sind unabhängig $\iff X_t - X_s$, $\mathcal{A}_s$ sind unabhängig für $s \leq t$, d.h. für alle $s < t$ sind die Zuwächse unabhängig von der Vergangenheit in $\mathcal{A}_s$.

2) Die Zuwächse von X sind normalverteilt, $X_t - X_s \sim N(0, t - s)$.

Nach Proposition 4.15 folgt, dass harmonische Funktionen angewendet auf die Brownsche Bewegung stetige lokale Martingale sind. Es stellt sich die Frage: Charakterisiert diese Martingaleigenschaft die Brownsche Bewegung? Das überraschende Resultat ist: Schon zwei Martingalfunktionale reichen aus, um die Brownsche Bewegung zu charakterisieren, nämlich

$$B_t \quad \text{und} \quad B_t^2 - t.$$

Das sind gerade die ersten beiden Hermiteschen Polynome angewendet auf die Brownsche Bewegung. Hermitesche Polynome angewendet auf die Brownsche Bewegung ergeben im Allgemeinen Martingale.

Satz 4.18 (Charakterisierung der Brownschen Bewegung nach Lévy) *Sei $X = (X_t, \mathcal{A}_t)$ ein stetiger, d-dimensionaler Prozess mit $X_0 = 0$, dann sind die folgenden Aussagen äquivalent:*

1) X ist eine Brownsche Bewegung
2) $X \in \mathcal{M}_{\text{loc},c}$ und $\langle X^i, X^j \rangle_t = \delta_{i,j} t \quad \forall i, j, t$
3) $X \in \mathcal{M}_{\text{loc},c}$ und $\forall f_k \in \mathfrak{L}^2(\mathbb{R}_+, \lambda_+), 1 \leq k \leq d$ ist

$$\mathcal{E}_t^{if} := \exp \left\{ i \sum_{k=1}^{d} \int_0^t f_k(s) \, dX_s^k + \frac{1}{2} \sum_{k=1}^{d} \int_0^t f_k^2(s) \, ds \right\}$$

ein komplexes Martingal.

Bemerkung 4.19 *Die Brownsche Bewegung ist also das einzige stetige lokale Martingal für welches die quadratische Kovariation gleich $\delta_{ij} t$ ist.*

Beweis
1) $\Rightarrow$ 2)   nach Lemma 4.13 in der Version für komplexe Martingale.
2) $\Rightarrow$ 3)   Nach Satz 4.7 mit $\lambda = i$ und mit $M_t := \int_0^t f_k(s) \, dX_s^k$ gilt $\mathcal{E}^{it} \in \mathcal{M}_{\text{loc},c}$. M_t ist beschränkt; daher gilt nach Korollar 4.10 b), dass $\mathcal{E}^{it} \in \mathcal{M}_c$ ein Martingal ist.
3) $\Rightarrow$ 1)   Sei f speziell gewählt als $f := \xi \cdot \mathbb{1}_{[0,T]}, \xi \in \mathbb{R}^d, T > 0$, d.h. f ist in jeder Komponente konstant ξ_i auf $[0, T]$. Dann ergibt sich als stochastisches Exponential

$$\mathcal{E}_t^{if} = \left\{ \exp\left(i \langle \xi, X_{t \wedge T} \rangle\right) + \frac{1}{2} |\xi|^2 (t \wedge T) \right\} \in \mathcal{M}_c.$$

Daraus folgt mit der Martingaleigenschaft aus 3)

$$E\left(e^{i\langle\xi,X_t\rangle+\frac{1}{2}|\xi|^2 t} \mid \mathcal{A}_s\right) = e^{i\langle\xi,X_s\rangle+\frac{1}{2}|\xi|^2\cdot s}, \quad 0 \le s \le t \le T. \tag{4.9}$$

Dies impliziert

$$E\left(e^{i\langle\xi,X_t-X_s\rangle} \mid \mathcal{A}_s\right) = e^{-\frac{1}{2}|\xi|^2(t-s)}.$$

Also ist der bedingte Erwartungswert unabhängig von $\mathcal{A}_s$ und stimmt demnach mit dem Erwartungswert überein.

$$\begin{aligned}
E\left(e^{i\langle\xi,X_t-X_s\rangle} \mid \mathcal{A}_s\right) &= e^{-\frac{1}{2}|\xi|^2(t-s)} \\
&= E\,E\left(e^{i\langle\xi,X_t-X_s\rangle} \mid \mathcal{A}_s\right) \\
&= E\left(e^{i\langle\xi,X_t-X_s\rangle}\right) \\
&= \varphi_{X_t-X_s}(\xi).
\end{aligned}$$

Das ist aber die charakteristische Funktion der Normalverteilung. Also sind die Zuwächse $X_t - X_s$ unabhängig von $\mathcal{A}_s$ und die Zuwächse von X sind unabhängig und normalverteilt. Das sind aber genau die definierenden Eigenschaften der Brownschen Bewegung: $X_t - X_s$ ist unabhängig von $\mathcal{A}_s$ und $X_t - X_s \overset{d}{=} N(0, t-s)$. Damit ist X eine Brownsche Bewegung. $\qquad\square$

Wegen der besonderen Bedeutung formulieren wir den Satz für $d = 1$ gesondert.

Korollar 4.20 *Sei $d = 1$ und $B = (B_t)$ ein stetiger Prozess mit $B_0 = 0$, dann folgt:*

$$B \text{ ist eine Brownsche Bewegung}$$
$$\iff B \in \mathcal{M}_{\mathrm{loc},c} \text{ und } \langle B\rangle_t = t, \quad \forall t$$
$$\iff (B_t),\ (B_t^2 - t) \in \mathcal{M}_{\mathrm{loc},c}.$$

Die Brownsche Bewegung ist also das eindeutige stetige lokale Martingal, so dass $\langle B\rangle_t = t$ ist. Für die Klasse der Sprungprozesse charakterisiert diese Eigenschaft (lokales Martingal und $\langle N\rangle_t = t$) die kompensierten Poisson-Prozesse. Damit nehmen der Poisson-Prozess und die Brownsche Bewegung eine herausgehobene Stellung als Prototypen dieser Klassen von Prozessen ein.

Ein grundlegendes Problem bezüglich der Brownschen Bewegung B und allgemeinerer Klassen von Prozessen ist die Beschreibung allgemeiner L^2-Funktionale $Y = F(B) \in L^2$, oder äquivalent von Funktionalen F auf dem unendlich-dimensionalen Wiener Raum, (C, W), W das Wiener Maß. In der Finanzmathematik sind zugehörige Vollständigkeitssätze fundamental. Eine Möglichkeit solche Funktionale zu beschreiben basiert auf der Konstruktion einer Basis mit Hilfe von Hermiteschen

Polynomen, eine weitere Möglichkeit der Beschreibung basiert auf stochastischen Integralen. Wir behandeln hier zunächst die Methode der Hermiteschen Polynome.

Die **Hermiteschen Polynome** h_n werden definiert als normierte Lösungen der Gleichungen

$$\frac{d^n}{dx^n} \exp\left(-\frac{x^2}{2}\right) = (-1)^n h_n(x) e^{-\frac{x^2}{2}}, \quad h_n(0) = 1.$$

h_n heißt Hermitesches Polynom vom Grad n. Die hermiteschen Polynome sind orthogonale Polynome zur Gewichtsfunktion $e^{-\frac{x^2}{2}}$, d.h. sie sind eng gekoppelt an die Normalverteilungsdichte:

$$\int h_n(x) h_m(x) e^{-\frac{x^2}{2}} \, dx = 0, \quad n \neq m.$$

Die Funktionen (h_n) bilden eine Orthogonalbasis in dem Raum $L^2(\exp(-x^2/2)\,dx)$, d.h. im L-Raum der Standardnormalverteilung mit der Gewichtsfunktion $\exp(-x^2/2)$.

Man kann die hermiteschen Polynome auch auf eine verwandte Weise einführen.

$$\sum_{n \geq 0} \frac{u^n}{n!} h_n(x) = \exp\left(ux - \frac{u^2}{2}\right). \tag{4.10}$$

Wenn man die Exponentialfunktion entwickelt und umordnet ergibt sich die obige Darstellung. Die $h_n(x)$ treten hier als Gewichte von u^n auf, d.h. (4.10) liefert eine Darstellung der erzeugenden Funktion der Polynomfolge (h_n). Kodiert in der Exponentialfunktion sind die $h_n(x)$ als Koeffizienten in x und andererseits alle $h_n(x)$ in der Entwicklung nach der zweiten Variablen u. Man kann diese Darstellung auf folgende Weise mit einem weiteren Parameter a normieren:

$$\exp\left(ux - \frac{au^2}{2}\right) = \exp\left(u\sqrt{a}\left(\frac{x}{\sqrt{a}}\right)^2 - \frac{(u\sqrt{a})^2}{2}\right)$$

$$\overset{(4.10)}{=} \sum_{n \geq 0} \frac{u^n}{n!} \cdot \underbrace{a^{n/2} \cdot h_n\left(\frac{x}{\sqrt{a}}\right)}_{=: H_n(x,a)}, \quad H_n(x,0) := x^n. \tag{4.11}$$

Die H_n behalten die Orthogonaleigenschaften der hermiteschen Polynome. Bezüglich der Variablen x sind sie Polynome vom Grad n in x. Die ersten standardisierten hermiteschen Polynome $H_n = H_n(x,a)$ sind

n	0	1	2	3	4	5
H_n	1	x	$x^2 - a$	$x^3 - 3ax$	$x^4 - 6ax^2 + 3a^2$	$x^5 - 10ax^3 + 15a^2x$

Den Raum der quadratintegrierbaren Funktionen der Brownschen Bewegung kann man mit Hilfe der standardisierten hermiteschen Polynome beschreiben. Diese bilden eine Basis in dem L-Raum, wenn man die Brownsche Bewegung und deren quadratische Variation einsetzt. Darüber hinaus erlauben sie die Konstruktion einer großen Klasse von stetigen lokalen Martingalen als Funktionale von vorgegebenen lokalen Martingalen M und deren vorhersehbaren quadratischen Variationen $\langle M \rangle$.

Proposition 4.21 *Sei* $M \in \mathcal{M}_{\mathrm{loc},c}$, $M_0 = 0$, *dann folgt*

$$L_t^{(n)} := H_n\big(M_t, \langle M \rangle_t\big) \in \mathcal{M}_{\mathrm{loc},c}$$

$L_t^{(n)}$ *hat eine Darstellung als multiples stochastisches Integral*

$$L_t^{(n)} = n! \int_0^t \mathrm{d}M_{s_1}\left(\int_0^{s_1} \mathrm{d}M_{s_2} \cdots \left(\int_0^{s_{n-1}} \cdots \mathrm{d}M_{s_n}\right)\right).$$

Es gilt für das stochastische Exponential von M *die Entwicklung*

$$\mathcal{E}^\lambda(M)_t = \sum_{n=0}^\infty \frac{\lambda^n}{n!} L_t^{(n)}.$$

Beweis Das exponentielle Martingal $\mathcal{E}^\lambda(M)$ ist ein stetiges lokales Martingal und es ist Lösung der stochastischen Differentialgleichung (vgl. Korollar 4.8):

$$\mathcal{E}^\lambda(M)_t = 1 + \lambda \int_0^t \mathcal{E}^\lambda(M)_s\, \mathrm{d}M_s.$$

Mit $\mathcal{E}^\lambda(M)_s = \exp\big(\lambda M_s - \frac{1}{2}\lambda^2 \langle M \rangle_s\big)$ folgt nach (4.11) mit $u = \lambda$, $a = \langle M \rangle_s$, $x = M_s$.

$$\mathcal{E}^\lambda(M)_t = 1 + \lambda \int_0^t \sum_{n=0}^\infty \frac{\lambda^n}{n!} L_s^{(n)}\, \mathrm{d}M_s.$$

Sei nun τ eine Stoppzeit, so dass M^τ, $\langle M \rangle^\tau$ beschränkt ist. Dann folgt mit dem Satz von der dominierten Konvergenz, dass man Integral und Summe vertauschen kann und damit gilt

$$\mathcal{E}^\lambda(M)_t = 1 + \sum_{n=0}^\infty \frac{\lambda^{n+1}}{n!} \int_0^t L_s^{(n)}\, \mathrm{d}M_s = \sum_{n=0}^\infty \frac{\lambda^n}{n!} L_s^{(n)}.$$

Mit Koeffizientenvergleich ergibt sich

$$L^{(0)} \equiv 1, \quad L_t^{(n+1)} = (n+1) \int_0^t L_s^{(n)} \, dM_s.$$

Also ist $L^{(n)} \in \mathcal{M}_{\mathrm{loc},c}$. Die normierten hermiteschen Polynome definieren also ein System von lokalen Martingalen.   □

4.2   Martingaldarstellungssätze

Sei B eine Brownsche Bewegung mit der Brownschen Filtration $(\mathcal{A}_t) = (\mathcal{A}_t^B)$, d. h. der von der Brownschen Bewegung erzeugten vervollständigten, rechtsseitig stetigen Filtration. Das Ziel dieses Abschnitts ist es, Martingale bezüglich dieser Filtration als stochastische Integrale

$$M_t = M_0 + \int_0^t H_s \, dB_s$$

darzustellen. Es wird im Folgenden gezeigt, dass jedes Martingal eine solche Darstellung gestattet. In der Finanzmathematik kann man den Integranden H aus einer solchen Darstellung als Handelsstrategie auffassen.

Der Nachweis obiger Integraldarstellung basiert auf der speziellen Klasse von Integranden,

$$\Phi := \left\{ f = \sum_{j=1}^n \lambda_j \mathbb{1}_{(t_{j-1}, t_j]} \right\},$$

der Menge der Treppenfunktionen mit einem beschränkten Träger. Sei

$$M_t^f := (f \cdot B)_t = \int_0^t f(s) \, dB_s \in \mathcal{M}$$

das zugehörige stochastische Integral bezüglich der Brownschen Bewegung. Die Integranden $f \in \Phi$ sind deterministisch und vorhersehbar. Die vorhersehbare Variation von M^f ist

$$\langle M^f \rangle_t = \int_0^t f^2(s) \, ds.$$

Sei $\mathcal{E}^f$ das zugehörige von M^f erzeugte stochastische Exponential

$$\mathcal{E}^f := \exp\left(M^f - \frac{1}{2} \langle M^f \rangle \right).$$

Es folgt eine Vorbemerkung aus der Hilbertraumtheorie:
Eine Teilmenge A eines Hilbertraumes H heißt **total** in H,

$$\Longleftrightarrow \forall h \in H : \quad h \perp A \Rightarrow h = 0.$$

Totale Mengen sind geeignet, um Elemente des Hilbertraums zu approximieren. Es gilt

$$A \subset H \text{ ist total} \Longleftrightarrow \text{die lineare Hülle von } A, \text{lin} A, \text{ ist dicht in } H.$$

Diese Äquivalenz folgt aus einer Anwendung des Satzes von Hahn-Banach.

Das folgende Lemma zeigt, dass die Menge der stochastischen Exponentiale von Treppenfunktionen total in $L^2(\mathcal{A}_\infty, P)$ ist.

Lemma 4.22 *Sei* $\mathcal{K} := \left\{ \mathcal{E}_\infty^f ; f \in \Phi \right\}$ *die Menge der stochastischen Exponentiale von Treppenfunktionen. Dann gilt*

$$\mathcal{K} \text{ ist total in } L^2(\mathcal{A}_\infty, P)$$

oder, äquivalent, lin$\mathcal{K}$ *ist dicht in* $L^2(\mathcal{A}_\infty, P)$.

Beweis Sei $Y \in L^2(\mathcal{A}_\infty, P)$ und sei $Y \perp \mathcal{K}$, dann ist zu zeigen, dass: $Y \equiv 0$.
Die Behauptung ist äquivalent mit

$$Y \cdot P|_{\mathcal{A}_\infty} = 0,$$

d. h. das Maß mit Dichte Y bezüglich P eingeschränkt auf $\mathcal{A}_\infty$ (ein signiertes Maß) ist das Nullmaß. Es genügt zu zeigen, dass das Maß auf einem Erzeuger von $\mathcal{A}_\infty$ das Nullmaß ist.

Wir definieren für alle n-Tupel von komplexen Zahlen $z = (z_1, \ldots, z_n) \in \mathbb{C}^n$

$$\varphi(z) := E\left[\exp\left\{ \sum_{j=1}^n z_j (B_{t_j} - B_{t_{j-1}}) \right\} Y \right].$$

φ ist analytisch, d. h. komplex differenzierbar in jeder Variablen. Man kann hier leicht eine Majorante angeben und Integral und Erwartungwert vertauschen (ähnlich wie für Exponentialfamilien). Für reelle Argumente λ_j gilt

$$\varphi(\lambda_1, \ldots, \lambda_n) = E \exp\left\{ \sum_{j=1}^n \lambda_j (B_{t_j} - B_{t_{j-1}}) \right\} Y = 0,$$

da $Y \perp \mathcal{K}$ und mit $\lambda_j = 0$ folgt $EY = 0$. Auf der reellen Achse in $\mathbb{R}^n$ ist die Funktion $\varphi = 0$. Dann folgt mit dem Eindeutigkeitssatz für analytische Funktionen: $\varphi = 0$ auf $\mathbb{C}^n$.

Speziell folgt hieraus

$$0 = \varphi(i\lambda_1, \ldots, i\lambda_n) = E \exp \left\{ i \sum \lambda_j \left(B_{t_j} - B_{t_{j-1}} \right) \right\} Y.$$

Das kann man schreiben als Integral der e-Funktion bezüglich dem Maß mit der Dichte Y bezüglich P. Dann folgt mit dem Eindeutigkeitssatz für charakteristische Funktionen, dass das Bildmaß der Zuvallsvariablen unter dem Maß $Y \cdot P$ das Nullmaß ist,

$$(Y \cdot P)^{(B_{t_1}, \ldots, B_{t_n} - B_{t_{n-1}})} = 0.$$

Die sukzessive Differenzen der B_{t_i} erzeugen dieselbe σ-Algebra wie $B_{t_1}, \ldots, B_{t_n}$. Also folgt

$$Y \cdot P|_{\sigma(B_{t_1}, \ldots, B_{t_n})} = 0$$

und damit gilt $Y \cdot P|_{\mathcal{A}_\infty} = 0$.   □

Lemma 4.22 ist der Schlüssel zu folgendem Vollständigkeitssatz.

Satz 4.23 (Vollständigkeitssatz) *Sei $F \in L^2(\mathcal{A}_\infty^B, P)$, ein quadratintegrierbares Funktional der Brownschen Bewegung. Dann existiert genau ein Integrand $H \in \mathcal{L}^2(\mu) = \overline{\mathcal{L}^2}(B, \mu)$, μ das Doléans-Maß auf $\mathcal{P}$, so dass F sich darstellen lässt als stochastisches Integral*

$$F = EF + \int_0^\infty H_s \, \mathrm{d}B_s.$$

Jedes L-Funktional kann man auf eindeutige Weise als stochastischen Integral darstellen.

Beweis Sei $\mathcal{F}$ die Menge der Funktionale, für die eine solche Darstellung existiert,

$$\mathcal{F} := \left\{ F \in L^2(\mathcal{A}_\infty, P); \ \exists H \in L^2(\mu), \ F = EF + \int_0^\infty H_s \, \mathrm{d}B_s \right\} \subset L^2(\mathcal{A}_\infty, P).$$

$\mathcal{F}$ ist ein linearer Teilraum von $L^2(\mathcal{A}_\infty, P)$

1) $\mathcal{F}$ ist abgeschlossen.

Zum Beweis sei $F \in \mathcal{F}$. Dann gilt mit $E \int_0^\infty H_s \, dB_s = 0$ und

$$E\left(\int_0^\infty H_s \, dB_s \right)^2 = E \int_0^\infty H_s^2 \, ds \quad \text{(Isometrie-Eigenschaft)}$$

$$EF^2 = (EF)^2 + E \int_0^\infty H_s^2 \, ds = (EF)^2 + \int H^2 d\mu. \tag{4.12}$$

Sei $\left\{ F^n = EF^n + \int_0^\infty H_s^n \, dB_s \right\}$ eine Cauchy-Folge in $\mathcal{F}$ bzgl. der L^2-Konvergenz $L^2(\mathcal{A}_\infty, P)$. Dann folgt insbesondere: (EF^n) ist auch eine Cauchy-Folge, denn

$$|EF^n - EF^m| \leq \|F^n - F^m\|_2,$$

d.h. auch die ersten Momente bilden eine Cauchy-Folge und $(\int_0^\infty H^n \, dB) = (H \cdot B)$ ist eine Cauchy-Folge in $L^2(\mathcal{A}_\infty, P)$. Die Abbildungen

$$\begin{array}{ccccc} L^2(\mu) & \longrightarrow & \mathcal{H}^2 & \longrightarrow & L^2(\mathcal{A}_\infty, P) \\ H & \longrightarrow & H \cdot B & \longrightarrow & (H \cdot B)_\infty \end{array} \quad \text{sind Isometrien.}$$

Also ist $(H^n) \subset L^2(\mu)$ eine Cauchy-Folge im vollständigen Raum $L^2(\mu)$. Es existiert daher ein Limes $H \in L^2(\mu)$ so dass $H^n \longrightarrow H \in L^2(\mu)$.

Wegen der Isometrieeigenschaft folgt Konvergenz in $L^2(\mathcal{A}_\infty, P)$

$$F^n \longrightarrow (\lim EF^n) + \int_0^\infty H \, dB.$$

Damit hat jede Cauchy-Folge in $\mathcal{F}$ einen Limes in $\mathcal{F}$, d.h. $\mathcal{F}$ ist abgeschlossen.

2) $\mathcal{K} = \left\{ \mathcal{E}_\infty^f; f \in \Phi \right\} \subset \mathcal{F}$.

Mit der Itô-Formel gilt für $f \in \Phi$ und $M^f := f \cdot B$

$$\mathcal{E}_t^f = \mathcal{E}(M^f)_t = 1 + \int_0^t \mathcal{E}_s^f \, dM_s^f$$

$$= 1 + \int_0^t \mathcal{E}_s^f f(s) \, dB_s = 1 + \int_0^t H_s \, dB_s$$

mit $H_s := \mathcal{E}_s^f f(s)$. $H \in L^2(\mu)$, denn f ist eine beschränkte Treppenfunktion. Damit hat aber $\mathcal{E}^f$ eine Darstellung als stochastisches Integral, d.h. $\mathcal{E}_\infty^f \in \mathcal{F}$.

Als Folgerung aus 2) erhalten wir nun

3) $\mathcal{F} \supset \mathrm{lin}\mathcal{K}$ und $\mathcal{F}$ ist abgeschlossen.

Nach Lemma 4.22 folgt also

$$\mathcal{F} = L^2(\mathcal{A}_\infty, P).$$

4) Eindeutigkeit
   Seien $H, G \in \mathcal{L}^2(\mu)$ und $F = EF + \int_0^\infty H_s \, dB_s = EF + \int_0^\infty G_s \, dB_s$ zwei Darstellungen von F. Dann folgt $0 = \int_0^\infty (H_s - G_s) \, dB_s$. Also folgt auch $0 = E \int_0^\infty (H_s - G_s) \, dB_s$ und damit ist

$$0 = E\left(\int_0^\infty (H_s - G_s) \, dB_s\right)^2 = E \int_0^\infty (H_s - G_s)^2 \, ds = \|H - G\|_2$$

die Norm bezüglich des Doléansmaßes.

Daraus folgt $H = G \, [\mu]$. □

Bemerkung 4.24 *Für $F \in L^2(\mu_\infty, P)$ existiert also eine Integraldarstellung mit einem Integranden $H \in L^2(\mu, \mathcal{P}) = \overline{\mathcal{L}^2}(B) := \{f \in L(\mathcal{P}); \ E \int_0^\infty f_s^2 \, ds < \infty\}$. Analog erhalten wir für quadratintegrierbare Funktionale von $(B_s; s \leq T)$ Darstellungen mit Integranden $H \in L^2(\mu_T, \mathcal{P})$.*

Als Folgerung ergibt sich nun der Darstellungssatz für Martingale.

Satz 4.25 (Martingaldarstellungssatz) *Sei $M \in \mathcal{H}^2 = \mathcal{H}^2(\mathcal{A}^B, P)$ (oder $M \in \mathcal{M}^2$).*
Dann existiert genau ein $H \in L^2(\mu)$ (oder $H \in \mathcal{L}^2(B)$), so dass

$$M_t = M_0 + \int_0^t H_s \, dB_s, \quad \forall t \leq \infty \ (\forall t < \infty).$$

Bemerkung 4.26 *Insbesondere hat jedes Martingal in $\mathcal{H}^2$ (bzw. $\mathcal{M}^2$) eine stetige Version. Die Integraldarstellung ist eine solche stetige Version.*

Beweis Sei $M \in \mathcal{H}^2$, dann ist $M_\infty \in L^2(\mathcal{A}_\infty^B, P)$. Nach Satz 4.23 existiert genau ein $H \in L^2(\mu)$ so dass $M_\infty = M_0 + \int_0^\infty H_s \, dB_s$ und $M_0 = EM_0$ ist konstant. Daraus folgt aber

$$M_t = E(M_\infty \mid \mathcal{A}_t)$$
$$= M_0 + E\left(\int_0^\infty H_s \, dB_s \mid \mathcal{A}_t\right)$$
$$= M_0 + \int_0^t H_s \, dB_s + E\left(\int_t^\infty H_s \, dB_s \mid \mathcal{A}_t\right).$$

$E\left(\int_t^\infty H_s\,dB_s \mid \mathcal{A}_t\right) = 0$, da die Brownsche Bewegung unabhängige Zuwächse hat und $H \in \mathcal{L}^2(B)$ ist vorhersehbar. Zum Beweis betrachte zunächst die Klasse $\mathcal{E}$ und wende dann das monotone Klassentheorem an. Für $M \in \mathcal{M}^2$ erhalten wir obige Integraldarstellung auf $[0, T_n]$, $T_n \uparrow \infty$. Diese lässt sich dann konsistent auf $[0, \infty)$ fortsetzen. □

Die stochastische Integraldarstellung lässt sich nun auf die Klasse $\mathcal{M}_{\mathrm{loc}}$ ausdehnen.

Satz 4.27 *Sei $M \in \mathcal{M}_{\mathrm{loc}} = \mathcal{M}_{\mathrm{loc}}(\mathcal{A}^B)$, dann existiert ein Prozess $H \in \mathcal{L}^2_{\mathrm{loc}}(B)$, so dass*

$$M_t = M_0 + \int_0^t H_s\,dB_s. \tag{4.13}$$

Insbesondere ist $\mathcal{M}_{\mathrm{loc}}(\mathcal{A}^B) = \mathcal{M}_{\mathrm{loc},c}(\mathcal{A}^B)$, d. h. jedes lokale Martingal bezüglich der Brownschen Filtration ist stetig.

Beweis 1) Für $M \in \mathcal{H}^2$ folgt obige Darstellung nach Satz 4.25.
2) Ist M gleichgradig integrierbar, dann ist $M_\infty \in L^1$.
$L^2(\mathcal{A}_\infty) \subset L^1(\mathcal{A}_\infty)$ ist dicht in $L^1(\mathcal{A}_\infty)$. Also existiert eine Folge $(M^n) \subset \mathcal{H}^2$ so dass $E|M_\infty - M_\infty^n| \longrightarrow 0$.

Daraus folgt mit der Doobschen Maximalungleichung

$$P\left(\sup_t |M_t - M_t^n| > \lambda\right) \le \frac{1}{\lambda} E|M_\infty - M_\infty^n| \longrightarrow 0.$$

Nach Borel–Cantelli existiert daher eine P-fast sicher konvergente Teilfolge (n_k), so dass

$$M^{n_k} \longrightarrow M \text{ fast sicher, gleichmäßig in } t.$$

Daraus folgt: M hat eine stetige Version.
3) $M \in \mathcal{M}_{\mathrm{loc}}$. Dann existiert eine stetige Version von M (mit geeignetem Stoppen nach 2).

Daher existiert weiter eine Folge von Stoppzeiten $\tau_n \uparrow \infty$, so dass M^{τ_n} beschränkt und L^2 beschränkt ist. M^{τ_n} ist in $\mathcal{H}^2$ und hat daher eine stochastische Integraldarstellung

$$M_t^{\tau_n} = c_n + \int_0^t H_s^n\,dB_s.$$

Daraus folgt aber

$$c_n = c, \text{ und } H_t^{n+1} = H_t^n \text{ auf } [0, \tau_n].$$

Wir definieren $H_t := H_t^n$ auf $[0, \tau_n]$; dann gilt

$$H_s \in \mathcal{L}^2_{\mathrm{loc}}(B) \quad \text{und} \quad M = c + \int_0^t H_s \, dB_s. \qquad \square$$

Die stochastische Integraldarstellung gilt auch für die d-dimensionale Brownsche Bewegung.

Satz 4.28 *Sei B eine d-dimensionale Brownsche Bewegung und sei $M \in \mathcal{M}_{\mathrm{loc}}(\mathcal{A}^B)$. Dann folgt:*

$$\exists\, H^i \in \mathcal{L}^2_{\mathrm{loc}}(B), \quad 1 \le i \le d, \quad \exists\, c \in \mathbb{R}^1 \text{ so dass } M_t = c + \sum_{i=1}^d \int_0^t H_s^i \, dB_s^i.$$

Beweis Der Beweis verwendet ein analoges Argument wie in $d = 1$ mit dem multivariatem stochastischem Exponential. $\qquad \square$

Bemerkung 4.29 *Wie erhält man den Integranden der stochastischen Integraldarstellung?*

1) *Unter der Annahme, dass die vorhersehbare Kovariation Lebesgue-stetig ist, d. h. sei $\langle M, B^i \rangle_t := \int_0^t H_s^i \, ds$. Wegen $\langle B^i, B^j \rangle_s = \delta_{ij} \cdot s$ folgt nach dem Satz von Radon-Nikodým*

$$H_t^i = \frac{d \langle M, B^i \rangle_t}{d^1}$$

ist gleich der Radon-Nikodým-Ableitung. Die Clark-Okone-Formel (vgl. Abschn. 4.3.2) liefert unter allgemeineren Bedingungen eine solche Darstellungsformel.

2) *Ein Beispiel für eine explizite Form für den Integranden H: Ist f harmonisch, d. h. $\Delta f = 0$, dann ist $M_t := f(B_t)$ ein Martingal. Aus der Itô-Formel folgt die explizite Integraldarstellungsformel*

$$M_t = f(B_t) = M_0 + \int_0^t \nabla f(B_s) \, dB_s.$$

3) *Nicht-Eindeutigkeit der Darstellung für $M \in \mathcal{M}_{\mathrm{loc}}$: Für $M \in \mathcal{M}_{\mathrm{loc}}$ wie in Satz 4.28 ist die Integraldarstellung im Allgemeinen nicht eindeutig.*

Beispiel: Sei $0 < a < T$ und $\tau := \inf\{t \geq 0; \int_a^t \frac{1}{T-u}\,dB_u = -B_a\}$.
Dann folgt aus der starken Oszillation von $\int_a^t \frac{1}{T-u}\,dB_u$ in der Nähe von T: $P(\tau < T) = 1$. Sei

$$\psi(\omega, s) := \begin{cases} 1 & 0 \leq s < a, \\ \frac{1}{T-s} & a \leq s < \tau, \\ 0 & \tau \leq s \leq T. \end{cases}$$

Dann ist $\psi \in \mathcal{L}_{\mathrm{loc}}^2$ und

$$\int_0^a \psi(\omega, s)\,dB_s = B_a = -\int_a^T \Psi(\omega, s)\,dB_s.$$

Damit ist $\psi \in \mathcal{L}_{\mathrm{loc}}^2(B)$ und $\int_0^T \psi(\omega, s)\,dB_s = 0$ aber $\psi \not\equiv 0$ und $M = \psi \cdot B \in \mathcal{M}_{\mathrm{loc}}$ ist ein lokales Martingal.

Alternative Darstellung von $L^2(\mathcal{A}_\infty^B)$ durch multiple stochastische Integrale:

Sei die Dimension $d = 1$. Sei $\Delta_n = \{(s_1, \ldots, s_n) \in \mathbb{R}_+^n; s_1 > s_2 > \cdots > s_n\}$ und sei $L^2(\Delta_n) = L^2(\Delta_n, \lambda_+^n \mid_{\Delta_n})$ der zugehörige L^2-Raum. Wir betrachten den Teilraum E_n von $L^2(\Delta_n)$, definiert durch

$$E_n := \left\{ f \in L^2(\Delta_n); f(s) = \prod_{i=1}^n f_i(s_i), s = (s_1, \ldots, s_n), f_i \in L^2(\mathbb{R}_+) \right\}.$$

$E_n \subset L^2(\Delta_n)$ ist total in $L^2(\Delta_n)$.
Für ein $f = \prod_i f_i \in E_n$ definiere das multiple stochastische Integral

$$I_n f := \int_0^\infty f_1(s_1)\,dB_{s_1} \int_0^{s_1} f_2(s_2)\,dB_{s_2} \cdots \underbrace{\int_0^{s_{n-1}} f_n(s_n)\,dB_{s_n}}_{\in \mathcal{A}_{s_{n-1}}} \in \mathcal{L}^2(\mathcal{A}_\infty)$$

(vgl.: Hermitesche Funktionale in Proposition 4.21 für Indikatorfunktionen f). Entgegen der bislang üblichen Notation sind die Integranden hier rechts vom Integrator zu finden.
Behauptung: I_n ist normerhaltend,

$$\|I_n f\|_{L^2(\mathcal{A}_\infty)} = \|f\|_{L^2(\Delta_n)}, \qquad f \in E_n.$$

Beweis Sei $n = 2$, $f = \prod_{i=1}^{2} f_i \in E_2$, dann ist

$$\|I_2 f\|_{L^2(\mathcal{A}_\infty)} = E\left(\int_0^\infty \underbrace{\left(f_1(s_1) \int_0^{s_1} f_2(s_2)\, dB_{s_2} \right)}_{=:H_{s_1}} dB_{s_1} \right)^2$$

$$= E \int_0^\infty H_{s_1}^2 \, ds_1$$

$$= \int_0^\infty ds_1 \left(f_1(s_1) \right)^2 \int_0^{s_1} f_2^2(s_2)\, ds_2 = \|f\|_{L^2(\Delta_2)}^2.$$

Analog für $n > 2$ mit Induktion. $\square$

Der Abschluss der linearen Hülle multipler stochatischer Integrale

$$C_n := c\ell\mathrm{lin}\{I_n(E_n)\} \subset L^2(\mathcal{A}_\infty)$$

heißt **n-tes Wiener Chaos.**

1) Die Abbildung $I_n : E_n \to L^2(\mathcal{A}_\infty, P)$ ist linear und stetig. Es existiert eine eindeutige stetige und lineare Fortsetzung $I_n : L^2(\Delta_n) \to C_n$. Die Fortsetzung $I_n : L^2(\Delta_n) \to C_n$ ist eine Isometrie.
   Insbesondere ist $C_n = I_n(L^2(\Delta_n))$; also gilt $C_n \cong L^2(\Delta_n)$. Alternativ lässt sich für $f \in L^2(\Delta_n)$ auch direkt das multiple Integral

$$I_n(f) = \int_0^\infty \cdots \int_0^{s_{n-1}} f(s_1, \ldots, s_n)\, dB_{s_1} \ldots dB_{s_n}$$

   definieren.
2) $C_n \perp C_m$, $m \neq n$. Wir zeigen zunächst: $C_1 \perp C_2$. Dazu betrachte

$$E\left(\underbrace{\int_0^\infty f_1(s_1)\, dB_{s_1}}_{\in C_1} \right)\left(\underbrace{\left(\int_0^\infty g_1(s_1)\, dB_{s_1} \right)\left(\int_0^{s_1} g_2(s_2)\, dB_{s_2} \right)}_{\in C_2} \right)$$

$$= E \int_0^\infty \left(f_1(s_1) g_1(s_1) \int_0^{s_1} g_2(s_2)\, dB_{s_2} \right) dB_{s_1}$$

$$= \int_0^\infty f_1(s_1) g_1(s_1) \underbrace{E\left(\int_0^{s_1} g_2(s_2)\, dB_{s_2} \right)}_{=0} dB_{s_1} = 0.$$

Der allgemeine Fall folgt mit einem ähnlichen Argument durch Induktion.

Bemerkung 4.30 *Die Elemente aus $C_1 = c\ell \, \mathrm{lin}\{B_t; \ 0 \leq t\} \subset \mathcal{L}^2(\mathcal{A}_\infty)$ sind Gauß-sche Zufallsvariablen.*
C_2 ist orthogonales Komplement von C_1 in der Menge der quadratischen Funktionen.

Satz 4.31 (Wiener Chaos-Darstellung) *Der Raum der L^2-Funktionale der Brown-schen Bewegung hat eine Darstellung als direkte topologische Summe.*

$$\mathcal{L}^2(\mathcal{A}_\infty^B) = \bigoplus_{n=0}^\infty C_n, \quad C_0 \simeq \mathbb{R}^1,$$

d. h. $\forall\, Y \in \mathcal{L}^2(\mathcal{A}_\infty^B)$ *existiert eine Folge* $f^n \in \mathcal{L}^2(\Delta_n)$, $n \in \mathbb{N}$, *mit*

$$Y = \sum_{n=0}^\infty I_n(f^n) \quad in\, \mathcal{L}^2(P). \tag{4.14}$$

Beweis Nach Proposition 4.21 gilt

$$\mathcal{E}_\infty^f = \mathcal{E}_\infty \underbrace{(M^f)}_{=f\cdot B} = \sum_{n=0}^\infty I_n(f^n),$$

mit $f^n(s_1, \ldots, s_n) = \prod_{i=1}^n f(s_i)$, $f = \sum_i \alpha_i \mathbb{1}_{(s_{i-1}, s_i)}$.
Allgemein gilt für f mit beschränktem kompaktem Träger und $M^f = f \cdot B$:

$$\mathcal{E}(M^f)_\infty = \sum_{n=0}^\infty \frac{1}{n!} L_t^{(n)} = \int_0^t f(s_1)\, dB_{s_1} \int_0^{s_1} f(s_2)\, dB_{s_2} \cdots \int_0^{s_{n-1}} f(s_n)\, dB_{s_n}.$$

$$\underbrace{\phantom{\sum_{n=0}^\infty \frac{1}{n!} L_t^{(n)}}}_{=I_n(f^n)}$$

Daraus folgt:
Die Darstellung in (4.14) gilt für $\mathrm{lin}(\{\mathcal{E}_\infty^f; f$ hat einen beschränkten, kompakten Träger$\})$.

Nach Lemma 4.22 folgt, dass $\mathrm{lin}(\{\mathcal{E}_\infty^f; f$ beschränkt, kompakter Träger$\}) \subset \mathcal{L}^2(\mathcal{A}_\infty^B)$ dicht ist. Also existiert zu $Y \in \mathcal{L}^2(\mathcal{A}_\infty, P)$ eine Folge $(Y_n) \subset \mathrm{lin}(\{\mathcal{E}_\infty^f\})$ mit

$$Y_n \to Y \text{ in } L^2, \quad \text{und} \quad Y_n = \sum_{m=0}^\infty \underbrace{I_m(f_m^n)}_{\in C_m} \xrightarrow{L^2} Y.$$

Y_m ist für jedes m eine Orthogonalreihe. Daraus folgt, dass $(I_m(f_m^n))_n$ für jedes m eine Cauchy-Folge ist, und daher einen Limes besitzt:

$$I_m(f_m^n) \to G_m \in C_m.$$

Da I_m eine Isometrie ist, folgt, dass auch die Folge $(f_m^n)_n)$ konvergiert,

$$f_m^n \to f_m \text{ in } L^2(\Delta_m).$$

Daraus folgt $G_m = I_m(f_m)$, und damit die Darstellung

$$Y = \sum_{m=0}^{\infty} I_m(f_m). \qquad \square$$

Der grundlegende Martingaldarstellungssatz besagt, dass die Brownsche Bewegung die Darstellungseigenschaft für lokale Martingale besitzt, d. h. man kann Martingale bezüglich der Brownschen Filtration $\mathcal{A}^B$ als Integral bezüglich der Brownschen Bewegung darstellen. Diese Darstellungseigenschaft gilt im Allgemeinen nicht für Martingale bezüglich der von Martingalen $X \in \mathcal{M}^2$ oder $\mathcal{H}^2$ erzeugten Filtration $\mathcal{A}^X$.

Sei für $X \in \mathcal{H}^2$

$$\overline{\mathcal{L}}^2(X) := \left\{ f \in L(\mathcal{P}); \ E \int_0^{\infty} f_s^2 \mathrm{d}\langle X \rangle_s < \infty \right\} = L^2(\mu)$$

die Menge der L^2-Integranden auf $[0, \infty)$. Die Kunita-Watanabe-Zerlegung identifiziert für ein allgemeines Funktional $F \in L^2(\mathcal{A}_\infty, P)$ einen eindeutig darstellbaren Anteil.

Satz 4.32 (Kunita-Watanabe-Zerlegung) *Sei* $X = (X_t) \in \mathcal{H}^2$, $F \in L^2(\mathcal{A}_\infty, P)$, $\mathcal{A}_\infty = \mathcal{A}_\infty^X$, *dann folgt: Es existieren eindeutige Prozesse* $(H_s) \in L^2(\mu)$ *und* $L \in L^2(\mathcal{A}_\infty, P)$, *so dass*

1) $F = EF + \int_0^{\infty} H_s \, \mathrm{d}X_s + L$

2) $E\left(L \int_0^{\infty} f_s \, \mathrm{d}X_s \right) = 0, \quad \forall f \in L^2(\mu) \quad$ *oder äquivalent*

$\langle L, X \rangle = 0$, *für das von* L *erzeugte Martingal* $(L_t) = (E(L \mid \mathcal{A}_t))$.

Beweis Sei $L_0^2 = \left\{ \widetilde{F} \in L^2(\mathcal{A}_\infty, P); \ E\widetilde{F} = 0 \right\}$ und sei H die Menge der Funktionale, die sich als stochastisches Integral darstellen lassen

$$H = \left\{ \widetilde{F} \in L_0^2; \ \exists f \in \mathcal{L}^2(\mu) : \ \widetilde{F} = \int_0^{\infty} f_s \, \mathrm{d}X_s \right\}.$$

1) H ist stabil unter Stoppen, d. h. für jedes Element $F \in H$ und jede Stoppzeit τ gilt $F_\tau \in H$, wobei
$F_t = E(F \mid \mathcal{A}_t)$ das von F erzeugte Martingal ist.
Zum Beweis sei $F = \int_0^{\infty} f_s \, \mathrm{d}X_s \in H$. Dann folgt nach dem Optional Sampling Theorem

$$F_\tau = E(F \mid \mathcal{A}_\tau) = \int_0^{\infty} f \mathbb{1}_{[0, \tau]} \, \mathrm{d}X_s$$

und

$$EF_\tau^2 = E \int_0^\infty (f\mathbb{1}_{[0,\tau]})^2 \mathrm{d}\langle X \rangle$$

$$\leq E \int_0^\infty f^2 \mathrm{d}\langle X \rangle < \infty.$$

2) Der Orthogonalraum $H^\perp$ ist stabil.
   D.h. mit $N \in H^\perp$ und mit $N_t = E(N \mid \mathcal{A}_t)$, das von n erzeugte Martingal, ist $N_\tau \in H^\perp$ für jede Stoppzeit τ.
   Zu zeigen ist, dass für $F \in H$ gilt: $EFN_\tau = 0$.
   Dieses folgt aber unter Verwendung der Stabilität von H wie folgt:

$$EFN_\tau = EE(FN_\tau \mid \mathcal{A}_\tau) = EE(F \mid \mathcal{A}_\tau)N_\tau = EN_\tau F_\tau$$
$$= EF_\tau E(N \mid \mathcal{A}_\tau) = EE(F_\tau N \mid \mathcal{A}_\tau)$$
$$= EF_\tau N = 0,$$

   da $N \in H^\perp$ und $F_\tau \in H$. Also ist $N_\tau \in H^\perp$ und damit ist $H^\perp$ stabil.
3) Sei $M \in \mathcal{H}^2$ und sei ohne Einschränkung $M_0 = 0$ (sonst Übergang zu $M - M_0$).
   Dann ist $M_\infty \in L_0^2$. Wir definieren

$$Y_\infty := \widehat{E}(M_\infty \mid H) \text{ die orthogonale Projektion in } L^2(\mathcal{A}_\infty, P),$$
$$L_\infty := M_\infty - Y_\infty,$$
$$Y_t := E(Y_\infty \mid \mathcal{A}_t) \quad \text{und} \quad L_t := E(L_\infty \mid \mathcal{A}_t).$$

   Dann gilt: $M_t = Y_t + L_t$, $Y_t = \int_0^t f_s \, \mathrm{d}X_s$ da $Y_\infty \in H$ und $(L_t, \mathcal{A}_t) \in \mathcal{H}^2$ mit $L_\infty \in H^\perp$.
   $H, H^\perp$ sind stabil. Daraus folgt $\forall F \in H$ und $\forall$ Stoppzeiten $\tau : L_\tau \in H^\perp, F_\tau \in H$ und daher $EL_\tau F_\tau = 0$.
   Daraus folgt nach der Charakterisierung der Martingaleigenschaft durch Stoppzeiten: $(L_t F_t) \in \mathcal{M}$.
   Daraus folgt weiter: $\langle F, L \rangle = 0, \forall F = f \cdot X \in H$.
   Denn $\langle F, L \rangle$ ist der eindeutige vorhersehbare Prozess A, so dass $FL - A \in \mathcal{M}$.
   Damit ergibt sich als Konsequenz $\langle f \cdot X, L \rangle = f \cdot \langle X, L \rangle = 0, \quad \forall f \in \mathcal{L}^2(\mu)$, oder, äquivalent dazu: $\langle X, L \rangle = 0$.
4) Eindeutigkeit
   Angenommen es gibt zwei verschiedene Darstellungen von F

$$F = EF + H^1 \cdot X + L^1$$
$$= EF + H^2 \cdot X + L^2$$

Dann folgt: $L^1 - L^2 = (H^2 - H^1) \cdot X$.

Da $L^1 - L^2 \in H^\perp$ folgt daraus $\langle L^1 - L^2, (H^2 - H^1) \cdot X \rangle = 0$. Dieses impliziert $(H^2 - H^1)^2 \cdot \langle X \rangle = 0$. In Konsequenz ergibt sich hieraus $H^1 = H^2$ in $L^2(\mu)$ und $L^1 = L^2$.

F hat also eine eindeutige Zerlegung. $\qquad\square$

Bemerkung 4.33

a) **Zerlegungssatz für Martingale** *Eine direkte Folgerung aus dem Satz von Kunita-Watanabe ist ein Zerlegungssatz für Martingale. Satz 4.32 liefert die Zerlegung von L^2-Funktionalen.*
Sei $X = (X_t, \mathcal{A}_t) \in \mathcal{H}^2$, $\mathcal{A}_t = \mathcal{A}_t^X$ und $M \in \mathcal{H}^2 = \mathcal{H}^2(X)$ ein Martingal bezüglich dieser Filtration. Dann existiert eine eindeutige Zerlegung

$$M_t = M_0 + \int_0^t \varphi_s \, \mathrm{d}X_s + L_t$$

mit $L \in \mathcal{H}^2$, $\varphi \in L^2(\mu)$ und $\langle L, X \rangle = 0$, d. h. L steht senkrecht auf X. L ist ein nicht hedgebarer Anteil von M.

b) *Es gibt auch eine **vektorwertige** Version des Zerlegungssatzes.*

Sei $X = (X^1, \ldots, X^d)$, $M \in \mathcal{H}^2(\mathcal{A}^X)$, dann hat M eine Zerlegung

$$M_t = M_0 + \sum_{i=1}^d \int_0^t \varphi_s^i \, \mathrm{d}X_s^i + Z_t$$

mit $Z \in \mathcal{H}^2$, und $\langle Z, X \rangle = 0$ und es gilt $E \sum_{i=1}^d \int (\varphi_s^i)^2 \mathrm{d}\langle X^i \rangle_s < \infty$. Diese Zerlegung ist eindeutig.

c) **lokal quadratintegrierbare Martingale**
Man kann sich von der Annahme der Quadratintegrierbarkeit durch Lokalisieren lösen.
Sei $X \in \mathcal{M}_{\mathrm{loc}}^2$, $N \in \mathcal{M}_{\mathrm{loc}}(\mathcal{A}^X)$, dann folgt: Es gibt genau eine Zerlegung

$$N_t = N_0 + H_t + L_t, \quad t < \infty$$

wobei H eine (möglicherweise nicht eindeutige) Darstellung der Form $H_t = \int_o^t \varphi_s \, \mathrm{d}X_s$ mit $\varphi \in \mathcal{L}_{\mathrm{loc}}^2(X)$ besitzt, sowie $L \in \mathcal{M}_{0,\mathrm{loc}}$ und $\langle L, X \rangle = 0$.

Anwendung: Quadratisches Hedgen im Martingalfall
Der Satz von Kunita-Watanabe ist in der Finanzmathematik für das *mean variance Hedging-Problem* von Bedeutung. Sei $X \in \mathcal{H}^2$ ein Preisprozess (bzgl. eines Martingalmaßes Q), $F \in L^2$ sei ein Claim, d. h. eine Funktion dieses Prozesses. Gesucht ist eine möglichst gute Approximation des Claims F durch einen Hedge, d. h. gesucht sind $\vartheta_0 \in \mathbb{R}$ und eine *Handelsstrategie* $\varphi \in \mathcal{L}^2(\mu)$ so dass

$$E\big(F - (\vartheta_0 + (\varphi \cdot X)_T)\big)^2 = \min!.$$

Durch Verwendung der Strategie φ und des Anfangswertes ϑ_0 lässt sich also eine beste Approximation für den Wert F des Claims erzielen. Ziel ist es, den (quadratischen) Hedge-Fehler zu minimieren, d. h. gesucht ist die L^2-Projektion von F auf den Raum der hedgebaren Claims

$$\mathbb{R} + H = \{\vartheta_0 + (\varphi \cdot X)_T; \vartheta_0 \in \mathbb{R}, \varphi \in \mathcal{L}^2(\mu)\}.$$

Ohne Einschränkung sei $T = \infty$ sonst kann man übergehen von $X \longrightarrow X^T$. Nach dem Zerlegungssatz von Kunita-Watanabe, Satz 4.32, existiert eine eindeutige Zerlegung von F in einen hedgebaren Anteil und einen Anteil L der senkrecht steht auf den hedgebaren Claims, d. h.

$$F = EF + \varphi \cdot X + L. \tag{4.15}$$

Daraus folgt: $EF + \varphi \cdot X$ ist die Projektion von F auf die Menge der hedgebaren Claims H und es gilt: Der Hedgefehler ist gegeben durch

$$E(F - (EF + \varphi \cdot X))^2 = EL_T^2 = E\langle L \rangle_T. \tag{4.16}$$

Die grundlegende Frage ist: Wie bestimmt man die optimale Hedgestrategie φ? Dazu die folgende Überlegung.

Aus der Kunita-Watanabe-Zerlegung von F in (4.15) folgt

$$\langle X, F \rangle = \langle X, EF + \varphi \cdot X + L \rangle = \langle X, \varphi \cdot X \rangle + \underbrace{\langle X, L \rangle}_{=0} = \varphi \cdot \langle X \rangle,$$

d. h. φ erhält man als vorhersehbare Version (predictable projection) des Prozesses der Radon-Nikodým-Ableitung

$$\varphi = \frac{\mathrm{d}\langle X, F \rangle}{\mathrm{d}\langle X \rangle}. \tag{4.17}$$

Für den Fall, dass $X = B$ die Brownsche Bewegung ist, ist der Hedgefehler für jeden Claim gleich null. Jeden Claim F kann man perfekt hedgen; das Modell der Brownschen Bewegung ist vollständig. Für den Fall des optimalen Hedgens bzgl. des zu Grunde liegenden Maßes P sind einige zusätzliche Überlegungen notwendig. Im allgemeinen kann L nur orthogonal zum Martingalanteil von S sein. Dieses Problem lässt sich auf den Fall eines speziellen Martingalmaßes (minimal martingale measure) zurückgeführt werden und wird gelöst durch die Föllmer-Schweizer-Zerlegung (vgl. Kap. 7) eine Verallgemeinerung der Kunita-Watanabe-Zerlegung.

Erweiterung des Darstellungsproblems

Eine Erweiterung des Darstellungsproblems ist die folgende Variante, die die Konstruktion einer geeigneten Brownschen Bewegung mit einschließt.

Gegeben sei eine Filtration $(\mathcal{A}_t)$. Für welche (lokalen) Martingale $(M_t, \mathcal{A}_t)$ existiert eine Brownsche Bewegung B, so dass M eine Integraldarstellung besitzt, d. h.

$$M_t = M_0 + \int_0^t H_s \, dB_s.$$

Proposition 4.34 *Sei* $M \in \mathcal{M}_{loc,c}$ *und sei* $\langle M \rangle \sim \lambda_t^1$ *f.s. in* ω. *Dann existiert* $f \in \mathcal{L}^0(\mathcal{A}^M)$, $f > 0 [\lambda_+ \otimes P]$ *und es existiert eine Brownsche Bewegung* B *bzgl.* $\mathcal{A}^M$,
so dass

$$\frac{d\langle M \rangle_t}{d\lambda_t} = f_t \, P \, f.s. \quad und \quad M_t = M_0 + \int_o^t f_s^{\frac{1}{2}} \, dB_s.$$

Beweis Nach dem Lebesgueschen Differentiationssatz existiert

$$f_t = \lim n (\langle M \rangle_t - \langle M \rangle_{t-\frac{1}{n}}) \qquad \lambda \otimes P \text{ f.s.}$$

und

$$f_t = \frac{d\langle M \rangle_t}{d\lambda_+} \in \mathcal{L}(\mathcal{P}).$$

Es ist $f^{-\frac{1}{2}} \in \mathcal{L}^2_{loc}(M)$, denn

$$\int_0^t (f_s^{-\frac{1}{2}})^2 d\langle M \rangle_s = \int_0^t f_s^{-1} f_s d\lambda(s) = t < \infty.$$

Definiere nun $B_t := \int_0^t f_s^{-\frac{1}{2}} \, dM_s$. Dann ist $B \in \mathcal{M}_{loc,c}$ und es ist

$$\langle B \rangle_t = \int_0^t f_s^{-1} d\langle M \rangle_s = t.$$

Nach dem Satz von Lévy ist B eine Brownsche Bewegung und es ist

$$M_t = M_0 + \int_0^t f_s^{\frac{1}{2}} (f_s^{-\frac{1}{2}} \, dM_s)$$

$$= M_0 + \int_0^t f_s^{\frac{1}{2}} \, dB_s. \qquad \square$$

Im Fall, dass der Variationsprozess nur Lebesgue-stetig ist, $\langle M \rangle \ll \lambda_+$, gibt es
eine analoge Aussage formuliert mit einer Erweiterung des Grundraums.

Proposition 4.35 *Sei* $M = (M^1, \ldots, M^d) \in \mathcal{M}_{loc,c}$ *und sei* $\langle M^i \rangle \ll \lambda_t$, $1 \le i \le d$, *dann existiert eine d-dimensionale Brownschen Bewegung B auf einer Erweiterung* $(\widetilde{\Omega}, \widetilde{\mathcal{A}}, \widetilde{P}) \supset (\Omega, \mathcal{A}, P)$ *des Grundraums und es existiert* $f \in \mathcal{L}^2_{loc}(B)$ *mit Werten in* $\mathbb{R}^{d \times d}$, *so dass*

$$M_t = M_0 + \int_0^t f_s \cdot dB_s$$

mit $(f \cdot B)^i = \sum_j f^{i,j} \cdot B^j$.

4.3 Maßwechsel, Satz von Girsanov

Thema dieses Abschnittes ist die Untersuchung von Eigenschaften von Prozessen bei Maßwechsel. Sei X bezüglich eines zugrundeliegenden Maßes P ein Semimartingal, $(X, P) \in \mathcal{S}$ und sei Q ein P-stetiges Wahrscheinlichkeitsmaß, $Q \ll P$. Eine grundlegende Frage ist dann, ob auch (X, Q) ein Semimartingal ist und wie sich die *Drift-* und *Martingalanteile* von X beim Übergang von P nach Q verändern. Wir wollen die Zerlegung des Prozesses (X, Q) in Drift- und Martingalanteil beschreiben. Das ist in der Finanzmathematik von großer Bedeutung, denn es stellt sich heraus, dass sich die Preise von Derivaten und die Form von optimalen Handelsstrategien einfach berechnen lassen durch Einführen von geeigneten neuen Maßen Q. Zur Motivation der allgemeinen Form des Satzes von Girsanov betrachten wir ein einfaches Beispiel in diskreter Zeit.

Beispiel 4.36 *Seien* $Z_1, \ldots, Z_n$ *unabhängig, normalverteilt,* $Z_i \sim N(0, 1)$, $Z = (Z_1, \ldots, Z_n)$ *Zufallsvariable auf* $(\Omega, \mathcal{A}, P)$. *Wir definieren ein neues Maß* $\widetilde{P}$ *mit Hilfe der Radon-Nikodým-Ableitung*

$$\frac{d\widetilde{P}}{dP} := \exp\left(\sum_{i=1}^n \mu_i Z_i - \frac{1}{2} \sum_{i=1}^n \mu_i^2 \right).$$

Diese Dichte hat eine ähnliche Gestalt wie die bei dem exponentiellen Martingal. Es gilt:

$$E e^{\mu \cdot Z} = e^{\frac{1}{2} \|\mu\|^2}$$

ist die Laplace-Transformierte der eindimensionalen normalverteilten Zufallsvariablen $\mu \cdot Z$. *Daraus folgt, dass das neue Maß* $\widetilde{P}$ *ein Wahrscheinlichkeitsmaß ist,*

$$\widetilde{P} \in M^1(\Omega, \mathcal{A}).$$

Wie verhält sich die Folge (Z_i) *bezüglich dem neuen Maß* $\widetilde{P}$?

Es gilt:

$$\frac{\mathrm{d}\widetilde{P}^Z}{\mathrm{d}\lambda^n}(z) = \frac{\mathrm{d}\widetilde{P}^Z}{\mathrm{d}P^Z}(z) \cdot \frac{\mathrm{d}P^Z}{\mathrm{d}\lambda^n}(z)$$

$$= \exp\left(\sum \mu_i z_i - \frac{1}{2}\mu_i^2\right) \cdot \frac{1}{(2\pi)^{n/2}} \cdot \exp\left(-\frac{1}{2}\sum z_i^2\right)$$

$$= \frac{1}{(2\pi)^{n/2}} \cdot \exp\left(-\frac{1}{2}\left(\sum z_i - \mu_i\right)^2\right).$$

Daraus folgt: $\widetilde{Z}_i := Z_i - \mu_i$, $1 \leq i \leq n$, ist eine i. i. d. Folge bezüglich $\widetilde{P}$. Dieses impliziert, dass die Folge (Z_i) bzgl. $\widetilde{P}$ die folgende Darstellung hat:

$$Z_i = \widetilde{Z}_i + \mu_i \quad \text{mit einer i. i. d. Folge } (\widetilde{Z}_i) \sim N(0, 1) \text{ und mit Shift } (\mu_i).$$

Bezüglich des neuen Maßes $\widetilde{P}$ ist die Folge (Z_i) also eine i. i. d. normalverteilte Folge mit Shifts μ_i. Der Satz von Girsanov zeigt, dass ein ähnliches Verhalten in allgemeinerer Form zutrifft.

Bezeichungen: Seien P, $Q \in M^1(\Omega, \mathcal{A})$ und sei $(\mathcal{A}_t) \subset \mathcal{A}$ eine Filtration, ohne Einschränkung kann man $\mathcal{A} = \mathcal{A}_\infty$ wählen. Dann heißt

- $Q \ll P$ Q **absolut stetig** bezüglich P $\iff \mathcal{N}_P \subset \mathcal{N}_Q$
- $Q \sim P$ Q **äquivalent** bezüglich P $\iff \mathcal{N}_P = \mathcal{N}_Q$
- $Q \overset{\mathrm{loc}}{\ll} P$ Q ist **lokal stetig** bezüglich P $\iff Q_t \ll P_t$, $\forall t > 0$, wobei $Q_t := Q|_{\mathcal{A}_t}$ und $P_t := P|_{\mathcal{A}_t}$, die auf $\mathcal{A}_t$ eingeschränkten Maße sind.

  Für Stoppzeiten τ sei $P_\tau := P|_{\mathcal{A}_\tau}$, $P_{\tau_-} := P|_{\mathcal{A}_{\tau_-}}$. Die Aussage $Q \overset{\mathrm{loc}}{\ll} P$ ist äquivalent dazu, dass eine lokalisierende Folge (τ_n) von Stoppzeiten existiert mit
  $$Q_{\tau_n} \ll P_{\tau_n} \quad (n \in \mathbb{N})$$

- $Q \overset{\mathrm{loc}}{\sim} P$ Q ist **lokal äquivalent** bezüglich P $\iff Q \overset{\mathrm{loc}}{\ll} P$ und $P \overset{\mathrm{loc}}{\ll} Q$.

Proposition 4.37 *a) Sei $Q \ll P$ und $D_t := E\left(\frac{\mathrm{d}Q}{\mathrm{d}P} \mid \mathcal{A}_t\right)$ das vom Dichtequotienten $\frac{\mathrm{d}Q}{\mathrm{d}P}$ erzeugte Martingal. Dann folgt*

$$D_t = \frac{\mathrm{d}Q_t}{\mathrm{d}P_t} \quad [P], \quad \forall t,$$

d. h. D_t stimmt mit dem Dichtequotienten von Q nach P auf der eingeschränkten σ-Algebra $\mathcal{A}_t$ überein.

b) Sei $Q \overset{\text{loc}}{\ll} P$ lokal P-stetig, dann ist der Dichteprozess D ein P-Martingal

$$D_t = \frac{\mathrm{d}Q_t}{\mathrm{d}P_t} \in \mathcal{M}(P) \text{ und es gilt:}$$

(D_t) ist gleichgradig integrierbar $\Longleftrightarrow Q \ll P$ und es gilt dann

$$D_t := E\left(\frac{\mathrm{d}Q}{\mathrm{d}P} \mid \mathcal{A}_t\right). \tag{4.18}$$

Beweis

a) folgt direkt durch Verifizieren der Radon-Nikodým-Gleichung.
b) Nach a) folgt, dass (D_t) ein P-Martingal ist. Die weitere Behauptung folgt nach dem Abschlusssatz für Martingale: (D_t) ist gleichgradig integrierbar, genau dann wenn $D_t \longrightarrow D_\infty$ in L^1 und P f.s.
Aus der L^1-Konvergenz folgt dann:

$$Q = D_\infty P \quad \text{d. h.} \quad D_\infty = \frac{\mathrm{d}Q}{\mathrm{d}P}.$$

und damit

$$D_t = E\left(\frac{\mathrm{d}Q}{\mathrm{d}P} \mid \mathcal{A}_t\right). \qquad \square$$

Bemerkung 4.38 *Lokale Stetigkeit von Maßen $Q \overset{\text{loc}}{\ll} P$ impliziert im Allgemeinen nicht die Stetigkeit $Q \ll P$ (im Unendlichen). Es gibt eine Reihe von 0-1-Gesetzen (z. B. für Gaußsche Maße) die besagen, dass bei lokaler Stetigkeit im Limes die Maße entweder orthogonal oder äquivalent sind.*

Zur Vorbereitung des Satzes von Girsanov für die Brownsche Bewegung benötigen wir eine Martingalcharakterisierung der Brownschen Bewegung, die verwandt ist mit einer der drei Äquivalenzen aus der Lévy-Charakterisierung der Brownschen Bewegung: Ist das stochastische Exponential

$$\mathcal{E}_t^{if} := \exp\left\{i \sum_{k=1}^{d} \int_0^d f_k(s)\,\mathrm{d}X_s^k + \frac{1}{2} \sum_{k=1}^{d} \int_0^t f_k^2(s)\,\mathrm{d}s\right\}$$

ein komplexes Martingal, dann ist X eine Brownsche Bewegung. Das folgende ist eine Variante dieser Charakterisierung:

Proposition 4.39 *Sei* $(X_t, \mathcal{A}_t)$ *ein stetiger Prozess so dass*

$$Z_t = Z_t^{(u)} := \exp\left\{ uX_t - \frac{1}{2}u^2 t \right\} \in \mathcal{M}_{\text{loc}}, \quad u \in (-\varepsilon, \varepsilon),$$

dann ist $(X_t, \mathcal{A}_t)$ *eine Brownsche Bewegung.*   □

Beweis Es gibt eine lokalisierende Folge $\tau_n \uparrow \infty$, so dass für alle $0 \le s < t$, und alle $A \in \mathcal{A}_s$ gilt:

$$\int_A Z_{s \wedge \tau_n}^{(u)} \, dP = \int_A Z_{t \wedge \tau_n}^{(u)} \, dP, \tag{4.19}$$

d. h. es gilt die Martingaleigenschaft, wenn man Z mit einer Folge τ_n lokalisiert. Im Beweis zum Charakterisierungssatz wurde bereits verwendet: In einer Exponentialfamilie mit einem reellen Parameter gilt mit dem Satz von der majorisierten Konvergenz, dass man Differentiation (Ableitung nach u) und Integration vertauschen kann:

$$\frac{\partial}{\partial u} \int \cdots = \int \frac{\partial}{\partial u} \cdots \in U_\varepsilon(0).$$

Diese Eigenschaft braucht man für ein kleines Intervall $U_\varepsilon(0)$ um null. Ableiten beider Seiten in (4.19) ergibt

$$\int_A \left(X_{t \wedge \tau_n} - u(t \wedge \tau_n) \right) Z_{t \wedge \tau_n}^{(u)} \, dP = \int_A \left(X_{s \wedge \tau_n} - u(s \wedge \tau_n) \right) Z_{s \wedge \tau_n}^{(u)} \, dP, \quad A \in \mathcal{A}_s.$$

Nochmalige Differentiation nach u liefert

$$\int_A \left(\left(X_{t \wedge \tau_n} - u(t \wedge \tau_n) \right)^2 - (t \wedge \tau_n) \right) Z_{t \wedge \tau_n}^{(u)} \, dP$$
$$= \int_A \left(\left(X_{s \wedge \tau_n} - u(s \wedge \tau_n) \right)^2 - (s \wedge \tau_n) \right) Z_{s \wedge \tau_n}^{(u)} \, dP.$$

Wir haben nun zwei Gleichungen die in einer Umgebung von null gelten. Für $u = 0$ sagt die erste Gleichung: X_t ist ein stetiges lokales Martingal $X \in \mathcal{M}_{\text{loc},c}$. Die zweite Gleichung besagt, $X_t^2 - t \in \mathcal{M}_{\text{loc},c}$. Mit dem Satz von Lévy folgt: X ist eine Brownsche Bewegung.   □

Der folgende Satz von Girsanov beschreibt Maßwechsel bei der Brownschen Bewegung.

Satz 4.40 (Satz von Girsanov für die Brownsche Bewegung) *Sei* $(X_t, \mathcal{A}_t)$ *eine Brownsche Bewegung bzgl.* P, *sei* $\varphi \in \mathcal{L}^0(X)$ *und sei*

$$L_t := \exp\left(\int_0^t \varphi_s \, dX_s - \frac{1}{2} \int_0^t \varphi_s^2 \, ds \right)$$

das exponentielle Martingal von $\varphi \cdot X$. *Dann gilt:*

a) $(L_t, \mathcal{A}_t)$ *ist ein lokales Martingal und ein Supermartingal, und es gilt:*

$$L_t = 1 + \int_0^t L_s \varphi_s \, dX_s$$

b) *Ist* $EL_T = 1$, *dann ist* $(L_t, \mathcal{A}_t)_{0 \le t \le T}$ *ein Martingal. Seien*

$$\frac{d\widetilde{P}}{dP} := L_T \text{ und } \widetilde{X}_t := X_t - \int_0^t \varphi_s \, ds,$$

dann ist $\widetilde{P}$ *ein Wahrscheinlichkeitsmaß auf* $(\Omega, \mathcal{A})$ *und* $(\widetilde{X}_t, \mathcal{A}_t, \widetilde{P})$ *ist eine Brownsche Bewegung. Bezüglich des neuen Maßes* $\widetilde{P}$ *ist also X ist eine Brownsche Bewegung mit einem zufälligen Drift.*

Bemerkung 4.41 *Wir werden im Folgenden eine Umkehrung des Satzes von Girsanov behandeln. Stetige Maßwechsel bei der Brownschen Bewegung entsprechen der Addition eines zufälligen Drifts und die Dichten stetiger Maßwechsel werden durch stochastische Exponentiale beschrieben.*

Beweis

a) Teil a) und der erste Teil von b) folgt nach Proposition 4.12 über exponentielle Martingale.

b) Nach Proposition 4.39 ist zu zeigen, dass

$$Z_t^{(u)} := \exp\left\{ u\left(X_t - \int_0^t \varphi_s \, ds \right) - \frac{1}{2} u^2 t \right\} \in \mathcal{M}_{\mathrm{loc}}(\widetilde{P}).$$

Sei dazu D_t der Dichtequotientenprozess.

$$D_t := \frac{d\widetilde{P}_t}{dP_t} = E_P\left(\frac{d\widetilde{P}}{dP} \mid \mathcal{A}_t \right) = E_P(L_T \mid \mathcal{A}_t) = L_t \quad \text{da } (L_t) \in \mathcal{M}.$$

Dann gilt: $(Z_t^{(u)} D_t)$ ist ein lokales Martingal bzgl. P. Denn

$$Z_t^{(u)} D_t = Z_t^{(u)} L_t = \exp\left\{ \int_0^t (\varphi_s + u) \, dX_s - \frac{1}{2} \int_0^t (\varphi_s + u)^2 \, ds \right\} \in \mathcal{M}_{\mathrm{loc}}(P),$$

da (X, P) eine Brownsche Bewegung ist. Sei τ_n eine lokalisierende Folge, so dass $\left(Z^{(u)} D \right)^{\tau_n} \in \mathcal{M}$ und sei σ eine beschränkte Stoppzeit. Nach dem Optional

Sampling Theorem ist $D_\tau = E\left(\frac{d\widetilde{P}}{dP} \mid \mathcal{A}_\tau\right)$ für alle beschränkten Stoppzeiten τ. Weiter gilt wieder nach dem Optional Sampling Theorem

$$
\begin{aligned}
E_{\widetilde{P}} Z^{(u)}_{\tau_n \wedge \sigma} &= E_P Z^{(u)}_{\tau_n \wedge \sigma} D_{\tau_n \wedge \sigma} \\
&= E_P Z^{(u)}_0 D_0 \qquad \text{da } Z_{\tau_n \wedge t} D_{\tau_n \wedge t} \in \mathcal{M}(P) \\
&= E_{\widetilde{P}} Z^{(u)}_0, \qquad \forall \text{ beschränkten Stoppzeiten } \sigma.
\end{aligned}
$$

Mit der Charakterisierung der Martingaleigenschaft durch Stoppzeiten folgt $Z^{(u)} \in \mathcal{M}_{\mathrm{loc}}(\widetilde{P})$ und damit nach Proposition 4.37 die Behauptung. □

Bemerkung 4.42
a) Hinreichend für die Anforderung $EL_T = 1$ sind die Novikov-Bedingung $E \exp\left(\frac{1}{2} \int_0^\infty \varphi_s^2 \, ds\right) < \infty$ oder die Kazamaki-Bedingung.
b) Es gibt auch eine analoge multivariate Version des Satzes von Girsanov sowie eine Version auf $[0, \infty)$. Für $d \geq 1$ ist der Dichtequotientenprozess von der Form

$$
L_t = \exp\left\{ (\varphi \cdot X)_t - \frac{1}{2} \sum_{i=1}^d \int_0^t (\varphi_s^i)^2 \, ds \right\}.
$$

Ist X eine d-dimensionale Brownsche Bewegung bzgl. P, dann ist

$$
(\widetilde{X}_t^i) = \left(X_t^i - \int_0^t \varphi_s^i \, ds \right)
$$

eine Brownsche Bewegung bezüglich dem stetigen Maß $\widetilde{P}$ mit Dichteprozess L bzgl. P.

In der obigen Version des Satzes von Girsanov geht es darum, wie sich eine Brownsche Bewegung unter einer Maßtransformation verhält. Für die Verallgemeinerung des Satzes auf den Fall allgemeiner Martingale bzw. Semimartingale benötigen wir die folgende Aussage über den Dichteprozess.

Proposition 4.43 *Sei $Q \overset{\mathrm{loc}}{\ll} P$, dann ist der Dichteprozess $D_t > 0$ Q-fast sicher $\forall t$ und es gilt, $\inf\{t \in \mathbb{R}_+; D_t = 0 \text{ oder } D_{t-} = 0\} = \infty$ Q-fast sicher falls $Q \ll P$.*

Beweis Es genügt den Fall $Q \ll P$ zu betrachten;, sonst kann man das Problem reduzieren auf den Fall $[0, t]$, $t > 0$. Sei $\tau := \inf\{t; D_t = 0 \text{ oder } D_{t-} = 0\}$. (D_t) ist ein nichtnegatives lokales Martingal und damit auch ein nichtnegatives Supermartingal.

Nach Korollar 3.10 folgt $D = 0$ auf $[\tau, \infty)$. Also gilt $D_\infty - \frac{dQ}{dP} = 0$ auf $\{\tau < \infty\}$.

Wegen $Q = D_\infty P$ folgt daher $Q(\{\tau < \infty\}) = 0$, d.h. $\inf\{t \in \mathbb{R}_+; D_t = 0$ oder $D_{t-} = 0\} = \infty$. Damit folgt die Behauptung. □

Proposition 4.44 a) Falls $Q \overset{loc}{\ll} P$, dann gilt für alle Stoppzeiten τ

$$Q = D_\tau P \quad auf \ \mathcal{A}_\tau \cap \{\tau < \infty\},$$

d. h. Q hat den gestoppten Dichteprozess als Dichte bezüglich P auf $\mathcal{A}_\tau$ auf $\tau < \infty$.

b) Falls $Q \ll P$, dann ist

$$Q = D_\tau P \ auf \ \mathcal{A}_\tau.$$

Beweis Zuerst beweisen wir b).

b) Nach Proposition 4.37 ist der Dichteprozess im stetigen Fall gegeben durch

$$D_t = E\left(\frac{dQ}{dP} \mid \mathcal{A}_t\right).$$

Das ist ein gleichgradig integrierbares Martingal und $D_t \longrightarrow D_\infty = \frac{dQ}{dP}$ in L^1 und f. s.

Mit dem Optional Sampling Theorem folgt für alle Stoppzeiten τ:

$$D_\tau = E\left(\frac{dQ}{dP} \mid \mathcal{A}_\tau\right) = \frac{dQ|_{\mathcal{A}_\tau}}{dP|_{\mathcal{A}_\tau}}.$$

a) Für $Q \overset{loc}{\ll} P$ ist D gleichgradig integrierbar auf endlichen Intervallen $[0, t]$.

Sei $A \in \mathcal{A}_\tau$, dann folgt für alle t:

$$A \cap \{\tau \leq t\} \in \mathcal{A}_{\tau \wedge t}.$$

Daraus folgt mit dem Optional Sampling Theorem:

$$Q(A \cap \{\tau \leq t\}) = \int_{A \cap \{\tau \leq t\}} E(D_t \mid \mathcal{A}_{\tau \wedge t}) \, dP$$

$$= \int_{A \cap \{\tau \leq t\}} D_{\tau \wedge t} \, dP = \int_{A \cap \{\tau \leq t\}} D_\tau \, dP;$$

also gilt die Behauptung auf $[0, t]$.

Für $t \uparrow \infty$ folgt:

$$Q(A \cap \{\tau < \infty\}) = \int_{A \cap \{\tau < \infty\}} D_\tau \, dP. \qquad \square$$

Die Martingaleigenschaft eines Prozesses M unter einem Maß Q, $Q \overset{loc}{\ll} P$, kann man auf die Martingaleigenschaft von MD bezüglich P zurückführen.

Proposition 4.45 *Sei* $Q \overset{\text{loc}}{\ll} P$ *mit Dichteprozess* D *und sei* M *ein adaptierter càdlàg-Prozess, dann gilt:*

1) $M \in \mathcal{M}(Q) \iff MD \in \mathcal{M}(P)$

2) Gilt $Q \overset{\text{loc}}{\sim} P$, *dann gilt* $M \in \mathcal{M}_{\text{loc}}(Q) \iff MD \in \mathcal{M}_{\text{loc}}(P)$.
Für die Rückrichtung „$\Longleftarrow$*" reicht die lokale Stetigkeit,* $Q \overset{\text{loc}}{\ll} P$.

Beweis
1) Wir zeigen zunächst, dass die Integrierbarkeitsbedingungen gleich sind:

$$M_t \in L^1(Q) \iff E_P D_t |M_t| = E_Q |M_t| < \infty$$

$$\iff (DM)_t \in L^1(P).$$

Damit gilt:

$$
\begin{aligned}
M \in \mathcal{M}(Q) &\iff M_t \in L^1(Q) \text{ und } E_Q M_t \mathbb{1}_A \\
&= E_Q M_s \mathbb{1}_A \ \forall s \le t, \forall A \in \mathcal{A}_s \\
&\iff (MD)_t \in L^1(P) \text{ und } E_P(D_t M_t)\mathbb{1}_A \\
&= E_P(D_s M_s)\mathbb{1}_A \ \ \forall s \le t, \forall A \in \mathcal{A}_s \\
&\iff MD \in \mathcal{M}(P).
\end{aligned}
$$

2) folgt aus 1) durch Lokalisieren. $\qquad\qquad\qquad\qquad\qquad\qquad\qquad\square$

Als Anwendung erhalten wir eine Bayessche Formel für bedingte Erwartungswerte.

Korollar 4.46 *[Bayessche Formel für bedingte Erwartungswerte] Sei* $Q \overset{\text{loc}}{\ll} P$ *mit Dichteprozess* D *und sei* $s \le t$, *und* $X \in \mathcal{L}_+(\mathcal{A}_t) \cup \mathcal{L}^1(\mathcal{A}_t, Q)$, *dann gilt*

$$E_Q(X \mid \mathcal{A}_s) = \frac{E_P(XD_t \mid \mathcal{A}_s)}{D_s} \ [P]$$

Beweis Beachte, dass nach Proposition 4.43 die Dichte $D_s > 0 \quad Q$ f.s.
   Sei $X \in L^1(\mathfrak{A}_t, Q)$, und sei $M_u := E_Q(X \mid \mathfrak{A}_u)$. Dann folgt $M \in \mathcal{M}(Q)$, und daher ist nach Proposition 4.45 $\quad DM \in \mathcal{M}(P)$.
   Hieraus folgt

$$D_s E_Q(X \mid \mathfrak{A}_s) = D_s M_s = E_P(D_t M_t \mid \mathfrak{A}_s) = E_P(XD_t \mid \mathfrak{A}_s),$$

also die Behauptung.
   Der Fall $X \in \mathcal{L}_+(\mathfrak{A}_t)$ ist analog. $\qquad\qquad\qquad\qquad\qquad\qquad\square$

Der folgende Satz erweitert die Aussage des Satzes von Girsanov auf stetige lokale Martingale unter der Annahme eines stetigen Dichteprozesses.

Satz 4.47 (Satz von Girsanov für stetige lokale Martingale) *Sei* $Q \overset{\text{loc}}{\ll} P$ *und sei der Dichteprozess D stetig, dann gilt:*

a) *Ist X ein stetiges Semimartingal bezüglich P, dann ist X auch ein stetiges Semimartingal bezüglich Q:* $X \in \mathcal{S}_c(P) \Longrightarrow X \in \mathcal{S}_c(Q)$.

b) *Ist $M \in \mathcal{M}_{\text{loc},c}(P)$, dann gilt:*

$$\widetilde{M} := M - D^{-1} \cdot \langle M, D \rangle \in \mathcal{M}_{\text{loc},c}(Q) \quad und \quad \langle \widetilde{M} \rangle^Q = \langle M \rangle^P$$

Die Abb. $\widetilde{\cdot} : \mathcal{M}_{\text{loc},c}(P) \to \mathcal{M}_{\text{loc},c}(Q), M \mapsto \widetilde{M}$ *heißt* **Girsanov-Transformation.**

c) *Ist $D > 0\,[P]$ (d. h. $P \overset{\text{loc}}{\sim} Q$), dann folgt:*

1) $\exists! \ L \in \mathcal{M}_{\text{loc},c}(P): \quad D = \mathcal{E}(L) = \exp\big(L - \frac{1}{2}\langle L \rangle\big)$, D *ist stochastisches Exponential von L.*
2) $L = \log D_0 + \int_0^{\cdot} D_s^{-1} \mathrm{d} D_s = \mathcal{L}(D)$, L *ist stochastischer Logarithmus von D.*
3) $P = \mathcal{E}(-\widetilde{L})Q$

Beweis a) folgt aus b). Denn $X \in \mathcal{S}(P)$ hat eine Zerlegung

$$X = M + A \text{ mit } M \in \mathcal{M}_{\text{loc},c} \text{ und } A \in \mathcal{V}_c.$$

Nach b) folgt dann $\quad \widetilde{M} = M - D^{-1} \cdot \langle M, D \rangle \in \mathcal{M}_{\text{loc},c}(Q)$.
Daraus folgt dann die Zerlegung

$$X = \widetilde{M} + \underbrace{(A + D^{-1} \cdot \langle M, D \rangle)}_{\in \mathcal{V}_c} \in \mathcal{S}_c(Q);$$

X ist also ein stetiges Q-Semimartingal.

b) Ist $XD \in \mathcal{M}_{\text{loc}}(P)$ dann folgt nach Proposition 4.45 $\quad X \in \mathcal{M}_{\text{loc}}(Q)$.

Also ist zu zeigen: $\widetilde{M} D \in \mathcal{M}_{\text{loc},c}(P)$.
Mit der partiellen Integrationsformel für stetige Semimartingale gilt:

$$\widetilde{M}_t D_t = M_0 D_0 + \int_0^t \widetilde{M}_s \mathrm{d} D_s + \int_0^t D_s \mathrm{d}\widetilde{M}_s + \langle \widetilde{M}, D \rangle_t$$

$$= M_0 D_0 + \int_0^t \widetilde{M}_s \mathrm{d} D_s + \int_0^t D_s \, \mathrm{d} M_s - \langle M, D \rangle_t + \langle M, D \rangle_t \in \mathcal{M}_{\text{loc},c}(P).$$

Dazu verwenden wir die folgende Beziehung:

$$D \cdot \widetilde{M} + \langle \widetilde{M}, D \rangle = \underbrace{D \cdot M}_{\in \mathcal{M}_{\text{loc},c}} - \underbrace{D \cdot (D^{-1} \cdot \langle M, D \rangle)}_{= \langle M, D \rangle} + \langle M, D \rangle - D^{-1} \cdot \langle \langle M, D \rangle, D \rangle.$$

Der letzte Term ist Null, da $\langle M, D \rangle$ vorhersehbar und von endlicher Variation ist.
Schließlich gilt, dass $\langle \widetilde{M} \rangle^Q = \langle M \rangle^Q = [M]^Q = [M]^P = \langle M \rangle^P$

c) Nach der Itô-Formel gilt

$$\log D_t = \log D_0 + \underbrace{\int_0^t D_s^{-1} \mathrm{d}D_s}_{=L_t} - \frac{1}{2}\int_0^t D_s^{-2}\mathrm{d}\langle D\rangle_s = L_t - \frac{1}{2}\langle L\rangle_t.$$

Daraus folgt aber, dass D das stochastische Exponential von L ist, $D_t = \mathcal{E}(L)_t$ und damit auch $L = \mathfrak{L}(D)$, L ist stochastischer Logarithmus von D.

Zum Nachweis von c): Nach Definition und dem ersten Teil von b) ist

$$\widetilde{M} = M - D^{-1} \cdot \langle M, D\rangle$$
$$= M - \langle M, D^{-1} \cdot D\rangle$$
$$= M - \langle M, L\rangle \in \mathcal{M}_{\mathrm{loc},c}(Q)$$

ein lokales stetiges Q-Martingal. Weiter ist: $\widetilde{L} = L - \langle L\rangle \in \mathcal{M}_{\mathrm{loc},c}(Q)$. Daraus folgt:

$$\mathcal{E}(-\widetilde{L}) = \exp(-L + \langle L\rangle - \frac{1}{2}\langle L\rangle) = \mathcal{E}(L)^{-1}.$$

Damit ergibt sich, dass

$$P = \mathcal{E}(L)^{-1}Q = \mathcal{E}(-\widetilde{L})Q. \qquad \Box$$

Stetige lokale nichtnegative Martingale, insbesondere also stetige Dichtequotienten äquivalenter Maße sind somit dadurch charakterisiert, dass Sie eine Darstellung als stochastisches Exponential eines stetigen lokalen Martingals besitzen.

Bemerkung 4.48 *Insbesondere für den Fall der Brownschen Bewegung $M = B$ gilt für die Girsanov-Transformierte $\widetilde{M}$:*

$$\widetilde{M} \in \mathcal{M}_{\mathrm{loc},c}(Q) \quad und \quad \langle\widetilde{M}\rangle_t^Q = \langle M\rangle_t^P = t.$$

Mit dem Satz von Lévy folgt:
($\widetilde{M}, Q$) ist eine Brownsche Bewegung. Der Dichteprozess D hat die Form

$$D = \mathcal{E}(L) = \exp\left(L - \frac{1}{2}\langle L\rangle\right) \quad mit \quad L \in \mathcal{M}_{\mathrm{loc},c}(P).$$

Nach dem Martingaldarstellungssatz ist L von der Form $L = L_0 + \varphi \cdot B$ mit $\varphi \in L^0(B)$. Die Girsanov-Transformierte

$$\widetilde{B}_t = B_t - \langle B, L\rangle_t = B_t - \int_0^t \varphi_s \, \mathrm{d}s$$

liefert also einen stochastischen Shift und wir erhalten den Satz von Girsanov über die Brownsche Bewegung als Spezialfall des allgemeinen Satzes.

Auch für nicht stetige lokale Martingale gibt es eine Version des Satzes von Girsanov. Wir verwenden im Beweis einige Aussagen aus Jacod und Shiryaev (1987, I, Abschn. 3.5 und 4.49).

Satz 4.49 (Allgemeine Maßtransformation) *Sei* $Q \overset{\text{loc}}{\ll} P$ *mit Dichteprozess D und sei* $M \in \mathcal{M}_{\text{loc}}(P)$ *mit* $M_0 = 0$ *und* $[M, D] \in \mathcal{A}_{\text{loc}}(P)$. *Dann gilt:*

a) $\tilde{M} := M - \frac{1}{D_-} \cdot \langle M, D \rangle = M - \langle M, \mathfrak{L}(D) \rangle \in \mathcal{M}_{\text{loc}}(Q)$, $\mathfrak{L}(D)$ *der stochastische Logarithmus*

b) $\langle M^c \rangle^P = \langle \tilde{M}^c \rangle^Q$; *die vorhersehbaren quadratischen Variationen der stetigen Martingalanteile von* M, $\tilde{M}$ *bezüglich* P *und* Q *sind gleich.*

Beweis

a) $\frac{1}{D_-}$ ist lokal beschränkt nach Proposition 4.43, so dass $\tilde{M}$ wohldefiniert ist.

$A := \frac{1}{D_-} \cdot \langle M, D \rangle \in \mathcal{V} \cap \mathcal{P}$ ist vorhersehbar, da in $\mathcal{A}_{\text{loc}}(P)$ (vgl. Jacod und Shiryaev (1987, I, Abschn. 3.5)). Daraus folgt mit der partiellen Integrationsformel für Semimartingale

$$AD = A \cdot D + D_- \cdot A = A \cdot D + \langle M, D \rangle$$

(vgl. Jacod und Shiryaev (1987, I, Abschn. 4.4)).
Wieder mit partieller Integration ergibt sich

$$\tilde{M}D = MD - AD = \underbrace{M_- \cdot D}_{\in \mathcal{M}_{\text{loc}}(P)} + \underbrace{D_- \cdot M}_{\in \mathcal{M}_{\text{loc}}(P)} + [M, D] - \underbrace{A \cdot D}_{\in \mathcal{M}_{\text{loc}}(P)} - \langle M, D \rangle$$

$$= \underbrace{Y}_{\in \mathcal{M}_{\text{loc}}(P)} + \underbrace{[M, D] - \langle M, D \rangle}_{\in \mathcal{M}_{\text{loc}}(P)} \in \mathcal{M}_{\text{loc}}(P)$$

mit $Y := M_- \cdot D + D_- \cdot M - A \cdot D \in \mathcal{M}_{\text{loc}}(P)$. Diese Martingaleigenschaft von $\tilde{M}D$ bzgl. P impliziert nach Proposition 4.45

$$\tilde{M} \in \mathcal{M}_{\text{loc}}(Q).$$

b) $M = \underbrace{\tilde{M}}_{\in \mathcal{M}_{\text{loc}}(Q)} + \underbrace{A}_{\in \mathcal{V}_P} \in \mathcal{S}^Q$ ist ein spezielles Semimartingal bezüglich Q. Es gilt Gleichheit der quadratischen Variation von M unter P und Q. Denn wegen $P \overset{\text{loc}}{\ll} Q$ impliziert der P_t stochastische Limes denselben Q_t stochastischen Limes (Übergang zu f.s. konvergenten Teilfolgen), d.h. $[M]^Q = [M]^P$.

Für $A \in \mathcal{V}$ ist der stetige Martingalanteil von A gleich Null, $A^c = 0$ da $A^c \in \mathcal{V} \cap \mathcal{M}_{\text{loc},c}$.
Damit folgt: $\tilde{M}^c = M^c$.
Als Resultat erhalten wir daher:

$$\langle \tilde{M}^c \rangle^Q = \langle M^c \rangle^Q = [M]^Q - \sum_{s \leq \cdot} (\Delta M_s)^2$$

$$= [M]^P - \sum_{s \leq \cdot} (\Delta M_s)^2 = \langle \tilde{M}^c \rangle^P. \qquad \square$$

Auf ähnliche Weise ergibt sich eine Verallgemeinerung von Proposition 4.49 zu einer Version des Satzes von Girsanov für Semimartingale.

Proposition 4.50 *Sei* $Q \overset{\text{loc}}{\ll} P$, $X \in \mathcal{S}^P$, $\varphi \in \mathcal{L}_P^0(X)$, *dann folgt:*

$$X \in \mathcal{S}^Q, \quad \varphi \in \mathcal{L}_Q^0(X)$$

und es gilt:

$$[X]^Q = [X]^P, \quad (\varphi \cdot X)^Q = (\varphi \cdot X)^P \quad \text{und} \quad \langle X^c \rangle^Q = \langle X^c \rangle^P.$$

Beweis Zum Beweis verweisen wir auf Jacod und Shiryaev (1987, III, Abschn. 3.13). $\qquad \square$

Bemerkung 4.51 *a) Sei* $\varphi \in \mathcal{L}_{\text{loc}}^0(M)$, *dann folgt* $\varphi \in \mathcal{L}_{\text{loc}}^0(\tilde{M})$.
Für die Girsanov-Transformation von $\varphi \cdot M$ *gilt:*

$$\widetilde{\varphi \cdot M} = \varphi \cdot \tilde{M}.$$

Beweis: Es ist $\langle M \rangle = \langle \tilde{M} \rangle$ *also gilt* $\mathcal{L}_{\text{loc}}^0(M) = \mathcal{L}_{\text{loc}}^0(\tilde{M})$.
φ *ist lokal beschränkt und daher gilt:*
$$\varphi \cdot \tilde{M} = \varphi \cdot M - (\varphi D^{-1}) \cdot \langle M, D \rangle = \varphi \cdot M - D^{-1} \cdot \langle \varphi \cdot M, D \rangle = \widetilde{\varphi \cdot M}. \square$$

b) (P, Q) *heißt* **Girsanov-Paar,** *falls* $P \sim Q$ *auf* $\mathcal{A}_\infty$ *und* D *stetig ist. Dann folgt:*

$$\mathcal{S}(P) = \mathcal{S}(Q)$$

und die Girsanov-Transformation $G_P^Q : \mathcal{S}_c(P) \longrightarrow \mathcal{S}_c(Q)$, $M \mapsto \tilde{M}$ *ist bijektiv.*

4.3.1 Anwendungen des Satzes von Girsanov

Die Girsanov-Transformation ist eine der wichtigen Operationen, die es ermöglichen Analysis auf unendlich-dimensionalen Räumen zu betreiben. Wir behandeln zwei Anwendungen des Satzes von Girsanov.

4.3.1.1 Satz von Cameron-Martin

Sei $(C_d[0, T], \| \cdot \|_\infty, W)$ der Wiener Raum, d.h. W ist das Wiener Maß auf $C_d[0, T]$, die Verteilung einer d-dimensionalen Brownschen Bewegung auf $[0, T]$. Die Standard-Konstruktion der Brownschen Bewegung B auf $\Omega = C_d[0, T]$ ist dann gegeben durch die Auswertungsabbildung β_t:

$$B_t(\omega) = \beta_t(\omega) = \omega(t), \quad w \in C_d[0, T].$$

Für jede stetige Funktion $h \in C_d[0, T], h : [0, T] \longrightarrow \mathbb{R}^d$, sei $\tau_h(\omega)$ der h-Shift (die Translation um h), d.h.

$$(\tau_h\omega)(t) = \beta_t\big(\tau_h(\omega)\big) = \beta_t(\omega) + h(t)$$

Wir betrachten das Bildmaß vom Wiener Maß unter dem h-Shift

$$W_h := W^{\tau_h} = P^{B+h}.$$

W_h ist die Verteilung der um h verschobenen Brownschen Bewegung (Abb. 4.3).

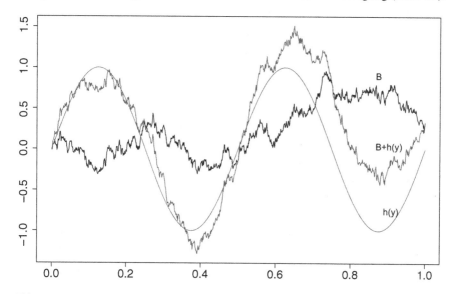

Abb. 4.3 Brownsche Bewegung, normal und verschoben, B = Brownsche Bewegung; $h(y) = \cos(4\pi y)$, $B + h$ = Addition von B und h

Eine grundlegende Frage ist: Für welche Funktionen $h \in C_d[0, T]$ gilt, $W_h \approx W$, d. h. das translatierte Maß W_h ist äquivalent zu W und man bestimme in diesem Fall die Dichte $\frac{dW_h}{dW}$.

Dieses ist ein Grundproblem für die statistische Analyse von stochastischen Prozessen bzw. von Maßen auf dem unendlich-dimensionalen Raum der stetigen Funktionen. Für zwei Gaußsche Maße auf $C_d[0, T]$ gilt ein 0-1-Gesetz. Entweder sind die Maße orthogonal, d. h. man kann sie statistisch perfekt unterscheiden oder sie sind äquivalent. Ist B^σ eine Brownsche Bewegung mit Varianz $\mathrm{Var}(B_t^\sigma) = \sigma^2 t$, dann sind B^{σ_1} und B^{σ_2} für $\sigma_1 \neq \sigma_2$ orthogonal. Denn die quadratische Variation von B^σ ist $[B^\sigma]_t = \sigma^2 t$. Damit sind aber B^{σ_1} und B^{σ_2} auf disjunkte Pfadmengen konzentriert.

Der Satz von Cameron-Martin beantwortet die Frage, für welche stetigen Funktionen $h \in C_d[0, T]$ $W_h \approx W$ bzw. $W_h \perp W$ gilt und gibt eine Formel für die Dichte dW_h / dW an. Offensichtlich ist für die Äquivalenz von W_h und W notwendig, dass $h_i(0) = 0$ für $h = (h_1, \ldots, h_d)$.

Definition 4.52 *Sei*

$$H := \left\{ h \in C_d[0, T]; h = (h_1, \ldots h_d), h_i \text{ absolut stetig}, h_i(0) = 0 \text{ und} \right.$$

$$\left. \int_0^T |h_i'(s)|^2 \, ds < \infty \right\}.$$

*Der Teilraum $H \subset C_d[0, T]$ heißt **Cameron-Martin-Raum**.*

Bemerkung 4.53 *Der Cameron-Martin-Raum H ist ein Hilbertraum mit Skalarprodukt $\langle h, g \rangle := \sum_i \int_0^T h_i'(s) g_i'(s) \, ds$ und $\|h\|_H := \langle h, h \rangle^{1/2}$.*

$H \subset C_{d,0}[0, T] = \{ h \in C_d[0, T]; h(0) = 0 \}$ und H ist dicht bzgl. der Supremumsnorm $\| \cdot \|_\infty$. Für $h \in H$ erfüllt $h' \circ \beta = \int_0^\cdot h' \cdot d\beta = \sum_{i=1}^d \int_0^\cdot h_i' d\beta^i$ die Novikov-Bedingung. Daher ist das stochastische Exponential $\mathcal{E}(h' \circ \beta)$ ein Martingal.

Der folgende Satz wurde 1949 von Cameron-Martin mit funktionalanalytischen Methoden bewiesen. Der hier angeführte Beweis basiert auf einer ideenreichen Kombination des Satzes von Girsanov mit dem Martingaldarstellungssatz.

Satz 4.54 (Satz von Cameron-Martin) *Die Shifts W_h des Wiener Maßes sind entweder äquivalent oder orthogonal zu W und es gilt:*

a) $W_h \approx W \iff h \in H$

b) Für $h \in H$ gilt die Cameron-Martin-Formel

$$\frac{dW_h}{dW} = \mathcal{E}\big((h' \circ \beta)_T\big).$$

Beweis a) „$\Longrightarrow$": Sei $W_h \approx W$, dann folgt nach dem Satz von Girsanov (in multivariater Fassung):
Es gibt ein stetiges Martingal L bzgl. dem Wiener Maß W, so dass

$$\frac{\mathrm{d}W_h}{\mathrm{d}W} = \mathcal{E}(L)_T \quad \text{und} \quad \widetilde{B} := \beta - \langle \beta, L \rangle,$$

(d. h. $\widetilde{B}^i := \beta^i - \langle \beta^i, L \rangle$) eine Brownsche Bewegung bzgl. W_h ist.
Nach Definition von W_h gilt bezüglich W_h aber auch die Darstellung

$$\beta = B + h,$$

mit einer Brownsche Bewegung B bzgl. W_h.

Also gilt bzgl. W_h:

$$h = \beta - B$$
$$= (\widetilde{B} - B) + \langle \beta, L \rangle_t \in S_c(W_h),$$

h ist ein deterministisches stetiges Semimartingal bzgl. W_h.
Hieraus folgt, dass h endliche Variation besitzt, $V^h(T) < \infty$.
Damit erhalten wir zwei Zerlegungen von β bzgl. W_h,

$$\beta = B + h = \widetilde{B} + \langle \beta, L \rangle,$$

mit Brownschen Bewegungen B, $\widetilde{B}$. Da h, $\langle \beta, L \rangle$ vorhersehbar sind folgt, dass β ein spezielles Semimartingal ist. Wegen der Eindeutigkeitseigenschaft der Zerlegung spezieller Semimartingale folgt damit

$$h = \langle \beta, L \rangle \quad \text{f.s.}$$

L ist ein Martingal in der von β erzeugten Filtration. Nach dem Martingaldarstellungssatz existiert ein vorhersehbarer Prozess $\Phi \in \mathcal{L}^0(B)$, $\int_0^T |\Phi_s^i|^2 \, \mathrm{d}s < \infty$, $1 \leq i \leq d$ so dass bzgl. dem Wiener Maß W

$$L = L_0 + \Phi \cdot \beta.$$

Daraus folgt: $h_i(t) = \langle \beta^i, L \rangle_t$
$$= (\Phi^i \cdot \langle \beta^i, \beta^i \rangle)_t$$
$$= \int_0^t \Phi_s^i \, \mathrm{d}s, \quad \text{für alle } t \in [0, T].$$

Nach dem Differentiationssatz von Lebesgue ist daher h_i absolut stetig und es gilt

$$\Phi_s^i = h_i'(s) \quad \text{fast sicher.}$$

Also ist (unabhängig von $\omega \in \Omega$) $h \in H$ da $\Phi \in \mathcal{L}^0(B)$ und es gilt

$$
\begin{aligned}
\frac{\mathrm{d}W_h}{\mathrm{d}W} &= \mathcal{E}(L)_T \\
&= \mathcal{E}(\Phi \cdot \beta)_T \\
&= \mathcal{E}(h' \cdot \beta)_T.
\end{aligned}
$$

Die Radon-Nikodým-Dichte von W_h ist also gegeben durch das stochastische Exponential von $h' \cdot \beta$.

„$\Longleftarrow$": Für $h \in H$ sei Q das Wahrscheinlichkeitsmaß $\quad Q := \mathcal{E}((h' \cdot \beta))_T \cdot W$

Nach dem Satz 4.40 von Girsanov gilt: $Q \sim W$ und bzgl. Q gilt:

$$
\begin{aligned}
\beta = (\beta^i) &= \left(B^i + \int_0^{\cdot} h'_i(s)\,\mathrm{d}s \right) \\
&= (B^i + h_i) = B + h, \quad \text{denn } h_i(0) = 0
\end{aligned}
$$

mit einer Brownschen Bewegung (B, Q). β ist also eine Brownsche Bewegung mit Shift und daher gilt: $Q = W_h$.

Sei $h \in C_d[0, T]$, dann ist β bezüglich W_h ein Gaußscher Prozess. Es gilt das 0–1-Gesetz für Gaußsche Maße:

$$W, W_h \text{ sind äquivalent } W_h \sim W \quad \text{oder} \quad W, W_h \text{ sind orthogonal } W_h \perp W.$$

Entweder kann man W_h und W aufgrund einer Beobachtung unterscheiden. Das ist genau dann der Fall wenn $W \perp W_h \Longleftrightarrow h \notin H$.

Oder W, W_h sind äquivalent und es gilt $W \sim W_h \Longleftrightarrow h \in H$. $\qquad\square$

Bezeichne $\operatorname{supp}\mu$ den Träger eines Maßes μ, d.h. die kleinste abgeschlossene Menge A, so dass $\mu(A^c) = 0$. Als Konsequenz obiger Überlegung ergibt sich auch ein einfaches Argument für die Bestimmung des Trägers des Wiener Maßes W.

Korollar 4.55

$$\operatorname{supp}W = C_{d,0}\big([0, T]\big) = \{f \in C_d([0, T]); \, f(0) = 0\}.$$

Beweis Es gibt ein Element $x \in \operatorname{supp}W \neq \emptyset$. Dann folgt: $x + H \subset \operatorname{supp}W$, denn $W_h \approx W$ für $h \in H$. H ist eine dichte Teilmenge von $C_{d,0}[0, T]$. Damit folgt die Behauptung. $\qquad\square$

4.3.2 Clark-Formel

Eine weitere Anwendung des Satzes von Girsanov ist die Herleitung einer Formel für den Integranden des Martingaldarstellungsatzes für den Fall der Brownschen Bewegung: die Clark-Formel.

Sei $(\mathcal{A}_t) = (\mathcal{A}_t^\beta)$ die Brownsche Filtration in $C_d[0, T]$ und sei β die Standardkonstruktion der Brownschen Bewegung. Sei X ein L^2-Funktional der Brownschen Bewegung

$$X := F(\beta) \in \mathcal{L}^2(\mathcal{A}_T).$$

Nach dem Martingaldarstellungssatz hat X eine Darstellung der Form

$$X = EX + \int_0^T \Phi_s \cdot d\beta_s.$$

Wie kann man Φ bestimmen als Funktional von F. Für den Spezialfall harmonischer Funktionen F hatten wir eine Lösung dieses Problems mit Hilfe der Itô-Formel erhalten. Wir treffen die folgende Annahme.

Annahme F ist Lipschitz, d. h.

1. $\exists K: \quad |F(\beta + \Psi) - F(\beta)| \leq K\|\Psi\|$.
2. Es gibt einen Kern F' von $C_d[0, T]$ nach $[0, T]$, so dass $\forall \, \Psi \in H$

$$\lim_{\varepsilon \to 0} \frac{1}{\varepsilon}\bigl(F(\beta + \varepsilon\Psi) - F(\beta)\bigr) = \int_0^T \Psi(t)F'(\beta, dt) \quad \text{f.s.}$$

Die Richtungsableitung von F wird durch ein Maß $F'(\beta, dt)$ gegeben.

Bemerkung 4.56 *a) Ist F Fréchet-differenzierbar mit beschränkter Ableitung, dann gelten Bedingungen 1) und 2). Die stetigen Linearformen auf $C_d[0, T]$ sind die beschränkten Maße auf $[0, T]$.*

*b) Im folgenden Satz benötigen wir die **vorhersehbare Projektion (predictable projection)**.*

Sei $X \in L(\mathcal{A} \otimes \mathcal{B}_+)$ ein messbarer Prozess, dann existiert genau ein vorhersehbarer Prozess $^PX \in L(\mathcal{P})$, so dass für alle vorhersehbaren Stoppzeiten τ

$$^PX_\tau = E\bigl(X_\tau \mid \mathcal{A}_{\tau-}\bigr) \text{ auf } \{\tau < \infty\}.$$

^PX heißt **vorhersehbare Projektion** von X, $^PX := \widehat{\pi}_{\mathcal{P}}(X)$.

^PX ist charakterisiert durch die Gleichungen

$$E\int_0^T X_s dA_s = E\int_0^T \, ^PX_s dA_s \quad \forall A_s \uparrow \in \mathcal{L}(\mathcal{P}). \tag{4.20}$$

In vielen Fällen ist die vorhersehbare Projektion $^P X$ von X gegeben durch den linksseitigen Limes $^P X_t = X_{t-}$ oder auch durch $E_P(X_t \mid \mathcal{A}_{t-})$.

Der folgende Satz bestimmt den Integranden Φ der Martingaldarstellung von $F(\beta)$ als vorhersehbare Projektion des Ableitungsmaßes $F'(\beta, (t, T])$.

Satz 4.57 (Clark-Formel) *Sei $X = F(\beta) \in L^2(\mathcal{A}_T, W)$ und es gelten die Annahmen* 1), 2). *Dann gilt für den Integranden Φ in der Martingaldarstellung $F(\beta) = EX + \int_0^T \Phi_s \, dB_s$ von X:*

$$\Phi = \widehat{\pi}_{\mathcal{P}}\big(F'(\beta, (t, T])\big).$$

Φ ist die vorhersehbare Projektion von $F'(\beta, (t, F])$ in $L^2(\mathcal{P}, \mu)$.

Beweis Sei $u \in B(\mathcal{P})$ beschränkt, $\mathcal{P}$-messbar und sei

$$\psi_t := \int_0^t u_s \, ds, \qquad \widetilde{\psi}_t := \int_0^t u_s \, d\beta_s \quad \text{und} \quad Q := \mathcal{E}(\varepsilon \widetilde{\psi})_T W.$$

Nach dem Satz von Girsanov folgt:

$$\beta - \varepsilon \psi \text{ ist eine Brownsche Bewegung bzgl. } Q.$$

Damit lässt sich der Erwartungswert von $F(\beta)$ auch über einen Maßwechsel berechnen:

$$\begin{aligned} E_W F(\beta) &= E_Q F(\beta - \varepsilon \psi) \\ &= E_W F(\beta - \varepsilon \psi) \mathcal{E}(\varepsilon \widetilde{\psi})_T. \end{aligned}$$

Äquivalent hierzu ist die folgende Gleichung

$$\begin{aligned} E_W\big[(F(\beta - \varepsilon \psi) &- F(\beta))(\mathcal{E}(\varepsilon \widetilde{\psi})_T - 1) + E_W(F(\beta - \varepsilon \psi) - F(\beta)) \\ &+ E_W F(\beta)(\mathcal{E}(\varepsilon \widetilde{\psi})_T - 1)\big] = 0. \end{aligned}$$

In dieser Form lassen sich nun die Differenzierbarkeitsannahmen an F einbringen. Multiplikation mit $\frac{1}{\varepsilon}$ führt zu:

$$\frac{1}{\varepsilon}(\dots) = 0 = I_1(\varepsilon) + I_2(\varepsilon) + I_3(\varepsilon), \quad \forall \varepsilon > 0, \tag{4.21}$$

wobei die $I_j(\varepsilon)$ die drei sich ergebenden Terme bezeichnen.

Für $\varepsilon \to 0$ konvergiert $I_1(\varepsilon) \to 0$, denn F erfüllt die Lipschitzbedingung. $\frac{1}{\varepsilon}|F(\beta - \varepsilon \psi) - F(\beta)| \le \|\psi\|$ und $\mathcal{E}(\varepsilon \widetilde{\psi})_T \to 1$.

Zu: $I_2(\varepsilon) + I_3(\varepsilon) \to 0$:

Mit der Differentialgleichung für das stochastische Exponential gilt

$$\varepsilon^{-1}\big(\mathcal{E}(\varepsilon\widetilde{\psi})_T - 1\big) = \int_0^T \mathcal{E}(\varepsilon\widetilde{\psi})_s u_s \mathrm{d}\beta_s.$$

Der Integrand ist majorisiert und konvergiert punktweise gegen u. Nach dem Satz über majorisierte Konvergenz für stochastische Integrale folgt

$$\varepsilon^{-1}(\mathcal{E}(\varepsilon\widetilde{\psi})_T - 1) \longrightarrow \int_0^T u_s \mathrm{d}\beta_s \quad \text{in } \mathcal{L}^2(P, \mathcal{A}_T).$$

Es gilt also: $I_2(\varepsilon) + I_3(\varepsilon) \longrightarrow 0$ und daher nach (4.21) und Annahme 2:

$$E_W F(\beta) \int_0^T u_s \mathrm{d}\beta_s = -\lim_{\varepsilon\downarrow 0} I_2(\varepsilon) = E_W F(\beta) \int_0^T \psi_t F'(\beta, \mathrm{d}t). \qquad (4.22)$$

Mit den Eigenschaften des stochastischen Integrals folgt aus (4.22)

$$\begin{aligned}
E_W \int_0^T \Phi_s u_s \, \mathrm{d}s &= E_W \int_0^T \Phi_s \mathrm{d}\beta_s \int_0^T u_s \mathrm{d}\beta_s \\
&= E_W F(\beta) \int_0^T u_s \mathrm{d}\beta_s \\
&= E_W \int_0^T \psi_t F'(\beta, \mathrm{d}t) \qquad \text{mit } \psi_t = \int_0^t u_s \, \mathrm{d}s \\
&= E_W \int_0^T u_t F'(\beta, (t, T]) \, \mathrm{d}t \qquad \text{nach partieller Integration} \\
&= E_W \int_0^T u_t \widehat{\pi}_{\mathcal{P}}\big(F'(\beta, (t, T])\big) \, \mathrm{d}t, \qquad \text{da } u \in \mathcal{L}(\mathcal{P}).
\end{aligned}$$

Die letzte Gleichheit folgt aus den Projektionsgleichungen für die vorhersehbare Projektion in (4.20). Diese Gleichung impliziert jedoch, dass die vorhersehbare Projektion $\widehat{\pi}_{\mathcal{P}}(F'(\beta, (t, T)))$ von $F'(\beta, (t, T])$ gleich dem Integranden Φ ist,

$$\Phi = \widehat{\pi}_{\mathcal{P}}\big(F'(\beta, (t, T])\big) \text{ in } \mathcal{L}^2(\mathcal{P}, \mu). \qquad \square$$

4.4   Stochastische Differentialgleichungen

Stochastische Differentialgleichungen sind ein wichtiges Mittel für die Modellierung stochastischer zeitabhängiger Prozesse. Das lokale Verhalten der Prozesse lässt sich oft gut beschreiben und führt dann auf stochastische Differentialgleichungen als geeignete Modelle. Eine wichtige Beispielklasse sind Diffusionsprozesse, die durch lokale Drift- und Diffusionskoeffizienten gesteuert werden. Zwei Beispiele für stochastische Differentialgleichungen sind bisher schon aufgetreten.

Bemerkung 4.58 *1) Für ein stetiges lokales Martingal $M \in \mathcal{M}_{\mathrm{loc},c}$ ist das **stochastische Exponential***

$$\mathcal{E}(M)_t = \exp\bigl(M_t - \langle M \rangle_t\bigr)$$

die eindeutige Lösung der stochastischen Integralgleichung

$$X_t = 1 + \int_0^t X_s \, \mathrm{d}M_s.$$

Zu dieser Integralgleichung äquivalent ist die stochastische Differentialgleichung

$$\begin{cases} \mathrm{d}X_t = X_t \, \mathrm{d}M_t, \\ X_0 = 1. \end{cases}$$

2) Die geometrische Brownsche Bewegung wird beschrieben durch die stochastische Differentialgleichung

$$\mathrm{d}X_t = \mu X_t \, \mathrm{d}t + \sigma X_t \, \mathrm{d}B_t, \qquad X_0 = x_0.$$

*Wir haben hier einen lokalen Drift und einen lokalen Variationsterm. Der Driftterm ist proportional zu X_t und hat den Wert μX_t. Der Variationsterm σX_t ist ebenfalls proportional zu X_t. Die Lösung dieser stochastischen Differentialgleichung ist die **geometrische Brownsche Bewegung***

$$X_t = x_0 \exp\left(\left(\mu - \frac{1}{2}\sigma^2\right)t + \sigma B_t\right).$$

Die geometrische Brownsche Bewegung ist ein Standardmodell in der Finanzmathematik. Man kann hier einige Eigenschaften von X direkt an der expliziten Lösung ablesen, z. B. die Entwicklung des Erwartungswertes:

$$E X_t = x_0 e^{\mu t}.$$

Dieses folgt daraus, dass das stochastische Exponential $\mathcal{E}(\sigma B)$ ein Martingal ist,

$$\exp\left(\sigma B_t - \frac{1}{2}\sigma^2 t\right) \in \mathcal{M}.$$

Für $t \to \infty$ gilt $B_t/t \to 0$. Daher folgt: $X_t \longrightarrow 0$, wenn $\frac{\sigma^2}{2} > \mu > 0$.
Ist $\mu > \sigma^2/2$, dann gilt $X_t \sim e^{\left(\mu - \frac{\sigma^2}{2}\right)t}$.

Wir wollen nun allgemeiner den folgenden Typ von stochastischen Differentialgleichungen untersuchen: Gegeben sei eine Brownsche Bewegung B auf $(\Omega, \mathcal{A}, P)$ mit natürlicher Filtration $\mathcal{A} = \mathcal{A}^B$ und es sei X Lösung der stochastischen Differentialgleichung

$$\begin{cases} dX_t = b(t, X_t)\, dt + \sigma(t, X_t) dB_t \\ X_0 = Z, \end{cases} \tag{4.23}$$

d. h. $X_t = Z + \int_0^t b(s, X_s)\, ds + \int_0^t \sigma(s, X_s) dB_s$. b ist ein lokaler Driftterm und σ ist ein lokaler Diffusionsterm. Man kann die obige stochastische Differentialgleichung auch auf einem Intervall $[s, t]$ betrachten. Der Anfangswert Z sollte in diesem Fall in $\mathcal{L}(\mathcal{A}_s)$ liegen. Lösungen X von (4.23) heißen **verallgemeinerte Diffusionsprozesse,** da sie durch die Diffusion einer Brownschen Bewegung erzeugt werden. Genauer spricht man hier von **starken Lösungen.** Man kann einen zusätzlichen Freiheitsgrad einführen, nämlich die Konstruktion einer geeigneten Brownschen Bewegung und erhält dann eine erweiterte Klasse von Lösungen – die **schwachen Lösungen.**

Die stochastischen Differentialgleichungen in (4.23) beschreiben den Markovschen Fall von Diffusionsgleichungen, bei denen $b = b(t, X_t)$, $\sigma = \sigma(t, X_t)$ nur vom aktuellen Zustand X_t des Prozesses abhängt. **Nicht-Markovsche Diffusionsgleichungen** sind eine Verallgemeinerung von (4.23) mit allgemeinen vorhersehbaren Drift- und Diffusionskoeffizienten b_t, σ_t.

Bemerkung 4.59 *Die Differentialgleichung (4.23) kann man verstehen als Verallgemeinerung der deterministischen Differentialgleichungen, bei der der stochastischer Diffusionsterm fehlt, oder äquivalent bei der $\sigma = 0$ ist,*

$$X_t = X_0 + \int_0^t b(s, X_s)\, ds.$$

Bei solchen deterministischen Differentialgleichungen ist das Lösungsverhalten gut untersucht. Unter einer lokalen Lipschitzbedingung bzgl. x für den Koeffizienten $b = b(x, t)$ in x, Beschränktheit von b auf Kompakta in $[0, \infty) \times \mathbb{R}^d$, d. h. in Ort und Zeit kann man das Iterationsverfahren von Picard Lindelöf anwenden und erhält: Die Iteration

$$X_t^{(0)} = x,$$
$$X_t^{(n+1)} = x + \int_0^t b(s, X_s^{(n)})\, ds, \quad n \geq 0,$$

konvergiert für hinreichend kleine Zeiten t gegen eine Lösung in $[0, t]$. *Die Lösung ist eindeutig.*
   Man kann jedoch keine globale Lösung erwarten. Betrachtet man z. B. die Differentialgleichung

$$X_t = 1 + \int_0^t X_s^2 \, ds,$$

so gilt für den Koeffizienten $b(s, x) = x^2$ *die lokale Lipschitz-Bedingung. Die eindeutige lokale Lösung der Differentialgleichung mit* $x = 1$ *ist*

$$X_t = \frac{1}{1 - t}.$$

Diese Lösung explodiert für $t \uparrow 1$. *Es gibt keine globale Lösung.*

Eine grundlegende Frage für stochastische Differentialgleichungen ist wie im Fall deterministischer Gleichungen die Frage nach Existenz und Eindeutigkeit von Lösungen. Es gibt Beispiele von Koeffizienten, bei denen eine deterministische Lösung nicht, oder nur auf kompakten Intervallen existiert, bei denen es aber mit dem Diffusionsterm eine globale Lösung gibt. Die erste allgemeine Existenz und Eindeutigkeitsaussage ist ein Analogon zum Satz von Picard Lindelöf für deterministische Differentialgleichungen.

Satz 4.60 *Seien* b, σ *zwei messbare Koeffizientenfunktionen die lokal Lipschitz in* x *sind, d. h.* $\forall T > 0, \exists K = K_T < \infty$ *mit*

$$|b(t, x) - b(t, y)| + |\sigma(t, x) - \sigma(t, y)| \leq K |x - y|, \quad 0 \leq t \leq T.$$

Weiter haben die Koeffizienten b, σ *ein höchstens lineares Wachstum in* x, *d. h.* $|b(t, x)| + |\sigma(t, x)| \leq K(1 + |x|), \quad 0 \leq t \leq T, \quad \forall x$ *und der Anfangswert habe ein endliches zweites Moment,* $E Z^2 < \infty$, *dann gilt:*

Es existiert eine eindeutige Lösung der stochastischen Differentialgleichung (4.23) in $[0, T]$ *d. h. sind* X *und* Y *Lösungen, dann gilt:* $X_t = Y_t \ \forall t \in [0, T] [P]$.
   Die Lösung hat beschränkte zweite Momente: $E \sup_{s \leq T} |X_s|^2 < \infty$.

Beweis Der Beweis beruht ähnlich wie im deterministischen Fall auf einem Iterations- und Fixpunktargument. Sei $\mathcal{E}$ die Klasse aller (A_t)-adaptierten, stetigen Prozesse $X = (X_t)_{0 \leq t \leq T}$, so dass $\|X\|^2 := E \sup_{0 \leq t \leq T} |X_t|^2 < \infty$. Dieser Grundraum $(\mathcal{E}, \|\cdot\|)$ ist ein Banachraum, also ein vollständiger, separabler, normierter

Vektorraum. Nun folgt ein Fixpunktargument: Zu einem Prozess $X \in \mathcal{E}$ definieren wir einen neuen Prozess

$$\Phi(X)_t := Z + \int_0^t b(s, X_s)\,\mathrm{d}s + \int_0^t \sigma(s, X_s)\mathrm{d}B_s.$$

Die obigen Annahmen sichern die Wohldefiniertheit dieser Integrale; Φ ist eine wohldefinierte Abbildung $\Phi : \mathcal{E} \to \mathcal{E}$. Gesucht ist ein Fixpunkt von Φ. Zur Anwendung des Banachschen Fixpunktsatzes ist zu zeigen, dass Φ eine Kontraktion bezüglich der eingeführten Norm ist. Mit der Ungleichung $(a + b)^2 \leq 2(a^2 + b^2)$ gilt:

$$|\Phi(X)_t - \Phi(Y)_t|^2 \leq 2 \left[\sup_{s \leq T} \left(\int_0^t b(s, X_s) - b(s, Y_s) \right) \mathrm{d}s \right]^2$$
$$+ \sup_{s \leq T} \left(\int_0^t (\sigma(s, X_s) - \sigma(s, Y_s)\mathrm{d}B_s) \right)^2.$$

Nach der Doob-Ungleichung folgt mit Hilfe der Lipschitzbedingung

$$E \sup_{t \leq T} \left| \int_0^t \left(\sigma(s, X_s) - \sigma(s, Y_s) \right) \mathrm{d}B_s \right|^2 \leq 4E \left(\int_0^T (\sigma(s, X_s) - \sigma(s, Y_s))\mathrm{d}B_s \right)^2$$
$$= 4E \int_0^T (\sigma(s, X_s) - \sigma(s, Y_s))^2\,\mathrm{d}s$$
$$\leq 4K^2 E \sup_{s \leq T} |X_s - Y_s|^2 T.$$

Als Konsequenz ergibt sich:

$$\|\Phi(X) - \Phi(Y)\| \leq (4K^2 T^2 + 4K^2 T)^{1/2} \|X - Y\|.$$

Des Weiteren erhält man mit der Ungleichung $(a + b + c)^2 \leq 3a^2 + 3b^2 + 3c^2$ für den Anfangswert $\Phi(0)$ die Abschätzung

$$|\Phi(0)_t|^2 \leq 3 \left(Z^2 + \sup_{t \leq T} \left| \int_0^t b(s, 0)\,\mathrm{d}s \right|^2 + \sup_{t \leq T} \left| \int_0^t \sigma(s, 0)\,\mathrm{d}s \right|^2 \right)$$

und es folgt mit der Dreiecksungleichung wie oben

$$E \sup_{t \leq T} |\Phi(0)_t|^2 \leq 3 \left(EZ^2 + K^2 T^2 + 4K^2 T \right) < \infty.$$

Als Resultat erhalten wir: $\Phi : \mathcal{E} \to \mathcal{E}$ ist eine Lipschitz-Abbildung mit der Lipschitzkonstanten

$$k(T) := \left(2(K^2 T^2 + 4K^2 T) \right)^{1/2}.$$

Wählt man T hinreichend klein ($T \leq T_0$), dann ist $k(T) < 1$, d. h. die Abbildung ist eine Kontraktion auf $\mathcal{E}$. Mit dem Banachschen Fixpunktsatz folgt:

Φ hat genau einen Fixpunkt $X \in \mathcal{E}$ für $T \leq T_0$, d.h die Differentialgleichung (4.23) eingeschränkt auf $[0, T_0]$ hat eine Lösung in $\mathcal{E}$, und in $\mathcal{E}$ ist die Lösung eindeutig.

Es ist noch zu zeigen: Jede Lösung von (4.23) liegt in $\mathcal{E}$.

Sei X eine Lösung von (4.23), sei

$$\tau_n := \inf\{s \geq 0; |X_s| \geq n\} \text{ und sei } f^{(n)}(t) := E \sup_{s \leq t \wedge \tau_n} |X_s|^2.$$

Dann gilt wie oben mit der Lipschitz- und *linear growth*-Bedingung

$$E \sup_{s \leq t \wedge \tau_n} |X_s|^2 \leq 3\left(EZ^2 + E \int_0^{t \wedge \tau_n} K^2(1 + |X_s|^2)\, ds + 4E \int_0^{t \wedge \tau_n} K^2(1 + |X_s|)^2\, ds \right)$$

$$\leq 3\left(EZ^2 + 10K^2 \int_0^t \left(1 + E \sup_{u \leq s \wedge \tau_n} |X_u|^2 \right) ds \right)$$

$$\leq 3(EZ^2 + 10K^2T) + 30K^2 \int_0^t f^{(n)}(s)\, ds.$$

Also gilt mit geeigneten Konstanten a, b:

$$f^{(n)}(t) \leq a + b \int_0^t f^{(n)}(s)\, ds, \qquad 0 \leq t \leq T.$$

Stetige Funktionen f, die solch einer rekursiven Ungleichung genügen, können höchstens exponentiell anwachsen. Das ist Inhalt des folgenden Lemmas von Gronwall aus der Theorie der Differentialgleichungen.

Lemma 4.61 (Gronwall's Lemma) *Sei f stetig auf $[0, T]$ und für $t \leq T$ sei*

$$f(t) \leq a + b \int_0^t f(s)\, ds. \tag{4.24}$$

Dann folgt

$$f(T) \leq a\left(1 + e^{bT}\right).$$

Beweis Sei $u(t) := e^{-bt} \int_0^t f(s)\, ds$. Dann ist $u(0) = 0$ und nach Voraussetzung gilt:

$$u'(t) = e^{-bt}\left(f(t) - b \int_0^t f(s)\, ds \right) \leq ae^{-bt}.$$

Daraus folgt:

$$u(T) \leq a \int_0^T e^{-bt}\, dt = \frac{a}{b}\left(-e^{-bT} + 1\right) \leq \frac{a}{b}.$$

Damit erhalten wir als Ergebnis die gewünschte Schranke

$$f(T) \leq a + b \int_0^T f(s)\, ds \leq a + bu(T)e^{bT} \leq a\big(1 + e^{bT}\big). \qquad \square$$

Damit folgt im Beweis von Satz 4.60: $f^{(n)}(T) < K < \infty$, $K = K_T$ unabhängig von n. Mit dem Lemma von Fatou folgt:

$$E \sup_{s \leq T} |X_s|^2 = E \varliminf_{n} \sup_{s \leq T \wedge \tau_n} |X_s|^2 \leq K < \infty.$$

Also erfüllt X die Integrierbarkeitsbedingung und es folgt: $X \in \mathcal{E}$. Damit folgt die Existenz und Eindeutigkeit von Lösungen für $t \leq T_0$.

Für beliebige Zeitpunkte T betrachten wir die Intervalle $[0, \frac{T}{n}], [\frac{T}{n}, \frac{2T}{n}], \ldots,$ $[\frac{n-1}{n}T, T]$. Für $n \geq n_0$ genügend groß, so dass $\frac{T}{n} \leq T_0$ folgt die Existenz der Lösung mit Anfangswert $X_0^{(1)} = Z$ im ersten Intervall $[0, \frac{T}{n}]$. Die im Beweis angegebene Schranke ist unabhängig vom Anfangswert. Im zweiten Intervall betrachten wir als neuen Anfangswert $X_0^{(2)} = X_{\frac{T}{n}}$, von der Lösung auf dem ersten Intervall. Dieses Verfahren kann man iterieren und damit alle Intervalle durchlaufen. Als Anfangswert verwenden wir jeweils den Wert auf dem rechten Rand. Die Lösung lässt sich konsistent zusammensetzen, da die Schranke nur von $E Z^2$ abhängt. Für $E Z^2$ hatten wir eine universelle obere Schranke gefunden. Deshalb verkleinern sich die Lösungsintervalle nicht. Als Ergebnis erhalten wir also eine eindeutige Lösung auf $[0, T]$. $\square$

Es folgen zwei Beispiele zur Bestimmung von Lösungen von stochastischen Differentialgleichungen.

Beispiel 4.62 (Brownsche Brücke) *Ein stetiger Gaußscher Prozess mit normalverteilten, endlichdimensionalen Randverteilungen $B^0 = (B_t^0)_{0 \leq t \leq 1}$, auf dem Zeitintervall $[0, 1]$ heißt Brownsche Brücke, wenn*

$$E B_t^0 = 0, \quad 0 \leq t \leq 1 \quad und \quad \text{Cov}(B_s^0, B_t^0) = s(1 - t), \quad 0 \leq s \leq t \leq 1.$$

Im Vergleich zur Brownschen Brücke hat die Brownsche Bewegung die Kovarianzfunktion $\min(s, t)$. Insbesondere ist (Abb. 4.4)

$$\text{Var}\, B_s^0 = s(1 - s)$$

und $B_0^0 = B_1^0 = 0$, d. h. die Brownsche Brücke beginnt und endet bei null. Die besondere Bedeutung der Brownschen Brücke B^0 ergibt sich daraus, dass der empirische Prozess V_n die Brownsche Brücke als Grenzprozess hat,

$$V_n(s) = \sqrt{n}\big(F_n(s) - s\big), \quad s \in [0, 1]$$

$$V_n \xrightarrow{\mathcal{D}} B^0.$$

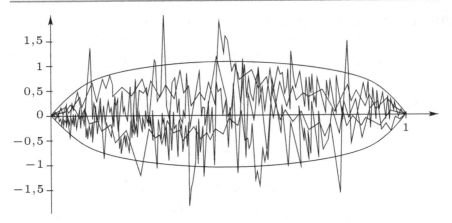

Abb. 4.4 Brownsche Brücke

Deshalb gilt wie bei dem Donskerschen Invarianzprinzip: Alle stetigen Funktionale von V_n konvergieren gegen das entsprechende Funktional der Brownschen Brücke. In der Statistik sind viele empirische Größen von Interesse durch Funktionale des empirischen Prozesses gegeben oder approximierbar. Man erhält also die Möglichkeit, die Verteilung von statistischen Funktionalen durch die Verteilung von Funktionalen der Brownschen Brücke angenähert zu beschreiben.

Eine Möglichkeit, eine Brownsche Brücke zu konstruieren ist die folgende: Man nimmt die Brownsche Bewegung und bedingt darunter, dass diese an der Stelle eins (d. h. am Ende) den Wert null hat:

$$B^0 \overset{d}{=} B \mid B_1 = 0.$$

Man betrachtet also die Pfade der Brownschen Bewegung, die zur Zeit 1 in der ‚Gegend von null' landen. Eine zweite Möglichkeit zur Konstruktion der Brownschen Brücke ist die folgende: Definiere

$$B_t^0 := B_t - t B_1.$$

B^0 ist eine Brownsche Brücke, denn für diesen Prozess ist $E B_t^0 = 0$ und

$$E B_s^0 B_t^0 = E(B_s - s B_1)(B_t - t B_1)$$
$$= (s \wedge t) - ts - st + st = s(1 - t), \quad \text{für } s \leq t.$$

B^0 ist ein Gaußscher Prozess mit der Kovarianz der Brownsche Brücke. Damit ist B^0 eine Brownsche Brücke.

Die oben konstruierte Brownsche Brücke B^0 ist kein Prozess, der an die Filtration der Brownschen Bewegung angepasst ist. Für die Definition verwendet man nämlich den Wert der Brownschen Bewegung an der Stelle $t = 1$. Die Frage ist: Kann man auch aus der Brownschen Bewegung selbst eine Brownsche Brücke auf der Brownschen Filtration erzeugen?

Die Idee ist, die Brownsche Brücke mit Hilfe einer Differentialgleichung zu konstruieren, bei der ein Drift in Richtung null eingeführt wird. Sei der Drift $b(t, X_t)$ zur Zeit t gegeben durch

$$b(t, x) := -\frac{x}{1-t}.$$

Dieser Drift treibt den Prozess in der Restlaufzeit $1-t$ in Richtung null. Die zugehörige stochastische Differentialgleichung ist gegeben durch

$$dX_t = -\frac{X_t}{1-t}\,dt + dB_t. \tag{4.25}$$

Zur Lösung dieser Differentialgleichung verwenden wir die aus der Theorie der Differentialgleichungen bekannte Methode der ,Variation der Koeffizienten'. Wir betrachten den Lösungsansatz

$$X_t = a(t)\left(x_0 + \int_0^t b(s)\,dB_s\right), \tag{4.26}$$

mit a, b differenzierbar. Mit partieller Integrations folgt

$$dX_t = a'(t)\left(x_0 + \int_0^t b(s)\,dB_s\right)dt + a(t)b(t)\,dB_t.$$

Falls $a(0) = 1, a(t) > 0, \forall\, t$, dann löst X die folgende stochastische Differentialgleichung

$$\begin{cases} dX_t = \frac{a'(t)}{a(t)} X_t\,dt + a(t)b(t)\,dB_t \\ X_0 = x_0 \end{cases} \tag{4.27}$$

Um hierdurch die Differentialgleichung (4.25) zu erzeugen, ergibt sich durch Koeffizientenvergleich

$$\frac{a'(t)}{a(t)} = -\frac{1}{1-t}, \qquad a(t)b(t) = 1.$$

Diese Gleichungen haben die Lösung $a(t) = 1-t$ und $b(t) = \frac{1}{1-t}$. Mit $x_0 = 0$ folgt:

$$X_t = (1-t)\int_0^t \frac{1}{1-s}\,dB_s, \qquad 0 \le t \le 1,$$

ist Lösung der Differentialgleichung (4.25).

Behauptung: X ist eine Brownsche Brücke. Nach Konstruktion ist X ein stetiger Gaußscher Prozess und $EX_t = 0$. Für $s \leq t$ folgt mit der Unabhängigkeit der Zuwächse der Brownschen Bewegung

$$
\begin{aligned}
EX_s X_t &= (1-s)(1-t) E\left(\int_0^s \frac{1}{1-u}\mathrm{d}B_u\right)\left(\int_0^t \frac{1}{1-v}\mathrm{d}B_v\right) \\
&= (1-s)(1-t) E\left(\int_0^s \frac{1}{1-u}\mathrm{d}B_u\right)^2 \\
&= (1-s)(1-t) \int_0^s \frac{1}{(1-u)^2}\,\mathrm{d}u = s(1-t) = \mathrm{Cov}(B_s^0, B_t^0)
\end{aligned}
$$

Die Lösung X der stochastischen Differentialgleichung (4.25) hat also die Kovarianz der Brownschen Brücke

$$
\mathrm{Cov}(X_s, X_t) = s(1-t) = \mathrm{Cov}(B_s^0, B_t^0).
$$

X ist also eine Brownsche Brücke und X ist adaptiert an die Filtration der Brownschen Bewegung B.

Beispiel 4.63 (Ornstein-Uhlenbeck-Prozess) *Das Ornstein-Uhlenbeck-Modell geht zurück auf Langevin in 1908 und Ornstein und Uhlenbeck in 1930. Der Ornstein-Uhlenbeck-Prozess ist ein Modell für die Geschwindigkeit von Molekularteilchen und ist definiert als Lösung der stochastischen Differentialgleichung.*

$$
\begin{cases}
\mathrm{d}X_t = -\alpha X_t\,\mathrm{d}t + \sigma\,\mathrm{d}B_t, \\
X_0 = x_0,
\end{cases}
$$

σ und α sind dabei positive Konstanten.

Das Ornstein-Uhlenbeck-Modell ist eine Modifikation des Modells der Brownschen Bewegung. Da die Pfade der Brownschen Bewegung nirgends differenzierbar sind, kann man für die Brownsche Bewegung keine Geschwindigkeit definieren. Der Ornstein-Uhlenbeck-Prozess ist ,mean reverting'. Für $X_t > 0$ gibt es einen negativen, für $X_t < 0$ einen positiven Drift proportional zu X_t, der den Prozess in Richtung null treibt. Diese ,mean reverting' Eigenschaft bewirkt eine Dämpfung der Pfade der Brownschen Bewegung und führt zu einer stationären Limesverteilung. Die Pfade verbleiben jedoch nicht differenzierbar.

Zur Lösung der Differentialgleichung verwenden wir die Methode zur Variation der Koeffizienten in (4.27) mit

$$
\frac{a'(t)}{a(t)} = -\alpha, \quad a(t)b(t) = \sigma, \quad a(0) = 1.
$$

Es folgt dann:

$$
a(t) = e^{-\alpha t}, \qquad b(t) = \sigma e^{\alpha t}
$$

und wir erhalten

$$X_t = e^{-\alpha t}\left(x_0 + \sigma \int_0^t e^{\alpha s}\, dB_s\right)$$

$$= x_0 e^{-\alpha t} + \sigma \int_0^t e^{-\alpha(t-s)}\, dB_s.$$

X ist ein Gaußscher Prozess mit

$$E X_t = x_0 e^{-\alpha t} \longrightarrow 0 \quad (t \to \infty)$$

$$\operatorname{Var} X_t = \sigma^2 \int_0^t e^{-2\alpha(t-s)}\, ds$$

$$= \frac{\sigma^2}{2\alpha}\left(1 - e^{-2\alpha t}\right) \longrightarrow \frac{\sigma^2}{2\alpha}$$

Die Varianz verschwindet nicht sondern konvergiert im Limes gegen $\frac{\sigma^2}{2\alpha}$. Je stärker der rücktreibende Drift α ist, umso kleiner wird die Varianz. Der Prozess X_t konvergiert in Varianz gegen die Normalverteilung

$$X_t \xrightarrow{\mathcal{D}} N\left(0, \frac{\sigma^2}{2\alpha}\right),$$

die stationäre Verteilung dieses Prozesses. Wenn man den Ornstein-Uhlenbeck-Prozess in der stationären Verteilung startet, dann erhält man einen stationären Prozess. In Analogie zu Markovketten in diskreter Zeit ist der Ornstein-Uhlenbeck-Prozess ein Markovprozess in stetiger Zeit und konvergiert für $t \to \infty$ gegen die stationäre Verteilung.

Den Existenz- und Eindeutigkeitssatz kann man auf dieselbe Weise auch für den mehrdimensionalen Fall behandeln. Sei $B = (B^1, \ldots, B^r)$ eine r-dimensionale Brownsche Bewegung, d.h. einen Vektor aus r unabhängigen Brownschen Bewegungen. Diese treibt die Differentialgleichung an. Die erzeugte Filtration nennen wir $(\mathcal{A}_t)$. Sei

$$b : \mathbb{R}^+ \times \mathbb{R}^d \longrightarrow \mathbb{R}^d$$

$$(s, x) \longrightarrow b(s, x)$$

ein Driftvektor, σ eine Matrix von Diffusionskoeffizienten, gegeben durch eine $d \times r$-Matrix

$$\sigma : \mathbb{R}^+ \times \mathbb{R}^d \longrightarrow \mathbb{R}^{d \times r}$$

$$(s, x) \longrightarrow \big(\sigma_{ij}(s, x)\big)$$

und $Z \in L_d(\mathfrak{A}_0)$ ein Anfangsvektor. Der Diffusionsprozess X wird dann durch die folgende stochastische Differentialgleichung definiert:

$$\begin{cases} X_t = Z + \displaystyle\int_0^t b(s, X_s)\,\mathrm{d}s + \int_0^t \sigma(s, X_s)\mathrm{d}B_s \\ X_t^i = Z^i + \displaystyle\int_0^t b^i(s, X_s)\,\mathrm{d}s + \sum_{j=1}^r \int_0^t \sigma_{ij}(s, X_s)\mathrm{d}B_s^j. \end{cases} \tag{4.28}$$

Satz 4.64 *Es gelte die Lipschitzbedingung:*

$$|b(t, x) - b(t, y)| + |\sigma(t, x) - \sigma(t, y)| \le K|x - y|$$

und die lineare Wachstumsbedingung:

$$|b(t, x)| + |\sigma(t, x)| \le K\big(1 + |x|\big), \quad E|Z|^2 < \infty, \quad 0 \le t \le T.$$

Dann existiert genau eine Lösung der stochastischen Differentialgleichung (4.28), so dass

$$E \sup_{s \le T} |X_s|^2 < \infty.$$

Beispiel 4.65 (Lineare Differentialgleichungen) *Für die spezielle Klasse von linearen stochastischen Differentialgleichungen der Form*

$$\underbrace{\mathrm{d}X_t}_{d \times 1} = \big(\underbrace{A(t)}_{d \times d}\,\underbrace{X_t}_{d \times 1} + \underbrace{a(t)}_{d \times 1}\big)\mathrm{d}t + \underbrace{\sigma(t)}_{d \times r}\,\underbrace{\mathrm{d}B_t}_{r \times 1}, \quad X_0 = \xi, \tag{4.29}$$

mit lokal beschränkten deterministischen Koeffizienten A, a, σ, lassen sich Lösungen in expliziter Form angeben. Solche linearen Differentialgleichungen treten beispielsweise in der Ökonomie auf, bei Modellen mit vielen Faktoren (Multifaktormodelle). Um die Lösung von (4.29) zu finden, betrachten wir die zugehörige inhomogene, deterministische, lineare Differentialgleichung, bei der der stochastische Term fehlt

$$\dot{\zeta}(t) = A(t)\zeta(t) + a(t), \quad \zeta(0) = \xi \in \mathbb{R}^d. \tag{4.30}$$

Nach Standard Existenz- und Eindeutigkeitsaussagen existiert eine eindeutige Lösung für (4.30). Zur Bestimmung dieser Lösung betrachten wir die zugehörige homogene Matrix-Differentialgleichung:

$$\dot{\Phi}(t) = A(t)\underbrace{\Phi(t)}_{d \times d}, \quad \Phi(0) = I.$$

$\Phi(t)$ *ist eine $d \times d$-Matrix. Das Matrixsystem hat eine eindeutige Lösung Φ, die Fundamentallösung der zugehörigen homogenen Differentialgleichung*

$$\dot{\zeta}(t) = A(t)\zeta(t).$$

$\Phi(t)$ *ist nichtsingulär für alle t. Denn sonst existiert ein $\lambda \in \mathbb{R}^d$, $\lambda \neq 0$, und t_0, so dass $\Phi(t_0)\lambda = 0$. Aber $\Phi(t)\lambda$ ist eindeutige Lösung der homogenen Gleichung mit $\zeta(t_0) = 0$. Daraus folgt: $\Phi(t)\lambda = 0$, $\forall\, t$ im Widerspruch zu $\Phi(0) = I$.*

Die Lösung der deterministischen Gleichung (4.30) ist nun erhältlich über die Fundamentallösung

$$\zeta(t) = \Phi(t)\left[\zeta(0) + \int_0^t \Phi^{-1}(s) \cdot a(s)\, \mathrm{d}s\right]. \tag{4.31}$$

Für die stochastische Differentialgleichung erhalten wir auf ähnliche Weise einen Ansatz

$$X_t = \Phi(t)\left[X_0 + \int_0^t \Phi^{-1}(s) \cdot a(s)\, \mathrm{d}s + \int_0^t \Phi^{-1}(s) \cdot \sigma(s) \mathrm{d}B_s\right]. \tag{4.32}$$

Mittels partieller Integration (Produktformel) lässt sich mit der Itô-Formel verifizieren, dass X eine Lösung der linearen stochastischen Differentialgleichung (4.29) ist. Die Eindeutigkeit folgt nach dem Existenz- und Eindeutigkeitssatz.

Bemerkung 4.66 *Lösungen der SDE (4.23) sind Markovprozesse, d. h. es gilt:*

$$E(f(X_t) \mid \mathfrak{A}_s) = E(f(X_t)|X_s) = \psi(X_s), \quad \text{für } s < t,$$

*mit $\psi(x) := E(f(X_t) \mid X_s = x)$, wie bei der Brownschen Bewegung. Die Markoveigenschaft ist eine Konsequenz der **Flusseigenschaft**.*
Sei $(X_s^{t,x})_{s \geq t}$ Lösung von (4.23), bei Start in x zur Zeit t,

$$X_s^{t,x} = x + \int_t^s b(u, X_u^{t,x})\, \mathrm{d}u + \int_t^s \sigma(u, X_u^{t,x}) \mathrm{d}B_u, \quad t \leq s.$$

Dann gilt die Flusseigenschaft:

$$X_s^{0,x} = X_s^{t,X_t^{0,x}}, \quad s > t. \tag{4.33}$$

(4.33) ist eine Folgerung aus der Eindeutigkeit von Lösungen und der Stetigkeit von Lösungen in (s, t, x).

In $d = 1$ gibt es eine Existenz und Eindeutigkeitsaussage unter abgeschwächten Annahmen an den Diffusionskoeffizienten, vgl. Karatzas und Shreve (1991, Prop. 5.2.13).

Satz 4.67 (Yamada, Watanabe) $d = 1$: *Es existiere ein $K < \infty$ so dass*

$$|b(t,x) - b(t,y)| \le K|x - y| \; und \; |\sigma(t,x) - \sigma(t,y)| \le h(|x - y|),$$

für eine Funktion $h \uparrow$, $h(0) = 0$ und $\int_0^\varepsilon h^{-2}(u)\,du = \infty$, $\forall \varepsilon > 0$ (z. B. $\frac{1}{2} \le \alpha \le 1$ und $h(u) = u^\alpha$).
Dann existiert genau eine Lösung der SDE (4.23).

Beispiel 4.68 *Die Lösung X der stochastischen Differentialgleichung*

$$dX_t = a(b - X_t^+)\,dt + \sqrt{\gamma X_t^+}\,dB_t \quad mit \; X_0 = x \ge 0, \gamma > 0, a, b \ge 0$$

*heißt Fellersche Verzweigungsdiffusion mit Immigration oder in der Finanzmathematik auch **Cox-Ingersoll-Ross-Modell** für die zeitliche Entwicklung von Zinsraten. Mit $h(x) = Cx^\alpha$, $\alpha \in [\frac{1}{2}, 1]$ ist die Bedingung von Satz 4.67 erfüllt mit $\alpha = \frac{1}{2}$, $K = \sqrt{\gamma} + \alpha$. Es gilt $X_t \ge 0$, $\forall t$ und $X_t > 0$, $\forall t > 0$ falls $\frac{2ab}{\gamma} \ge 1$, $X_t = 0$ unendlich oft mit Wahrscheinlichkeit 1 falls $\frac{2ab}{\gamma} < 1$.*
Im Spezialfall $a = b = 0$ (keine Drift) gilt mit Hilfe der Itô-Formel

$$e^{-\lambda X_t} - e^{-\lambda x} - \gamma \frac{\lambda^2}{2} \int_0^t e^{-\lambda X_s} X_s\,ds = \lambda \int_0^t e^{-\lambda X_s} \sqrt{\gamma X_s}\,dB_s \in \mathcal{M}.$$

Die Laplace-Transformierte $\varphi(t, \lambda, x) = E_x e^{-\lambda X_t}$ von X_t löst die Differentialgleichung

$$\frac{d}{dt}\varphi(t, \lambda, x) = \gamma \frac{\lambda^2}{2} E X_t e^{-\lambda X_t} = -\frac{\gamma \lambda^2}{2}\frac{d}{d\lambda}\varphi(t, \lambda, x), \quad \varphi(0, \lambda, x) = e^{-\lambda x}.$$

Die eindeutige Lösung der Gleichung ist:

$$\varphi(t, \lambda, x) = \exp\left(-\frac{\lambda}{\gamma/2t + 1}x\right).$$

Für $\gamma = 2$ ist das identisch mit dem Limes von reskalierten Galton-Watson-Verzweigungsprozessen.

4.4.1 Starke Lösung – schwache Lösung von stochastischen Differentialgleichungen

Das Problem *starker Lösungen* von stochastischen Differentialgleichungen betrifft die Frage:

Gegeben sei ein Wahrscheinlichkeitsraum $(\Omega, \mathcal{A}, P)$, eine Brownsche Bewegung B mit Filtration $\mathfrak{A}^B$ auf $(\Omega, \mathcal{A}, \mathcal{P})$. Gesucht ist eine Lösung von (4.23), adaptiert an $\mathfrak{A}^B$.

In Erweiterung des Begriffes der starken Lösung hat die **schwache Lösung** zusätzliche Freiheitsgrade:
Gesucht sind ein Wahrscheinlichkeitsraum $(\Omega, \mathcal{A}, P)$, eine Filtration und eine Brownsche Bewegung B bzgl. dieser Filtration und eine Lösung X von (4.23) bzgl. dieser Brownschen Bewegung B, d. h. (X, B) ist Lösung von

$$X_t = X_0 + \int_0^t \sigma(s, X_s)\mathrm{d}B_s + \int_0^t b(s, X_s)\,\mathrm{d}s \tag{4.34}$$

$$X_0 \overset{d}{=} \mu, \quad \text{die Startverteilung von } X_0 \text{ ist vorgegeben und gleich } \mu.$$

Dieser zusätzliche Freiheitsgrad ermöglicht die Konstruktion von Lösungen auch in einigen Fällen, in denen keine starke Lösung existiert. Ein Beispiel einer solchen Situation behandelt das folgende Beispiel.

Beispiel 4.69 *Wir betrachten die Differentialgleichung*

$$\mathrm{d}X_t = \mathrm{sgn}(X_t)\mathrm{d}B_t, \quad X_0 = 0, \tag{4.35}$$

wobei $\mathrm{sgn}x := \mathbb{1}_{(0,\infty)}(x) - \mathbb{1}_{(-\infty,0)}(x)$ *die Vorzeichenfunktion bezeichnet. (4.35) ist äquivalent zu*

$$X_t = X_0 + \int_0^t \mathrm{sgn}(X_s)\mathrm{d}B_s \tag{4.36}$$

$$\Longleftrightarrow \quad B_t = \int_0^t \mathrm{d}B_s = \int_0^t \mathrm{sgn}(X_s)\mathrm{d}X_s, \quad \forall\, t \geq 0. \tag{4.37}$$

(4.37) folgt aus (4.35) durch Multiplikation mit $\mathrm{sgn}X_t$.

Behauptung: Es existiert eine schwache Lösung von (4.36).
Denn sei X eine Brownsche Bewegung auf $(\Omega, \mathfrak{A}, P)$, $\mathfrak{A} = \mathfrak{A}^X$, dann definiere B durch (4.37). Dann folgt:
B ist stetiges Martingal und $\langle B \rangle_t = \int_0^t (\mathrm{sgn}(X_s))^2\,\mathrm{d}s = t$. Daraus folgt, dass B eine Brownsche Bewegung ist. Also ist (B, X) eine schwache Lösung der Differentialgleichung in (4.36). Es gibt aber keine starke Lösung!
Denn sei (X, B) eine beliebige schwache Lösung. Dann ist wie oben X ein stetiges Martingal mit $\langle X \rangle_t = t$, also eine Brownsche Bewegung. Mit einem Approximationsargument (vgl. Karatzas und Shreve (1991, S. 562)) erhält man

$$\sigma(B) \subset \sigma(|X_s|;\, s \leq t) \subset \sigma(X_s;\, s \leq t).$$

Die zweite Inklusion ist echt. X ist also nicht an $\sigma(B)$ adaptiert.
Ein Beispiel für die erweiterten Möglichkeiten der schwachen Lösungen liefert der folgende Satz. Im Fall $\sigma \equiv 1$ wird an den Driftterm b nur Beschränktheit, lineares Wachstum und Messbarkeit, aber keine Lipschitzbedingung vorausgesetzt.

Satz 4.70 *Die stochastische Differentialgleichung*

$$dX_t = b(t, X_t)\, dt + dB_t, \quad 0 \le t \le T, \tag{4.38}$$

b(t, x) beschränkt und messbar, und $|b(t, x)| \le K(1 + |x|)$ *hat eine schwache Lösung mit Anfangsverteilung*

$$P^{X_0} = \mu, \quad \mu \in M^1(\mathbb{R}^d, \mathcal{B}^d).$$

Beweis Sei $X = (X_t, \mathfrak{A}_t, (P_x)_x, (\Omega, \mathfrak{A}))$ d-dimensionale Brownsche Bewegung mit Start in x bzgl. P_x. Dann ist

$$Z_t := \exp\left(\sum_{j=1}^{d} \int_0^t b_j(s, X_s) dX_s^j - \frac{1}{2} \int_0^t |b(s, X_s)|^2\, ds \right)$$

$$= \exp\left((b \cdot X)_t - \frac{1}{2} \langle b \cdot X \rangle_t \right)$$

das exponentielles Martingal. Z ist ein Martingal bzgl. P_x, da wegen der linearen Wachstumsbedingung und Beschränktheit von b die Novikovbedingung erfüllt ist. Wir definieren

$$\frac{dQ_x}{dP_x} := Z_T.$$

Nach dem Satz von Girsanov folgt dann

$$B_t := X_t - X_0 - \int_0^t b(s, X_s)\, ds, \quad 0 \le t \le T$$

ist eine Brownsche Bewegung bzgl. Q_x, mit $Q_x(B_0 = 0) = 1 \ \forall x$.
Definiere $Q_\mu(A) := \int Q_x(A) d\mu(x)$, dann folgt

$$X_t = X_0 + \int_0^t b(s, X_s)\, ds + B_t \text{ bzgl. } Q_\mu.$$

Bezüglich Q_μ ist B eine Brownsche Bewegung und

$$(Q_\mu)^{X_0} = \int Q_x^{X_0} d\mu(x) = \int \varepsilon_x d\mu(x) = \mu$$

$$Q_x^{X_0}(A) = 1_A(x).$$

Es folgt also, dass $(X, B, (\Omega, \mathfrak{A}, Q_\mu), (\mathfrak{A}_t))$ eine schwache Lösung von (4.38) ist. $\qquad\square$

Bemerkung 4.71 *a) Die Aussage aus Satz 4.70 lässt sich wie folgt verallgemeinern. Sei X eine Lösung der stochastischen Differentialgleichung*

$$dX_t = \mu_t \, dt + \sigma_t \cdot dB_t.$$

Sei v_t ein weiterer Drift, so dass $\vartheta_t := \frac{\mu_t - v_t}{\sigma_t}$ beschränkt ist, dann folgt

$$M_t = \exp\left(- \vartheta_t \cdot B_t - \frac{1}{2} \int_0^t \|\vartheta_s\|^2 \, ds \right) \in \mathcal{M}_c(P).$$

Mit $\frac{dQ}{dP} := M_T$ folgt nach dem Satz von Girsanov

$$\widetilde{B}_t = B_t + \int_0^t \vartheta_s \, ds \text{ ist Brownsche Bewegung bzgl. } Q$$

und es gilt

$$dX_t = v_t \, dt + \sigma_t d\widetilde{B}_t \quad bzgl. \quad Q. \tag{4.39}$$

Beweis:

$$\begin{aligned}
dX_t &= \mu_t \, dt + \sigma_t \cdot dB_t \\
&= v_t \, dt + \sigma_t \cdot dB_t + (\mu_t - v_t) \, dt \\
&= v_t \, dt + \sigma_t (\underbrace{dB_t + v_t \, dt}_{d\widetilde{B}_t}).
\end{aligned}$$

Das Paar $(X, \widetilde{B})$ ist also auf dem neuen Wahrscheinlichkeitsraum mit dem Maß Q eine schwache Lösung von (4.39). $\qquad\square$

b) Mit Girsanov lässt sich auch die **schwache Eindeutigkeit von Lösungen,** *d. h. die Eindeutigkeit der Verteilungen von schwachen Lösungen nachweisen (vgl. Karatzas und Shreve (1991, S. 304)).*

Definition 4.72 (Pfadweise Eindeutigkeit) *Die Lösung der stochastischen Differentialgleichung (4.23) mit Anfangsverteilung $\mu \in M^1(\mathbb{R}^d, \mathcal{B}^d)$ heißt* **pfadweise eindeutig,** *falls für je zwei schwache Lösungen (X, B), (Y, B) auf $(\Omega, \mathfrak{A}, P)$ bezüglich Filtrationen $(\mathfrak{A}_t)$ und $(\mathfrak{B}_t)$ und Anfangsverteilung μ gilt:*

$$P(X_t = Y_t, \forall t \geq 0) = 1.$$

Bemerkung 4.73 *Für die stochastische Differentialgleichung $dX_t = \mathrm{sgn}(X_t) dB_t$ aus Beispiel 4.69 ist mit X auch $-X$ ein Lösung, d. h. es gilt keine pfadweise Eindeutigkeit. Die Lösung ist aber* **schwach eindeutig,** *d. h. für zwei Lösungen X, Y mit derselben Anfangsverteilung μ gilt $P^X = P^Y$.*

Proposition 4.74 *Es sind äquivalent:*

a) *Die stochastische Differentialgleichung (4.23) hat eine eindeutige starke Lösung.*
b) *Es existiert eine schwache Lösung und es gilt pfadweise Eindeutigkeit (für die Startverteilung $\mu = P^{X_0}$).*

Unter a), b) gilt: die Lösung ist schwach eindeutig (Karatzas und Shreve (1991)).

Definition 4.75 a) *$X \in C^d$ heißt Lösung des **lokalen Martingalproblems** mit Drift b und Diffusion a, Startverteilung μ (Bezeichnung: $X \in LMP(a, b, \mu)$), falls:*

$$P^{X_0} = \mu \text{ und } M := X - \int_0^{\cdot} b(s, X_s)\,ds \in \mathcal{M}_{loc,c}$$
$$mit \ \langle M^i, M^j \rangle_t = \int_0^t a_{ij}(s, X_s)\,ds \quad \forall i, j, t \geq 0 \tag{4.40}$$

b) *Die Lösung von $LMP(a, b, \mu)$ ist eindeutig, wenn für zwei Lösungen X und Y gilt:*

$$P^X = P^Y.$$

Das lokale Martingalproblem ist über die Martingaleigenschaft von M definiert. Es gibt nun einen wichtigen Zusammenhang zwischen dem Begriff der schwachen Lösung und dem lokalen Martingalproblem.

Satz 4.76 (schwache Lösung – lokales Martingalproblem)

a) *X ist genau dann Lösung des lokalen Martingalproblems $LMP(\underbrace{\sigma\sigma^T}_{=:a}, b, \mu)$,*

wenn es gegebenenfalls auf einer Erweiterung $\widetilde{\Omega} \supset \Omega$ des Wahrscheinlichkeitraumes eine Brownsche Bewegung B gibt, so dass (X, B) eine schwache Lösung von (4.23) ist.
b) *Es gibt eine eindeutig schwache Lösung von (4.23) mit Startverteilung μ*
$\Longleftrightarrow$ Das lokale Martingalproblem $LMP(\sigma\sigma^T, b, \mu)$ ist eindeutig lösbar.

Beweis Wir führen den Beweis für $m = d = 1$; d ist die Dimension und m die Anzahl der Brownschen Bewegungen. Wir betrachten die stochastische Differentialgleichung

$$\underbrace{dX_t}_{d \times 1} = \underbrace{\sigma(t, X_t)}_{d \times m} \underbrace{dB_t}_{m \times 1} + \underbrace{b(t, X_t)}_{d \times 1}\,dt.$$

"$\Leftarrow$" Ist (X, B) schwache Lösung der stochastischen Differentialgleichung in (4.23), dann folgt

$$X_t - \int_0^t b(s, X_s)\,\mathrm{d}s = \int_0^t \sigma(s, X_s)\,\mathrm{d}B_s \in \mathcal{M}_{\mathrm{loc},c}.$$

Also löst X das lokale Martingal-Problem $LMP(\sigma\sigma^T, b, \mu)$.
„$\Rightarrow$" Sei nun X Lösung des $LMP(\sigma^2, b, \mu)$ und $M_t := X_t - \int_0^t b(s, X_s)\,\mathrm{d}s \in \mathcal{M}_{\mathrm{loc},c}$. Dann existiert eine Erweiterung $\widetilde{\Omega} \supset \Omega$ und eine Brownsche Bewegung $\widetilde{B}$ auf $(\widetilde{\Omega}, \widetilde{\mathfrak{A}}, \widetilde{P})$, so dass (vgl. z. B. Klenke (2006, S. 542))

$$M_t = \int_0^t |\sigma(s, X_s)| \mathrm{d}\widetilde{B}_s.$$

Mit $B_t := \int_0^t \mathrm{sgn}(\sigma(s, X_s))\mathrm{d}\widetilde{B}_s$ gilt dann die Darstellung

$$M_t = \int_0^t \sigma(s, X_s)\mathrm{d}B_s.$$

Also ist (X, B) schwache Lösung der stochastischen Differentialgleichung (4.23). $\square$

Den Zusammenhang zwischen schwachen Lösungen und dem lokalen Martingal-problem kann man nun nutzen um allgemeine Existenssätze für schwache Lösungen bzw. für das lokale Martingalproblem zu beweisen. Die Formulierung des lokalen Martingalproblems ist besonders geeignet für die Anwendung von Approximation-sargumenten und Verteilungskonvergenz.

Satz 4.77 *Seien* b, σ_{ij} $\mathbb{R}_+ \times \mathbb{R}^d \to \mathbb{R}$ *stetig beschränkt. Dann existiert für alle Startverteilungen* $\mu \in M^1(\mathbb{R}^d, \mathcal{B}^d)$ *mit* $\int \|x\|^{2m}\mathrm{d}\mu(x) < \infty$ *für ein* $m > 1$ *eine Lösung des lokalen Martingalproblems* $LMP(a, b, \mu)$ *mit* $a = \sigma\sigma^T$, *sowie eine schwache Lösung der stochastischen Differentialgleichung in (4.23).*

Beweisskizze: Wir führen zunächst eine diskretisierte Version der stochastischen Differentialgleichung ein. Seien $t_j^n := \frac{\delta}{2^n}$ und $\Psi_n(t) = t_j^n$ für $t \in (t_j^n, t_{j+1}^n]$ die dyadisch rationale Approximation von g. Dann sind für $y \in C_d([0, \infty))$

$$b^{(n)}(t, y) := b(y(\Psi_n(t))), \quad \sigma^{(n)}(t, y) := \sigma(y(\Psi(t)))$$

progressiv messbar.
    Sei weiter $(B_t, \mathcal{A}_t^B)$ eine d-dimensionale Brownsche Bewegung auf $(\Omega, \mathcal{A}, P)$ und ξ eine Zufallsvariable unabhängig von B mit $P^\xi = \mu$. Wir definieren die Folge $(X^{(n)}) = (X_t^{(n)}, \mathcal{A}_t)$ rekursiv durch ein Euler-Schema:

$$X_0^{(n)} := \xi$$
$$X_t^{(n)} := X_{t_j^{(n)}}^{(n)} + b\left(X_{t_j^{(n)}}^{(n)}\right)(t - t_j^{(n)}) + \sigma\left(X_{t_j^{(n)}}^{(n)}\right)(B_t - B_{t_j^{(n)}}), \quad t_j^{(n)} < t \le t_{j+1}^{(n)}.$$

Dann gilt nach Definition von $b^{(n)}, \sigma^{(n)}$:

$$X_t^{(n)} = \xi + \int_0^t b^{(n)}(s, X^{(n)})\, ds + \int_0^t \sigma^{(n)}(s, X^{(n)})\, dB_s. \qquad (4.41)$$

$X^{(n)}$ löst also die modifiziert stochastische Differentialgleichung mit approximativen Koeffizienten.

Es gilt nun wie im Beweis zum allgemeinen Existenz- und Eindeutigkeitssatz (Satz 4.60) die folgende Abschätzung auch für Momente der Ordnung $2m > 2$ (vgl. Karatzas und Shreve (1991, Problem 3.15)). Der Beweis verwendet die Burkholder-Davis-Ungleichung anstelle der Doobschen Ungleichung. Gilt $\|b(t, y)\|^2 + \|\sigma(t, y)\|^2 \leq K(1 + \max_{s \leq t} \|y(s)\|^2)$ und ist (X, B) eine schwache Lösung der Diffusionsgleichung (4.23) mit $E\|X_0\|^{2m} < \infty$, dann gilt für alle $T < \infty$

$$\begin{aligned} E\max_{s \leq t} \|X_s\|^{2m} &\leq C(1 + E\|X_0\|^{2m})e^{Ct}, \quad t \leq T \\ \text{und} \quad E\|X_t - X_s\|^{2m} &\leq C(1 + E\|X_0\|^{2m})(t - s)^m, \quad s < t \leq T. \end{aligned} \qquad (4.42)$$

Für die Lösung $X^{(n)}$ der diskretisierten stochastischen Differentialgleichung in (4.41) gilt also:

$$\sup_n E|X_t^{(n)} - X_s^{(n)}|^{2m} \leq C(1 + E\|E\xi\|^{2m})(t - s)^m, \quad s \leq t < T.$$

Sei $P^{(n)} := P^{X^{(n)}}$ das zugehörige Wahrscheinlichkeitsmaß auf $C_d = C([0, \infty),$ $\mathbb{R}^d)$. Dann folgt dass die Folge $(P^{(n)})$ straff ist, denn sie erfüllt das **stochastische Arzela-Ascoli-Kriterium:**

$$\exists \nu, \alpha, \beta > 0 : \forall n \in \mathbb{N} : E\|X_0^{(n)}\|^\nu \leq M \text{ und}$$

$$E\|X_t^{(n)} - X_s^{(n)}\|^\alpha \leq C_T|t - s|^{1+\beta}, \quad \forall s, t \leq T, \ \forall T.$$

Also existiert eine konvergente Teilfolge. O.E. gilt $P^{(n)} \xrightarrow{\mathcal{D}} P^*$, d.h. $\int f\, dP^{(n)} \to \int f\, dP^*$, für alle stetig, beschränkten Funktionen f auf C_d.

Wir behaupten:

1.) $P^*(\{y \in C_d; y(0) \in \Gamma\}) = \mu(\Gamma)$,

    d.h. P^* hat die Startverteilung μ. Denn für $f \in C_b(\mathbb{R}^d)$ gilt

$$E^* f(y(0)) = \lim_n E^{(n)} f(y(0)) = \int f\, d\mu,$$

da $P^{(n)} \xrightarrow{\mathcal{D}} P^*$ impliziert, dass $\mu = (P^{(n)})^{\pi_0} \xrightarrow{\mathcal{D}} (P^*)^{\pi_0}$. Also hat P^* die Startverteilung μ.

2.) Die Standardkonstruktion auf C_d (π_t), P^*) ist eine Lösung des zugehörigen Martingalproblems, d.h.

$$E^*(f(y(t)) - f(y(s)) - \int_s^t \mathcal{A}_u f(y(u))\,du \mid \mathfrak{A}_s) = 0 \ [P^*] \qquad (4.43)$$

für $0 \leq s < t < \infty$, $f \in C_K^2(\mathbb{R}^d)$ und mit dem zugehörigen Differentialoperator

$$\mathcal{A}_t f(y) = b(t, y) \cdot \nabla f(y(t)) + \frac{1}{2}\sigma^T(t, y)\left(\frac{\partial^2 f(y(t))}{\partial x_i \partial x_j}\right)\sigma(t, y).$$

Mit Hilfe der Itô-Formel folgt, dass die Formulierung in (4.43) äquivalent ist zu der Formulierung in der Definition des lokalen Martingalproblems.

$X^{(n)}$ löst die stochastische Differentialgleichung mit diskretisierten Koeffizienten. Daher ist nach Satz 4.76 $X^{(n)}$ eine Lösung des zugehörigen lokalen Martingalproblems, d.h. für $f \in C_K^2(\mathbb{R}^d)$ gilt:

$$\left(M_t^{f,n} := f(y(t)) - f(y(0)) - \int_0^t \mathcal{A}_u^{(n)} f(y)\,du, \mathfrak{A}_t\right) \in \mathcal{M}_c(P^{(n)}), \quad f \in C_K^2$$

mit $\mathcal{A}_t^{(n)} f(y) := b^{(n)}(t, y) \cdot \nabla f(y(t)) + \frac{1}{2}(\sigma^{(n)})^T(t, y)D^2 f(y(t))\sigma^{(n)}(t, y)$.
Daraus folgt für $\mathfrak{A}_s$-messbares $g \in C_b(C_d)$:

$$E^{(n)}\left\{\underbrace{f(y(t)) - f(y(s)) - \int_s^t \mathcal{A}_u^{(n)} f(y(u))du}_{=F_n(y)=F_n^{s,t}(y)}\right\}g(y) = 0.$$

Sei $F(y) := f(y(t)) - f(y(s)) - \int_s^t \mathcal{A}_u f(y)(u)\,du$, dann gilt: $F_n(y) - F(y) \to 0$ gleichmäßig auf Kompakta des $\mathbb{R}^d$ (vgl. Karatzas und Shreve (1991, S. 325)). Denn für $K \subset C_d$ kompakt gilt $M := \sup_{\substack{y \in K, \\ 0 \leq s \leq t}} \|y(s)\| < \infty$ und $\lim_n \sup_{y \in K}$ $\omega^t(y, 2^{-n}) = 0$, $\forall t < \infty$ mit dem Stetigkeitsmodul ω^t auf $[0, t]$. b, σ sind gleichmäßig stetig auf $\{y; \|y\| \leq M\}$. Daraus folgt, dass

$$\sup_{0 \leq s \leq t}\{\|b^{(n)}(s, y) - b(y(s))\| + \|\sigma^{(n)}(s, y) - \sigma(y(s))\|\} \leq \varepsilon, \quad \forall n \geq n_\varepsilon.$$

Damit folgt, dass $E^* F(y)g(y) = 0$, $\forall g$. Also ist $((\pi_t), P^*)$ Lösung des lokalen Martingalproblems (4.43). Nach Satz 4.76 folgt daher die Existenz einer schwachen Lösung der stochastischen Differentialgleichung.

Bemerkung 4.78 a) *Eine analoge Existenzaussage für schwache Lösungen gilt auch im zeitinhomogenen Fall mit beschränkten, stetigen Koeffizienten $b = b(t, x)$, $\sigma = \sigma(t, x)$.*

b) Aus der Lösbarkeit des Cauchy-Problems $\frac{\partial u}{\partial t} = \mathcal{A}u$, $u(0, \cdot) = f$, u beschränkt
auf $[0, T] \times \mathbb{R}^d$ folgt die schwache Eindeutigkeit von Lösungen (Stroock und
Varadhan (1979), Karatzas und Shreve (1991)). Hinreichend für die Lösbarkeit
des Cauchy-Problems ist, dass die Koeffizienten beschränkt und Hölderstetig sind
und dass die Diffusionsmatrix a uniform positiv definit ist.

4.5   Halbgruppen, PDE- und SDE-Zugang zu Diffusionsprozessen

Ziel dieses Abschnittes ist es, die Konstruktion von Diffusionsprozessen mittels
Halbgruppentheorie, partiellen Differentialgleichungen (PDE) – insbesondere den
Kolmogorov-Gleichungen – und mittels stochastischer Differentialgleichungen
(SDE) zu beschreiben und die Wechselwirkungen dieser Zugänge zu erläutern. Sei
$X = (X_t)_{t \geq 0}$ ein Markovprozess in $\mathbb{R}^d$ mit Übergangswahrscheinlichkeiten

$$P_{s,x}(t, A) := P(X_t \in A | X_s = x), \quad A \in \mathcal{B}^d, 0 \leq s < t \leq T, x \in \mathbb{R}^d.$$

Dann gilt die **Chapman-Kolmogorov-Gleichung**

$$P_{s,x}(t, A) = \int_{\mathbb{R}^d} P_{u,z}(t, A) P_{s,x}(u, \mathrm{d}z) \quad \forall s < u < t, x \in \mathbb{R}^d.$$

Beispiele sind etwa die Brownsche Bewegung B mit Übergangskern

$$P_{s,x}(t, A) = (2\pi(t - s))^{-\frac{d}{2}} \int_A e^{-|y-x|^2/2(t-s)} \, \mathrm{d}y$$

oder der multidimensionale Ornstein-Uhlenbeck-Prozess mit Übergangskern

$$P_{s,x}(t, A) = \left(\pi(1 - e^{-2(t-s)})\right)^{-\frac{d}{2}} \int_A \exp\left\{\frac{\left(y - e^{-(t-s)}x\right)^2}{1 - e^{-2(t-s)}}\right\} \mathrm{d}y.$$

Definition 4.79 *Ein $\mathbb{R}^d$-wertiger Markovprozess $(X_t)_{0 \leq t \leq T}$ heißt **Diffusionspro-***
zess, wenn $\forall t \leq T$, $x \in \mathbb{R}^d$, $c > 0$ gilt:

1) $\lim_{\varepsilon \searrow 0} \frac{1}{\varepsilon} \int_{\{|y-x| \geq c\}} P_{t,x}(t + \varepsilon, \mathrm{d}y) = 0$

2) $\lim_{\varepsilon \searrow 0} \frac{1}{\varepsilon} \int_{\{|y-x| < c\}} (y_i - x_i) P_{t,x}(t + \varepsilon, \mathrm{d}y) =: \varrho_i(t, x)$ existiert

3) $\lim_{\varepsilon \searrow 0} \frac{1}{\varepsilon} \int_{\{|y-x| < c\}} (y_i - x_i)(y_j - x_j) P_{t,x}(t + \varepsilon, \mathrm{d}y) := a_{ij}(t, x)$ existiert.

Bemerkung 4.80 *a) Aus 1) folgt, dass X keine Sprünge hat.*

Bedingung 2) und 3) sind wegen 1) unabhängig von $c > 0$.

$$Also\,gilt \quad \varrho_i(t, x) = \lim_{\varepsilon \searrow 0} \frac{1}{\varepsilon} \int (y_i - x_i) P_{t,x}(t + \varepsilon, \, \mathrm{d}y),$$

$$a_{ij}(t, x) = \lim_{\varepsilon \searrow 0} \frac{1}{\varepsilon} \int (y_i - x_i)(y_j - x_j) P_{t,x}(t + \varepsilon, \, \mathrm{d}y).$$

Daraus folgt weiter:

$$\varrho(t, x) = \lim_{\varepsilon \searrow 0} \frac{1}{\varepsilon} E(X_{t+\varepsilon} - x \mid X_t = x)$$

$$a(t, x) = \lim_{\varepsilon \searrow 0} \frac{1}{\varepsilon} E\big((X_{t+\varepsilon} - x)(X_{t+\varepsilon} - x)^T \mid X_t = x\big).$$

ϱ beschreibt den lokalen Drift und a beschreibt die lokale Diffusion.
*$\varrho(t, x) = (\varrho_1(t, x), \ldots, \varrho_d(t, x))$ heißt **Driftkoeffizient**, und die Matrix*
*$a(t, x) = (a_{ij}(t, x))_{i,j}$ heißt **Diffusionsmatrix** des Diffusionsprozesses X.*
b) Die Brownsche Bewegung B ist ein Diffusionsprozess und es gilt:

$$\frac{1}{\varepsilon} P(|B_{t+\varepsilon} - x| \geq c \mid B_t = x) = \frac{1}{\varepsilon} P(|B_{t+\varepsilon} - B_t| \geq c) \leq \frac{1}{\varepsilon c^4} \underbrace{E|B_\varepsilon|^4}_{=d(d+2)\varepsilon^2}$$

$$= \frac{1}{c^4} d(d+2)\varepsilon \to 0, \quad \varepsilon \searrow 0.$$

Also gilt $a(t, x) = I$, $\varrho(t, x) = 0$.
Beim Ornstein-Uhlenbeck-Prozess gilt mit analoger Rechnung

$$a(t, x) = I, \quad \varrho(t, x) = -x.$$

Eine wichtige Klasse von Diffusionsprozessen sind die Lösungen stochastischer Differentialgleichungen.

Satz 4.81 *Seien b, σ stetige Funktionen, die die Voraussetzungen von Satz 4.64 erfüllen, d. h. linear growth und Lipschitzbedingung. Dann gilt: Die Lösung der stochastischen Differentialgleichung (4.23) $\mathrm{d}X_t = b(t, X_t)\,\mathrm{d}t + \sigma(t, X_t)\mathrm{d}B_t$, $X_0 = Z$, ist ein Diffusionsprozess mit Driftkoeffizient b und Diffusionsmatrix $a(t, x) := \sigma(t, x)\sigma(t, x)^T$.*

Beweisskizze Mit Hilfe der Gronwall-Ungleichung erhält man wie im Beweis zur Existenz von Lösungen stochastischer Differentialgleichungen Abschätzungen der Momente:

$$\begin{cases} E\|X_t\|^4 & \leq (27EZ^4 + C_1T)e^{C_1t} \\ E\|X_t - Z\|^4 \leq C_1(1 + 27EZ^4 + C_1T)t^2 e^{C_1t}. \end{cases} \tag{4.44}$$

Daraus folgt:

$$\int_{\{\|y-x\|\geq c\}} P_{t,x}(t+\varepsilon,\,\mathrm{d}y) = P(\|X_{t+\varepsilon}-x\| \geq c \mid X_t = x)$$

$$= P\left(\|X_{t+\varepsilon}^{t,x}-x\| \geq c\right) \leq \frac{E\|X_{t+\varepsilon}^{t,x}-x\|^4}{c^4} \leq \frac{1}{c^4}L\varepsilon^2 e^{C_1\varepsilon}$$

mit einer Konstanten $L > 0$. Daraus folgt Bedingung 1 der Definition einer Diffusion.
Weiter ist

$$X_{t+\varepsilon} = x + \int_t^{t+\varepsilon} \sigma(s, X_s)\mathrm{d}B_s + \int_t^{t+\varepsilon} b(s, X_s)\,\mathrm{d}s.$$

Daraus folgt

$$\varrho(t, x) = \lim_{\varepsilon\searrow 0} E(X_{t+\varepsilon} - x \mid X_t = x)$$

$$= \lim_{\varepsilon\searrow 0} \frac{1}{\varepsilon} \int_t^{t+\varepsilon} E(b(s, X_s) \mid X_t = x)\,\mathrm{d}s = b(t, x).$$

Ebenso ergibt sich die Formel für den Diffusionskoeffizienten.   □

Die allgemeine Grundfrage in der Theorie der Diffusionsprozesse ist: Gegeben seien die Diffusionsmatrix $a(t, x)$ und der Driftkoeffizient $\varrho(t, x)$. Existiert ein zugehöriger Diffusionsprozess? Was sind seine Eigenschaften?
    Eine notwendige Bedingung für die Existenz ist, dass $a(t, x)$ positiv semidefinit ist, denn für $v \neq 0$ gilt:

$$v^T a(t, x)v = \lim_{\varepsilon\searrow 0} \frac{1}{\varepsilon}E(v^T(X_{t+\varepsilon} - x)(X_{t+\varepsilon} - x)^T v \mid X_t = x)$$

$$= \lim_{\varepsilon\searrow 0} \frac{1}{\varepsilon}E\left(|(X_{t+\varepsilon} - x)^T v|^2 \mid X_t = x\right) \geq 0.$$

Es gibt drei unterschiedliche Zugänge zur Behandlung von Diffusionsprozessen:

1. Halbgruppentheorie (Hille-Yosida-Theorie)
2. Partielle Differentialgleichungen (Kolmogorov-Gleichung)
3. Stochastische Differentialgleichungen (Itô-Theorie)

1.) Halbgruppenzugang
Die Untersuchung von Prozessen mit Hilfe von Halbgruppentheorie ist ein geeignetes Mittel für allgemeine Markovprozesse insbesondere also auch für Diffusionsprozesse $(X_t)_{0\leq t\leq T}$. Wir beschränken uns auf den stationären Fall mit Diffusionsmatrix $a(t, x) = a(x)$ und Driftkoeffizient $\varrho(t, x) = \varrho(x)$, $\varrho(x) = \lim_{t\searrow 0} \frac{1}{t}E((X_t - x)|X_0 = x)$ und $a(x) = \lim_{t\searrow 0} \frac{1}{t}E((X_t - x)(X_t - x)^T|X_0 = x)$.

Definition 4.82 *a) Eine Familie* $(T_t, t \geq 0)$ *von linearen Operatoren auf einem Banachraum* $(\mathbb{B}, \|\cdot\|)$ *heißt eine **Kontraktionshalbgruppe**, wenn*

a1) $\lim_{t \searrow 0} T_t h = h \quad \forall h \in \mathbb{B}$ *(starke Stetigkeit)*
a2) $\|T_t h\| \leq \|h\|, \quad \forall t \geq 0, h \in \mathbb{B}$ *(Kontraktion)*
a3) $T_0 = I$ *und* $T_{s+t} = T_s T_t, \quad s, t \geq 0$ *(Halbgruppeneigenschaft)*

b) Ist $(T_t, t \geq 0)$ *eine Kontraktionshalbgruppe (KHG), dann heißt* $Ah = \lim_{t \searrow 0} \frac{1}{t}(T_t h - h)$ ***infinitesimaler Erzeuger**,* $h \in \text{dom } A \subset \mathbb{B}$.

Bemerkung 4.83 *Der infinitesimale Erzeuger* A *hat nach einem Theorem von Yosida einen in* $\mathbb{B}$ *dichten Definitionsbereich,* $\text{dom } A \subseteq \mathbb{B}$ *dicht. I.A. ist* A *nicht auf ganz* $\mathbb{B}$ *definiert und* A *ist i.a. nicht ein beschränkter Operator.*

Beispiel 4.84 *Sei* $\mathbb{B} := C_b[0, \infty)$ *mit Supremums-Norm* $\|\cdot\|_\infty$, $\|f\|_\infty := \sup_{x \in [0, \infty)} |f(x)|$. T_t *sei definiert als Translationsoperator auf* $\mathbb{B} = C_b[0, \infty)$, $T_t f(x) := f(x + t), f \in \mathbb{B}, x \in [0, \infty), t \in [0, \infty)$. *Dann ist* $\{T_t, t \geq 0\}$ *eine Kontraktionshalbgruppe mit infinitesimalem Erzeuger* $Af = f' = \frac{d}{dx} f$.
Der Definitionsbereich von A *ist dicht in* $C_b[0, \infty)$:

$$\text{dom } A = \{f \in C_b[0, \infty); f' \in C_b[0, \infty)\} \subset C_b[0, \infty) \text{ ist dicht.}$$

A *ist nicht beschränkt. Das Bild der Einheitskugel ist nicht beschränkt, d. h. es existiert keine Konstante* K, *so dass für alle* f *gilt* $\|Af\| \leq K\|f\|$.

Sei nun $X = (X_t)$ ein stationärer Diffusionsprozess, d. h. $\varrho(t, x) = \varrho(x)$ und $a(t, x) = a(x)$ in $\mathbb{R}^d$ mit stationärem Übergangskern $P_t(x, A) = P(X_{t+s} \in A | X_s = x)$.

Annahmen zur Übergangswahrscheinlichkeit:

A1) $\forall t > 0, c > 0 : \lim_{|x| \to \infty} P_t(x, \{y; |y| < c\}) = 0$
A2) $\forall c > 0 : \lim_{t \searrow 0} P_t(x, \{y; |y - x| \geq c\}) = 0$ gleichmäßig in $x \in \mathbb{R}^d$
A3) $\forall f \in C_b, \forall t > 0 : T_t f(x) := \int f(y) P_t(x, dy) \in C_b$ (Feller-Eigenschaft)

Sei $C_0 = C_0(\mathbb{R}^d) = \{f \in C(\mathbb{R}^d); \lim_{|x| \to \infty} f(x) = 0\}$. $(C_0, \|\cdot\|_\infty)$ ist ein Banachraum.

Satz 4.85 *Sei* $X = (X_t)$ *ein stationärer Diffusionsprozess und es gelten die Bedingungen* A1)–A3). *Dann ist* $(T_t, t \geq 0)$ *eine* C_0-*Kontraktionshalbgruppe mit infinite-*

simalem Erzeuger A, definiert durch:

$$Af(x) = \frac{1}{2} tr\, (a(x)D^2 f(x)) + \varrho(x) \cdot \nabla f(x) \qquad (4.45)$$

$$= \frac{1}{2} \sum_{i,j} a_{ij}(x) \frac{\partial^2 f}{\partial x_i \partial x_j}(x) + \sum_i \varrho_i(x) \frac{\partial f}{\partial x_i}.$$

Beweis Wir zeigen zunächst:

1.) $f \in C_0 \overset{!}{\Rightarrow} Tf \in C_0$

Nach A3) ist $T_t f$ stetig. Für $f \in C_0$ existiert ein $c > 0$ so dass für $|y| \geq c$ gilt: $|f(y)| < \frac{\varepsilon}{2}$. Daraus folgt:

$$|T_t f(x)| \leq \int_{\{|y| \geq c\}} |f(y)| P_t(x, dy) + \int_{\{|y| \leq c\}} |f(y)| P_t(x, dy)$$

$$\leq \frac{\varepsilon}{2} + \|f\|_\infty P_t(x, \{|y| < c\}).$$

Sei o.B.d.A.: $\|f\|_\infty > 0$. Nach A1) existiert eine Konstante $K > 0$ so dass $\forall\, |x| > K$:

$$P_t(x, \{|y| < c\}) < \frac{\varepsilon}{2\|f\|_\infty}.$$

Daraus folgt $|T_t f(x)| \leq \frac{\varepsilon}{2} + \frac{\varepsilon}{2} = \varepsilon$ für $|x| > K$ und daher gilt: $T_t f \in C_0$.

2.) $(T_t, t \geq 0)$, $T_0 := I$ ist eine C_0-Kontraktionshalbgruppe.
Es gilt nach der Chapman-Kolmogorov-Gleichung $T_{s+t} = T_s T_t$. Daraus folgt Bedingung a3).
Kontraktionsbedingung a2):

$$\|T_t f\|_\infty = \sup_{x \in [0, \infty)} |T_t f(x)| \leq \sup_x \int |f(y)| P_t(x, dy) \leq \|f\|_\infty;$$

also gilt Bedingung a2).
Bedingung a1):
Ist $f \in C_0$ dann ist f gleichmäßig stetig, d.h. $|x - y| < \delta \Rightarrow |f(x) - f(y)| < \frac{\varepsilon}{2}$. Daraus folgt

$$|T_t f(x) - f(y)| \leq \int_{|y-x| < \delta} |f(x) - f(y)| P_t(x, dy) +$$

$$\int_{|y-x| \geq \delta} |f(x) - f(y)| P_t(x, dy)$$

$$\leq \frac{\varepsilon}{2} + 2\|f\|_\infty P_t(x, \{|y - x| \geq \delta\})$$

$$\leq \frac{\varepsilon}{2} + 2\|f\|_\infty \frac{\varepsilon}{4\|f\|_\infty} = \varepsilon \qquad \text{nach Bedingung A2).}$$

Daraus folgt Bedingung a1).

3.) Infinitesimaler Erzeuger:

Sei $f \in C_b^2 \cap C_0$; f sei 2-mal stetig differenzierbar mit beschränkten zweiten Ableitungen. Mit Taylorentwicklung folgt:

$$f(y) = f(x) + (y - x)\nabla f(x) + \tfrac{1}{2} tr(y - x)(y - x)^T D^2 f(x) + R(y, x) \quad \text{mit}$$

einem Restterm R.

Es folgt: $T_t f(x) - f(x) = E\big(f(X_t)|X_0 = x\big) - f(x) = E(X_t - x)\nabla f(x)$

$$+ \tfrac{1}{2} tr E(X_t - x)(X_t - x)^T D^2 f(x) + E R(X_t, x).$$

Nach Definition von ϱ, a folgt mit üblicher Restgliedabschätzung:

$$\lim_{t \downarrow 0} \frac{1}{t}\big(T_t f(x) - f(x)\big) = \varrho(x)\nabla f(x) + \frac{1}{2} tr\, a(x) D^2 f(x) = A f(x).$$

Noch zu zeigen ist die Gleichmäßigkeit der Konvergenz in x. Dies folgt aus der Beschränktheit von f, $D^2 f$ und der gleichmäßigen Stetigkeit. □

Beispiel 4.86 *Für eine Brownsche Bewegung auf $\mathbb{R}^d$ ist der infinitesimale Erzeuger identisch mit dem Laplace-Operator: $A f(x) = \tfrac{1}{2} \Delta f(x)$.*

Für den Ornstein-Uhlenbeck-Prozess auf $\mathbb{R}^d$ ist der infinitesimale Erzeuger

$$A f(x) = \frac{1}{2} \Delta f(x) - x \nabla f(x)$$

Die grundlegende Frage ist nun: Existiert und wie erhält man bei gegebenem Operator A der Form (4.45) Übergangsfunktionen (T_t), (P_t), und einen Markovprozess (X_t), so dass A infinitesimaler Erzeuger von X ist?

Aus der Halbgruppeneigenschaft folgt für $f \in \mathrm{dom}\, A$:

$$\frac{\mathrm{d}}{\mathrm{d}t} T_t f = \lim_{\varepsilon \downarrow 0} \frac{T_{t+\varepsilon} f - T_t f}{\varepsilon} = T_t \lim_{\varepsilon \downarrow 0} \frac{T_\varepsilon - I}{\varepsilon} f$$

$$= T_t A f = A T_t f, \quad \forall\, t > 0. \qquad (4.46)$$

Der gewohnte Ansatz einer Lösung: $T_t = e^{tA} = \sum_{n=0}^{\infty} \frac{t^n}{n!} A^n$ ist aber nur wohldefiniert, wenn A ein beschränkter Operator ist, ein eher untypischer Fall.

Eine Antwort auf die oben gestellte grundlegende Frage nach der Existenz eines Diffusionsprozesses X basiert wesentlich auf dem folgenden Theorem von Hille und Yosida, vgl. z. B. Yosida (1974) oder Dynkin (1965).

Satz 4.87 (Hille-Yosida-Theorem) *Sei A ein dicht definierter Operator auf einem Banachraum $\mathbb{B}$, d. h. A ist wohldefiniert auf einem dichten Teilraum von $\mathbb{B}$. Dann ist A infinitesimaler Erzeuger einer Kontraktionshalbgruppe genau dann, wenn für ein $n \in \mathbb{N}$ $(I - \frac{1}{n}A)^{-1}$ existiert, und $\|(I - \frac{1}{n}A)^{-1}\| \leq 1$.*

Bemerkung 4.88 *Falls* $Af(x) = \frac{1}{2} tr\, a(x) D^2 f(x) + \varrho(x) \nabla f(x)$, $a(x)$ *symmetrisch, positiv semidefinit, dann können wir* $\mathbb{B} = C_b^u(\mathbb{R}^d)$ *als Menge der gleichmäßig stetigen, beschränkten Funktionen oder* $\mathbb{B} = C_0(\mathbb{R}^d)$ *wählen.*

Vorgehensweise: Die Konstruktion von Diffusionsprozessen mit Hilfe der Halbgruppentheorie besteht nun aus folgenden Schritten:

1.) Zu zeigen: A ist dicht definiert auf $\mathbb{B}$, einem Banachverband stetiger Funktionen auf $\mathbb{R}^d$.

2.) Zu zeigen: A erfüllt die Bedingungen aus dem Hille-Yosida-Theorem.
Nach Satz 4.87 folgt dann: $\exists$ Kontraktionshalbgruppe $(T_t, t \geq 0)$ auf $\mathbb{B}$ mit infinitesimalem Erzeuger A.

3.) Zu zeigen: $(T_t, t \geq 0)$ erfüllt zusätzlich die Bedingungen
$T_t 1 = 1$, $T_t f \geq 0$ für $f \geq 0$ in dem Banachverband $\mathbb{B}$.
Nach dem Satz von Riesz folgt dann: $\exists$ Kern $P_t(x, \cdot)$, $t \geq 0$, $x \in \mathbb{R}^d$, so dass
$T_t f(x) = \int_{\mathbb{R}^d} f(y) P_t(x, dy)$, $f \in \mathbb{B}$, $x \in \mathbb{R}^d$, $t \geq 0$

4.) Da (T_t) eine Halbgruppe ist, folgt: Die Übergangskerne (P_t) erfüllen die Chapman-Kolmogorov-Gleichung.
Also existiert ein Markovprozess $X = (X_t)$ mit Übergangswahrscheinlichkeiten (P_t). X ist ein Diffusionsprozess mit Diffusionskoeffizienten ϱ und Diffusionsmatrix $a = \sigma \sigma^T$.

2.) PDE-Zugang zu Diffusionsprozessen, Kolmogorov-Gleichungen

Sei $X = (X_t)_{0 \leq t \leq T}$ ein Diffusionsprozess mit Drift- und Diffusionskoeffizienten $\varrho(t, x), a(t, x)$. Wir betrachten zunächst den Fall $d = 1$.
Sei $P_{s,x}(t, \cdot)$ die Übergangswahrscheinlichkeit und
$F_{s,x}(t, y) := P_{s,x}(t, (-\infty, y])$ die zugehörige Verteilungsfunktion von $P^{X_t | X_s = x}$.
Die Chapman-Kolmogorov-Gleichungen liefert

$$F_{s,x}(t, y) = \int_{\mathbb{R}} F_{u,z}(t, y) d F_{s,x}(u, z)$$

$$= \int F_{s+\varepsilon,z}(t, y) d F_{s,x}(s + \varepsilon, z) \quad \text{mit } u = s + \varepsilon.$$

Mit der Approximation

$$F_{s+\varepsilon,z}(t, y) \approx F_{s+\varepsilon,x}(t, y) + \left(\frac{\partial}{\partial x} F_{s+\varepsilon,x}(t, y) \right)(z - x)$$

$$+ \left(\frac{1}{2} \frac{\partial^2}{\partial x^2} F_{s+\varepsilon,x}(t, y) \right)(z - x)^2$$

folgt dann

$$F_{s,x}(t, y) \approx F_{s+\varepsilon,x}(t, y) + \frac{\partial}{\partial x} F_{s+\varepsilon,x}(t, y)\varepsilon\varrho(s, x)$$
$$+ \frac{1}{2}\left(\frac{\partial^2}{\partial x^2} F_{s+\varepsilon,x}(t, y)\right)\varepsilon a(s, x).$$

Daraus folgt nach Differenzenbildung, Multiplikation mit $\frac{1}{\varepsilon}$ und mit Grenzübergang $\varepsilon \to 0$ die

Kolmogorov-Rückwärtsdifferentialgleichung

$$-\frac{\partial}{\partial s} F_{s,x}(t, y) = \varrho(s, x)\frac{\partial}{\partial x} F_{s,x}(t, y) + \frac{1}{2}a(s, x)\frac{\partial^2}{\partial x^2} F_{s,x}(t, y) \qquad (4.47)$$

mit Randbedingungen $\lim_{s \nearrow t} F_{s,x}(t, y) = \begin{cases} 1, & x < y, \\ 0, & x > y. \end{cases}$

Obige Argumentation lässt sich exakt durchführen und liefert die folgende Existenzaussage.

Satz 4.89 *Seien ϱ, a stetig und ϱ, a erfüllen die Lipschitzbedingung und lineare Wachstumsbedingungen in x. Weiter existiere ein $c > 0$, so dass $a(t, x) \geq c, t \leq T, x \in \mathbb{R}$. Dann folgt:*
Die Kolmogorovsche Rückwärtsgleichung (4.47) hat eine eindeutige Übergangsfunktion F als Lösung.
Es existiert ein stetiger Markovprozess X mit $P_{s,x} \sim F_{s,x}$ und X ist ein Diffusionsprozess mit Koeffizienten $\varrho, \sigma = |a|^{\frac{1}{2}}$.

Bemerkung 4.90 *a) Ein analoges Resultat gilt in Dimension $d \geq 1$ unter der Bedingung: $\exists c > 0, \ \forall t \ und \ \forall v \in \mathbb{R}^n \setminus \{0\}$ gilt die ‚uniforme Elliptizitätsungleichung' $v^\top a(t, x)v \geq c|v|^2$.*
b) Ist X stationär, dann ist für alle $s \geq 0$: $F_t(x, y) = F_{s,x}(s + t, y)$.
Daher folgt:

$$\frac{\partial}{\partial s} F_{s,x}(s + t, y) = 0.$$

Also gilt die Stationaritätsgleichung

$$\frac{\partial}{\partial t} F_t(x, y) = -\frac{\partial}{\partial s} F_{s,x}(u, y)|_{u=s+t}.$$

Daraus folgt die **Kolmogorov-Gleichung im stationären Fall:**

$$\begin{cases} \frac{\partial}{\partial t} F_t(x, y) = \varrho(x) \frac{\partial}{\partial x} F_t(x, y) + \frac{1}{2} a(x) \frac{\partial^2}{\partial x^2} F_t(x, y) \\ \lim_{t \searrow 0} F_t(x, y) = \begin{cases} 1, & x < y, \\ 0, & x > y. \end{cases} \end{cases}$$

c) Sei $u(t, x) := \int f(y) P_t(x, \mathrm{d}y) = \int f(y) F_t(x, \mathrm{d}y)$ *wobei* $f \in C_b^{(2)}$.
Aus obiger Gleichung folgt dann

$$\begin{cases} \frac{\partial u}{\partial t} = \mathcal{A}u \\ u(0, x) = f(x), \quad \mathcal{A} := \varrho(x) \, \mathrm{d}x + \frac{1}{2} a(x) \frac{\mathrm{d}^2}{\mathrm{d}x^2} \end{cases} \tag{4.48}$$

d. h. u ist Lösung des Cauchy-Problems zu dem Differentialoperator $\mathcal{A}$. $\mathcal{A}$ *ist der infinitesimale Erzeuger des Markovprozesses X.*

d) **Kolmogorov Vorwärtsgleichung**
   Sei $p_{s,x}(t, \mathrm{d}y) = p_{s,x}(t, y) \, \mathrm{d}y$ *Übergangsdichte eines Markovprozesses X. Nach Chapman-Kolmogorov folgt dann für* $s \leq u \leq t$

$$p_{s,x}(t, y) = \int p_{u,z}(t, y) p_{s,x}(u, z) \, \mathrm{d}z$$

Die Kolmogorovsche Vorwärtsgleichung, auch auch Fokker-Planck-Gleichung genannt, für p erhält man durch Variation zu einem Zeitpunkt in der Zukunft.

Satz 4.91 (Kolmogorovsche Vorwärtsgleichung)
a, ϱ erfüllen die Bedingungen aus Satz 4.89 und zusätzlich seien $\frac{\partial \varrho}{\partial x}, \frac{\partial a}{\partial x}, \frac{\partial^2 a}{\partial x^2}$ *Lipschitz und es gelte die lineare Wachstumsbedingung.*
   Dann hat die **Kolmogorovsche Vorwärtsgleichung** *für die Übergangsdichte p*

$$\frac{\partial}{\partial t} p_{s,x}(t, y) = -\frac{\partial}{\partial y} \big(\varrho(t, y) p_{s,x}(t, y) \big) + \frac{1}{2} \frac{\partial^2}{\partial y^2} \big(a(t, y) p_{s,x}(t, y) \big)$$
$$\lim_{t \searrow s} p_{s,x}(t, y) = \delta_x(y) \tag{4.49}$$

eine eindeutige Lösung $p_{s,x}$. *Es existiert genau ein Diffusionsprozess X mit Übergangsdichte p.*

Beweisidee: Sei X ein Diffusionsprozess mit Übergangsdichte p zu den obigen Daten. Sei $\vartheta(t) := \int \xi(y) \, p_{s,x}(t, y) \, dy$, $\xi \in C_b^2$, und sei $\varepsilon > 0$.

Die Chapman-Kolmogorov-Gleichung angewendet auf $\vartheta(t + \varepsilon)$ ergibt:

$$\vartheta(t + \varepsilon) = \int \xi(y) \left(\int p_{t,z}(t + \varepsilon, y) p_{s,x}(t, z) \, dz \right) dy$$

$$= \int \left[\int \xi(y) p_{t,z}(t + \varepsilon, y) \, dy \right] p_{s,x}(t, z) \, dz$$

$$\approx \int \left[\int \left(\xi(z) + \xi'(z)(y - z) + \frac{1}{2}\xi''(z)(y - z)^2 \right) p_{t,z}(t + \varepsilon, y) \, dy \right) \right] p_{s,x}(t, z) \, dz$$

$$= \int_{\mathbb{R}} \left(\xi(z) + \xi'(z)\varepsilon\varrho(t, z) + \frac{1}{2}\xi''(z)\varepsilon a(t, z) \right) p_{s,x}(t, z) \, dz$$

$$= \vartheta(t) + \varepsilon \int \left(\xi'(z)\varrho(t, z) + \frac{1}{2}\xi''(z)a(t, z) \right) p_{s,x}(t, z) \, dz.$$

Daraus folgt mit partieller Integration

$$\vartheta'(t) = \int \left(\xi'(z)\varrho(t, z) + \frac{1}{2}\xi''(z)a(t, z) \right) p_{s,x}(t, z) \, dz$$

$$= \int \xi(z) \left(-\frac{\partial}{\partial z}(\varrho(t, z) p_{s,x}(t, z)) + \frac{1}{2}\frac{\partial^2}{\partial z^2}(a(t, z) p_{s,x}(t, z)) \right) dz.$$

Anderseits gilt nach Definition

$$\vartheta'(t) = \int \xi(z) \left(\frac{\partial}{\partial t} p_{s,x}(t, z) \right) dz, \quad \forall \vartheta \in C_b^2.$$

Hieraus folgt durch Vergleich der Integranden die Kolmogorov Vorwärtsgleichung in (4.48).

Im Unterschied zur Rückwärtsdifferentialgleichung in Satz 4.89 ist die Vorwärtsdifferentialgleichung in Satz 4.91 für die Übergangsdichten p (anstelle der Übergangsverteilungsfunktion F) formuliert. Dieses führt zu den relativ stärkeren Annahmen in Satz 4.91. Ein analoges Resultat zu Satz 4.91 gibt es auch im multivariaten Fall $d \geq 1$.

3.) Zugang durch stochastische Differentialgleichungen (Itô-Theorie)
Wir nehmen an, dass die Koeffizienten ϱ, a die Vorraussetzungen von Satz 4.89 erfüllen.

Sei $d = 1$ und sei $\sigma(t, x) = \sqrt{a(t, x)}$.
Dann gilt

$$|\sigma(t, x) - \sigma(t, y)| = \frac{|a(t, x) - a(t, y)|}{\sqrt{a(t, x)} + \sqrt{a(t, y)}} \leq \frac{1}{2\sqrt{c}}|a(t, x) - a(t, y)|.$$

Also erfüllt σ die Lipschitzbedingung und es gilt lineares Wachstum. Nach dem Existenz- und Eindeutigkeitssatz existiert also eine eindeutige Lösung der stochastischen Differentialgleichung (4.23).

Satz 4.92 *Unter den obigen Annahmen ist die eindeutige Lösung X der stochastischen Integralgleichung*

$$X_t = \xi + \int_0^t \sigma(s, X_s) dB_s + \int_0^t \varrho(s, X_s) ds$$

ein Diffusionprozess mit Koeffizienten ϱ, a. Die Übergangsverteilungsfunktion $F_{s,x}(t, y)$ von X_t für t, y fest, ist eindeutige Lösung der Kolmogorov-Rückwärtsgleichung.
Unter den zusätzlichen Bedingungen in Satz 4.91 existiert eine Übergangsdichte $p_{s,x}(t, y)$. p ist eindeutige Lösung der Kolmogorov-Vorwärtsgleichung.

Bemerkung 4.93 *Ist $d \geq 1$, dann ist die Lösung $\sigma(t, x)$ von $\sigma(t, x)\sigma(t, y)^T = a(t, x)$ i.A. nicht eindeutig. Ist U z. B. eine orthogonale Matrix, $UU^T = I$, dann ist σU auch eine Lösung. U B ist ebenfalls eine Brownsche Bewegung. Die Übergangsverteilungsfunktion der Lösung X der stochastischen Differentialgleichung ist unabhängig von der Wahl von σ.*

Wir vergleichen die vorgestellten Konstruktionsmethoden zur Konstruktion eines Diffusionsprozesses X anhand eines Spezialfalls:

Vergleich der Methoden
Sei $d = 1$, $a(x) = 2$ und $\varrho(x) = -x$. Das Problem besteht also darin, einen Diffusionsprozess in $d = 1$ mit Koeffizienten $a(x) = 2$ und $\varrho(x) = -x$ und dem infinitesimalen Erzeuger

$$Af(x) = f''(x) - xf'(x)$$

zu konstruieren.
1.) Halbgruppentheorie
Zur Anwendung der Halbgruppentheorie muss man nachprüfen, ob $(I - \frac{1}{n}A)^{-1}$ existiert, und ob $\|(I - \frac{1}{n}A)^{-1}\| \leq 1$ für ein $n \in \mathbb{N}$; eine schon in diesem Beispiel nicht ganz leichte Aufgabe; zu untersuchen ist das Spektrum des Operators.
2.) PDE-Methode
Wir analysieren die Kolmogorovsche Vorwärtsgleichung

$$\frac{\partial}{\partial t} p_t(x, y) = \frac{\partial}{\partial y}(y p_t(x, y)) + \frac{\partial^2}{\partial y^2} p_t(x, y)$$
$$\lim_{t \downarrow 0} p_t(x, y) = \delta_x(y). \tag{4.50}$$

Wir vermuten dass der stationäre Limes $p(y) = \lim p_t(x, y)$ existiert, und unabhängig von x ist.
Für die Dichte des invarianten Masses für die Diffusion X erhalten wir die **Stationaritätsbedingung:** $\frac{\partial}{\partial t} p(y) = 0$.

Dann folgt aus (4.50) im Limes die Gleichung für die stationäre Dichte:

$$p(y) + yp'(y) + p''(y) = 0.$$

Diese Gleichung hat als Lösung eine Dichte $p(y) = \frac{1}{\sqrt{2\pi}} e^{-y^2/2}$.

Diese Vorüberlegungen führen uns zu dem Ansatz mit unbestimmten Koeffizienten $\lambda(t)$, $\vartheta(t)$: $p_t(x, y) = \frac{1}{\sqrt{2\pi\vartheta(t)}} \cdot e^{\frac{-(y-\lambda(t)x)^2}{2\vartheta(t)}}$.

Hierfür erhalten wir

$$\frac{\partial}{\partial t} p_t(x, y) = p_t(x, y) \cdot \left(\frac{\vartheta'(t)}{2\vartheta(t)} + \frac{\vartheta'(t)(y - \lambda(t)x)^2}{2\vartheta^2(t)} + \frac{\lambda'(t)x(y - \lambda(t)x)}{\vartheta(t)} \right).$$

Weiter ist

$$\frac{\partial}{\partial y}(yp_t(x, y)) + \frac{\partial^2}{\partial y^2} p_t(x, y)$$

$$= p_t(x, y) \left(1 - \frac{y(y - \lambda(t)x)}{\vartheta(t)} + \frac{(y - \lambda(t)x)^2}{\vartheta^2(t)} - \frac{1}{\vartheta(t)} \right).$$

Durch Einsetzen in (4.50) ergibt sich

$$-\frac{\vartheta'(t)}{2\vartheta(t)} + \vartheta'(t)\frac{(y - \lambda(t)x)^2}{2\vartheta^2(t)} + \frac{\lambda'(t)x(y - \lambda(t)x)}{\vartheta(t)}$$

$$= 1 - \frac{y(y - \lambda(t)x)}{\vartheta(t)} + \frac{(y - \lambda(t)x)^2}{\vartheta(t)} - \frac{1}{\vartheta(t)}.$$

Koeffizientenvergleich liefert die Äquivalenz dieser Differentialgleichung mit:

$$\vartheta'(t) = -2\vartheta(t) + 2 \text{ und } \vartheta'(t)\lambda(t) + 2\vartheta(t)\lambda'(t) = -2\lambda(t).$$

Aus den Anfangsbedingungen folgt: $\vartheta(0) = 0$, $\lambda(0) = 1$.
Dieses impliziert die Lösung

$$\vartheta(t) = 1 - e^{-2t}, \quad \lambda(t) = e^{-t}$$

und damit die Übergangsdichte

$$p_t(x, y) = \frac{1}{\sqrt{2\pi(1 - e^{-2t})}} \exp\left(-\frac{(y - e^{-t}x)^2}{2(1 - e^{-2t})} \right).$$

p ist die Übergangsdichte des Ornstein-Uhlenbeck-Prozesses.

3.) SDE-Methode

Zur Bestimmung des Diffusionsprozesses mit Hilfe von stochastischen Differentialgleichungen mit $a(x) = 2$, $\varrho(x) = -x$, ist $\sigma(x) = \sqrt{2}$. Zu lösen ist die stochastische Differentialgleichung:

$$dX_t = \sqrt{2}dB_t - X_t\,dt \text{ mit } X_0 = 0,$$

oder die dazu äquivalente Integralgleichung

$$X_t = x_0 + \int_0^t \sqrt{2} \, dB_s - \int_0^t X_s \, ds.$$

Deren Lösung ergibt sich aber direkt aus der Itô-Formel (vgl. Beispiel 4.63)

$$X_t = e^{-t} x_0 + \sqrt{2} \int_0^t e^{-(t-u)} \, dB_u.$$

Hieraus folgt aber, dass X_t normalverteilt ist:

$$X_t \sim N\left(e^{-t} x_0, 2 \int_0^t e^{-(t-u)} \, du\right) = N\left(e^{-t} x_0, 1 - e^{-2t}\right)$$

und damit ergibt sich die Übergangsdichte in expliziter Form. Die SDE-Methode ist bei diesem Beispiel am einfachsten auszuführen.

PDEs, infinitesimaler Erzeuger und SDEs

Im Folgenden behandeln wir einige Aussagen zum Zusammenhang von PDEs, infinitesimalem Erzeuger und SDEs. Aus der Halbgruppeneigenschaft in (4.48) bzw. der Martingaleingenschaft von $f(X_t, t) - f(x, 0) - \int_0^t \mathcal{A} f(X_s, s) \, ds$, wobei

$$\mathcal{A} f = \frac{\partial f}{\partial s} + \mathcal{A}_s f, \quad \mathcal{A}_s f(x) = \sum_i b_i(x) \frac{\partial f}{\partial x_i} + \sum_{i,k} a_{ik}(x) \frac{\partial^2 f}{\partial x_i \partial x_k},$$

folgt, dass $u(t, x) = E_x f(t, X_t)$ Lösung einer partiellen Differentialgleichung ist.

Korollar 4.94 *Ist X eine schwache Lösung der stochastischen Differentialgleichung (4.28), $f \in C_K^{1,2}$ und ist σ_{ij} beschränkt auf dem Träger* supp f, *dann gilt:*

$$E_x f(t, X_t) = f(0, x) + E_x \int_0^t \left(\frac{\partial f}{\partial s} + \mathcal{A}_s f\right)(s, X_s) \, ds. \tag{4.51}$$

Im homogenen Fall sei für $f \in C_K^2$:

$$A f(x) = \lim_{t \downarrow 0} \frac{E_x f(X_t) - f(x)}{t}$$

der infinitesimale Erzeuger. Dann folgt aus (4.51) mit Hilfe des Satzes von der majorisierten Konvergenz:

$$A f(x) = \lim_{t \downarrow 0} \frac{1}{t} E_x \int_0^t \mathcal{A} f(X_s) \, ds = \mathcal{A} f(x).$$

Korollar 4.95 *Seien $f \in C_K^2$, X Lösung der stochastischen Differentialgleichung*

$$\mathrm{d}X_t = b(X_t)\,\mathrm{d}t + \sigma(X_t)\mathrm{d}B_t$$

und seien $b, \sigma_{i,j}$ beschränkt auf $\mathrm{supp}\, f$. Dann folgt:

$$Af(x) = \mathcal{A}f(x) = \sum_i b_i(x)\frac{\partial f}{\partial x_i} + \frac{1}{2}\sum_{i,j} a_{ik}(x)\frac{\partial^2 f}{\partial x_i \partial x_k}.$$

Der infinitesimale Erzeuger A des durch stochastische Differentialgleichung gegebenen Diffusionsprozesses ist identisch mit dem zugehörigen Diffusionsoperator $\mathcal{A}$.

Bemerkung 4.96

a) *Korollar 4.95 gilt auch im nichtstationären Fall.*
   Für $f \in C_K^2$ und $u(t,x) := E_x f(X_t)$ gilt:

$$u(0,x) = f(x), \quad \frac{\partial}{\partial t}u = \mathcal{A}u.$$

*u ist also Lösung des **Cauchy-Problems**. Denn*

$$\frac{1}{u}(E_x f(X_{t+u}) - f(X_t))$$

$$= E_x E\left(\frac{f(X_{t+u}) - f(z)}{u}\,\bigg|\, X_t = z\right) \underset{u\to 0}{\longrightarrow} E_x \mathcal{A}f(X_t) = \mathcal{A}u(t,x),$$

wenn die Vertauschung von Erwartungswert und $\mathcal{A}$ möglich ist wie z. B. für $f \in C_K^2$.
*Als Spezialfall ergibt sich die (eindimensionale) **Wärmeleitungsgleichung***

$$\frac{\partial u}{\partial t} = \frac{1}{2}\frac{\partial^2 u}{\partial x^2}, \quad u(0,x) = f(x). \tag{4.52}$$

Die Übergangsdichte der Brownschen Bewegung

$$p(t,x,y) = \frac{1}{\sqrt{2\bar{u}t}}\exp(-(x-y)^2/2t)$$

ist eine Fundamentallösung obiger Gleichung

$$\frac{\partial p}{\partial t} = \frac{1}{2}\frac{\partial^2 p}{\partial x^2}.$$

Falls $\int e^{-ax^2} |f(x)| \, dx < \infty$, dann ist

$$u(t, x) := E_x f(B_t) = \int f(y) p(t, x, y) \, dy$$

für $0 < t < \frac{1}{2a}$ Lösung der Wärmeleitungsgleichung (4.52).
Analog lässt sich für $d \geq 1$ die Lösung mit der multivariaten Brownschen Bewegung konstruieren.

b) *Korollar 4.94 gilt mit Hilfe des Optional Sampling Theorems auch für Stoppzeiten. Sei $f \in C_K^2$, τ eine Stoppzeit mit $E_x \tau < \infty$, dann gilt:*

$$E_x f(X_\tau) = f(x) + E_x \int_0^\tau \mathcal{A} f(X_s) \, ds \quad \textbf{(Dynkin-Formel)}. \tag{4.53}$$

Beispiele für den Zusammenhang mit PDE:
Sei $\mathcal{A}$ der semi-elliptische Differentialoperator $\mathcal{A} = \sum a_{ij}(x) \frac{\partial^2}{\partial x_i \partial x_j} + \sum b_i \frac{\partial}{\partial x_i}$,
wobei $a = (a_{ij}) \geq 0$ positiv semidefinit ist.

1) Dirichlet-Problem
Sei $D \subset \mathbb{R}^d$ ein beschränktes Gebiet und betrachte das Dirichlet-Problem auf D

$$(D) \quad \begin{cases} \mathcal{A}u = 0 & \text{in } D \\ u = f & \text{auf } \partial D \end{cases} \tag{4.54}$$

für eine stetige Funktion $f \in C(\partial D)$. Zur Konstruktion einer Lösung dieses Problems sei X eine Itô-Diffusion d. h. Lösung von

$$dX_t = b(X_t) \, dt + \sigma(X_t) dB_t, \quad \frac{1}{2} \sigma \sigma^T = a.$$

Wir definieren in Analogie zum Fall der Brownschen Bewegung für das klassische Dirichlet-Problem:

$$u(x) := E_x f(X_{\tau_D}),$$

mit $\tau_D = \inf\{t; X_t \in \partial D\}$. Unter der Annahme dass $P_x(\tau_D < \infty) = 1$, $x \in D$, d.h. X verlässt das Gebiet D in endlicher Zeit, folgt $E_x \tau_D < \infty$, $\forall x \in D$. Damit folgt wie im klassischen Fall:

u ist eindeutige Lösung des Dirichlet-Problems (D).

Der Eindeutigkeitsbeweis aus Bemerkung 4.16 b) mit Hilfe der Itô-Formel überträgt sich analog. Damit ist u eindeutige Lösung des Dirichlet-Problems.
Hinreichend für die Existenz einer Lösung ist die Bedingung

$$\exists i : \inf_{x \in D} a_{ii}(x) > 0$$

Diese Bedingung impliziert insbesondere, die Elliptizitätsbedingung, $A > 0$. Sie folgt aus der uniformen Elliptizität: $x^\top A(x)x \geq \delta|x|^2$.

2) Cauchy-Problem

Sei $f = f(x)$, $g = g(t, x) \geq 0$, und sei $v \in C^{1,2}$ polynomial beschränkt in x und Lösung der parabolischen Differentialgleichung

$$\begin{cases} -\frac{\partial v}{\partial t} + kv = \mathcal{A}_t v + g & \text{in } [0, T] \times \mathbb{R}^d \\ v(T, x) = f(x). \end{cases} \tag{4.55}$$

Die parabolische Differentialgleichung (4.55) hat zeitabhängige Koeffizienten, einen Potentialterm k und eine Lagrangeterm g. Die Lösung v hat die **Feynman-Kac-Darstellung**

$$v(t, x) = E_{t,x}\left[f(X_T) \exp\left(-\int_t^T k(u, X_u)\, du \right) \right.$$
$$\left. + \int_t^T g(s, X_s) \exp\left\{ -\int_t^T k(u, X_u)\, du \right\} ds \right].$$

Im Spezialfall der Kolmogorov-Rückwärtsgleichung mit $g = k = 0$ gilt

$$v(t, x) = E_{t,x} f(X_T) = E(f(X_T) \mid X_t = x).$$

Als Konsequenz der Feynman-Kac-Darstellung ergibt sich insbesondere die Eindeutigkeit der Lösung.

Der Beweis dieser Darstellung folgt durch Anwendung der Itô-Formel auf

$$v(s, X_s) \exp\left(-\int_t^s k(u, X_u)\, du \right).$$

Die Lösung von parabolischen Differentialgleichungen der Form (4.55) steht also in eindeutiger Beziehung zur Bestimmung von Erwartungswerten für Funktionen von Diffusionsprozessen.

3) Poisson-Gleichung

Sei $D \subset \mathbb{R}^d$ ein beschränktes Gebiet. Die Poisson-Gleichung ist eine Verallgemeinerung des Dirichlet-Problems. Sie lautet

$$(P) \qquad \begin{cases} \frac{1}{2}\Delta u = -g & \text{in } D \\ u = f & \text{auf } \partial D. \end{cases}$$

Die Poisson-Gleichung (P) hat die Lösung hat Lösung

$$u(x) = E_x\left(f(B_{\tau_D}) + \int_0^{\tau_D} g(B_t)\, dt \right), \quad x \in D. \tag{4.56}$$

Allgemein lassen sich für einen Diffusionsoperator $\mathcal{A}$ Lösungen für Gleichungen der Form

$$\begin{cases} \mathcal{A}u = -g & \text{in } D \\ u = f & \text{auf } \partial D \end{cases}$$

in der Form (4.56) erhalten, wobei die Brownsche Bewegung B durch einen Diffusionsprozess X zu ersetzen ist und $E_x \tau_D < \infty$, $x \in D$ vorausgesetzt wird.

Optionspreise in vollständigen und unvollständigen Märkten

5

Schon im Einführungskapitel 1 wird in nicht-technischer Weise eine Einführung in die Grundprinzipien der Theorie arbitragefreier Preise, des Hedging-Prinzips und des risiko-neutralen Preismaßes gegeben, die von der Binomialpreisformel durch Approximation auf die Black-Scholes-Formel führt. Das dazu notwendige Bindeglied von Prozessen in diskreter Zeit (Binomialmodell) zu solchen in stetiger Zeit (Black-Scholes-Modell) wird durch Approximationssätze für stochastische Prozesse in Kap. 2 gegeben. Sätze dieses Typs erlauben eine Interpretation der stetigen Finanzmarktmodelle mit Hilfe von einfachen diskreten Modellen wie z. B. dem Cox-Ross-Rubinstein-Modell.

Kap. 5 führt in die Grundlagen der allgemeinen arbitragefreien Bepreisungstheorie ein. Grundlegend sind das erste und zweite Fundamentaltheorem der Asset Pricing und die zugehörige risikoneutrale Bewertungsformel, die auf der Bewertung mittels äquivalenter Martingalmaße basiert. Für deren Konstruktion erweist sich der Satz von Girsanov als sehr nützlich. Für die Standardoptionen lassen sich damit auf einfache Weise die entsprechenden Preis-formeln (Black-Scholes-Formeln) ermitteln. Die Bestimmung der zugehörigen Hedging-Strategien führt im Black-Scholes-Modell (geometrische Brownsche Bewegung) auf eine Klasse von partiellen Differentialgleichungen, den Black-Scholes-Differentialgleichungen, zurückgehend auf die grundlegenden Beiträge von Black und Scholes sowie die Verbindung mit stochastischem Kalkül von Merton in 1969. Dieses führte in der Periode 1979–1983 zur Entwicklung einer allgemeinen Theorie der arbitragefreien Bepreisung für zeitstetige Preisprozesse und der dazu wichtigen Rolle der äquivalenten Martingalmaße durch Harrison, Kreps und Pliska.

Zentrale Themen dieser allgemeinen Theorie sind die Vollständigkeit und Nichtvollständigkeit von Marktmodellen, die Bestimmung zugehöriger arbitragefreier Preisintervalle über die äquivalenten Martingalmaße und der entsprechenden Sub- bzw. Super-Hedging-Strategien (optionaler Zerlegungssatz).

5.1 Das Black-Scholes-Modell und risikoneutrale Bewertung

Wir betrachten ein zeitkontinuierliches Finanzmarktmodell mit Zeithorizont T und zwei Wertpapieren, einer risikolosen Anleihe (bond) S_t^0 und einem risikobehafteten Wertpapier (stock) S_t (Abb. 5.1).

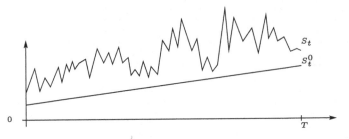

Abb. 5.1 Finanzmarktmodell, stock und bond

Die allgemeine Aufgabe der Finanzmathematik besteht darin, die Wertentwicklung des stocks im Vergleich zu dem bond zu beschreiben und insbesondere für Funktionale des stocks (Optionen) einen ‚korrekten' Preis zu ermitteln.

Beispiel 5.1 (Black-Scholes-Modell) *Beim Black-Scholes-Modell wird der bond S^0 beschrieben durch*

$$\mathrm{d}S_t^0 = r S_0^t \, \mathrm{d}t \quad d.\,h. \ S_t^0 = e^{rt} \ mit \ einem \ deterministischen \ Zinssatz \ r.$$

Der stock S ist gegeben durch eine geometrische Brownsche Bewegung, d. h. eine Lösung von

$$\mathrm{d}S_t = S_t(\mu \, \mathrm{d}t + \sigma \mathrm{d}B_t).$$

S hat die explizite Darstellung

$$S_t = S_0 \exp\left(\sigma B_t + \left(\mu - \frac{1}{2}\sigma^2\right)t\right), \quad t \in [0, T].$$

Das Modell der geometrischen Brownschen Bewegung hat zwei Parameter, die Volatilität σ und den Drift μ. Die ‚log returns' $\ln\frac{S_t}{S_0}$ von S werden durch eine Brownsche Bewegung mit Drift $a = \mu - \frac{1}{2}\sigma^2$, und Diffusionskoeffizient σ beschrieben.

Die log returns haben also unabhängige Zuwächse, nicht aber S. Der Grund für diese Modellierung ist, dass empirisch die relativen Zuwächse

$$\frac{S_t - S_u}{S_u} = \frac{S_t}{S_u} - 1 \approx \ln\frac{S_t}{S_u}$$

sich für $u \sim t$ als unabhängig erweisen. Dieses führt dazu, dass $\ln\frac{S_t}{S_0}$ als Prozess mit unabhängigen Zuwächsen modelliert wird. Deshalb ist eine natürliche Modellierung von Wertpapierprozessen durch die geometrische Brownsche Bewegung oder allgemeiner durch eine Modellierung mit exponentiellen Lévy-Prozessen $S_t = \exp(X_t)$ gegeben.

Ein diskretes Analogon der geometrischen Brownschen Bewegung ist das multiplikative Modell

$$S_{\frac{k}{n}}^{(n)} = S_0 \prod_{i=1}^{k} Y_i^{(n)}$$

$$= S_0 \exp \Big(\sum_{i=1}^{k} \ln Y_i^{(n)} \Big).$$

Definiert man für geeignete Konstanten $u_n \geq r \geq d_n$

$$P\Big(Y_i^{(n)} = \frac{u_n}{d_n}\Big) = \begin{cases} p_n, \\ 1 - p_n, \end{cases}$$

dann approximiert $S^{(n)}$ das Modell der geometrischen Brownschen Bewegung S wenn

$$n(p_n \log u_n + (1 - p_n) \log d_n) = n\mu_n \approx a = \Big(\mu - \frac{r}{2}\sigma^2 \Big)$$

und $n\big(p_n \log u_n^2 + (1 - p_n) \log d_n^2 - \mu_n^2\big) \approx \sigma^2$.

Diese Bedingungen sind z. B. erfüllt, wenn $u_n = e^{\frac{\sigma}{\sqrt{n}}}$, $d_n = \frac{1}{u_n}$, $p_n = \frac{1}{2}\big(1 + \frac{a}{\sigma\sqrt{n}}\big)$.

Dieses diskrete Modell mit einem up- *und einem* down-*Sprung u_n bzw. d_n ist das klassische Cox-Ross-Rubinstein-Modell, das als Näherung für die geometrische Brownsche Bewegung in der Praxis verwendet wird. Im allgemeinen Fall wird das Marktmodell durch ein Semimartingal beschrieben.*

Wir führen nun einige *Grundbegriffe* der Optionspreistheorie ein.

Eine **Handelsstrategie** Φ, $\Phi = (\Phi_t) = \big((\varphi_t^0, \varphi_t)\big) \in \mathcal{L}(\mathcal{P})$ ist ein vorhersehbar-adaptierter Prozess bestehend aus zwei Anteilen:

φ_t^0 beschreibt den Anteil von bonds zur Zeit t im ‚Portfolio'

φ_t beschreibt den Anteil von stocks zur Zeit t im ‚Portfolio'

Erste generelle Annahme ist, dass φ^0, φ integrierbar sind: $\int_0^T |\varphi_t^0|\,dt < \infty$, $\varphi \in \mathcal{L}^0(S)$.

Der **Wert des Portfolios** zur Zeit t ist dann $V_t(\Phi) = \varphi_t^0 S_t^0 + \varphi_t S_t$.

Selbstfinanzierende Handelsstrategien

In diskreter Zeit werden selbstfinanzierende Handelsstrategien Φ_n definiert durch die Eigenschaft, dass zum Zeitpunkt n nur Umschichtungen des Portfolios vorgenommen werden, d. h. der Wert des umgeschichteten Portfolios $\Phi_{n+1}^T \cdot S_n$ ist identisch mit dem Wert zur Zeit n:

$$\Phi_n^T \cdot S_n = \Phi_{n+1}^T \cdot S_n$$
$$\Longleftrightarrow V_{n+1}(\Phi) - V_n(\Phi) = \Phi_{n+1}^T(S_{n+1} - S_n).$$

Der analoge Begriff in stetiger Zeit wird durch die Gleichung

$$dV_t(\Phi) = \varphi_t^0 dS_t^0 + \varphi_t dS_t$$
$$\Longleftrightarrow V_t(\Phi) = V_0(\Phi) + \int_0^t \varphi_s^0 dS_s^0 + \int_0^t \varphi_u dS_u$$

beschrieben. Sei $\Pi := \{\Phi = (\varphi^0, \varphi) \in \mathcal{L}^0(S);\ \Phi$ ist eine selbstfinanzierende Handelstrategie$\}$ die Menge aller selbstfinanzierenden Handelsstrategien.

diskontierter Preisprozess
$\widetilde{S}_t := e^{-rt} S_t$ bezeichnet den *diskontierten Preisprozess*, $\widetilde{V}_t(\Phi) := e^{-rt} V_t(\Phi)$ den *diskontierten Wert des Portfolios* Φ zur Zeit t. Die Bezugsgröße S_t^0 fungiert dabei als ‚*numéraire*‘.

Lemma 5.2 *Sei* $\Phi = (\varphi^0, \varphi) \in \mathcal{L}^0(S)$, *dann gilt:*

$$\Phi \in \Pi \Longleftrightarrow \widetilde{V}_t(\Phi) = V_0(\Phi) + \int_0^t \varphi_u d\widetilde{S}_u, \quad \forall\, t > 0.$$

Beweis „$\Longrightarrow$“: (für S stetig) Für $\Phi \in \Pi$ und $\widetilde{V}_t(\Phi) = e^{-rt} V_t(\Phi)$ gilt mit partieller Integration

$$\begin{aligned} d\widetilde{V}_t(\Phi) &= -r\widetilde{V}_t(\Phi)\,dt + e^{-rt} dV_t(\Phi) \\ &= -re^{-rt}\left(\varphi_t^0 e^{rt} + \varphi_t S_t\right) dt + e^{-rt}\varphi_t^0 d(e^{rt}) \varphi_t dS_t \\ &= \varphi_t\left(-re^{-rt} S_t\,dt + e^{-rt} dS_t\right) = \varphi_t d\widetilde{S}_t. \end{aligned}$$

Es folgt also

$$\widetilde{V}_t(\Phi) = V_0(\Phi) + \int_0^t \varphi_u d\widetilde{S}_u.$$

„$\Longleftarrow$“: analog $\square$

Bemerkung 5.3 *Wenn* $\Phi \in \Pi$ *und* φ^0, φ *von endlicher Variation sind, dann gilt mit partieller Integration*

$$
\begin{aligned}
\mathrm{d}V_t(\Phi) &= \mathrm{d}(\varphi_t^0 S_t^0) + \mathrm{d}(\varphi_t S_t) \\
&= \varphi_t^0 \mathrm{d}S_t^0 + S_t^0 \mathrm{d}\varphi_t^0 + \varphi_t \mathrm{d}S_t + S_t \mathrm{d}\varphi_t, \ da \ [\varphi, S] = 0, \\
&= \varphi_t^0 \mathrm{d}S_t^0 + \varphi_t \mathrm{d}S_t.
\end{aligned}
$$

Daraus folgt

$$
S_t^0 \, \mathrm{d}\varphi_t^0 + S_t \, \mathrm{d}\varphi_t = 0,
$$

d. h. die Wertänderung durch Umschichtung im bond ist identisch mit den Negativen der Wertänderung durch Umschichtung im stock.

Ein Grundprinzip der Preistheorie ist das **No-Arbitrage-Prinzip,** das besagt, dass in einem ‚realistischen Marktmodell' kein risikoloser Gewinn möglich ist. Eine grundlegende Frage ist es, Preismodelle zu beschreiben, die dem No-Arbitrage-Prinzip genügen.

Definition 5.4 $\Phi \in \Pi$ *heißt **Arbitrage-Strategie,** falls*

$$
V_0(\Phi) = 0, \ V_T(\Phi) \geq 0 \, [P] \ und \ P(V_T(\Phi) > 0) > 0,
$$

d. h. es existiert ein risikoloser Gewinn aus dem Anfangswert Null.

Bemerkung 5.5 (Erweitertes No-Arbitrage-Prinzip) *Für ein erweitertes Portfolio bestehend aus Wertpapieren (stocks, bonds) S^i und Derivaten C_i ordnen wir einer Strategie $\pi = ((\varphi^i), (a_i))$ mit φ^i Anteilen von S^i, a_i Anteilen von C_i, $a_i = a_i(t, \omega)$ den Wert*

$$
V_t(\pi) = \varphi_t^0 S_t^0 + \sum \varphi_t^i S_t^i + \sum a_i(t, \cdot) C_i
$$

zu. Das erweiterte No-Arbitrage-Prinzip besagt, dass in diesem erweiterten Marktmodell keine Arbitrage-Strategie existiert.

Definition 5.6 *Sei (S^0, S, P) ein Marktmodell. $Q \in M^1(\Omega, \mathfrak{A})$ heißt **äquivalentes (lokales) Martingalmaß** zu P, wenn:*

a) $Q \sim P$, die Maße Q und P sind äquivalent.
b) $\widetilde{S} \in \mathcal{M}_{\mathrm{loc}}(Q)$.

$\mathcal{M}_e = \mathcal{M}_e(P)$ *sei die Menge der äquivalenten(lokalen) Martingalmaße. Elemente aus $\mathcal{M}_e$ heißen auch **risikoneutrale Maße.***

Für selbstfinanzierende Handelsstrategien und äquivalente Martingalmaße $Q \in \mathcal{M}_e$ gilt

$$\widetilde{V}_t(\Phi) = \widetilde{V}_0(\Phi) + \int_0^t \varphi_u d\widetilde{S}_u \in \mathcal{M}_{\mathrm{loc}}(Q);$$

der diskontierte Werteprozess ist gleich dem Anfangswert plus dem diskontierten Gewinnprozess aus dem stock. Im Allgemeinen ist $\widetilde{V}(\Phi)$ nur ein lokales Martingal.

Die Abwesenheit von Arbitragemöglichkeiten ist eine zentrale ökonomische Anforderung an ein stochastisches Marktmodell. Schon in diskreten Modellen existieren jedoch für unendlichen Zeithorizont typischerweise Arbitragestrategien, wie man anhand von Verdoppelungsstrategien sieht. In Modellen in stetiger Zeit existieren solche Strategien schon bei endlichem Zeithorizont. Wir müssen daher die Menge der Strategien geeignet einschränken.

Definition 5.7
a) *Für $Q \in \mathcal{M}_e$ heißt $\Phi \in \Pi$ **Q-regulär,** $\Phi \in \Pi_r(Q)$, wenn $\widetilde{V}_t(\Phi)$ ein Supermartingal bzgl. Q ist.*
*Sei $\Pi_r = \bigcap_{Q \in \mathcal{M}_e} \Pi_r(Q)$ die Menge der **regulären Handelsstrategien.***
b) *Sei $Q \in \mathcal{M}_e(P)$, dann heißt eine Handelsstrategie $\Phi \in \Pi_b := \{\Phi \in \Pi \mid \exists c \in \mathbb{R}, \text{ so dass } \widetilde{V}_t(\Phi) \geq c, \ \forall t \in [0, T]\}$ **Q-zulässig,** wenn $\widetilde{V}_T(\Phi)$ ein Martingal bzgl. Q ist,*
*Sei $\Pi_a(Q)$ die Menge der Q-zulässigen selbstfinanzierenden Handelsstrategien und sei $\Pi_a = \bigcap_{Q \in \mathcal{M}_e(P)} \Pi_a(Q)$ die Menge der **zulässigen Strategien.***

Bemerkung 5.8
a) *Es gilt $\Pi_b \subseteq \Pi_r$, denn für $\Phi \in \Pi_b$ ist $\widetilde{V}_t(\Phi) \in \mathcal{M}_{\mathrm{loc}}(Q)$ und da $\widetilde{V}_t(\Phi) \geq c$ nach unten beschränkt ist, ist $\widetilde{V}_t(\Phi)$ ein Supermartingal.*
b) *Für nichtnegative Wertprozesse $S^i \geq 0$ reicht es auch anstelle der Beschränktheit nach unten die schwächere Bedingung $V(\Phi) \geq -\sum_{i=1}^n c_i S^i$ mit $c_i \geq 0$ zu fordern.*

Die Existenz von äquivalenten Martingalmaßen schließt die Existenz von regulären Arbitragestrategien aus.

Satz 5.9 *Sei $\mathcal{M}_e(P) \neq \emptyset$, dann existiert keine reguläre Arbitrage-Strategie.*

Beweis Sei $Q \in \mathcal{M}_e(P)$, $\Phi \in \Pi_r$, dann ist der diskontierte Werteprozess $\widetilde{V}_t(\Phi)$ ein Supermartingal bzgl. Q. Daraus folgt:

$$E_Q \widetilde{V}_T(\Phi) \leq E_Q \widetilde{V}_0(\Phi). \tag{5.1}$$

Angenommen Φ wäre eine Arbitrage-Strategie, dann wäre $\widetilde{V}_0(\Phi) = 0$, $\widetilde{V}_T(\Phi) \geq 0$, aber damit gilt nach (5.1)

$$E_Q \widetilde{V}_T(\Phi) \leq 0 \quad \text{also} \quad \widetilde{V}_T(\Phi) = 0\,[Q].$$

Daraus folgt auch $\widetilde{V}_T(\Phi) = 0\,[P]$ und damit ein Widerspruch zur Definition der Arbitrage-Strategie. □

Im diskreten Fall gilt auch die Umkehrung von Satz 5.9, d. h.

No-Arbitrage ist äquivalent zu $\mathcal{M}_e(P) \neq \emptyset$.

Im stetigen Fall benötigt man eine Modifikation des No-Arbitrage-Begriffs.

Definition 5.10

a) $\Phi \in \Pi$ *heißt* **δ-zulässig**, $\delta > 0$, *wenn*

$$V_0(\Phi) = 0 \text{ und } V_t(\Phi) \geq -\delta, \ \forall t \in [0, T].$$

b) S *erfüllt die* **NFLVR-Bedingung** (*No free lunch with vanishing risk*)

$$\Longleftrightarrow \forall \delta_n \downarrow 0 : \forall \Phi_n \in \Pi \text{ die } \delta_n\text{-zulässig sind, gilt} \quad V_T(\Phi_n) \overset{P}{\longrightarrow} 0.$$

Satz 5.11 (Erstes Fundamentaltheorem des Asset Pricing) *Im Marktmodell* (S^0, S, P) *sei* (S, P) *lokal beschränktes Semimartingal. Dann gilt:*
S *erfüllt die NFLVR-Bedingung* $\Longleftrightarrow \mathcal{M}_e(P) \neq \emptyset$ *d. h. es gibt ein äquivalentes Martingalmaß.*

Beweis „$\Longleftarrow$" Wie in Satz 5.9.
„$\Longrightarrow$" Beweisidee

1) Im ersten Schritt Reduktion auf beschränkte Semimartingale mit Hilfe eines ‚Change of Numeraire' Argumentes unter Verwendung des Satzes von Girsanov.
2) Approximation durch diskretes Semimartingalmodell.
3) Im dritten Schritt wird mit dem Trennungssatz von Hahn-Banach ein äquivalentes Martingalmaß konstruiert (vgl. Delbaen und Schachermayer (2006)). □

Bemerkung 5.12 *Im Fall allgemeiner (nicht lokal beschränkter) Semimartingale muss die Klasse* $\mathcal{M}_e(P)$ *der äquivalenten Martingalmaße durch die Klasse* $\mathcal{M}_\sigma(P)$ *der äquivalenten σ-Martingalmaße ersetzt werden. Ein d-dimensionales Semimartingal S in $\mathcal{M}^d$ heißt σ-Martingal bzgl. Q wenn ein φ in $\mathcal{L}(\mathcal{P})$ mit Werten in $\mathbb{R}_+$ existiert, so dass*

$$\varphi \cdot S = (\varphi \cdot S^i) \in \mathcal{M}(Q). \tag{5.2}$$

Es gilt nun die folgende Charakterisierung der NFLVR-Bedingung durch die Existenz eines äquivalenten σ-Martingalmaß (ESMM) (vgl. Delbaen und Schachermayer (1998)):

Satz 5.13 ((Allgemeines) Erstes Fundamentaltheorem des Asset Pricing:) *Sei $S \in \mathcal{S}^d$, dann sind äquivalent:*

1. *(ESMM):* $\exists\, Q \sim P : S \in \mathcal{M}_\sigma(Q)$
2. *(NFLVR): S erfüllt die NFLVR-Bedingung.*

Insbesondere gilt, dass $\mathcal{M}_{\mathrm{loc}} \subset \mathcal{M}_\sigma$.

Wir zeigen nun als Anwendung des Satzes 5.11, dass das Black-Scholes-Modell der geometrischen Brownschen Bewegung arbitragefrei ist.

Sei also $\widetilde{S}_t = e^{-rt} S_t = S_0 e^{X_t}$ mit $X_t = \sigma B_t + (\mu - r - \frac{\sigma^2}{2})t$, Volatilität σ^2 und Drift $\mu - r - \frac{\sigma^2}{2}$. Um zu zeigen, dass S arbitragefrei ist, zeigen wir, dass es ein äquivalentes Martingalmaß gibt.

Proposition 5.14 *Definiere $Q \in M^1(\Omega, \mathfrak{A})$ durch die Radon-Nikodým-Dichte*

$$\frac{\mathrm{d}Q}{\mathrm{d}P} := L_T = \exp\left(\frac{r - \mu}{\sigma} B_T - \frac{(r - \mu)^2}{2\sigma^2} T \right).$$

Dann gilt:
a) $\widetilde{S} \in \mathcal{M}(Q)$ *d. h.* $Q \in \mathcal{M}_e(P)$.
b) (X, Q) *ist eine Brownsche Bewegung mit Drift* $-\frac{\sigma^2}{2}$ *und mit der Volatilität* σ^2.

Beweis B ist eine Brownsche Bewegung bzgl. P und L ist das exponentielle Martingal. Daher folgt nach dem Satz von Girsanov:

$$\overline{B}_t := B_t - \frac{r - \mu}{\sigma} t \text{ ist eine Brownsche Bewegung bzgl. } Q.$$

$$X_t = \sigma B_t + \left(\mu - r - \frac{\sigma^2}{2} \right) t = \sigma \overline{B}_t - \frac{\sigma^2}{2} t$$

ist also eine Brownsche Bewegung mit Volatilität σ^2 und mit Drift $-\frac{\sigma^2}{2}$ bzgl. Q. Daraus folgt aber

$$\widetilde{S}_t = S_0 e^{\sigma \overline{B}_t - \frac{\sigma^2}{2} t} \text{ ist exponentielles Martingal bzgl. } Q,$$

und damit ist $\widetilde{S} \in \mathcal{M}(Q)$. $\square$

Es gibt also im Black-Scholes-Modell keine reguläre Abitrage-Strategie im erweiterten Sinne.

5.1.1 Risikoneutrale Bewertung von Optionen

Eine Option ist ein messbares Funktional des Prozesses, d. h. ein Element aus $L(\mathfrak{A}_T)$. Die Basisoptionen

$$C = (S_T - K)_+ = \text{European Call} \quad \text{und} \quad C = (K - S_T)_+ = \text{European Put}$$

heißen Vanilla-Optionen. Bei den europäischen Optionen kann das (erworbene) Kauf-Verkaufrecht nur zum Ende der Laufzeit (Gültigkeit) der Option ausgeübt werden, hier zur Zeit T.

Dagegen können „amerikanische Optionen", wie z. B. ein American Call $C = (S_\tau - K)_+$ bzw. American Put $C = (K - S_\tau)_+$, während der ganzen Laufzeit zu einer beliebigen Stoppzeit τ ausgeübt werden.

Definition 5.15
*a) Eine Option $C \in L(\mathfrak{A}_T)$ heißt **duplizierbar***

$$\Longleftrightarrow \exists\, \Phi \in \Pi_r : V_T(\Phi) = C.$$

*Jedes solche Φ heißt **Hedge** von C.*
*b) Ein Hedge Φ von C heißt **zulässig** oder **Martingal-Hedge** für C, falls $\Phi \in \Pi_a$, d. h.*

$$\exists\, Q \in \mathcal{M}_e(P) \quad \text{mit } \widetilde{V}(\Phi) \in \mathcal{M}(Q).$$

*c) C heißt **stark hedgebar**, wenn es einen Martingal-Hedge von C gibt.*

Bemerkung 5.16 *Ist Φ zulässige Hedge-Strategie von C, dann ist*

$$\widetilde{V}_T(\Phi) = e^{-rT} C \in \mathcal{L}^1(Q).$$

Für das Folgende ist nun von grundlegender Bedeutung, dass zwei zulässige Hedge-Strategien für eine Option C dieselben Anfangskosten verursachen.

Proposition 5.17 *Seien $\Phi, \Psi \in \Pi_a$ zulässige Hedge-Strategien der Option C, dann gilt:*

$$V_0(\Phi) = V_0(\Psi).$$

Beweis Seien $Q_i \in \mathcal{M}_e(P)$ und $\Phi \in \Pi_a(Q_1), \Psi \in \Pi_a(Q_2)$ und seien $x := V_0(\Phi)$, $y := V_0(\Psi)$ die Anfangskosten dieser Strategien. Dann gilt:

$$0 = E_{Q_1}\Big(\underbrace{\widetilde{V}_T(\Phi)}_{=\widetilde{C}} - \underbrace{\widetilde{V}_T(\Psi)}_{=\widetilde{C}} \Big) = E_{Q_1}\widetilde{V}_T(\Phi) - E_{Q_1}\widetilde{V}_T(\Psi).$$

Es ist aber $E_{Q_1} \widetilde{V}_T(\Phi) = E_{Q_1} \widetilde{V}_0(\Phi) = x$.

Weiter ist $\Psi \in \Pi_r$, und daher ist $\widetilde{V}(\Psi)$ ein Supermartingal bzgl. Q_1. Daraus folgt

$$E_{Q_1} \widetilde{V}_T(\Psi) \leq E_{Q_1} \widetilde{V}_0(\Psi) = y.$$

Insgesamt ergibt sich

$$0 = E_{Q_1} \widetilde{V}_T(\Phi) - E_{Q_1} \widetilde{V}_T(\Psi) \geq x - y.$$

Also ist $x \leq y$. Umgekehrt erhält man analog $y \leq x$ und damit $x = y$. □

Bemerkung 5.18

a) *Allgemeiner gilt für zulässige* Φ, Ψ:

$$V_T(\Phi) \geq V_T(\Psi) \ impliziert \ V_t(\Phi) \geq V_t(\Psi), \quad 0 \leq t \leq T.$$

b) *Sind* Φ, $\Psi \in \Pi_a(Q)$ *Martingal-Hedges von* C *mit demselben Martingalmaß* Q, *dann gilt auch ohne die Annahme der Regularität*

$$V_0(\Phi) = V_0(\Psi).$$

Nach diesen Vorbereitungen können wir nun als Konsequenz aus dem No-Arbitrage-Prinzip den grundlegenden No-Arbitrage-Preis einführen.

Definition 5.19 (No-Arbitrage-Preis) *Sei* $Q \in \mathcal{M}_e(P)$, $C \in \mathcal{L}^1(\mathcal{A}_T, Q)$ *ein Claim. Ist* $\Phi \in \Pi_a(Q)$ *eine zulässige Hedge-Strategie von* C, *dann heißt*

$$p(C) := V_0(\Phi) = \varphi_0^0 \underbrace{S_0^0}_{=1} + \varphi_0 S_0.$$

No-Arbitrage-Preis (Black-Scholes-Preis) von C *(zur Zeit t).*

$$p(C, t) := V_t(\Phi) = \varphi_t^0 e^{rt} + \varphi_t S_t^0 \ heißt \ No\text{-}Arbitrage\text{-}Preis \ zur \ Zeit \ t.$$

Bemerkung 5.20

a) *Nach Proposition 5.17 ist der No-Arbitrage-Preis eines hedgebaren Claims eindeutig definiert. Sind* Q_1, $Q_2 \in \mathcal{M}_e(P)$ *und* $C \in \mathcal{L}^1(Q_1) \cap \mathcal{L}^1(Q_2)$ *mit zulässigen Hedge-Strategien* Φ, Ψ, *dann ist* $V_0(\Phi) = V_0(\Psi)$. *Also ist* $p_{Q_1}(C) = p_{Q_2}(C)$ *unabhängig von* Q_i *definiert.*

Der No-Arbitrage-Preis ist also definiert für stark hedgebare Claims $C \in L(\mathfrak{A}_T)$, *d. h. es existiert ein* $Q \in \mathcal{M}_e(P)$ *und ein* $\Phi \in \Pi_a(Q)$, *so dass* $C = V_T(\Phi)$.

b) *Ökonomische Begründung des No-Arbitrage-Preises*

Das **verallgemeinerte No-Arbitrage-Prinzip,** *das auch nicht hedgebare Claims mit ihren Preisen einbezieht, besagt, dass in einem realistischen Marktmodell kein risikoloser Gewinn möglich ist.*

Wäre der Preis $p(C)$ einer hedgebaren Option C ungleich dem No-Arbitrage-Preis $V_0(\Phi)$, $p(C) \neq V_0(\Phi)$, so ergäbe sich ein risikoloser Gewinn:

Falls $p(C) < V_0(\Phi)$, dann besteht eine risikolose Gewinnstrategie aus folgenden Schritten:

1.) shortselling (Leerverkauf) vom Aktienportfolio,
2.) Kauf der Option C,
3.) Differenz risikolos anlegen.

Diese Strategie führt zu risikolosem Gewinn.

Falls $p(C) > V_0(\Phi)$, dann führt die analoge duale Strategie zu risikolosem Gewinn:

1.) shortselling vom Claim,
2.) Kauf vom Aktienportfolio,
3.) Differenz risikolos anlegen.

Es ergibt sich wieder ein risikoloser Gewinn im Gegensatz zum No-Arbitrage-Prinzip.

Eine äquivalente Formulierung des No-Arbitrage-Prinzips ist: Zwei Finanzinstrumente mit gleicher Auszahlung zur Zeit T sind gleich teuer zur Zeit t, $\forall\, t \leq T$.

Von fundamentaler Bedeutung ist die folgende risikoneutrale Bewertungsformel. Der No-Arbitrage-Preis kann als Erwartungswert bzgl. eines äquivalenten Martingalmaßes bestimmt werden ohne Hedge-Strategien explizit bestimmen zu müssen.

Satz 5.21 (Risikoneutrale Bewertungsformel) *Sei $Q \in \mathcal{M}_e(P)$ und $C \in L(\mathfrak{A}_T, Q)$ eine duplizierbare Option mit zulässigem hedge $\Phi \in \Pi_a(Q)$. Dann gilt:*

$$p(C) = E_Q \widetilde{C}, \quad \widetilde{C} = e^{-rT} C.$$

Allgemeiner gilt: $p(C, t) = e^{-r(T-t)} E_Q(C \mid \mathfrak{A}_t) = e^{rt} E_Q(\widetilde{C} \mid \mathfrak{A}_t)$.

Bemerkung 5.22 *Der Erwartungswert ist bzgl. dem Martingalmaß Q, aber* **nicht** *bzgl. dem zugrundeliegenden Modellmaß P zu bestimmen. Es stellt sich aber heraus, dass sich reale Märkte 'approximativ' wie risikoneutrale Märkte verhalten. Um den Preis einer Option zu berechnen braucht man nicht die Hedge-Strategie zu kennen.*

Beweis Sei $\Phi \in \Pi_a(Q)$ eine Hedge-Strategie von C. Dann ist

$$V_T(\Phi) = V_0(\Phi) + \int_0^T \varphi_s \mathrm{d}S_s + \int_0^T \varphi_s^0 \mathrm{d}S_s^0 = C.$$

Äquivalent dazu ist

$$\widetilde{V}_T(\Phi) = V_0(\Phi) + \int_0^T \varphi \mathrm{d}\widetilde{S} = \widetilde{C} \quad \text{(vgl. Lemma 5.2)}.$$

Nun ist

$$\widetilde{V}_t(\Phi) = V_0(\Phi) + \int_0^t \varphi_u \mathrm{d}\widetilde{S}_u \in \mathcal{M}(Q), \quad \text{da } \Phi \text{ zulässig bzgl. } Q.$$

Daraus folgt

$$E_Q \widetilde{C} = E_Q \widetilde{V}_T(\Phi) = E_Q V_0(\Phi) = V_0(\Phi) = p(C).$$

Ebenso folgt

$$p(C, t) = V_t(\Phi) = e^{rt} \widetilde{V}_t = e^{rt} E_Q(\widetilde{V}_T(\Phi) \mid \mathfrak{A}_t)$$
$$= e^{rt} E_Q(C \mid \mathfrak{A}_t). \qquad \square$$

Grundfragen

1.) Für welche Modelle ist jeder Claim stark hedgebar? Diese Fragestellung führt auf den Begriff des vollständigen Marktmodells.

2.) Wie ist eine sinnvolle Preisbestimmung für nicht hedgebare Claims möglich?

Mit dem No-Arbitrage-Prinzip erhält man in allgemeinen (nicht vollständigen) Modellen nur ein Intervall verträglicher Preise. Dieses sogenannte No-Arbitrage-Intervall werden wir im Folgenden genauer beschreiben.

Proposition 5.23 (triviale Preisschranken) *Sei* $\mathcal{M}_e(P) \neq \emptyset$, $S \geq 0$, $K \geq 0$, *und sei* $C := (S_T - K)_+$ *ein European Call. Dann gilt für jeden No-Arbitrage-Preis* $p(C)$ *im Sinne des verallgemeinerten No-Arbitrage-Prinzips:*

$$(S_0 - K)_+ \leq p(C) \leq S_0.$$

Beweis Falls $p(C) > S_0$, dann betrachte die folgende Strategie:

1.) Zur Zeit $t = 0$ kaufe Aktie,
2.) Leerverkauf der Option C und
3.) Anlage der Differenz risikolos in bonds.

Zur Zeit $t = T$ ist der Wert der Aktie $S_T \geq (S_T - K)_+$. Der Gewinn ist dann > 0 wegen der risikolosen Anlage der Differenz in bonds.

Falls $0 \leq p(C) < (S_0 - K)_+$, dann ergibt ein analoges Argument wieder einen risikolosen Gewinn. □

Bemerkung 5.24 *Forwards sind OTC-Kontrakte (OTC – over the counter), d. h. Verträge zwischen Parteien, die nur bei Vertragsabschluss zusammenkommen. Börsenhandel ist im weiteren Verlauf bis zur Fälligkeit nicht vorgesehen. Es gibt zur Bewertung von Forwards kein No-Arbitrage-Argument mit Handelsstrategien. Mit dem erweiterten No-Arbitrage-Prinzip lässt sich jedoch in analoger Weise eine Bewertung vornehmen.*

Beispiel:
Zwei Parteien, die eine erhält zur Zeit T Basispapier S^1, die andere erhält zur Zeit T den Forwardpreis K. K sei so gewählt, dass der Vertrag zur Zeit 0 nichts kostet.

Die Auszahlung bei Fälligkeit beträgt $C := S_T^1 - K$ zur Zeit T aus Sicht von Partei 1.

*Die Finanzierung geschieht durch das Basispapier und einer in T fälligen Anleihe, d. h. ein Wertpapier S^0, das zur Zeit T den Wert 1 auszahlt (ein frei gehandelter **zero coupon bond**).*

Das konstante Portfolio $\varphi = (\varphi^0, \varphi^1) = (-K, 1)$ hat bei Fälligkeit den Wert C. Der Anfangswert dieses Portfolios ist $V_0(\Phi) = -K S_0^0 + S_0^1$. Aus dem erweiterten No-Arbitrage-Prinzip folgt für den ‚fairen Preis':

$$V_0(\Phi) = 0 \text{ oder äquivalent: } K = \frac{S_0^1}{S_0^0} \text{ ist eindeutiger fairer}$$

Forwardpreis für das Basispapier S^1.

Für das Black-Scholes-Modell lassen sich alle Optionen eindeutig mit dem No-Arbitrage-Preis bewerten.

Satz 5.25 *Im Black-Scholes-Modell mit Zinsrate r und äquivalentem Martingalmaß Q gilt:*

a) Jeder Claim $C \in \mathcal{L}^1(\mathfrak{A}_T, Q)$ ist stark hedgebar.
b) $\forall C \in \mathcal{L}^2(\mathfrak{A}_T, Q)$ existiert genau ein Martingal-Hedge von C.

Beweis Der diskontierte Preisprozess $\widetilde{S}$ hat die Darstellung

$$\widetilde{S}_t = e^{-rt} S_t = S_0 e^{\sigma \overline{B}_t - \frac{\sigma^2}{2} t},$$

wobei $\overline{B}$ eine Brownsche Bewegung bzgl. Q ist und $\mathfrak{A}^B = \mathfrak{A}^{\overline{B}}$. Für $C \in \mathcal{L}^1(\mathfrak{A}_T, Q)$ und mit $\widetilde{C}_t = E_Q(\widetilde{C}|\mathfrak{A}_t)$, das von $\widetilde{C} = e^{-rT} C$ erzeugte Martingal, gilt dann nach dem Martingaldarstellungssatz: $\exists\, f_s \in \mathcal{L}^0(\overline{B})$ $(\exists\,!\, f \in \mathcal{L}^2(\overline{B}),$ falls $C \in \mathcal{L}^2(Q))$, so dass

$$\widetilde{C}_t = E_Q \widetilde{C} + \int_0^t f_s \mathrm{d}\overline{B}_s.$$

Es gilt $d\widetilde{S}_t = \sigma \widetilde{S}_t d\overline{B}_t$, denn $\widetilde{S}$ ist exponentielles Martingal bzgl. Q.
Wir definieren:

$$\varphi_t := \frac{f_t}{\sigma \widetilde{S}_t}, \quad \varphi_t^0 := E_Q \widetilde{C} + \int_0^t f_s \mathrm{d}\overline{B}_s - \varphi_t \widetilde{S}_t \quad \text{und} \quad \Phi := (\varphi^0, \varphi).$$

Dann ist $\Phi \in \Pi_a(Q)$ ein zulässiger hedge von C, denn:

1) $\widetilde{V}_0(\Phi) = \varphi_0^0 + \varphi_0 \widetilde{S}_0 = E_Q \widetilde{C}$ nach Definition von φ^0.

2) $\widetilde{V}_t(\Phi) = \widetilde{C}_t \in \mathcal{M}(Q)$, denn

$$\widetilde{V}_t = e^{-rt} V_t(\Phi) = e^{-rt}(\varphi_t^0 e^{rt} + \varphi_t S_t) = \varphi_t^0 + \varphi_t \widetilde{S}_t$$

$$= E_Q \widetilde{C} + \int_0^t f_s \mathrm{d}\overline{B}_s - \varphi_t \widetilde{S}_t + \varphi_t \widetilde{S}_t = E_Q \widetilde{C} + \int_0^t f_s \mathrm{d}\overline{B}_s$$

$$= \widetilde{C}_t \in \mathcal{M}_c(Q), \text{ und } \widetilde{V}_t \in \mathcal{M}_c^2(Q), \text{ falls } C \in \mathcal{L}^2(\mathfrak{A}_T, Q).$$

$\widetilde{V}(\Phi)$ ist also ein stetiges Martingal.

3) Φ ist regulär, denn $\widetilde{V}_t(\Phi) = \widetilde{C}_t \in \mathcal{M}(Q)$ für $C \in \mathcal{L}^1(\mathfrak{A}_T, Q)$.

4) Φ ist selbstfinanzierend, denn mit Hilfe obiger Darstellung von $\widetilde{V}$ folgt aus der Doléans-Dade-Gleichung für $\widetilde{S}$

$$\widetilde{V}_t(\Phi) = V_0(\Phi) + \int_0^t f_s \mathrm{d}\overline{B}_s$$

$$= V_0(\Phi) + \int_0^t \frac{f_s}{\sigma \widetilde{S}_s} \underbrace{\sigma \widetilde{S}_s \mathrm{d}\overline{B}_s}_{\mathrm{d}\widetilde{S}_s}$$

$$= V_0(\Phi) + \int_0^t \varphi_s \mathrm{d}\widetilde{S}_s.$$

Also ist Φ nach Lemma 5.2 selbstfinanzierend.

5) Φ ist ein Martingal-Hedge für C, denn $\widetilde{V}_T(\Phi) = \widetilde{C}_T = \widetilde{C}$ und daher folgt $V_T = C$.

Aus 1) bis 5) folgt: $\Phi \in \Pi_a(Q)$.

Die Eindeutigkeitsaussage in b) folgt aus der entsprechenden Eindeutigkeitsaussage für die Brownsche Bewegung.   □

Als Konsequenz des obigen Satzes erhalten wir: Jeder contingent claim $C \in \mathcal{L}^1(Q)$ im Black-Scholes-Modell ist stark hedgebar. Diese Aussage gilt analog auch für nach unten beschränkte claims $C \geq c$.

Insbesondere lässt sie sich auf das Beispiel des „**European Call**" anwenden.

Sei $C = (S_T - K)_+$ ein European Call mit Strike K und Laufzeit T. Als Konsequenz aus der risikoneutralen Bewertungsformel in Satz 5.21 ergibt sich die klassische Black-Scholes-Formel für die Bewertung einer European-Call-Option.

Satz 5.26 (Black-Scholes-Formel) *Der No-Arbitrage-Preis eines European Calls* $C = (S_T - K)_+$ *mit strike K und Laufzeit T ist gegeben durch*

$$p(C) = E_Q e^{-rT} C$$
$$= S_0 \Phi(d_1) - K e^{-rT} \Phi(d_2) =: p(S_0, T, K, \sigma).$$

Dabei ist Φ die Verteilungsfunktion der Standardnormalverteilung $N(0, 1)$,

$$d_2 := \frac{\log \frac{S_0}{K} + (r - \frac{\sigma^2}{2})}{T \sigma \sqrt{T}} \text{ und } d_1 := d_2 + \sigma \sqrt{T}.$$

Beweis Mit der risikoneutralen Bewertungsformel in Satz 5.21 gilt für den No-Arbitrage-Preis $p(C)$

$$p(C) = E_Q e^{-rT} (S_T - K)_+ = E_Q e^{-rT} (S_0 e^{\sigma \overline{B}_T + (r - \frac{\sigma^2}{2})T} - K)_+$$
$$= E_Q e^{-rT} (S_0 e^Z - K)_+ \text{ mit } Z := \sigma \overline{B}_T + \left(r - \frac{\sigma^2}{2}\right) T.$$

Z ist normalverteilt, $Q^Z = N((r - \frac{\sigma^2}{2})T, \sigma^2 T)$.

Allgemein gilt für eine normalverteilte Zufallsvariable $Z \sim N(a, \gamma^2)$ die folgende Formel:

$$E(be^Z - c)_+ = be^{a + \frac{\gamma^2}{2}} \Phi\left(\frac{\log \frac{b}{c} + a + \gamma^2}{\gamma}\right) - c \Phi\left(\frac{\log \frac{b}{c} + a}{\gamma}\right).$$

Daraus folgt durch Spezialisierung die Behauptung. □

Bemerkung 5.27

a) *Analog ergibt sich für den Preisprozess $p(C, t) = p(S_t, T - t, K, \sigma)$. Zum Nachweis ersetze in obiger Formel S_0 durch S_t, T durch die Restlaufzeit $T - t$.*

b) ***Approximationsformel*** *Für die Berechnung der Black-Scholes-Formel wird in der Praxis eine (sehr gute) Approximation der Verteilungsfunktion Φ verwendet:*
$\Phi(x) \approx 1 - \varphi(x)(a_1 k + a_2 k^2 + \cdots + a_5 k^5)$, *wobei* $k := \frac{1}{1 + \gamma x}$, $\gamma = 0.23167$, $a_1 = 0.31538$, $a_2 = \ldots$
Diese Approximation liefert eine sechsstellige Genauigkeit für den Preis p.

Mit folgender Call-Put-Parität ergibt sich der No-Arbitrage-Preis für die European-Put-Option.

Proposition 5.28 (Call-Put-Parität)   *Seien* $c_T := p((S_T - K)_+)$ *und* $p_T := p((K - S_T)_+)$ *die Preise vom European Call und Put. Dann gilt:*

$$p_T = c_T - S_0 + Ke^{-rT}.$$

Beweis Es gilt:

$$(K - S_T)_+ = (S_T - K)_+ - S_T + K.$$

Daher folgt aus der No-Arbitrage-Bewertungsformel mit dem äquivalenten Martingalmaß Q

$$
\begin{aligned}
p_T &= p((K - S_T)_+) \\
&= E_Q e^{-rT}(K - S_T)_+ \\
&= E_Q e^{-rT}(S_T - K)_+ - \underbrace{E_Q e^{-rT} S_T}_{S_0} + Ke^{-rT} \\
&= c_T - S_0 + Ke^{-rT}. \qquad\qquad \Box
\end{aligned}
$$

5.1.2   Diskussion der Black-Scholes Formel

a) Dividendenzahlungen

Eine Faustregel für Kursänderungen bei Dividenenzahlungen ist: Im Anschluss an eine Dividendenzahlung in Höhe von d sinkt der Kurs um 80 % der ausgeschütteten Dividende, also um $0{,}8\, d$.

Zur Bewertung kann der Aktienpreis in zwei Komponenten zerlegt werden.

In eine risikofreie Komponente, die der Summe der mit 0,8 multiplizierten abdiskontierten Dividendenzahlungen entspricht; und in die verbleibenden Risikokomponente, die mit der Black-Scholes-Formel bewertet wird.

b) Absicherndes Portfolio – Hedge-Strategie

$p(x, t, K, \sigma) \sim$ bezeichne den Preis für einen Call $C = (S_T - K)_+$ mit Kurswert, verbleibender (Rest-)Laufzeit t und strike K. p ist nur abhängig vom Volatilitätsparameter σ, aber unabhängig vom Driftparameter μ des Modells. Für $t \to 0$, d.h. Restlaufzeit geht gegen Null gilt

$$p(x, t, K, \sigma) \to (x - K)_+.$$

Die Black-Scholes-Formel

$$p(x, t, K, \sigma) = x\Phi(d_1) - e^{-rt}K\Phi(d_2)$$

lässt auch eine Interpretation als Wert eines **absichernden Portfolios** zu: Die erste Komponente $x\Phi(d_1)$ entspricht dem Wert eines Portfolios mit $\Phi(d_1)$ Aktienanteilen zur Zeit t, der zweite Anteil entspricht einer short position von $K\Phi(d_2)$ Anteilen in bonds, d. h. $(\Phi(d_1), -K\Phi(d_2))$ ist ein absicherndes Portfolio für die Option C mit Restlaufzeit t. Es bleibt noch zu zeigen, dass diese Strategien selbstfinanzierend sind, d. h. $\varphi_t^0 = \Phi(d_1)$, $\varphi_t = -K\Phi(d_2)e^{-r(T-t)}$ definiert eine Hedge-Strategie für den Call C.

c) Die ‚Greeks'

Im folgenden diskutieren wir die Abhängigkeit des Black-Scholes-Preises $p(x, t, K, \sigma)$ von den Parametern x = Kurswert, t = Restlaufzeit, K = strike und σ = Volatilität. Diese Beziehungen haben Bezeichnungen mit griechischen Buchstaben und heißen die ‚Greeks'.

Nützlich hierzu ist die folgende Beziehung für die Dichte φ der Standardnormalverteilung. Es gilt mit $d_i = d_i(x, t, K, \sigma)$ nach der Black-Scholes-Formel angegeben:

$$x\varphi(d_1) - Ke^{-rt}\varphi(d_2) = 0. \tag{5.3}$$

c1) Aus (5.3) und $\frac{\partial d_1}{\partial x} = \frac{\partial d_2}{\partial x}$ folgt

$$\frac{\partial p}{\partial x} = \Phi(d_1) + \underbrace{\left(x\varphi(d_1) - Ke^{-rtT}\varphi(d_2)\right)}_{=0} \frac{\partial d_1}{\partial x} = \Phi(d_1) > 0. \tag{5.4}$$

Also ist p wachsend im Spotpreis x.

$\Delta := \frac{\partial p}{\partial x}$ heißt **Delta der Option**. Δ beschreibt den Aktienanteil im absichernden Portfolio mit Restlaufzeit t (Delta-hedging).

c2) $\Gamma := \frac{\partial^2 p}{\partial x^2} = \frac{\partial \Delta}{\partial x} = \varphi(d_1)\frac{\partial d_1}{\partial x} > 0$ heißt **Gamma der Option** und beschreibt die Sensitivität im absichernden Portfolio in Abhängigkeit vom Kurswert x. Der Black-Scholes-Preis p ist strikt konvex in x.

c3)

$$\frac{\partial p}{\partial t} = Ke^{-rt}\left(r\Phi(d_2) + \frac{\sigma\varphi(d_2)}{2\sqrt{t}}\right) > 0. \tag{5.5}$$

Der Preis p ist monoton wachsend in der Restlaufzeit t.

c4) $\Lambda = \frac{\partial p}{\partial \sigma} = x\varphi(d_1)\sqrt{t} > 0$ heißt **Lambda der Option**. Der Preis p ist wachsend in der Volatilität σ.

c5)

$$\frac{\partial p}{\partial r} = K t e^{-rt} \Phi(d_2) > 0. \tag{5.6}$$

p ist monoton wachsend in der Zinsrate r.

c6)

$$\frac{\partial p}{\partial K} = -e^{-rt} \Phi(d_2) < 0, \tag{5.7}$$

p ist monoton fallend im strike K.

d) Die Volatilität σ ist aus Marktdaten zu schätzen. Dazu verwendet man historische Daten, etwa die Daten der letzten 30–180 Handelstage. Sei nun $\overline{\sigma}$ die implizite Volatilität, d. h. die Lösung der Gleichung

$$p(x, t, K, \overline{\sigma}) = \overline{p}$$

wobei $\overline{p}$ den aktuellen Marktpreis bezeichnet. Dann sollte, wenn das Black-Scholes-Modell den Markt korrekt beschreibt, $\overline{\sigma}$ unabhängig vom strike K der gehandelten Optionen sein. Tatsächlich beobachtet man bei empirischen Daten aber eine Abhängigkeit in Form eines ‚Smiles‘ (vgl. Abb. 5.2), ein Indiz dafür, dass das Black-Scholes-Modell die Aktienpreise nicht korrekt beschreibt, insbesondere, dass es die Tailwahrscheinlichkeiten unterschätzt:

Für $x \approx K$ (at the money) ist $\overline{\sigma} < \sigma$, für $x \gg K$ und $x \ll K$ (out of the money) ist $\overline{\sigma} > \sigma$.

Das heißt, dass Aktien mit einem strike $K \gg x$ oder $K \ll x$ teurer gehandelt werden, als im Black-Scholes-Modell angegeben. Das BS-Modell unterschätzt die großen Sprünge der Kurse, d. h. die Tails der Verteilungen.

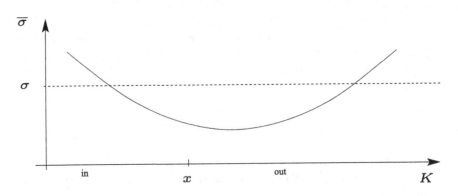

Abb. 5.2 Smile Effect

e) Beispiele für Optionen
Die Basis-Optionen (vanilla options) sind der European Call und Put. Mit Hilfe
dieser Basis-Optionen lassen sich durch einfache Kombinationen eine Fülle weiterer
Optionen (Derivate) konstruieren und bewerten.

e1) **European Call:** $(S_T - K)_+ = f(S_T)$

Sei $c = c_T$ der No-Arbitrage-Preis, dann ist der Gewinn des Käufers $V_T = f(S_T) - c_T$ von der nebenstehenden Form. Ein Call liefert also bei ansteigendem Kurs des zugrunde liegenden Wertpapiers einen Gewinn.

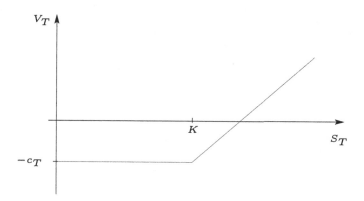

e2) **European Put:** $f(S_T) = (K - S_T)_+$

$p_T = c_T - S_0 + Ke^{-rT}$ ist der Preis des European Put. Damit ist der Gewinn
des Käufers

$$V_T = f(S_T) - p_T$$

von der nebenstehenden Form. Ein Put bringt somit bei fallenden Kursen des
zugrunde liegenden Wertpapiers einen Gewinn.

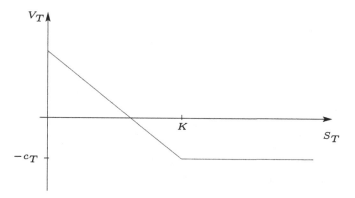

e3) Ein **straddle** ist eine Kombination aus einem Call und einem Put mit gleichem strike K. Die Kosten des straddle sind $c = c_T + p_T$ und mit

$$f(S_T) = |S_T - K|$$

ist der Gewinn V_T von der nebenstehenden Form.
Ein straddle liefert also einen Gewinn, wenn eine größere Änderung des Preises in unbekannter Richtung erwartet wird.

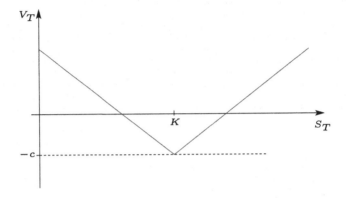

e4) Ein **strangle** ist eine Kombination von einem Call und einem Put mit verschiedenen strikes. Dieses führt zum Gewinn

$$V_T = (S_T - K_2)1_{(S_T > K_2)}$$
$$+ (K_1 - S_T)1_{(S_T < K_1)} - c.$$

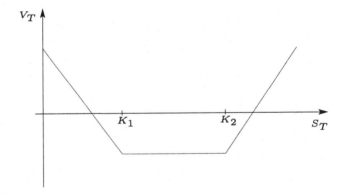

e5) Ein **strap** ist eine Kombination von zwei Calls mit einem Put. Damit lässt sich die Steigung des Gewinns im Falle eines erwarteten Kursanstiegs vergrößern und gleichzeitig eine Absicherung für den Fall eines Kursabfalls einbauen. Der Gewinn hat die Form

$$V_T = 2(S_T - K)_+ + (K - S_T)_+ - c.$$

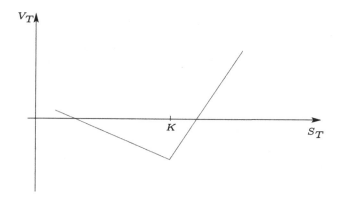

e6) Ein **bullspread** ist der Kauf einer Call-Option mit strike K_1 und der Verkauf einer Call-Option mit strike $K_2 > K_1$. Dies führt zu einem Gewinnprofil der Form

$$V_T = (K_2 - K_1)1_{(S_T \geq K_2)} + (S_T - K_1)1_{(K_1 < S_T < K_2)} - c.$$

Ein Anstieg wird erwartet, Verluste (und auch Gewinne) werden beschränkt.

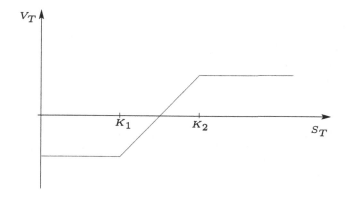

e7) Ein **bearspread** ist symmetrisch zum bullspread der Kauf einer Call-Option mit strike K_2 und Verkauf einer Call-Option mit strike $K_1 < K_2$. Ein Fall der Kurse wird erwartet, Verluste werden beschränkt.

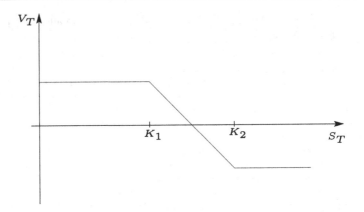

e8) Ein **butterfly** ist symmetrisch zum straddle. Konstanz der Preise wird erwartet und führt zu einem Gewinn.

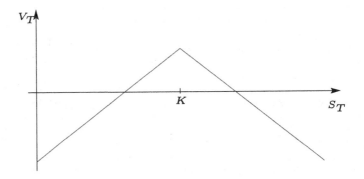

Beispiel 5.29 (Barrier-Option) *Eine Barrier-Option (Abb. 5.3) verfällt beim Unterschreiten einer Schranke B,*

$$C_B := (S_T - K)_+ 1_{\{\inf_{0 \le t \le T} S_t > B\}}.$$

Zur Berechnung des No-Arbitrage-Preises der Barrieroption C_B, d. h. von $E_Q e^{-rT} C_B$ benötigen wir die folgende Proposition über die gemeinsame Verteilung einer Brownschen Bewegung und ihres Supremums.

Proposition 5.30 *Sei X eine Brownsche Bewegung mit $\sigma = 1$ und Drift a und sei $Z_t := \sup_{0 \le s \le t} X_s$. Dann gilt*

$$P(X_t \le x, Z_t < z) = \Phi\left(\frac{x - at}{\sqrt{t}}\right) - e^{2az} \varphi\left(\frac{x - 2z - at}{\sqrt{t}}\right)$$

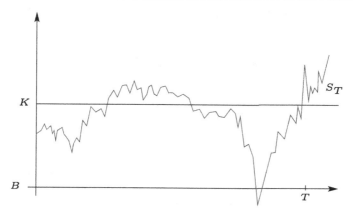

Abb. 5.3 Barrier-Option

Beweis Sei B eine Standard Brownsche Bewegung bzgl. P. Mit dem stochastischen Exponential

$$L_t := e^{a B_t - \frac{a^2}{2} t}$$

und der Maßtransformation, $\dfrac{dQ}{dP} := L_t$, folgt dann nach dem Satz von Girsanov

$(B_s)_{0 \le s \le t}$ ist bzgl. Q eine Brownsche Bewegung mit Drift a und Volatilität 1.

Mit $M_t := \sup_{s \le t} B_t$ ist dann

$$P(X_t \le x, Z < z) = Q(B_t \le x, M_t < z)$$
$$= \int_{\{B_t \le x, M_t < z\}} e^{a B_t - \frac{a^2}{2} t} \, dP.$$

Mit Hilfe des André'schen Spiegelungsprinzips folgt dann:

$$P(B_t \le x, M_t < z) = P(B_t \le x) - P(B_t \le x, M_t \ge z)$$
$$= P(B_t \le x) - P(B_t > 2z - x)$$
$$= \Phi\left(\frac{x}{\sqrt{t}}\right) - 1 + \Phi\left(\frac{2z - x}{\sqrt{t}}\right).$$

Daraus ergibt sich:

$$P(B_t \le x \,|\, M_t < z) = \begin{cases} 1, & x > z, \\[2mm] \dfrac{\Phi(\frac{x}{\sqrt{t}}) - 1 + \Phi\left(\frac{2z-x}{\sqrt{t}}\right)}{P(M_t < z)}, & x \le z. \end{cases}$$

Diese bedingte Verteilung hat die Dichte

$$h(y) = \frac{1}{\sqrt{t}\,P(M_t < z)}\left(\varphi\left(\frac{y}{\sqrt{t}}\right) - \varphi\left(\frac{2z-y}{\sqrt{t}}\right)\right), \quad y \le z.$$

Damit ergibt sich

$$P(X_t \le x, Z_t < z) = \int f(y)h(y)\,\mathrm{d}y\,P(M_t < z)$$

mit

$$
\begin{aligned}
f(y) &= \mathbb{1}_{(-\infty,x]}(y)e^{ay-\frac{a^2}{2}t} \\
&= \int_{-\infty}^{z} \frac{1}{\sqrt{t}}\left(\varphi\left(\frac{y}{\sqrt{t}}\right) - \varphi\left(\frac{2z-y}{\sqrt{t}}\right)\right)\mathbb{1}_{(-\infty,x]}(y)e^{-ay-\frac{a^2}{2}t}\,\mathrm{d}y \\
&= \int_{-\infty}^{z} e^{ay-\frac{a^2}{2}t}\frac{1}{\sqrt{2\pi t}}\left(e^{-\frac{y^2}{2t}} - e^{\frac{(2z-y)^2}{2t}}\right)\mathrm{d}y \\
&= \Phi\left(\frac{x-at}{\sqrt{t}}\right) - e^{2az}\Phi\left(\frac{x-2z-at}{\sqrt{t}}\right). \qquad\qquad \square
\end{aligned}
$$

Satz 5.31 (Preis einer Barrier-Option) *Der No-Arbitrage-Preis der Barrier-Option*

$$C_B = (S_T - K)^+\mathbb{1}_{\{\inf_{0\,\le\,t\,\le\,T} S_t > B\}}$$

im Black-Scholes-Modell ist

$$p(C_B) = E_Q e^{-rT}C_B = p(S_0, T, K, \sigma) - \frac{e^{2\alpha\beta}}{\gamma}p(S_0, T, \gamma K, \sigma).$$

Dabei ist p der Black-Scholes-Preis des European Call, $\alpha := \dfrac{\sigma}{2} - \dfrac{r}{\sigma}, \beta := \log\left(\dfrac{S_0}{B}\right)\dfrac{1}{\sigma}$
und $\gamma := \left(\dfrac{S_0}{B}\right)^2$.

Beweis Es ist $S_t = S_0 e^{\sigma \overline{B}_t + (r - \frac{\sigma^2}{2})t}$ bzgl. Q, mit einer Brownschen Bewegung $(\overline{B}, Q)$. Damit folgt nach Proposition 5.30

$$
\begin{aligned}
E_Q \underbrace{e^{-rT}(S_T - K)_+}_{=:f(S_T)}\mathbb{1}_{\{\inf_{t\le T} S_t > B\}} &= \int_{\{S_T > B\}} f(S_T)\mathrm{d}Q - e^{2\alpha\beta}\int_{\{S_T > B\}} f\left(\frac{S_T}{\gamma}\right)\mathrm{d}Q \\
&= E_Q e^{-rT}(S_T - K)^+ - \frac{e^{2\alpha\beta}}{\gamma}E_Q e^{-rT}(S_T - \gamma K)_+ \\
&= p(S_0, T, K, \sigma) - \frac{e^{2\alpha\beta}}{\gamma}p(S_0, T, \gamma K, \sigma).
\end{aligned}
$$

Für die zweite Gleichheit wurde dabei verwendet $Q(S_t \geq x, \inf_{s \leq t} S_s > B) = Q(S_t \geq x) - e^{2\alpha\beta} Q(\frac{S_t}{\gamma} \geq x)$. $\qquad\square$

Beispiel 5.32 **(American Option)** *Ausübung zu Stoppzeiten* $0 \leq \tau \leq T$.
Sei $Z = (Z_t)$ *ein adaptierter Prozess und* Z_t *die Auszahlung zur Zeit t. Die zur Auswahl stehenden Auszahlungen sind* $C(Z, \tau) := Z_\tau$ *mit dem Wert* $p(C(Z, \tau))$.
Die optimale Auszahlung ist gegeben durch

$$p(Z) := \sup_{\substack{\tau \leq T, \\ \tau \, Stoppzeit}} p(C(Z, \tau))$$

$$= \sup_\tau E_Q e^{-r\tau} Z_\tau.$$

Die Bestimmung des American Calls führt also auf ein optimales Stopp-Problem.

Proposition 5.33 (American Call) *Der No-Arbitrage-Preis der amerikanischen Call-Option ist identisch mit dem Preis des European Call. Es gilt also*

$$\sup_{\tau \leq T} E_Q e^{-r\tau} (S_\tau - K)^+ = E_Q e^{-rT} (S_T - K)^+$$

$$= p(S_t, T, K, \sigma).$$

Beweis Wir zeigen, dass $e^{-rt}(S_t - K)_+$ ein Submartingal bzgl. Q ist. Die Funktion $f(x) = (x - K)_+$ ist konvex. Also folgt nach der Jensen-Ungleichung

$$E_Q(e^{-rt}(S_t - K)_+ \mid \mathfrak{A}_s) \geq e^{-rt}(E_Q(S_t \mid \mathfrak{A}_s) - K)_+$$

$$= (E_Q(\widetilde{S}_t \mid \mathfrak{A}_s) - e^{-rt}K)_+$$

$$= (\widetilde{S}_s - e^{-rt}K)_+ \geq e^{-rs}(S_s - K)_+,$$

da $(x - \alpha K)_+ \geq (x - K)_+$ für $\alpha \leq 1$, $K \geq 0$.
    Daraus folgt, dass $e^{-rt}(S_t - K)_+$ ein Submartingal ist. Für alle Stoppzeiten $\tau \leq T$ gilt daher nach dem Optional Sampling Theorem

$$E_Q e^{-r\tau}(S_\tau - K)_+ \leq E_Q e^{-rT}(S_T - K)_+.$$

Der Preis des American Call ist also identisch mit dem Preis des European Call. $\square$

Für den American Put ist der Preis allerdings von dem des European Put verschieden. Um einen Eindruck von dem Preis eines American (oder European) Put zu erhalten, betrachten wir ein Beispiel aus Geske und Johnson (1984) mit dem Zeitraum $T = 7$ Monate, $S_0 = 40€$, dem strike $K = 45$, der Zinsrate $r = 4{,}88\,\%$ und der Volatilität $\sigma = 0{,}3$. Die Black-Scholes-Formel ergibt in diesem Fall den Preis des Europäischen Puts $p^E(C) = 5{,}97$ €, der Preis des amerikanischen Puts hingegen liegt bei $p^A(C) = 6{,}23$ €.

5.1.3 Hedging-Strategien und partielle Differentialgleichungen

Für den European Call hatten sich als Konsequenz aus der Black-Scholes-Formel ein absicherndes Portfolio für den Call ergeben:

$$p(x, t, K, \sigma) = x \underbrace{\Phi(d_1(x, t, K, \sigma))}_{=:h(x,t)=\frac{\partial p}{\partial x}=\Delta} - e^{-rt} \underbrace{K \Phi(d_2(x, t, K, \sigma))}_{=:g(x,t)}.$$

t ist dabei die Restlaufzeit (zu ersetzen durch $T - t$ für den Preis zur Zeit t). $h(x, t) = \frac{\partial p}{\partial x} = \Delta$ das Delta der Option gibt den Anteil von Aktien im absichernden Portfolio an. In der folgenden Proposition geben wir allgemeine Bedingungen dafür an, dass eine Handelsstrategie $(h(S_t, t), g(S_t, t))$ selbstfinanzierend ist.

Proposition 5.34 *Im Black-Scholes-Modell seien h, $g \in C^{2,1}$ Lösungen der Differentialgleichung*

$$\begin{cases} xh_x + e^{rt}g_x & = 0 \\ \frac{1}{2}\sigma^2 x^2 h_x + xh_t + e^{rt}g_t & = 0. \end{cases} \tag{5.8}$$

Sei $\varphi := h(S_t, t)$, $\varphi_t^0 := g(S_t, t)$. Dann ist die Handelsstrategie $\Phi = (\varphi^0, \varphi)$ selbstfinanzierend, d. h. $\Phi \in \Pi$.

Beweis Definiere $f(x, t) = g(x, t)e^{rt} + xh(x, t)$, dann ist

$$V_t = V_t(\Phi) = f(S_t, t).$$

Mit der Itô-Formel folgt daraus

$$dV_t = f_x(S_t, t)dS_t + f_t(S_t, t)\,dt + \frac{1}{2}f_{xx}(S_t, t)d\langle S \rangle_t$$

$$= f_x(S_t, t)dS_t + \left(f_t(S_t, t) + \frac{1}{2}f_{xx}(S_t, t)\sigma^2 S_t^2\right)dt.$$

Zu zeigen ist die Selbstfinanzierungsbedingung:

$$dV_t = h(S_t, t)\,dS_t + re^{rt}g(S_t, t)\,dt.$$

Also zu zeigen ist: $f_x = h$, $f_t + \frac{1}{2}f_{xx}\sigma^2 x^2 = re^{rt}g$.

1.) $f_x = h + \underbrace{xh_x + e^{rt}g_x}_{=0} = h$ unter Verwendung von (5.8).

2.) $f_t + \frac{1}{2}f_{xx}\sigma^2 x^2 = xh_t + g_te^{rt} + rge^{rt} + \frac{1}{2}\sigma^2 x^2 h_x$ nach 1)

$\qquad\qquad = rge^{rt}$ \hfill nach Voraussetzung.

Daraus folgt: Die Handelsstrategie Φ ist selbstfinanzierend. $\qquad\qquad\square$

Bemerkung 5.35 *Obige Bedingungen in (5.8) an g, h gelten für das absichernde Portfolio im Black-Scholes-Modell für Europäische Optionen. Daraus folgt: Die Delta-Hedge-Strategie ist selbstfinanzierend und somit zulässige Hedge-Strategie.*

Allgemeiner liefert der folgende Satz für Optionen des Typs $C = f(S_T, T)$ einen analytischen Zugang zur Bestimmung selbstfinanzierender Handelsstrategien.

Satz 5.36 (Black-Scholes-Differentialgleichung) *Im Black-Scholes-Modell sei $f \in C^{2,1}$ Lösung der Black-Scholes-Differentialgleichung*

$$\frac{1}{2}\sigma^2 x^2 f_{xx} + rx f_x + f_t - rf = 0. \tag{5.9}$$

Seien $g := e^{-rt}(f - xf_x)$, $h := f_x$, dann ist

$$\Phi = (\varphi^0, \varphi) \quad mit \; \varphi_t^0 := g(S_t, t), \varphi_t := h(S_t, t).$$

selbstfinanzierend mit Werteprozess $V_t = f(S_t, t)$.

Beweis Der Werteprozess $V_t(\Phi)$ hat die Form

$$\begin{aligned} V_t(\Phi) &= g(S_t, t)e^{rt} + h(S_t, t)S_t \\ &= (f(S_t, t) - S_t f_x(S_t, t)) + f_x(S_t, t)S_t \\ &= f(S_t, t). \end{aligned}$$

Zum Nachweis von $\Phi \in \Pi$ weisen wir die Bedingungen aus Proposition 5.34 nach:

$$xh_x + e^{rt}g_x = xf_{xx} + e^{rt}(e^{-rt}(f_x - f_x - xf_{xx})) = 0$$

und

$$\begin{aligned} &\frac{1}{2}\sigma^2 x^2 h_x + xh_t + e^{rt}g_t \\ &= \frac{1}{2}\sigma^2 x^2 f_{xx} + xf_{xt} + e^{rt}(-r)e^{-rt}(f - xf_x) + e^{rt}e^{-rt}(f_t - xf_{xt}) \\ &= \frac{1}{2}\sigma^2 x^2 f_{xx} + xf_{xt} - rf + rxf_x + f_t - xf_{xt} \\ &= \frac{1}{2}\sigma^2 x f_{xx} - rf + rxf_x + f_t = 0 \end{aligned}$$

nach der Black-Scholes-Differentialgleichung. $\qquad\square$

Konsequenz
Um eine Option $C = f(S_T, T)$ zu bewerten und zu hedgen sind folgende Schritte nötig:

1) Löse die Black-Scholes-Differentialgleichung (5.9) mit Randbedingung $f(x, T)$. Dieses ist ein Cauchy-Randwertproblem. Dann ist der No-Arbitrage-Preis von C:

$$p(C) = f(S_0, 0) \text{ der No-Arbitrage-Preis}$$

2) Bestimmte die Hedge-Strategie: $\varphi_t^0 = g(S_t, t)$, $\varphi_t = h(S_t, t)$ mit $g = e^{-rt}(f - xf_x)$, $h = f_x$ aus Satz 5.36. Für die explizite Lösung der Black-Scholes-Gleichung im Fall eines European Call $C = (x - K)_+ = f(x, T)$ wird durch eine Transformation die Black-Scholes-Gleichung in die Wärmeleitungsgleichng übergeführt. Diese kann dann explizit gelöst werden.

Bemerkung 5.37

1) Obiger PDE-Ansatz für die Black-Scholes-Formel wurde in der originalen Black-Scholes-Arbeit (1973) verwendet. Das elegante Martingalargument geht auf die Arbeit von Harrison und Pliska (1981) zurück. Das No-Arbitrage-Argument zur Bestimmung von Preisen wurde von Merton (1973) eingeführt. Schon kurz nach der Black-Scholes-Arbeit (seit 1973) wurden Optionen an der Börse in Chicago (CBO) gehandelt.

2) Sei nun allgemeiner $C = f(X_T, T)$ eine Option mit Werteprozess $V_T = E_Q(C \mid \mathfrak{A}_t)$ und sei (X, Q) ein Diffusionsprozess mit infinitesimalem Erzeuger A.
Sei h eine Lösung des Randwertproblems

$$\left(\frac{\partial}{\partial t} + A \right) h = 0, \quad h(\cdot, T) = f(\cdot, T), \tag{5.10}$$

dann folgt mit der Itô-Formel:

$$h(X_t, t) = f(X_0, 0) + \int_0^t h_x(X_s, s) \mathrm{d} X_s.$$

Daraus ergibt sich analog zu Satz 5.36:
$\varphi_s^C = h_x(X_s, s)$ ist eine selbstfinanzierende Hedge-Strategie für $C = f(X_T, T)$. Der zugehörige Werteprozess ist $V_s = h(X_s, s)$.

5.2 Vollständige und unvollständige Märkte

Wir betrachten ein Marktmodell $S = (S^0, S^1, \ldots, S^k)$ mit einem bond S^0 stetig, wachsend, $S_t^0 > 0$, $S_0^0 = 1$ und mit Semimartingalen S_t^i. Sei $(\mathfrak{A}_t) = (\mathfrak{A}_t^S)$ die von $(S^0, S^1, \ldots, S^k)$ erzeugte Filtration und seien $\widetilde{S}_t^i = \frac{S_t^i}{S_t^0}$ die diskontierten stocks.

Sei $\vartheta = (x, \pi)$ eine Handelsstrategie mit Anfangskapital x, $\pi = (\pi^0, \ldots, \pi^k)$, π^i der Anteile von Wertpapier i im Portfolio.

ϑ heißt **selbstfinanzierend,** wenn für den diskontierten Werteprozess $\widetilde{V}_t$ gilt:

$$\widetilde{V}_t(\vartheta) = x + \sum_{i=1}^{k} \int_0^t \pi_u^i \mathrm{d}\widetilde{S}_u^i.$$

Wir machen die generelle Annahme: $\mathcal{M}_e(P) \neq \emptyset$. Diese Annahme impliziert die Arbitragefreiheit des Marktmodells.

Definition 5.38 *Das Marktmodell S heißt **vollständig**, wenn für alle $Q \in \mathcal{M}_e(P)$ und für alle Claims $C \in L^1(\mathfrak{A}_T, Q)$ ein Martingal-Hedge $\vartheta \in \Pi_a(C)$ existiert, d. h.*

$$\widetilde{V}_t(\vartheta) \in \mathcal{M}(Q) \text{ und } V_T(\vartheta) = C.$$

Proposition 5.39 *Sei $S \in \mathcal{S}^k$ ein Semimartingalmodell, dann gilt:*

S ist vollständig

$\Longleftrightarrow$ $\forall\, Q \in \mathcal{M}_e(P), \quad \forall\, M \in \mathcal{M}(Q)$ *existiert eine Darstellung der Form*
$M_t = E_Q M_T + \sum_{i=1}^{k} \int_0^t \varphi_u^i \mathrm{d}\widetilde{S}_u^i, \quad \varphi \in \mathcal{L}^0(\widetilde{S})$.

$\Longleftrightarrow$ $\forall\, Q \in \mathcal{M}_e(P), \quad \forall\, F \in L(\mathfrak{A}_T, Q)$ *existiert eine Integraldarstellung*
$\widetilde{F} = E_Q F + \sum_{i=1}^{k} \int_0^T \varphi_u^i \mathrm{d}\widetilde{S}_u^i, \quad \varphi \in \mathcal{L}^0(\widetilde{S})$.

Beweis Der Beweis ist ähnlich wie der Beweis von Satz 4.27.

Für $F \in L(Q, \mathfrak{A}_t)$ sei M das zugehörige erzeugte Martingal, $M_t := E_Q(\widetilde{F} \mid \mathfrak{A}_t)$. Falls F beschränkt ist, dann ist die Hedge-Eigenschaft $V_T(\vartheta) = F$ äquivalent zu $\widetilde{V}_T(\vartheta) = \widetilde{F}$. Wegen der Dichtheit von $B(\mathfrak{A}_T)$ in $L^1(\mathfrak{A}_T, Q)$ folgt durch Approximation die Darstellbarkeit für $F \in L^1(\mathfrak{A}_T, Q)$ aus dem beschränkten Fall. Das Approximationsargument verwendet Stoppzeiten und die Stetigkeit. $\qquad\square$

Definition 5.40 $C \in L(\mathfrak{A}_T)$ *heißt* **contingent claim,** *wenn* $C \geq 0$ *und* $\exists\, Q \in \mathcal{M}_e(P)$, *so dass* $\widetilde{C} \in L^1(Q)$.

Korollar 5.41 *Ist S vollständig und C ein contingent claim, dann ist C stark hedgebar, d. h. $\exists\, Q \in \mathcal{M}_e(P), \ \exists\, \pi \in \Pi_a(Q)$ so dass $\widetilde{C} = \widetilde{V}(\pi)$.*

Beweis Sei M_t das von $\widetilde{C}$ erzeugte Martingal,

$$M_t := E_Q(\widetilde{C} \mid \mathfrak{A}_t), \quad M \in \mathcal{M}(Q).$$

Nach Proposition 5.39 hat M eine stochastische Integraldarstellung

$$M_t = V_t(\pi) = V_0(\pi) + \int_0^t \pi_u \mathrm{d}\widetilde{S}_u.$$

π ist also ein Martingal-Hedge und π ist regulär, da $M_t \geq 0$. $\qquad\square$

Bemerkung 5.42 *In vollständigen Märkten kann also allen contingent claims eindeutig ein No-Arbitrage-Preis zugeordnet werden.*
Für $\widetilde{C} = x + \int_0^t \pi_u \mathrm{d}\widetilde{S}_u = \widetilde{V}_T(\pi)$ mit $\widetilde{C} \in L^1(Q)$ gilt:

$$p(C) = x = E_Q \widetilde{C}.$$

Beispiel 5.43 (Diffusionsmodell) *Sei S ein multivariantes Diffusionsmodell, so dass*
$\mathrm{d}S_t = S_t \diamond \big(b(t, S_t)\,\mathrm{d}t + \sigma(t, S_t)\,\mathrm{d}B_t\big)$, *wobei* $\diamond$ *das komponentenweise Produkt darstellt,* $B = (B^1, \ldots, B^k)$, *eine k-dimensionale Brownsche Bewegung ist und* $S_t^0 = e^{rt}$. *Dann hat S die explizite Darstellung*

$$S_t = S_0 \diamond \exp\left(\int_0^t \Big(b_s - \frac{1}{2}\Big(\sum_j \sigma_{ij}^2(s)\Big)\Big)\,\mathrm{d}s + \int_0^t \sigma_s \cdot \mathrm{d}B_s \right), \quad b_s = b(s, \cdot).$$

Annahme: $a(t, x) := \sigma(t, x) \cdot \sigma(t, x)^T$ sei positiv definit.
Sei $R_T := \exp\big(\int_0^T f(u, \widetilde{S}_u) \cdot \mathrm{d}B_u - \frac{1}{2}\sum \int f_i^2(u, \widetilde{S}_u)\,\mathrm{d}u \big)$ das exponentielle Martingal mit

$$f_i(u, \widetilde{S}_u) := \sum_{i=1}^k (\sigma^{-1})_{ij}(b_j(u, \widetilde{S}_u) - r). \tag{5.11}$$

Sei $E R_T = 1$ und definiere $\frac{\mathrm{d}Q}{\mathrm{d}P} = R_T$. Dann folgt mit dem Satz von Girsanov:
$\overline{B}_t := B_t - \int_0^t f(u, \widetilde{S}_u)\,\mathrm{d}u$ *ist eine Brownsche Bewegung bzgl. Q. Nach (5.11) folgt die Beziehung:*

$$b - r \cdot 1 = \sigma f,$$

und damit

$$\mathrm{d}\widetilde{S}_t = \widetilde{S} \diamond \{(b - r \cdot 1 - \sigma f)\,\mathrm{d}t + \widetilde{\sigma}(t, \widetilde{S}_t) \cdot \mathrm{d}\overline{B}_t = \widetilde{S} \diamond \widetilde{\sigma}(t, \widetilde{S}_t) \cdot \mathrm{d}\overline{B}_t \text{ bzgl. } Q.$$

Also ist $\widetilde{S}$ exponentielles Martingal bezüglich Q, $\widetilde{S} \in \mathcal{M}(Q)$ und $\mathfrak{A}^{\widetilde{S}} = \mathfrak{A}^{\overline{B}}$, da σ positiv definit ist.
  Ist C ein contingent claim, $C \in L^1(\mathfrak{A}_T, Q)$ und $M_t := E_Q(\widetilde{C} \mid \mathfrak{A}_t^{\widetilde{S}}) = E_Q(\widetilde{C} \mid \mathfrak{A}_t^{\overline{B}})$ das erzeugte Martingal, denn folgt nach dem Martingaldarstellungssatz (für k-dim Martingale)

$$M_t = E_Q \widetilde{C} + \int_0^t g_s \mathrm{d}\overline{B}_s \quad \text{mit } g \in \mathfrak{L}^0(\overline{B})$$

und nach (5.11) gilt:

$$\mathrm{d}\overline{B}_t^i = \sum_{j=1}^k (\sigma^{-1})_{ij}\frac{\mathrm{d}\widetilde{S}_t^j}{\widetilde{S}_t^j}.$$

Daraus folgt

$$M_t = E_Q \widetilde{C} + \sum_{i=1}^{k} \int_0^t \Phi_u^i \mathrm{d}\widetilde{S}_u^j \quad mit \ \Phi_u^i = \sum_{j=1}^{k} g_u^i (\sigma^{-1})_{ij} \frac{1}{S_u^j}.$$

Damit ergibt sich die Darstellung

$$\widetilde{C} = M_T = \widetilde{V}_T(\vartheta) = x + \sum_j \int_0^T \Phi_u^j \mathrm{d}\widetilde{S}_u^j \quad mit \ \vartheta = (x, \Phi^1, \dots, \Phi^k), \ x = E_Q(\widetilde{C}).$$

Also ist $\widetilde{C}$ duplizierbar durch einen regulären Martingal-Hedge. Das Diffusionsmodell ist also vollständig.

Für Semimartingalmodelle ist die Vollständigkeit eng gekoppelt an die Existenz eines eindeutigen äquivalenten Martingalmaßes. Der folgende Satz behandelt den Fall stetiger Modelle.

Satz 5.44 (Zweites Fundamentaltheorem des Asset Pricing, Vollständigkeit)
Sei S ein stetiges Martingalmodell, $\mathcal{M}_e(P) \neq \emptyset$, $S = (S^0, \dots, S^k)$ mit einem bond S^0 und k stocks $S^1, \dots, S^k$. Dann gilt:

$$S \ \text{ist vollständig} \iff |\mathcal{M}_e(P)| = 1.$$

Beweis „$\Longrightarrow$" : Seien $Q^0, Q^1 \in \mathcal{M}_e(P)$ äquivalente Martingalmaße, dann ist
$Q := \frac{1}{2}(Q^0 + Q^1) \ll Q^0$ und Q ist ein äquivalentes Martingalmaß, $Q \in \mathcal{M}_e(P)$.
Sei $R := \frac{\mathrm{d}Q}{\mathrm{d}Q^0}$, dann ist die Behauptung äquivalent zu: $R \equiv 1$.
Sei $R_t := E_{Q^0}(R \mid \mathfrak{A}_t^s) \in \mathcal{M}(Q)$ das von R erzeugte Martingal. Wegen der Vollständigkeit und nach Proposition 5.4 gilt:

$$\exists \varphi \in L^0(\widetilde{S}) \ \text{so dass} \ R_t = 1 + \int_0^t \varphi_u \mathrm{d}\widetilde{S}_u$$

Durch Stoppen mit $\tau_m := \inf\{t \geq 0; |\widetilde{S}_t| \geq m\} \wedge T$ können wir o.E. annehmen, dass $\widetilde{S}^i$ Martingale bezüglich Q und Q^0 sind, $(\widetilde{S}^i) \in \mathcal{M}(Q) \cap \mathcal{M}(Q^0)$.
Daraus folgt

$$\forall B \in \mathfrak{A}_s^S \ \text{und} \ \forall i \ \text{gilt} \quad E_Q \mathbb{1}_B \widetilde{S}_t^i = E_Q \mathbb{1}_B \widetilde{S}_s^i.$$

Es ist aber:

$$E_Q \mathbb{1}_B \widetilde{S}_t^i = E_{Q^0} \mathbb{1}_B \widetilde{S}_t^i R_t \quad \text{und} \quad E_Q \mathbb{1}_B \widetilde{S}_s^i = E_{Q^0} \mathbb{1}_B \widetilde{S}_s^i R_s.$$

Daher folgt:

$$E_{Q^0} \mathbb{1}_B \widetilde{S}_t^i R_t = E_{Q^0} \mathbb{1}_B \widetilde{S}_s^i R_s \text{ für } B \in \mathfrak{A}_s^S.$$

Daher ist $(\widetilde{S}_t^i R_t)$ ein Martingal bezüglich Q^0, $(\widetilde{S}_t^i R_t) \in \mathcal{M}(Q^0)$.

Die Martingale $\widetilde{S}^i$ und R sind daher orthogonal bezüglich Q^0 oder äquivalent dazu ist die vorhersehbare quadratische Kovariation gleich null, $\langle \widetilde{S}^i, R \rangle_t = 0$, $\forall t$ $[Q^0]$. Daraus folgt aber, dass auch die quadratische Variation von R null ist

$$\langle R \rangle_T = \sum_{i=1}^k \int_0^T \varphi_u^i \mathrm{d} \langle \widetilde{S}^i, R \rangle_u = 0, \text{ d. h. } R_t^2 \in \mathcal{M}(Q^0).$$

Damit folgt aber: $R_t = R_T = 1$ $[Q^0]$, also auch Q f. s. und P fast sicher.
Es ergibt sich

$$Q = R Q^0 = Q^0,$$

d. h. es existiert nur ein äquivalentes Martingalmaß.

„$\Longleftarrow$" : Angenommen es existiert nur ein äquivalentes Martingalmaß Q, d. h. $\mathcal{M}_e(P) = \{Q\}$.

Zu zeigen ist: $\forall C \in B(\mathfrak{A}_T^S)$ mit $|C| \leq K$ ist $\widetilde{C}$ darstellbar durch einen Martingal-Hedge.

Dazu sei $M_t := E_Q(\widetilde{C} \mid \mathfrak{A}_t^S)$ das von $\widetilde{C}$ erzeugte Martingal in $\mathcal{H}^2$.

Nach dem Satz von Kunita-Watanabe hat M eine Darstellung der Form

$$M_t = E_Q \widetilde{C} + \int_0^t \varphi_u \mathrm{d}\widetilde{S}_u + Z_t,$$

mit $\varphi \in \overline{\mathcal{L}}^2(\widetilde{S})$ und einem L^2-Martingal Z bzgl. Q, mit $E_Q Z_t = 0$ und $\langle \widetilde{S}^i, Z \rangle = 0$, $\forall i$.

Zu zeigen ist, dass $Z = 0$ ist.

Sei σ_m die Stoppzeit definiert durch

$$\sigma_m := \inf \left\{ t \geq 0 : \left| \int_0^t \varphi_u \mathrm{d}\widetilde{S}_u \right| \geq m \right\} \wedge T.$$

Wegen der Stetigkeit von $\widetilde{S}^i$ ist $Z_t^{\sigma_m} = Z_{t \wedge \sigma_m}$ beschränkt durch $K^1 := 2K + m$. Weiter ist $\langle \widetilde{S}^i, Z^{\sigma_m} \rangle_t = \langle \widetilde{S}^i, Z \rangle_t^{\sigma_m} = 0$, $\forall m$ und daher ist $\widetilde{S}^i Z^{\sigma_m}$ ein Martingal, $\widetilde{S}^i \cdot Z^{\sigma_m} \in \mathcal{M}(Q)$.

Durch $R_t := \underbrace{\dfrac{1}{K^1}(K^1 + Z_t^{\sigma_m})}_{\geq 0}$ wird ein nichtnegativer Prozess definiert mit

$E_Q R_t = 1$, $R_t \geq 0$, $\forall t$ und es ist $\widetilde{S}^i R$ ein Q-Martingal, $\widetilde{S}^i R \in \mathcal{M}(Q)$.

Bezüglich des Wahrscheinlichkeitsmaßes Q^0 definiert durch die Radon-Nikodým-Dichte R_T,

$$Q^0 := R_T Q$$

ist dann $\widetilde{S}^i$ ein Martingal, $\widetilde{S}^i \in \mathcal{M}(Q^0)$. Das Argument hierzu ist wie im ersten Teil des Beweises.

Damit ist aber Q^0 auch ein äquivalentes Martingalmaß. Nach Annahme folgt daher $Q^0 = Q$. Also ist $R_t = R = 1\ [Q]$.

Nach der Definition von R folgt dann $Z^{\sigma_m} = 0\ [Q]$, f.s. $\forall m$.

σ_m ist eine Folge von Stoppzeiten die gegen unendlich konvergiert. Aus obiger Kunita-Watanabe-Darstellung folgt dann die Darstellbarkeitseigenschaft von M,

$$M_t = E_Q \widetilde{C} + \int_0^t \varphi_u \, \mathrm{d}\widetilde{S}_u,$$

also die Vollständigkeit von S. $\qquad\qquad\qquad\qquad\qquad\qquad\qquad\qquad\qquad\square$

Allgemeines zweites Fundamentaltheorem Das zweite Fundamentaltheorem lässt sich auf allgemeine nicht notwendig stetige Semimartingale verallgemeinern. Dazu benötigt wird der Begriff der **predictable representation property (PRP)**.

$M \in \mathcal{M}^2_{\mathrm{loc}}$ hat die PRP, wenn der erzeugte **stabile Teilraum** $\mathcal{F}(M) := \{\varphi \cdot M;\ \varphi \in \mathcal{L}^2(M)\} = \mathcal{M}^2$ ist, d. h. jedes Element $H \in \mathcal{M}^2$ hat eine Darstellung der Form

$$H = H_0 + \int \varphi \, \mathrm{d}M, \quad \varphi \in \mathcal{L}^2(M).$$

Die Eigenschaft $\varphi \in \mathcal{L}^2(M)$ ist wichtig. Sogar für stetige lokale Martingale lassen sich Darstellungen finden, z. B. der Form $1 = \int_0^T \varphi_t \, \mathrm{d}M_t$. Notwendig ist hierbei aber $\varphi \notin \mathcal{L}^2(M)$, da sonst $E(\int_0^T \varphi_t \, \mathrm{d}M_t) = 0$ wäre.

Für ein Semimartingalmodell S gilt nun:

Satz 5.45 *(Allgemeines) Zweites Fundamentaltheorem: Die folgenden Aussagen sind äquivalent:*

(i) S ist vollständig

(ii) $|\mathcal{M}_e(P)| = 1$

(iii) $\exists\, Q \in \mathcal{M}_e$, so dass S die PRP bzgl. Q hat.

Beweis

(i) $\Longrightarrow$ (ii): Wegen der Vollständigkeit existiert zu $A \in \mathcal{A}$ ein Martingal-Hedge $\vartheta \in \Pi_a(1_A)$, d. h. $f_A = c + \int_0^T \vartheta_t \, \mathrm{d}S_t$. Daher gilt für alle $Q \in \mathcal{M}_e$,

$$Q(A) = E_Q 1_A = c, \quad \text{d. h. } Q \text{ ist eindeutig bestimmt.}$$

(ii) $\implies$ (iii): Für diesen aufwendigen Teil verweisen wir auf Protter (1990, Section IV.3)

(iii) $\implies$ (i): Sei $H \in B(\mathcal{A}_T)$ ein beschränkter Claim. Dann gilt für das assoziierte Q-Martingal $M_t = E_Q(H \mid \mathcal{A}_T)$ nach der PRP eine Darstellung der Form

$$M_t = M_0 + \int_0^t \vartheta_n \, dS_n.$$

Da M beschränkt ist folgt, dass M ein Martingal ist und daher $\vartheta \in \Pi_a$ eine Martingal-Hedgingstrategie ist. $\qquad \Box$

Es ist bemerkenswert, dass nicht nur stetige Semimartingale wie z.b. Diffusionsprozesse, z. B. die Brownsche Bewegung oder Brownsche Brücke, vollständig sind. Es gibt auch (rein) unstetige Prozesse die vollständig sind.

In vollständigen Modellen wird einem contingent claim durch das No-Arbitrage-Argument ein eindeutiger Preis zugeordnet. In nichtvollständigen Modellen sind die Preise im Allgemeinen nicht mehr durch das No-Arbitrage-Argument eindeutig bestimmt.

Definition 5.46 *Sei $S = (S^0, \ldots, S^k)$ ein Marktmodell mit $S_t^0 = e^{rt}$ und sei $C \in L_+(\mathfrak{A}_T)$ ein contingent claim. Ein Preis $p = p_C$ für C heißt **arbitragefrei**, wenn ein $Q \in \mathcal{M}_e(P)$ und ein adaptierter Prozess $S^{k+1} \in \mathcal{M}(Q)$ existiert, so dass*

$$S_0^{k+1} = p, \quad S_t^{k+1} \geq 0, \quad \forall\, t \leq T \text{ und } S_T^{k+1} = C, \tag{5.12}$$

und das erweiterte Marktmodell $\widehat{S} = (S^0, \ldots, S^k, S^{k+1})$ arbitragefrei im Sinne von NFLVR ist. Sei Π_C die Menge der arbitragefreien Preise für C und es bezeichnen

$$\pi_*(C) := \inf_{p \in \Pi_C} p \text{ und } \Pi^*(C) := \sup_{p \in \Pi_C} p$$

*den **unteren** bzw. den **oberen arbitragefreien Preis***

Der folgende Satz besagt, dass die Menge der arbitragefreien Preise ein Intervall bildet. Jeder arbitragefreie Preis wird durch den Erwartungswert bezüglich eines äquivalenten Martingalmaßes beschrieben.

Satz 5.47 (Arbitragefreie Preise) *Sei $\mathcal{M}_e(P) \neq \emptyset$ und $C \in L_+(\mathfrak{A}_T)$ ein contingent claim. Dann gilt:*

a) $\Pi_C = \{E_Q\widetilde{C}; \; Q \in \mathcal{M}_e(P), E_Q C < \infty\}$
b) $\pi_*(C) = \inf_{Q \in \mathcal{M}_e(P)} E_Q\widetilde{C}, \; \pi^*(C) = \sup_{Q \in \mathcal{M}_e(P)} E_Q\widetilde{C}.$

Beweis

a) Nach dem ersten Hauptsatz, Satz 5.31, ist $p \in \Pi_C$ ein arbitragefreier Preis für C genau dann, wenn C im erweiterten arbitragefreien Modell $\widehat{S}$ gehedgt werden kann und daher äquivalent dazu, dass für das diskontierte erweiterte Martingalmodell $\widetilde{\widehat{S}}$ ein Martingalmaß existiert, $\widehat{Q} \in \mathcal{M}_e^{\widetilde{\widehat{S}}}(Q)$ mit $p = E_{\widehat{Q}}\widetilde{C}$, $\widetilde{S}^i \in \mathcal{M}(\widehat{Q})$, $1 \leq i \leq k+1$ und $\widetilde{C} = \widetilde{S}_T^{k+1} = p + \int_0^T 1 \mathrm{d}\widetilde{S}_t^{k+1}$.
C ist also hedgebar mit einem Martingal-Hedge im erweiterten Modell $\widehat{S}$. Insbesondere gilt also $\widehat{Q} \in \mathcal{M}_e(P)$ und $p = E_{\widehat{Q}}\widetilde{C}$ nach der risikoneutralen Bewertungsformel in Satz 5.21, d. h. $\Pi_C \subset \{E_Q\widetilde{C}; Q \in \mathcal{M}_e(P), E_Q C < \infty\}$.
Für die umgekehrte Inklusion sei $p_C = E_Q\widetilde{C} < \infty$ für ein $Q \in \mathcal{M}_e(P)$.
Dann definiere einen neuen Prozess S_t^{k+1} als das von C erzeugte Martingal bzgl. Q

$$S_t^{k+1} = E_Q(C \mid \mathfrak{A}_t), \quad t \leq T.$$

Es gilt dann $S_0^{k+1} = p_C$ und $S_T^{k+1} = C$. Das erweiterte Marktmodell $\widehat{S}$ ist arbitragefrei und Q ist ein Martingalmaß für das diskontierte erweiterte Modell $\widetilde{\widehat{S}}$. Also ist $p_C \in \Pi_C$ ein arbitragefreier Preis. Daraus folgt die Behauptung

$$\Pi_C = \{E_Q\widetilde{C}; \ Q \in \mathcal{M}_e(P), E_Q C < \infty\}.$$

b) Die Darstellung vom unteren arbitragefreien Preis $\Pi_*(C) = \inf_{Q \in \mathcal{M}_e(P)} E_Q\widetilde{C}$ folgt direkt aus a).
Die Darstellung von $\Pi^*(C)$ braucht ein Zusatzargument:

Wir zeigen: Falls $E_{Q*}C = \infty$ für ein $Q^* \in \mathcal{M}_c(P)$,
dann existiert für alle $c > 0$ ein $p \in \Pi_C$ mit $p > c$.

Sei dazu n so, dass $E_{Q*}C \wedge n =: \widetilde{p} > c$ und definiere

$$S_t^{k+1} := E_{Q*}(C \wedge n \mid \mathfrak{A}_t), \quad t \leq T.$$

Q^* ist ein Martingalmaß für das erweiterte Modell $\widehat{S} = (S^0, \ldots, S^{k+1})$; dieses ist also arbitragefrei.
Sei o.E. $\Pi_C \neq \Phi$ und $Q \in \mathcal{M}_e(P)$ und $E_Q C < \infty$. Wir betrachten Q als neues zugrunde liegendes Maß anstelle von P.
Nach dem ersten Fundamentalsatz existiert $\widetilde{Q} \sim Q$, so dass $\widehat{S} \in \mathcal{M}(\widetilde{Q})$. Der Beweis des Fundamentalsatzes basiert auf einem Trennungsargument nach Hahn-Banach ($L^1 - L^\infty$-Dualität) und impliziert, dass die Dichte $\frac{\mathrm{d}\widetilde{Q}}{\mathrm{d}Q}$ beschränkt gewählt werden kann. Daraus folgt:

$$E_{\widetilde{Q}}C < \infty$$

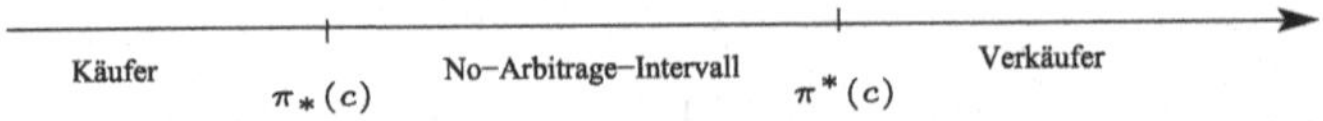

Abb. 5.4 Konvexes Preisintervall

Wegen $\widetilde{Q} \in \mathcal{M}_e(S)$ ist nach Teil a) des Beweises $p = E_{\widetilde{Q}} C$ ein arbitragefreier Preis für C. Weiter gilt:

$$p = E_{\widetilde{Q}} C \geq E_{\widetilde{Q}} C \wedge n = E_{\widetilde{Q}} S_T^{k+1} = S_0^{k+1} = \widetilde{p} > c.$$

Daraus folgt die Behauptung. $\qquad\qquad\qquad\qquad\qquad\qquad\qquad\qquad\qquad$ □

Bemerkung 5.48

a) Die Menge der äquivalenten Martingalmaße $\mathcal{M}_e(P)$ ist konvex. Daher folgt, aus Satz 5.47, dass die Menge der arbitragefreien Preise von C auch konvex, also ein Intervall, ist (siehe Abb. 5.4)

*b) Die arbitragefreien Preise bestimmen also ein Intervall, das **No-Arbitrage-Intervall** $[(\pi_*(C), \pi^*(C))]$. Im Allgemeinen ist nicht klar, ob die untere bzw. obere Schranke angenommen wird. Preise unterhalb von $\pi_*(C)$ bevorzugen den Käufer, Preise oberhalb von $\pi^*(C)$ den Verkäufer. Es stellt sich heraus, dass eindeutige Preise genau für die hedgebaren Claims existieren. Es gilt:*

$$\text{Ein Claim } C \in L_+(\mathfrak{A}_T) \text{ ist stark hedgebar}$$
$$\Longleftrightarrow \pi_*(C) = \pi^*(C).$$

In nichtvollständigen Modellen lassen sich Claims C im allgemeinen nicht hedgen. Die folgende Erweiterung der hedging Idee führt auf einem grundlegenden Zusammenhang mit dem arbitragefreien Preisprinzip und dem No-Arbitrage-Intervall.

Definition 5.49 *Sei $S = (S^0, \ldots, S^k)$ ein Marktmodell, $\mathcal{M}_e(P) \neq \emptyset$ und sei $C \in L_+(\mathfrak{A}_T)$ ein contingent claim.*

*a) $\vartheta = (x, \pi)$ heißt **Super-Hedge-Strategie** von C, wenn*

$$\pi \in \Pi_r \text{ und } \widetilde{V}_T(\vartheta) \geq \widetilde{C} \ [P], \quad V_0(\vartheta) = x.$$

Sei $\mathcal{A}_C^+ := \{\vartheta = (x, \pi); \ \vartheta \text{ ist Super-Hedge-Strategie für } C\}$ die Menge der Super-Hedge-Strategien für C.

*b) $p^\star(C, P) := \inf\{x; \ \exists (x, \pi) \in \mathcal{A}_C^+\}$ heißt der **obere Hedge-Preis** von C.*

Satz 5.50 *Sei S ein lokal beschränktes Semimartingalmodell mit $\mathcal{M}_e(P) \neq \emptyset$.*
Sei $C \in L_+(\mathfrak{A}_T)$ und $\pi^\star(C) = \sup_{Q \in \mathcal{M}_e(P)} E_Q \widetilde{C} < \infty$ der obere arbitragefreie Preis. Dann gilt:

$$\pi^\star(C) = p^\star(C, P)$$

d. h. der obere Hedge-Preis von C ist identisch mit dem oberen arbitragefreien Preis von C.

Beweis Der Beweis basiert auf dem optionalen Zerlegungssatz (vgl. Kramkov (1996)).

Optionaler Zerlegungssatz:
Sei $X \in \mathcal{S}$ lokal beschränktes Semimartingal, $V = (V_t) \geq 0$ ein adaptierter Prozess zu $\mathfrak{A}^X$, dann gilt:

V ist ein Supermartingal $\forall\, Q \in \mathcal{M}_e^X(P)$

$\Longleftrightarrow \exists$ Zerlegung $\quad V_t = V_0 + (\varphi \cdot X)_t - L_t, t \geq 0$
 mit $\varphi \in \mathcal{L}^0(X)$, L_t ist ein optionaler wachsender Prozess, $L_0 = 0$.

L ist ein adaptierter, optionaler Prozess kann im Allgemeinen aber nicht vorhersehbar gewählt werden.

 Eine Richtung des Beweises von Satz 5.50 ist einfach:
 „$\leq$": Ist $\vartheta = (X, \varphi) \in \mathcal{A}_C^+$ eine Super-Hedge-Strategie für C und ist $Q \in \mathcal{M}_e(P)$, dann folgt $\widetilde{C} \leq x + \int_0^T \varphi_u \mathrm{d}\widetilde{S}_u$.
Wegen $\widetilde{C} \geq 0$ ist $\int_0^t \varphi_u \mathrm{d}\widetilde{S}_u$ ein Supermartingal. Daher folgt:

$$E_Q\widetilde{C} \leq x + E_Q \int_0^T \varphi_u \mathrm{d}\widetilde{S}_u \leq x.$$

Damit ergibt sich die Ungleichung

$$\pi^*(C) \leq p^*(C, P).$$

„$\geq$": Für den Nachweis der umgekehrten Ungleichung definiere

$$V_t := \operatorname*{ess\,sup}_{Q \in \mathcal{M}_e(P)} E_Q(\widetilde{C} \mid \mathfrak{A}_t).$$

Dabei ist $\mathfrak{A}_t = \mathfrak{A}_t^{\widetilde{S}}$ und ess sup ist das wesentliche Supremum.
 Es folgt nun, dass $V = (V_t)$ ein Supermartingal bzgl. Q ist, $\forall\, Q \in \mathcal{M}_e(P) = \mathcal{M}_e^{\widetilde{S}}(P)$. Diese Eigenschaft ist etwas aufwendig zu zeigen und verbleibt hier ohne Beweis. Nach dem optionalen Zerlegungssatz folgt die Zerlegung

$$V_t = x_0 + \int_0^t \varphi_u \mathrm{d}\widetilde{S}_u - L_t$$

mit $\varphi \in \mathcal{L}^0(\widetilde{S})$, $0 \leq L_t$, $L_0 = 0$. L_t ist monoton wachsend, adaptiert und optional.
 Für $t = 0$ folgt aus dieser Darstellung

$$V_0 = x_0 = \sup_{Q \in \mathcal{M}_e(P)} E_Q\widetilde{C} = \pi^\star(C).$$

Nach Definition ist $V_t \geq 0$ und daher ist $\vartheta_0 = (x_0, \varphi) \in \Pi_r$.

Also ist $\vartheta_0 = (x_0, \varphi)$ eine Super-Hedge-Strategie $\vartheta_0 \in \mathcal{A}_C^+$. Daraus ergibt sich aber die umgekehrte Ungleichung

$$x_0 = \pi^\star(C) \geq p^\star(C, P). \qquad \square$$

Bemerkung 5.51

a) *Ist $|\widetilde{C}| \leq K$, dann ist $|V_t| \leq K$. Also gilt $\forall\, Q \in \mathcal{M}_e(P) : E_Q L_T \leq x_0 + K$. Daraus folgt*

$$E_Q \sup_{t \leq T} |(\varphi \cdot \widetilde{S})_t| \leq x_0 + K + E_Q L_T < \infty,$$

denn L_t ist monoton wachsend in t. Daraus folgt, dass $\varphi \cdot \widetilde{S} \in \mathcal{M}(Q)$, d. h. $\widetilde{V}_t(\vartheta_0) = x_0 + \int_0^t \varphi_u \mathrm{d}\widetilde{S}_u$ ist ein Martingal bzgl. Q.

Für beschränkte Optionen kann man also auf die Regularitätsannahme für Strategien verzichten und als Strategienklasse $\Pi_a = \bigcap_{Q \in \mathcal{M}_e} \Pi_a(Q)$ verwenden.

b) *Ebenso lässt sich auch der untere Hedge-Preis $s_*(C, P)$ über die Subhedge-Strategien definieren und es gilt in Analogie zu Satz 5.50 die Gleichheit vom unteren Hedge-Preis und dem unteren arbitragefreien Preis:*

$$s_*(C, P) = \pi_*(C).$$

In das Hedge-Problem für einen Claim $H \in L_+(\mathfrak{A}_T)$ lässt sich auch als zusätzliche Komponente ein Konsumprozess C einführen.

Definition 5.52 *Für das Marktmodell $(S, (\mathfrak{A}_t), P)$ heißt $\widetilde{\pi} = (x, \varphi, C)$ (erweiterter) **Portfolioprozess**, wenn $\varphi \in \mathcal{L}^0(S)$ ist und der Konsumprozess (C_t) ein adaptierter wachsender Prozess ist mit $C_0 = 0$.*

$\widetilde{V}_t := x + \int_0^t \varphi_s \mathrm{d}\widetilde{S}_s - C_t$ heißt (diskontierter) Werteprozess (Kapitalprozess mit Konsum) zum Portfolio $\widetilde{\pi}$.

*$\widetilde{\pi}$ heißt **zulässiger Portfolioprozess**, wenn $\widetilde{V}_t \geq 0, \forall\, t$.*

Änderungen im Werteprozess werden durch die Portfoliostrategie φ und den Konsum C hervorgerufen.

Bemerkung 5.53 (Charakterisierung von Kapitalprozessen) *Der optionale Zerlegungssatz hat nun die folgende Interpretation:*

Sei $V_t \geq 0$ ein adaptierter Prozess. Dann gilt:

$\widetilde{V}$ ist Kapitalprozess mit Konsum eines verallgemeinerten Portfolioprozesses $\Longleftrightarrow \widetilde{V}$ ist ein Supermartingal, $\forall\, Q \in \mathcal{M}_c(P)$.

Entsprechend ist $\widetilde{V}$ Kapitalprozess (ohne Konsum) eines Portfolioprozesses, genau dann, wenn $\widetilde{V} \in \mathcal{M}_{\mathrm{loc}}(Q), \forall\, Q \in \mathcal{M}_e(P)$.

Definition 5.54 *Sei $H \in L_+(\mathfrak{A}_T)$ ein Claim.*

a) *Ein Portfolioprozess $\widetilde{\pi} = (x, \varphi, C)$ heißt* **Super-Hedge-Portfolio** *(mit Konsum) für H, wenn $\widetilde{V}_T \geq H$.*

b) *Ein Portfolioprozess $\widehat{\pi} = (\widehat{x}, \widehat{\varphi}, \widehat{C})$ mit Kapitalprozess $\widehat{V}$ heißt* **minimales Super-Hedge-Portfolio**, *wenn*

$$\widehat{V}_t \leq \widetilde{V}_t \; [P], \quad \forall\, t \leq T \; und \; für \; alle \; Super\text{-}Hedge\text{-}Portfolios \; (\widetilde{\pi}, \widetilde{V}).$$

Satz 5.55 *Sei $H \in L_+(\mathfrak{A}_T)$ ein contingent claim mit $\sup_{Q \in \mathcal{M}_e(P)} E_Q H < \infty$ und sei S ein lokal beschränktes Semimartingal. Dann existiert ein minimales Super-Hedge-Portfolio $\widehat{\pi} = (\widehat{x}, \widehat{\varphi}, \widehat{C})$ und der zugehörige Kapitalprozess $\widehat{V}$ hat die Darstellung*

$$\widehat{V}_t = \widehat{x} + (\widehat{\varphi} \cdot \widetilde{S})_t - \widehat{C}_t = \operatorname*{ess\,sup}_{Q \in \mathcal{M}_e(P)} E_Q(H \mid \mathfrak{A}_t).$$

Beweis Für alle zulässigen Portfolioprozesse $\widetilde{\pi} = (x, \widetilde{\varphi}, \widetilde{C})$ und $Q \in \mathcal{M}_e(P)$ ist der zugehörige Kapitalprozess $\widetilde{V}$ ein Supermartingal. Daher gilt:

$$\widetilde{V}_t \geq \operatorname*{ess\,sup}_{Q \in \mathcal{M}_e(P)} E_Q(\widetilde{V}_T \mid \mathfrak{A}_t).$$

Ist $\widetilde{\pi}$ ein Super-Hedge-Portfolio, dann folgt hieraus

$$\widetilde{V}_t \geq \operatorname*{ess\,sup}_{Q \in \mathcal{M}_e(P)} E_Q(H \mid \mathfrak{A}_t).$$

Nach dem optionalen Zerlegungssatz wird aber die untere Schranke angenommen, d.h. es existieren $\widehat{x}, \widehat{\varphi} \in \mathcal{L}^0(S)$ und $\widehat{C} \geq 0$ adaptiert (sogar optional), so dass für den zugehörigen Werteprozess $\widehat{V}$ mit Konsum gilt:

$$\widehat{V}_t = \widehat{x} + (\widehat{\varphi} \cdot \widetilde{S})_t - \widehat{C}_t = \operatorname*{ess\,sup}_{Q \in \mathcal{M}_e(P)} E_Q(H \mid \mathfrak{A}_t). \qquad \square$$

Die Annahme der lokalen Beschränktheit des Semimartingals S lässt sich durch die schwächere Bedingung der w-Zulässigkeit ersetzen.

Definition 5.56 (w-Zulässigkeit) *Seien $w \in L_+(\mathcal{A})$, $w \geq 1$, $Q_0 \in \mathcal{M}_\sigma^e$ mit $E_{Q_0} w < \infty$ und $a > 0$.*

$\varphi \in L(\mathcal{P})$ *heißt (a, w)-zulässig* $\Longleftrightarrow$ $\forall\, Q \in \mathcal{M}_\sigma^e, \forall\, t \geq 0 : (\varphi \cdot S)_t \geq -a E_Q(w \mid \mathcal{A}_t)$

φ *heißt w-zulässig* $\Longleftrightarrow$ $\exists\, a > 0 : \varphi$ *ist (a, w)-zulässig.*

Bemerkung 5.57 (Semimartingal-Topologie) *Auf die Menge der Semimartingale* $S^d(P)$ *wird die* **Emery-Metrik** *von zwei Semimartingalen X, Y definiert durch*

$$d(X, Y) = \sup_{|\vartheta| \leq 1} \sum_n 2^{-n} E \min(1, |(\vartheta \cdot (X - Y))_n|), \qquad (5.13)$$

$(\vartheta \cdot X)_t = \int_0^t \vartheta_s \, dX_s$ *das (Vektor-)stochastische Integral über* $\vartheta \in \mathcal{L}(\mathcal{P})$ *mit* $|\vartheta| \leq 1$.
Sei $\mathcal{L}(S)$ *der Raum der S-integrierbaren Prozesse (L(S) die Menge der Äquivalenzklassen solcher Prozesse). Dann gilt:*

a) $\vartheta \in \mathcal{L}(S) \Longleftrightarrow (\vartheta 1_{\{|\vartheta| \leq n\}} \cdot S)$ *ist eine Cauchyfolge bzgl. der von d erzeugten Semimartingal-Topologie auf* $S^d(P)$.

b) $\{\vartheta \cdot S; \vartheta \in \mathcal{L}(S)\}$ *ist abgeschlossen in* $S^d(P)$ *und*

c) $(L(S), d)$ *ist ein vollständiger topologischer Vektorraum (vgl. Memin (1980)).*
   Es gibt $S \in \mathcal{S}_p$ *und* $\vartheta \in \mathcal{L}(S)$ *so, dass* $\vartheta \cdot S \notin \mathcal{M}_{\text{loc}}$. *Genauer gilt für* $S \in \mathcal{S}_p$,
   $S = M + A$:

$$\vartheta \in \mathcal{L}(S) \Longleftrightarrow \vartheta \cdot M \in \mathcal{M}_{\text{loc}} \text{ und } \vartheta \cdot A \text{ existiert als}$$

$$\textit{Lebesgue-Stieltjes-Integral.}$$

Die folgenden Sätze von Jacka (1992) und Ansel und Stricker (1994) verallgemeinern das super hedging-Resultat in Satz 5.50.

Satz 5.58 *Sei* $S \in \mathcal{S}_p$ *und* $C \geq -w$ *ein Claim,* $w \geq 1$ *eine Gewichtsfunktion. Dann gilt:*

a) $\displaystyle \sup_{\substack{Q \in \mathcal{M}_\sigma^e \\ E_Q w < \infty}} E_Q C = \inf\{\alpha; \ \exists \ \vartheta \in \mathcal{L}(\mathcal{P}) \ w\text{-zulässig } C \leq \alpha + (\vartheta \cdot S)_\infty\}$ \hfill (5.14)

b) *Das inf in a) wird angenommen, wenn es endlich ist.*

Genauer gilt die folgende Charakterisierung für die Existenz von Lösungen:

Satz 5.59 (Existenzsatz) *Sei* $S \in \mathcal{S}_p$, *w eine zulässige Gewichtsfunktion und* $C \geq -w$.

Dann gilt:

1) $\exists\, Q \in \mathcal{M}_\sigma^e$, $E_Q w < \infty$ *und* $E_Q C = \sup\{E_R C;\; R \in \mathcal{M}_\sigma^e,\, E_R w < \infty\}$

$\Longleftrightarrow$ *2)* f *kann gehedgt werden, d. h.* $\exists\, \alpha \in \mathbb{R}$, $Q \in \mathcal{M}_\sigma^e$, $E_Q w < \infty$, $\exists\, \vartheta \in \mathcal{L}(S)$ *w-zuverlässig, so dass* $\vartheta \cdot S$ *gleichgradig integrierbares Martingal bzgl. Q und* $C = \alpha + (\vartheta \cdot S)_\infty$.

Als Konsequenz ergibt sich folgende allgemeine Antwort auf die Frage nach der Charakterisierung hedgebarer Claims.

Satz 5.60 *Sei* $C \in L^0(P)$, $C^- \in L^\infty(P)$, *dann gilt:*

1) $\exists\, \vartheta \in \mathcal{L}(\mathcal{P})$, $Q \in \mathcal{M}_e(P)$, $\alpha \in \mathbb{R}$ *so dass* $\vartheta \cdot S \in \mathcal{M}(Q)$ *ein gleichgradig integrierbares Martingal und* $C = \alpha + \vartheta \cdot S$.

Äquivalent dazu ist:

2) $\exists\, Q \in \mathcal{M}_e(P)$ *so dass* $E_R C \leq E_Q C$, *für alle* $R \in \mathcal{M}_e(P)$.

Ist C beschränkt, dann ist 2) äquivalent zu

3) $E_R C = c$, *für alle* $R \in \mathcal{M}_e(P)$.

Hedgebare Claims sind also dadurch charakterisiert, dass für sie das sup über die Bewertungen über alle äquivalenten Martingalmaße angenommen wird.

Nutzenoptimierung, Minimumdistanz-Martingalmaße und Nutzenindifferenzpreis

6

Dieses Kapitel gibt eine Einführung zur Bestimmung (bzw. Auswahl) von Optionspreisen über Minimumdistanz-Martingale sowie zum Bepreisen und Hedgen über Nutzenfunktionen. Darüberhinaus wird das Problem der Portfoliooptimierung behandelt. Anhand von exponentiellen Lévy-Modellen werden für eine Reihe von Standard-Nutzenfunktionen diese Verfahren im Detail charakterisiert.

In einem unvollständigen Marktmodell gibt es zu einem contingent claim C keinen eindeutigen arbitragefreien Preis, wie in vollständigen Modellen, sondern ein ganzes (möglicherweise unendliches) Intervall arbitragefreier Preise. Zur Auswahl eines speziellen Preises müssen daher zusätzliche Kriterien herangezogen werden. Hierzu gibt es eine Reihe von unterschiedlichen Kriterien; einige dieser werden im Folgenden behandelt:

1) Ein intuitiv naheliegender Ansatz ist es, das Preismaß zur Bepreisung auszuwählen, das zu dem zugrundeliegenden Marktmaß die geringste Distanz hat → Minimumdistanz-Martingalmaß.
2) Bezüglich einer dem Käufer angemessenen Nutzenfunktion wird ein Preis ermittelt, der dem Käufer – entsprechend seiner Einschätzung – als fair erscheint → Nutzenindifferenzpreis.

Diese Fragestellung führt auf Nutzenoptimierungsprobleme und zu deren Lösung mit Hilfe von Dualitätsresultaten (konvexe Dualitättheorie). Es ergibt sich als Konsequenz ein enger Zusammenhang zwischen beiden Ansätzen. Die Aussagen dieses Kapitels basieren weitgehend auf den Arbeiten von He und Pearson (1991a, 1991b), Kallsen (2000), Goll und Rüschendorf (2001) sowie Rheinländer und Sexton (2011).

6.1 Nutzenoptimierung und Nutzenindifferenzpreis

Der Nutzen eines rationalen, risikoaversen Händlers werde beschrieben durch eine Nutzenfunktion $u : \mathbb{R} \to \mathbb{R} \cup \{-\infty\}$, d.h. u ist streng monoton wachsend, konkav und es gelte

$$u'(\infty) = \lim u'(x) = 0, \quad u'(\overline{x}) = \lim_{x \downarrow \overline{x}} u'(x) = \infty \tag{6.1}$$

L. Rüschendorf, *Stochastische Prozesse und Finanzmathematik,* Masterclass, https://doi.org/10.1007/978-3-662-61973-5_6

für $\bar{x} = \inf\{x \in \mathbb{R} \mid u(x) > -\infty\}$. Dieses impliziert, dass $\text{dom}(u) = (\bar{x}, \infty)$ oder $\text{dom}(u) = [\bar{x}, \infty)$.

Klassische Beispiele von Nutzenfunktionen sind

- $u(x) = 1 - e^{-px}$ exponentielle Nutzenfunktion, $p > 0$
- $u(x) = \dfrac{x^p}{p}, x > 0, p \in (-\infty, 1) \setminus \{0\}$ Potenznutzenfunktion
- $u(x) = \log x, x > 0$ logarithmische Nutzenfunktion

Ziel des Händlers ist es, bei gegebenem Anfangskapital x seinen Nutzen durch Investition in den Finanzmarkt zu maximieren. Mit einer Klasse $\mathcal{E}$ zulässiger Handelsstrategien und Marktpreismodell S führt das zu dem nutzenbasierten **Portfolio-Optimierungsproblem**

$$V(x) = \sup_{\vartheta \in \mathcal{E}} Eu \left(x + \int_0^T \vartheta_t \, dS_t \right). \tag{6.2}$$

Das optimale Hedgen eines Claims B führt nutzenbasiert auf das **Hedging-Optimierungsproblem**

$$V(x - B) = \sup_{\vartheta \in \mathcal{E}} Eu \left(x + \int_0^T \vartheta_t \, dS_t - B \right) \tag{6.3}$$

Die Lösung dieser Probleme wird ermöglicht durch einen Dualitätssatz aus der konvexen Analysis.

Definition 6.1 *Die **konvex konjugierte Funktion** $u^* : \mathbb{R}_+ \to \mathbb{R}$ von u ist definiert durch*

$$u^*(y) = \sup_{x \in \mathbb{R}} (u(x) - xy). \tag{6.4}$$

Es gilt:

$$u^*(y) = u(I(y)) - yI(y) \quad \text{mit } I := (u')^{-1}. \tag{6.5}$$

Mit (6.1) folgt: I nimmt Werte in $(\bar{x}, \infty)$ an und $I(0) = \infty$.

Bemerkung 6.2 *Für die Potenznutzenfunktion $\frac{x^p}{p}$, die logarithmische Nutzenfunktion $\log x$ und die exponentielle Nutzenfunktion $1 - e^{-px}$ sind die zugehörigen Konjugierten $u^*(y)$ gegeben durch $-\frac{p-1}{p} y^{\frac{p}{p-1}}, -\log y - 1$ und $1 - \frac{y}{p} + \frac{y}{p} \log \left(\frac{y}{p} \right)$. Aus der Definition von u^* folgt eine Form der Fenchel-Ungleichung*

$$-xy \le u^*(y) - u(x). \tag{6.6}$$

Die Nutzenindifferenzmethode basiert auf dem Vergleich zwischen dem optimalen Verhalten unter den alternativen Szenarien einen Claim zu verkaufen und dafür eine Prämie zu erhalten und den Claim nicht zu verkaufen.

Definition 6.3 (**Nutzenindifferenzpreis**) *Der **Nutzenindifferenzpreis** π (des Verkäufers) eines Claims B ist definiert in einem Markt ohne Handelsmöglichkeiten als Lösung $\pi = \pi(B)$ der Gleichung*

$$u(x) = Eu(x + \pi - B). \tag{6.7}$$

In einem Markt mit Handelsmöglichkeiten $\mathcal{E}$ ist er definiert als Lösung $\pi = \pi(B)$ der Gleichung

$$V(x) = V(x + \pi - B). \tag{6.8}$$

Der Nutzenindifferenzpreis $\tilde{\pi}$ eines Käufers wird analog definiert als Lösung der Gleichung

$$V(x) = V(x - \tilde{\pi} + B).$$

6.2 Minimumdistanz-Martingalmaße

Ein Minimumdistanz-Martingalmaß minimiert die Distanz vom zugrundeliegenden Basismaß zur Klasse der Martingalmaße (bzw. einer geeigneten Teilmenge). Als Distanzen werden dazu f-Divergenzen betrachtet.

Definition 6.4 *Seien $Q, P \in \mathcal{P}$ mit $Q \ll P$ und sei $f : (0, \infty) \to \mathbb{R}$ eine konvexe Funktion. Die **f-Divergenz** zwischen Q und P ist definiert durch*

$$f(Q \parallel P) := \begin{cases} \int f\left(\dfrac{\mathrm{d}Q}{\mathrm{d}P}\right) \mathrm{d}P, & \text{falls das Integral existiert,} \\ \infty, & \text{sonst,} \end{cases}$$

wobei $f(0) = \lim_{x \downarrow 0} f(x)$.

Eine detaillierte Behandlung von f-Divergenzen findet sich in Liese und Vajda (1987). Für $f(x) = x \log x$ ergibt sich als f-Divergenz die **relative Entropie**

$$H(Q \parallel P) = \begin{cases} E\left[\dfrac{\mathrm{d}Q}{\mathrm{d}P} \log\left(\dfrac{\mathrm{d}Q}{\mathrm{d}P}\right)\right], & \text{falls } Q \ll P, \\ \infty, & \text{sonst.} \end{cases}$$

Für $f(x) = -\log x$ ergibt sich die **reverse relative Entropie**,
für $f(x) = |x - 1|$ der Totalvariationsabstand und
für $f(x) = -\sqrt{x}$ der Hellinger-Abstand.

Sei $\mathcal{K}$ eine konvexe dominierte Teilmenge von Wahrscheinlichkeitsmaßen auf $(\Omega, \mathcal{A})$.

Definition 6.5 *Ein Wahrscheinlichkeitsmaß $Q^* \in \mathcal{K}$ heißt f-Projektion (oder **minimales Distanzmaß**) von P auf (in) $\mathcal{K}$, falls*

$$f(Q^* \| P) = \inf_{Q \in \mathcal{K}} f(Q \| P) =: f(\mathcal{K} \| P). \tag{6.9}$$

f-Projektionen sind eindeutig bestimmt.

Proposition 6.6 **(Eindeutigkeit der f-Projektion)** *Die Funktion f sei strikt konvex und $f(\mathcal{K} \| P) < \infty$. Dann existiert höchstens eine f-Projektion von P auf $\mathcal{K}$.*

Beweis Seien Q_1 und Q_2 zwei f-Projektionen von P auf $\mathcal{K}$ mit $Q_1 \neq Q_2$. Dann ist $\widehat{Q} := \frac{1}{2}(Q_1 + Q_2)$ ein Wahrscheinlichkeitsmaß. Wegen der strikten Konvexität gilt

$$
\begin{aligned}
f(\mathcal{K} \| P) = \inf_{Q \in \mathcal{K}} f(Q \| P) &\leq f(\widehat{Q} \| P) = \int f\left(\frac{1}{2}\frac{dQ_1}{dP} + \frac{1}{2}\frac{dQ_2}{dP}\right) dP \\
&< \frac{1}{2}\int f\left(\frac{dQ_1}{dP}\right) + f\left(\frac{dQ_2}{dP}\right) dP = \frac{1}{2}\left(f(Q_1 \| P) + f(Q_2 \| P)\right) \\
&= f(\mathcal{K} \| P),
\end{aligned}
$$

ein Widerspruch und es folgt, dass es höchstens eine f-Projektion geben kann. $\square$

Die Existenz von f-Projektionen gilt unter einer Abgeschlossenheitsbedingung an $\mathcal{K}$ (vgl. Liese und Vajda (1987)).

Satz 6.7 **(Existenz der f-Projektion)** *Ist $\mathcal{K}$ abgeschlossen bezüglich der Topologie des Variationsabstandes und gilt $\lim_{x \to \infty} \frac{f(x)}{x} = \infty$, so existiert eine f-Projektion von P auf $\mathcal{K}$.*

Das Hauptargument des Beweises besteht darin zu zeigen, dass die Menge der Wahrscheinlichkeitsmaße $Q \in \mathcal{K}$ mit $f(Q \| P) \leq 2a$ schwach kompakt ist.

Bezeichne im Folgenden $\mathcal{M}^f$ die Menge aller Elemente $Q \in \mathcal{K}$ mit $f(Q \| P) < \infty$.

Sei $\widehat{Q} \ll P$ und $F \subset L^1(\widehat{Q})$ ein Untervektorraum mit $1 \in F$. Definiere die durch F und $\widehat{Q}$ induzierte **verallgemeinerte Momentenfamilie** durch

$$\mathcal{K}_F := \{Q \ll P : F \subset L^1(Q) \text{ und } E_Q f = E_{\widehat{Q}} f \text{ für alle } f \in F\}.$$

In den späteren Anwendungen der Finanzmathematik stellt $\mathcal{K}_F$ typischerweise eine Klasse von Martingalmaßen dar. Die Charakterisierung des folgenden Satzes von f-Projektionen aus Rüschendorf (1984) verallgemeinert ein Resultat für den Fall der Entropie von Csiszár (1975)

Satz 6.8

(i) Sei $Q^* \in \mathcal{M}^f$. Dann ist Q^* genau dann die f-Projektion von P auf $\mathcal{K}$, wenn

$$\int f'\left(\frac{\mathrm{d}Q^*}{\mathrm{d}P}\right)(\mathrm{d}Q^* - \mathrm{d}Q) \le 0 \text{ für alle } Q \in \mathcal{M}^f.$$

(ii) Sei $Q^* \in \mathcal{K}_F$ mit $Q^* \in \mathcal{M}^f$ und $f'\left(\frac{\mathrm{d}Q^*}{\mathrm{d}P}\right) \in L^1(Q^*)$. Ist Q^* die f-Projektion auf $\mathcal{K}_F$, dann gilt

$$f'\left(\frac{\mathrm{d}Q^*}{\mathrm{d}P}\right) \in L^1(F, Q^*), \text{ dem Abschluss von } F \text{ in } L^1(Q^*).$$

(iii) Sei $Q^* \in \mathcal{K}_F$ und $Q^* \in \mathcal{M}^f$. Ist $f'\left(\frac{\mathrm{d}Q^*}{\mathrm{d}P}\right) \in F$, dann ist Q^* die f-Projektion auf $\mathcal{K}_F$.

Beweis

(i) Für $Q \in \mathcal{M}^f$ und $\alpha \in [0, 1]$ definieren wir die Funktion $h_\alpha = \frac{1}{\alpha - 1} \left(f\left(\alpha \frac{\mathrm{d}Q^*}{\mathrm{d}P} + (1 - \alpha)\frac{\mathrm{d}Q}{\mathrm{d}P}\right) - f\left(\frac{\mathrm{d}Q^*}{\mathrm{d}P}\right) \right)$. Für $\alpha \uparrow 1$ erhalten wir nach l'Hôpital

$$\lim_{\alpha \uparrow 1} h_\alpha = f'\left(\frac{\mathrm{d}Q^*}{\mathrm{d}P}\right)\left(\frac{\mathrm{d}Q^*}{\mathrm{d}P} - \frac{\mathrm{d}Q}{\mathrm{d}P}\right).$$

Wegen der Konvexität von f gilt

$$f\left(\frac{\mathrm{d}Q}{\mathrm{d}P}\right) \ge f\left(\frac{\mathrm{d}Q^*}{\mathrm{d}P}\right) + f'\left(\frac{\mathrm{d}Q^*}{\mathrm{d}P}\right)\left(\frac{\mathrm{d}Q}{\mathrm{d}P} - \frac{\mathrm{d}Q^*}{\mathrm{d}P}\right)$$

und daher, dass $\lim_{\alpha \uparrow 1} h_\alpha \ge f\left(\frac{\mathrm{d}Q^*}{\mathrm{d}P}\right) - f\left(\frac{\mathrm{d}Q}{\mathrm{d}P}\right) = h_0$. Definiert man $\tilde{h}_\alpha := (\alpha - 1)h_\alpha$, so sieht man durch Berechnen der zweiten Ableitung, dass wegen der Konvexität von f die Funktion $\tilde{h}_\alpha$ konvex ist und somit h_α konkav ist, da $\frac{1}{\alpha - 1} < 0$. Wegen der Konkavität von h_α und $\lim_{\alpha \uparrow 1} h_\alpha \ge h_0$ ist h_α monoton steigend in α, d.h. $h_\alpha \ge h_0$ für alle $\alpha \in [0, 1]$. Genauer gilt $h_\alpha \ge f\left(\frac{\mathrm{d}Q^*}{\mathrm{d}P}\right) - f\left(\frac{\mathrm{d}Q}{\mathrm{d}P}\right) = h_0$. Damit lässt sich der Satz der monotonen Konvergenz anwenden und es konvergiert

$$\frac{1}{\alpha - 1}\int \left(f\left(\alpha \frac{\mathrm{d}Q^*}{\mathrm{d}P} + (1 - \alpha)\frac{\mathrm{d}Q}{\mathrm{d}P}\right) - f\left(\frac{\mathrm{d}Q^*}{\mathrm{d}P}\right) \right) \mathrm{d}P$$

$$\xrightarrow{\alpha \uparrow 1} \int f'\left(\frac{\mathrm{d}Q^*}{\mathrm{d}P}\right)\left(\frac{\mathrm{d}Q^*}{\mathrm{d}P} - \frac{\mathrm{d}Q}{\mathrm{d}P}\right) \mathrm{d}P \qquad (6.10)$$

und das Integral über h_α ist monoton steigend in α. $\alpha \frac{\mathrm{d}Q^*}{\mathrm{d}P} + (1 - \alpha)\frac{\mathrm{d}Q}{\mathrm{d}P}$ definiert die Dichte eines Wahrscheinlichkeitsmaßes aus $\mathcal{K}$. Ist Q^* die f-Projektion von P auf $\mathcal{K}$, dann ist die linke Seite von (6.10) ≤ 0 für alle α, d. h. der Limes ist auch ≤ 0.

Ist umgekehrt die rechte Seite von (6.10) ≤ 0, dann erhält man, da h_α monoton steigend ist, dass

$$f(Q^* \parallel P) - f(Q \parallel P) = \int h_0 \, \mathrm{d}P \leq \int \left(\lim_{\alpha \uparrow 1} h_\alpha \right) \mathrm{d}P \leq 0$$

gilt. Also ist $f(Q^* \parallel P) \leq f(Q \parallel P)$ für $Q \in \mathcal{M}^f$ und somit ist Q^* die f-Projektion von P auf $\mathcal{K}$.

(ii) Q^* ist nach Voraussetzung die f-Projektion auf $\mathcal{K}_F$, also folgt mit Teil (i), dass

$$\int f' \left(\frac{\mathrm{d}Q^*}{\mathrm{d}P} \right) \mathrm{d}Q^* \leq \int f' \left(\frac{\mathrm{d}Q^*}{\mathrm{d}P} \right) \mathrm{d}Q \text{ für alle } Q \in \mathcal{M}^f \cap \mathcal{K}_F \qquad (6.11)$$

gilt. Da $f' \left(\frac{\mathrm{d}Q^*}{\mathrm{d}P} \right) \in L^1(Q^*)$ ist und (6.11) gilt, folgt mit Hilfe eines Trennungssatzes (vgl. Rüschendorf (1984, Proposition 1)) $f' \left(\frac{\mathrm{d}Q^*}{\mathrm{d}P} \right) \in L^1(F, Q^*)$.

(iii) Da $Q^* \in \mathcal{K}_F$ und $f' \left(\frac{\mathrm{d}Q^*}{\mathrm{d}P} \right) \in F$, gilt

$$\int f' \left(\frac{\mathrm{d}Q^*}{\mathrm{d}P} \right) \mathrm{d}Q^* = \int f' \left(\frac{\mathrm{d}Q^*}{\mathrm{d}P} \right) \mathrm{d}Q \text{ für } Q \in \mathcal{K}_F,$$

also folgt mit (i), dass Q^* die f-Projektion auf $\mathcal{K}_F$ ist. $\square$

Mit Hilfe von Satz 6.8 (i) lässt sich die Äquivalenz der f-Projektion zu P zeigen, falls $f'(0) = -\infty$ und falls es ein Maß $Q \in \mathcal{K}$ gibt, so dass $Q \sim P$ mit $f(Q \parallel P) < \infty$.

Korollar 6.9 (Äquivalenz der f-Projektion) *Sei $f'(0) = -\infty$ und es existiere ein Maß $Q \in \mathcal{M}^f \cap \mathcal{M}^e$. Ist Q^* die f-Projektion von P, dann ist $Q^* \sim P$.*

Beweis Angenommen $Q^* \sim P$ und Q^* ist die f-Projektion von P auf $\mathcal{K}$, d. h. wegen $Q^* \in \mathcal{K}$ ist $Q^* \ll P$. Somit gilt $P \left(\frac{\mathrm{d}Q^*}{\mathrm{d}P} = 0 \right) > 0$. Da $Q \sim P$ gilt auch $Q \left(\frac{\mathrm{d}Q^*}{\mathrm{d}P} = 0 \right) > 0$. Nach Satz 6.8 (i) gilt

$$\int f' \left(\frac{\mathrm{d}Q^*}{\mathrm{d}P} \right) \mathrm{d}Q^* - \int f' \left(\frac{\mathrm{d}Q^*}{\mathrm{d}P} \right) \mathrm{d}Q \leq 0.$$

Da aber $Q\left(\frac{\mathrm{d}Q^*}{\mathrm{d}P} = 0\right) > 0$ und nach Voraussetzung $f'(0) = -\infty$ erhalten wir daraus einen Widerspruch. $\qquad\square$

Als Anwendung ergibt sich eine Charakterisierung des Minimumdistanz-Martingalmaßes.

Die Menge der Martingalmaße lässt sich als verallgemeinerte Momentenfamilie beschreiben.

Seien dazu

$$G := \left\{(\vartheta \cdot S)_T : \vartheta^i = H^i \mathbb{1}_{(s_i, t_i]}, s_i < t_i, H^i \text{ beschränkt } \mathcal{F}_{s_i}\text{-messbar}\right\}$$
$$\cup \{\mathbb{1}_B : P(B) = 0\}$$

und

$$G_{\mathrm{loc}} := \left\{(\vartheta \cdot S)_T : \vartheta^i = H^i \mathbb{1}_{(s_i, t_i]} \mathbb{1}_{[0, \widehat{T}^i]}, s_i < t_i,\right.$$
$$\left. H^i \text{ beschränkt } \mathcal{F}_{s_i}\text{-messbar}, \widehat{T}^i \in \gamma^i\right\} \cup \{\mathbb{1}_B : P(B) = 0\},$$

wobei $\gamma^i := \left\{\widehat{T}^i \text{ Stoppzeit}; (S^i)^{\widehat{T}^i} \text{ ist beschränkt}\right\}$.

Der folgende Satz gibt eine notwendige Bedingung für eine f-Projektion auf die Menge der Martingalmaße.

Satz 6.10 *Sei* $Q^* \in \mathcal{M}^f \cap \mathcal{M}$ *und* $f'\left(\frac{\mathrm{d}Q^*}{\mathrm{d}P}\right) \in L^1(Q^*)$. *Ist* Q^* *die* f-*Projektion von* P *auf* $\mathcal{M}$, *dann gilt*

$$f'\left(\frac{\mathrm{d}Q^*}{\mathrm{d}P}\right) = c + \int_0^T \vartheta_t \, \mathrm{d}S_t \quad Q^*\text{-}fast \ sicher \qquad (6.12)$$

für einen Prozess $\vartheta \in \mathcal{L}(S, Q^*)$, *so dass* $\int_0^\cdot \vartheta_t \, \mathrm{d}S_t$ *ein Martingal bezüglich* Q^* *ist.*

Beweis Die Klasse $\mathcal{M}$ der Martingalmaße lässt sich als von G erzeugte Momentenfamilie charakterisieren,

$$\mathcal{M} = \{Q \in \mathcal{P} : G \subset L^1(Q) \text{ und } E_Q g = 0 \quad \forall g \in G\}$$

Sei F der Vektorraum, der von 1 und G erzeugt wird. Die Voraussetzungen von Satz 6.8 (ii) sind erfüllt und es folgt daher, dass

$$f'\left(\frac{\mathrm{d}Q^*}{\mathrm{d}P}\right) = \xi \quad Q^*\text{-fast sicher.}$$

für ein $\xi \in L^1(F, Q^*)$, dem $L^1(Q^*)$-Abschluss von F. Mit einer Abgeschlossenheitsaussage für stochastische Integrale von Yor (1978, Korollar 2.5.2), (für eine mehrdimensionale Version siehe Delbaen und Schachermayer (1999, Theorem 1.6)) können wir den Abschluss $L^1(G, Q^*)$ mit stochastischen Integralen, die Q^*-Martingale sind, identifizieren und es gilt, dass $L^1(G, Q^*) \subset \{(\vartheta \cdot S)_T : \vartheta \in \mathcal{L}(S, Q^*)$, so dass $\vartheta \cdot S$ ein Q^*-Martingal ist$\}$. Dieses Resultat gilt auch ohne die Annahme einer vollständigen Filtration, siehe Jacod (1979, Proposition 1.1). Nach Schaefer (1971, Proposition I.3.3) erhalten wir die notwendige Bedingung, da F von 1 und G erzeugt wird.   □

In Satz 6.10 reicht es, dass S ein allgemeines $\mathbb{R}^{d+1}$-wertiges Semimartingal ist. Im nächsten Satz zeigen wir, dass die notwendige Bedingung aus Satz 6.10 auch für die Menge der lokalen Martingalmaße gilt, unter der zusätzlichen Bedingung, dass der Preisprozess S lokal beschränkt ist.

Satz 6.11 (Dichte der f-Projektion) *Sei S lokal beschränktes Semimartingal. Sei $Q^* \in \mathcal{M}^f \cap \mathcal{M}_{\mathrm{loc}}$ und $f'\left(\frac{\mathrm{d}Q^*}{\mathrm{d}P}\right) \in L^1(Q^*)$. Ist Q^* die f-Projektion von P auf $\mathcal{M}_{\mathrm{loc}}$, so gilt*

$$f'\left(\frac{\mathrm{d}Q^*}{\mathrm{d}P}\right) = c + \int_0^T \vartheta_t \, \mathrm{d}S_t \quad Q^*\text{-fast sicher} \qquad (6.13)$$

für einen Prozess $\vartheta \in \mathcal{L}^1_{\mathrm{loc}}(S, Q^*)$, so dass $\int_0^{\cdot} \vartheta_t \, \mathrm{d}S_t$ ein Q^*-Martingal ist.

Beweis Betrachte folgende Charakterisierung von $\mathcal{M}_{\mathrm{loc}}$ als Momentenfamilie

$$\mathcal{M}_{\mathrm{loc}} = \{Q \in \mathcal{P} : G_{\mathrm{loc}} \subset L^1(Q) \text{ und } E_Q g = 0 \quad \forall g \in G_{\mathrm{loc}}\}.$$

Die Behauptung folgt nun analog zum Beweis von Satz 6.10.   □

Bemerkung

(1) Ist $Q^* \sim P$ und ist zusätzlich $-f'\left(\frac{\mathrm{d}Q^*}{\mathrm{d}P}\right)$ nach unten beschränkt, so erhält man nach Goll und Rüschendorf (2001) die Darstellbarkeit von $f'\left(\frac{\mathrm{d}Q^*}{\mathrm{d}P}\right)$ als stochastisches Integral mit Satz 6.8 (i), dem Martingaldarstellungsresultat Theorem 3.4 aus Jacka (1992) und Theorem 3.2 aus Ansel und Stricker (1994).

(2) Ist S (lokal) beschränkt, so ist $\mathcal{M}_{\mathrm{loc}}$ abgeschlossen bezüglich dem Variationsabstand. Man kann dies mit der Charakterisierung von $\mathcal{M}_{\mathrm{loc}}$ mit Hilfe von G_{loc} prüfen (siehe Lemma 7.8 in Rheinländer und Sexton (2011)). Gilt zusätzlich $\lim_{x \to \infty} \frac{f(x)}{x} = \infty$ so existiert nach Satz 6.7 eine f-Projektion von P auf $\mathcal{M}_{\mathrm{loc}}$. Diese Bedingung ist insbesondere für die relative Entropie erfüllt.

Als Nächstes folgen einige hinreichende Bedingungen für eine f-Projektion von P auf $\mathcal{M}_{\mathrm{loc}}$.

Proposition 6.12 *Sei $Q^* \in \mathcal{M}^f \cap \mathcal{M}_{\text{loc}}$ und es gelte*

$$f'\left(\frac{dQ^*}{dP}\right) = c + \int_0^T \vartheta_t \, dS_t \quad P\text{-fast sicher} \tag{6.14}$$

für $\int_0^T \vartheta_t \, dS_t \in G_{\text{loc}}$. Dann ist Q^* die f-Projektion von P auf $\mathcal{M}_{\text{loc}}$. $\qquad\square$

Beweis Sei F der Vektorraum, der von 1 und G_{loc} erzeugt wird. Wegen der Darstellung von $f'\left(\frac{dQ^*}{dP}\right)$ als Integral und wegen $\int_0^T \vartheta_t \, dS_t \in G_{\text{loc}}$ kann man Satz 6.8 (iii) anwenden. $\qquad\square$

Die Bedingung aus Proposition 6.12 lässt sich wie folgt verallgemeinern.

Satz 6.13 *Sei $Q^* \in \mathcal{M}^f \cap \mathcal{M}_{\text{loc}}$ so, dass für einen vorhersehbaren Prozess $\vartheta \in \mathcal{L}(S)$*

$$f'\left(\frac{dQ^*}{dP}\right) = c + \int_0^T \vartheta_t \, dS_t \quad P\text{-fast sicher},$$

$$-\int_0^\cdot \vartheta_t \, dS_t \text{ ist } P\text{-fast sicher nach unten beschränkt},$$

$$E_{Q^*}\left[\int_0^T \vartheta_t \, dS_t\right] = 0$$

gilt. Dann ist Q^* die f-Projektion von P auf $\mathcal{M}_{\text{loc}}$.

Beweis Nach Voraussetzung ist $\vartheta \in \mathcal{L}(S)$ ein vorhersehbarer S-integrierbarer Prozess bezüglich P und man erhält mit Proposition 7.26 (b) aus Jacod (1979), dass ϑ in der Dimension $d = 1$ auch S-integrierbar bezüglich einem beliebigen $Q \in \mathcal{M}_{\text{loc}}$ ist. Mit Proposition 3 aus Jacod (1980) kann man dieses Resultat auf Dimensionen $d \geq 1$ ausweiten. Nach der Definition von $\mathcal{M}_{\text{loc}} := \{Q \ll P : Q \text{ ist ein (lokales)} \text{ Martingalmaß}\}$ ist der Preisprozess S ein (lokales) Q-Martingal. Mit Korollar 3.5 aus Ansel und Stricker (1994) ist $-\vartheta \cdot S$ ein lokales Q-Martingal und da es nach unten beschränkt ist somit auch ein Q-Supermartingal für jedes $Q \in \mathcal{M}_{\text{loc}}$.
Also gilt $E_Q(\vartheta \cdot S)_T \geq E_Q(\vartheta \cdot S)_0 = 0$ und es folgt

$$E_Q f'\left(\frac{dQ*}{dP}\right) = c + E_Q(\vartheta \cdot S)_T \geq c + E_Q \underbrace{(\vartheta \cdot S)_0}_{=0}$$

$$= c + \underbrace{E_{Q^*}(\vartheta \cdot S)_T}_{=0} = E_{Q^*} f'\left(\frac{dQ*}{dP}\right).$$

Da $Q \in \mathcal{M}_{\text{loc}}$ beliebig gewählt war, folgt die Behauptung mit Satz 6.8 (i). $\qquad\square$

6.3   Dualitätsresultate

Das Problem der Nutzenmaximierung wird durch einen Dualitätssatz der konvexen Optimierung mit dem Problem der Bestimmung der Minimierung der f-Divergenz verknüpft. Genauer: Minimumdistanz-Martingalmaße bezüglich der konvex Konjugierten der Nutzenfunktion erweisen sich als äquivalent zu Minimaxmaßen. Eine Charakterisierung für Minimumdistanz-Martingalmaße führt dann zu einer Charakterisierung von optimalen Portfoliostrategien.

6.3.1   Minimumdistanz-Martingalmaße und Minimax-Maße

Sei $\mathcal{K} \subset \mathcal{M}(P)$ eine konvexe Menge von P-stetigen Martingalmaßen auf $(\Omega, \mathcal{A})$ und u eine Nutzenfunktion wie in Abschn. 6.1.

Für $Q \in \mathcal{K}$ und $x > \overline{x}$ definieren wir

$$U_Q(x) := \sup\{Eu(Y) : Y \in L^1(Q), E_Q Y \leq x, Eu(Y)^- < \infty\}. \qquad (6.15)$$

Man kann $U_Q(x)$ interpretieren als den maximal zu erwartenden Nutzen, der mit einem Grundkapital x erreicht werden kann, falls die Marktpreise mit Q berechnet werden.

Dabei möchte man vermeiden, dass der zu erwartende Nutzen $-\infty$ wird, dass also ein Ruin eintritt.

Lemma 6.14 *Sei* $Q \in \mathcal{K}$ *und* $E_Q I \left(\lambda \frac{dQ}{dP} \right) < \infty, \forall \lambda > 0.$ *Dann gilt*

(i) $U_Q(x) = \inf_{\lambda > 0}\{Eu^* \left(\lambda \frac{dQ}{dP} \right) + \lambda x\}.$

(ii) Für die Gleichung $E_Q I \left(\lambda \frac{dQ}{dP} \right) = x$ *gibt es eine eindeutige Lösung für* λ, *bezeichnet durch* $\lambda_Q(x) \in (0, \infty)$ *und es gilt*

$$U_Q(x) = Eu \left(I \left(\lambda_Q(x) \frac{dQ}{dP} \right) \right).$$

Beweis Sei $Y \in L^1(Q)$ mit $E_Q Y \leq x$ und $Eu(Y)^- < \infty$. Dann gilt für $\lambda > 0$:

$$Eu(Y) \leq Eu(Y) + \lambda(x - E_Q Y)$$

$$= Eu(Y) - E\left[\lambda \frac{dQ}{dP} Y \right] + \lambda x$$

$$\leq Eu^* \left(\lambda \frac{dQ}{dP} \right) + \lambda x$$

$$\overset{(6.6)}{=} Eu \left(I \left(\lambda \frac{dQ}{dP} \right) \right) - E\left[\lambda \frac{dQ}{dP} I \left(\lambda \frac{dQ}{dP} \right) \right] + \lambda x$$

$$= Eu \left(I \left(\lambda \frac{dQ}{dP} \right) \right) + \lambda \left(x - E_Q I \left(\lambda \frac{dQ}{dP} \right) \right).$$

Gleichheit gilt genau dann, wenn $Y = I\left(\lambda_Q(x)\frac{dQ}{dP}\right)$ mit $\lambda_Q(x)$ Lösung der Gleichung $E_Q I\left(\lambda\frac{dQ}{dP}\right) = x$.

Nach (6.1) folgt $I(0) = \infty$ und $I(\infty) = \overline{x}$. Damit und mit der strikten Konkavität von u folgt, dass I streng monoton fallend ist. Insgesamt erhalten wir mit der Voraussetzung $E_Q I\left(\lambda\frac{dQ}{dP}\right) < \infty$ für alle $\lambda > 0$, dass $E_Q I\left(\lambda\frac{dQ}{dP}\right)$ eine in λ stetige, monoton fallende Funktion mit Werten in $(\overline{x}, \infty)$ ist. Da $x > \overline{x}$ ist die eindeutige Existenz von $\lambda_Q(x)$ garantiert.

Es bleibt zu prüfen, dass $E\left[u\left(I\left(\lambda_Q(x)\frac{dQ}{dP}\right)\right)\right]^- < \infty$. Mit einer Umformulierung der Fenchel-Ungleichung in (6.6) $u(x) - xy \leq u(I(y)) - yI(y)$ erhält man

$$E\left[u\left(I\left(\lambda\frac{dQ}{dP}\right)\right) - \lambda\frac{dQ}{dP}I\left(\lambda\frac{dQ}{dP}\right)\right]^- < \infty. \qquad (6.16)$$

Mit der Ungleichung

$$\left[u\left(I\left(\lambda\frac{dQ}{dP}\right)\right)\right]^- \leq \left[u\left(I\left(\lambda\frac{dQ}{dP}\right)\right) - \lambda\frac{dQ}{dP}I\left(\lambda\frac{dQ}{dP}\right)\right]^- + \left[\lambda\frac{dQ}{dP}I\left(\lambda\frac{dQ}{dP}\right)\right]^-$$

erhalten wir, dass die Bedingung $E\left[u\left(I\left(\lambda_Q(x)\frac{dQ}{dP}\right)\right)\right]^- < \infty$ erfüllt ist. $\square$

Bemerkung 6.15

(1) Man kann $I\left(\lambda_Q(x)\frac{dQ}{dP}\right)$ als optimalen Claim, der unter dem Preismaß Q mit dem Kapital x finanzierbar ist, interpretieren.

(2) Existiert für $Q \in \mathcal{K}$ ein $\lambda > 0$ mit $Eu^*\left(\lambda\frac{dQ}{dP}\right) < \infty$, so können wir mit Lemma 6.14 (i) feststellen, dass $U_Q(x) < \infty$ für alle $x > \overline{x}$ ist. Ist für $Q \in \mathcal{K}$ mit $U_Q(x) < \infty$ die Annahme $E_Q I\left(\lambda\frac{dQ}{dP}\right) < \infty \; \forall \lambda > 0$ aus Lemma 6.14 erfüllt, so ist $Eu^*\left(\lambda_Q(x)\frac{dQ}{dP}\right) < \infty$.

(3) Die konvex Konjugierte zur Nutzenfunktion $u(x) = 1 - e^{-x}$ ist $u^*(y) = \mathbb{1} - y + y\log y$. Der u^*-Divergenzabstand der exponentiellen Nutzenfunktion ist somit

$$Eu^*\left(\frac{dQ}{dP}\right) = E\left[1 - \frac{dQ}{dP} + \frac{dQ}{dP}\log\left(\frac{dQ}{dP}\right)\right]$$

$$= E\left[\frac{dQ}{dP}\log\left(\frac{dQ}{dP}\right)\right] = H(Q \parallel P)$$

der relative Entropieabstand. Analog sieht man, dass der zur logarithmischen Nutzenfunktion gehörige u^*-Divergenzabstand die inverse relative Entropie ist.

(4) Für $\log x$, $\frac{x^p}{p}$, $1 - e^{-x}$ *sind die konvex konjugierten Funktionen* $-\log x - 1$,

$-\frac{p-1}{p} x^{\frac{p}{p-1}}$ *und* $1 - x + x \log x$. *Daher ist für* $u(x) = 1 - e^{-x} \log x$ *der* u^*-*Divergenz-Abstand die relative Entropie, für* $u(x) = \log x$ *die inverse relative Entropie und für* $u(x) = -x^{-1}$ *der Hellinger-Abstand.*

Definition 6.16 *Ein Maß* $Q^* = Q^*(x) \in \mathcal{K}$ *heißt* **Minimaxmaß** *für* x *und* $\mathcal{K}$, *falls es* $Q \mapsto U_Q(x)$ *über alle* $Q \in \mathcal{K}$ *minimiert, d. h. wenn gilt*

$$U_{Q^*}(x) = U(x) := \inf_{Q \in \mathcal{K}} U_Q(x).$$

Im Allgemeinen hängt das Minimaxmaß Q^* von x ab. Für die standardmäßige Nutzenfunktionen wie $u(x) = \frac{x^p}{p}$ $(p \in (-\infty, 1) \backslash \{0\})$, $u(x) = \log x$ und $u(x) = 1 - e^{-px}$ $(p \in (0, \infty))$ ist das Minimaxmaß jedoch unabhängig von x.

Wir nehmen in diesem Kapitel durchgehend an, dass

$$\exists x > \overline{x} \text{ mit } U(x) < \infty, \tag{6.17}$$

$$E_Q I\left(\lambda \frac{dQ}{dP}\right) < \infty, \quad \forall \lambda > 0, \quad \forall Q \in \mathcal{K}. \tag{6.18}$$

Bemerkung 6.17

(1) Die Annahme (6.18) ist für $u(x) = \log x$ *erfüllt: Hierfür ist* $I(y) = \frac{1}{y}$ *und wir erhalten*

$$E_Q I\left(\lambda \frac{dQ}{dP}\right) = E_Q \left[\frac{1}{\lambda} \frac{dP}{dQ}\right] = \frac{1}{\lambda} < \infty.$$

Gilt für jedes $Q \in \mathcal{K}$, $u^*(Q \parallel P) < \infty$, *so ist die Annahme (6.18) ebenso für* $u(x) = 1 - e^{-px}$ *für* $p \in (0, \infty)$ *und* $u(x) = \frac{x^p}{p}$ $(p \in (-\infty, 1) \backslash \{0\})$ *erfüllt. Für* $u(x) = 1 - e^{-px}$ *ist* $I(y) = -\frac{1}{p} \log\left(\frac{y}{p}\right)$ *und wir erhalten*

$$E_Q I\left(\lambda \frac{dQ}{dP}\right) = E_Q \left[-\frac{1}{p} \log\left(\frac{\lambda}{p} \frac{dQ}{dP}\right)\right]$$

$$= -\frac{1}{p} \log\left(\frac{\lambda}{p}\right) - \frac{1}{p} \underbrace{E_Q \left[\log\left(\frac{dQ}{dP}\right)\right]}_{<\infty} < \infty.$$

Analog sieht man selbiges Ergebnis für $u(x) = \frac{x^p}{p}$. *Für die exponentielle und die Potenznutzenfunktion kann man die Menge* $\mathcal{K}$ *durch die konvexe Teilmenge* $\{Q \in \mathcal{K}; u^*(Q \parallel P) < \infty\}$ *ersetzen.*

(2) Annahme (6.18) impliziert nach Bemerkung 6.15, dass

$$\{Q \in \mathcal{K}; U_Q(x) < \infty\} = \{Q \in \mathcal{K}; \forall \lambda > 0 : u_\lambda^*(Q \parallel P) < \infty\}.$$

Wir bezeichnen mit $\partial U(x)$ das Subdifferential der Funktion U an der Stelle x. Für $f(x) = u^*(\lambda_0 x)$ bezeichnen wir die zugehörige f-Divergenz mit $u^*_{\lambda_0}(\cdot \parallel \cdot)$.

Folgende Proposition stellt einen wichtigen Zusammenhang zwischen Minimax-maßen und Minimumdistanz-Martingalmaßen her.

Proposition 6.18 *Sei* $x > \overline{x}$, $\lambda_0 \in \partial U(x)$, $\lambda_0 > 0$. *Dann gilt*

(i) $U(x) = u^*_{\lambda_0}(\mathcal{K} \parallel P) + \lambda_0 x$.

(ii) *Ist* $Q^* \in \mathcal{K}$ *eine* $u^*_{\lambda_0}$-*Projektion von* P *auf* $\mathcal{K}$, *so ist* Q^* *ein Minimaxmaß und* $\lambda_0 = \lambda_{Q^*}(x)$.

(iii) *Ist* $Q^* \in \mathcal{K}$ *ein Minimaxmaß, dann ist* Q^* *eine* $u^*_{\lambda_{Q^*}(x)}$-*Projektion von* P *auf* $\mathcal{K}$, $\lambda_{Q^*}(x) \in \partial U(x)$ *und es gilt*

$$U_{Q^*}(x) = \inf_{Q \in \mathcal{K}} U_Q(x) = \sup\{Eu(Y);\ \sup_{Q \in \mathcal{K}(x)} E_Q Y \leq x\}$$

wobei $\mathcal{K}(x) := \{Q \in \mathcal{K};\ U_Q(x) < \infty\}$.

Die Proposition zeigt, dass Minimaxmaße durch Distanzminimierung beschrieben werden können. Umgekehrt gilt auch, dass $u^*_{\lambda_0}$-Projektionen im Sinne der Nutzen-maximierung interpretiert werden können.

Beweis

(i) Nach Lemma 6.14 gilt

$$U(x) = \inf_{Q \in \mathcal{K}} U_Q(x) = \inf_{Q \in \mathcal{K}} \inf_{\lambda > 0} \left\{ Eu^* \left(\lambda \frac{dQ}{dP} \right) + \lambda x \right\}$$
$$= \inf_{\lambda > 0} \left\{ u^*_\lambda(\mathcal{K} \parallel P) + \lambda x \right\}. \tag{6.19}$$

Definiere $H : (0, \infty) \to \mathbb{R} \cup \{\infty\}$ durch $H(\lambda) := u^*_\lambda(\mathcal{K} \parallel P)$. Nach Bemerkung 6.15 garantieren die Annahmen (6.17) und (6.18), dass es ein $\lambda > 0$ mit $H(\lambda) < \infty$ gibt. Aus der Darstellung von $U(x)$ in (6.19) folgt daher, dass $U(x) < \infty$ für alle $x \in \text{dom}(u) = \text{dom}(U)$. Somit erhalten wir $H(\lambda) < \infty$ für alle $\lambda > 0$.

Zeige nun: H ist eine konvexe Funktion. Sei dazu $\varepsilon > 0$ und $Q_1, Q_2 \in \mathcal{K}$, so dass

$$H(\lambda_1) + \varepsilon \geq Eu^* \left(\lambda_1 \frac{dQ_1}{dP} \right) \quad \text{und}$$
$$H(\lambda_2) + \varepsilon \geq Eu^* \left(\lambda_2 \frac{dQ_2}{dP} \right).$$

Hiermit und mit der Konvexität von u^* gilt:

$$\gamma H(\lambda_1) + (1 - \gamma)H(\lambda_2) + 2\varepsilon$$

$$\geq \gamma E u^* \left(\lambda_1 \frac{dQ_1}{dP} \right) + (1 - \gamma)E u^* \left(\lambda_2 \frac{dQ_2}{dP} \right)$$

$$\geq E u^* \left(\gamma \lambda_1 \frac{dQ_1}{dP} + (1 - \gamma)\lambda_2 \frac{dQ_2}{dP} \right)$$

$$= E u^* \left((\gamma \lambda_1 + (1 - \gamma)\lambda_2) \left(\frac{\gamma \lambda_1}{\gamma \lambda_1 + (1 - \gamma)\lambda_2} \frac{dQ_1}{dP} + \frac{(1 - \gamma)\lambda_2}{\gamma \lambda_1 + (1 - \gamma)\lambda_2} \frac{dQ_2}{dP} \right) \right)$$

$$\overset{(*)}{\geq} \inf_{Q \in \mathcal{K}} E u^* \left((\gamma \lambda_1 + (1 - \gamma)\lambda_2) \frac{dQ}{dP} \right) = H (\gamma \lambda_1 + (1 - \gamma)\lambda_2).$$

Zu $(*)$: Da $\mathcal{K}$ eine konvexe Menge ist und da für $Q_1, Q_2 \in \mathcal{K}$ gilt

$$\frac{\gamma \lambda_1}{\gamma \lambda_1 + (1 - \gamma)\lambda_2} \frac{dQ_1}{dP} + \frac{(1 - \gamma)\lambda_2}{\gamma \lambda_1 + (1 - \gamma)\lambda_2} \frac{dQ_2}{dP} \in \mathcal{K}.$$

Da H eine konvexe Funktion ist, können wir die Äquivalenz (a) $\Longleftrightarrow$ (b) aus Theorem 23.5 aus Rockafellar (1970) anwenden und $\inf_{\lambda > 0}\{H(\lambda) + \lambda x\}$ nimmt somit sein Infimum in λ bei $\lambda = \lambda_0$ genau dann an, wenn $-x \in \partial H(\lambda_0)$ oder äquivalent genau dann, wenn $\lambda_0 \in \partial U(x)$. Wir erhalten somit mit Gl. (6.19), dass $U(x) = u^*_{\lambda_0}(\mathcal{K} \| P) + \lambda_0 x$.

(ii) Diese Aussage folgt aus Lemma 6.14:

$$U_{Q^*}(x) = \inf_{\lambda > 0} \left\{ E u^* \left(\lambda \frac{dQ^*}{dP} \right) + \lambda x \right\}$$

$$= \inf_{\lambda > 0} \left\{ u^*_\lambda(\mathcal{K} \| P) + \lambda x \right\}$$

$$= U(x).$$

(iii) Ist $Q^* \in \mathcal{K}$ ein Minimaxmaß, so folgt mit Lemma 6.14 (i), dass Q^* eine $u^*_{\lambda_{Q^*}(x)}$-Projektion von P auf $\mathcal{K}$ ist, denn man erhält ähnlich wie in Gl. (6.19):

$$U(x) = \inf_{Q \in \mathcal{K}} U_Q(x) = \inf_{Q \in \mathcal{K}} \inf_{\lambda > 0} \left\{ E u^* \left(\lambda \frac{dQ}{dP} \right) + \lambda x \right\}$$

$$= \inf_{\lambda > 0} \left\{ u^*_\lambda(\mathcal{K} \| P) + \lambda x \right\}$$

$$= U_{Q^*}(x).$$

Für den zweiten Teil der Aussage gilt:

$$\left(u^*_\lambda \right)'(x) = -\lambda I(\lambda x), \tag{6.20}$$

denn

$$
\begin{aligned}
\left(u_\lambda^*\right)'(x) &= \left(u^*(\lambda x)\right)' = (u(I(\lambda x)) - \lambda x I(\lambda x))' \\
&= u'(I(\lambda x))I'(\lambda x)\lambda - \lambda I(\lambda x) - \lambda x I'(\lambda x)\lambda \\
&= u'((u')^{-1}(\lambda x))I'(\lambda x)\lambda - \lambda I(\lambda x) - \lambda x I'(\lambda x)\lambda \\
&= \lambda x I'(\lambda x)\lambda - \lambda I(\lambda x) - \lambda x I'(\lambda x)\lambda \\
&= -\lambda I(\lambda x).
\end{aligned}
$$

Nach Bemerkung 6.17 gilt

$$
\mathcal{K}(x) = \{Q \in \mathcal{K} : U_Q(x) < \infty\} = \{Q \in \mathcal{K} : u^*_{\lambda_{Q^*}(x)}(Q \parallel P) < \infty\}.
$$

Das heißt die Voraussetzungen für Satz 6.8 sind erfüllt. Wegen dem ersten Teil von (iii) ist Q^* eine $u^*_{\lambda_{Q^*}(x)}$-Projektion und mit Satz 6.8 (i) und Gl. (6.20) folgt

$$
E_{Q^*} I\left(\lambda_{Q^*}(x)\frac{dQ^*}{dP}\right) \geq E_Q I\left(\lambda_{Q^*}(x)\frac{dQ^*}{dP}\right).
$$

Mit Lemma 6.14 (ii) folgt $U_{Q^*}(x) = \sup\{Eu(Y) : \sup_{Q \in \mathcal{K}(x)} E_Q Y \leq x\}$. $\qquad \square$

Als Korollar aus Proposition 6.18 ergibt sich

Korollar 6.19 *Sei $x > \overline{x}$, $\lambda_0 \in \partial U(x)$ und $\lambda_0 > 0$. Weiterhin sei U differenzierbar in x. Dann ist Q^* genau dann ein Minimaxmaß, wenn Q^* die $u^*_{\lambda_0}$-Projektion ist, wobei $\lambda_0 = \nabla U(x)$.*

Beweis Wegen der Annahme der Differenzierbarkeit besteht das Subdifferential nur aus einem Punkt, der die Ableitung an der Stelle x ist. Jetzt folgt die Aussage direkt aus Proposition 6.18. $\qquad \square$

Im Allgemeinen kennt man $U(x)$ oft nicht explizit und ist daher die Verifizierung der Bedingung $\lambda_0 \in \partial U(x)$ schwierig. Im Fall der Standardnutzenfunktionen $u(x) = 1 - e^{-px}$ ($p \in (0, \infty)$), $u(x) = \frac{x^p}{p}$ ($p \in (-\infty, 1)\backslash\{0\}$) und $u(x) = \log x$ hängt das Minimaxmaß nicht von x und dementsprechend die u^*_λ-Projektion nicht von λ ab, deshalb ergibt sich hier nicht das Problem λ zu bestimmen.

Proposition 6.20 *Sei $\overline{x} = 0$ und sei u von oben beschränkt. Dann ist U in jedem $x > 0$ differenzierbar.* $\qquad \square$

Beweisskizze Nach Theorem 26.3 aus Rockafellar (1970) besteht das Hauptargument darin zu zeigen, dass $H(\lambda) = u^*_\lambda(\mathcal{K} \parallel P)$ strikt konvex ist. Die strikte Konvexität von $H(\lambda)$ zeigt man mit der Konvexität von $\mathcal{K}$, dem Satz von Alaoglu, dem Satz der dominierten Konvergenz und der strikten Konvexität von u^*.

Die Differenzierbarkeitsbedingung aus Korollar 6.19 ist erfüllt, falls es für alle $\lambda > 0$ eine u_λ^*-Projektion gibt.

Proposition 6.21 *Sei $\mathcal{K}$ abgeschlossen bezüglich der Topologie des Variationsabstandes und $\mathrm{dom}(u) = (-\infty, \infty)$. Dann gibt es für alle $\lambda > 0$ eine u_λ^*-Projektion von P auf $\mathcal{K}$.* $\qquad\square$

Beweis Nach Satz 6.7 reicht es zu zeigen, dass $\lim_{x \to \infty} \frac{u^*(\lambda x)}{x} = \infty$. Da $u^*(\lambda x) = \sup_y \{u(y) - \lambda x y\} \geq u\left(-\frac{n}{\lambda}\right) + nx$ folgt mit $u\left(-\frac{n}{\lambda}\right) > -\infty$, dass $\lim_{x \to \infty} \frac{u^*(\lambda x)}{x} \geq n$ für jedes $n \in \mathbb{N}$. $\qquad\square$

Die hinreichenden Bedingungen für Projektionen aus Abschn. 6.2 liefern einen Weg, den Parameter $\lambda_0 \in \partial U(x)$ und somit auch den mit einem Minimaxmaß verbundenen f-Divergenzabstand zu bestimmen.

Proposition 6.22 *Sei $Q^* \in \mathcal{M}\,(\mathcal{M}_{\mathrm{loc}})$, $\lambda > 0$ mit $u_\lambda^*(Q^* \| P) < \infty$, so dass für einen S-integrierbaren Prozess ϑ gilt:*

$$I\left(\lambda \frac{\mathrm{d}Q^*}{\mathrm{d}P}\right) = x + \int_0^T \vartheta_t \, \mathrm{d}S_t \quad \text{P-fast sicher.}$$

Gelten zudem noch die hinreichenden Bedingungen für eine u_λ^*-Projektion aus Proposition 6.12 (Satz 6.13), dann ist Q^* das Minimaxmaß für x und $\lambda \in \partial U(x)$. $\qquad\square$

Bemerkung 6.23 *Man beachte, dass die Bedingungen in Proposition 6.12 und in Satz 6.13 für $(u_\lambda^*)'(x) = -\lambda I(\lambda x)$ formuliert sind.*

Beweis Im Folgenden steht $\mathcal{K}$ entweder für $\mathcal{M}$ oder $\mathcal{M}_{\mathrm{loc}}$. Gelten die Bedingungen aus Satz 6.13, so gilt bereits $E_{Q^*}\left[\int_0^T \vartheta_t \, \mathrm{d}S_t\right] = 0$. Gilt die Bedingungen aus Proposition 6.12 dann lässt sich Satz 6.10 bzw. Satz 6.11 anwenden und es folgt, dass $\int_0^T \vartheta_t \, \mathrm{d}S_t$ ein Martingal unter Q^* ist. Es gilt also $E_{Q^*} I\left(\lambda \frac{\mathrm{d}Q^*}{\mathrm{d}P}\right) = x$ und mit Lemma 6.14 (ii) erhält man, dass $\lambda = \lambda_{Q^*}(x)$. Wegen Proposition 6.12 (Satz 6.13) ist Q^* die u_λ^*-Projektion von P auf $\mathcal{K}$, d. h. die Voraussetzung aus Satz 6.8 ist erfüllt. Aus Satz 6.8 und aus Gl. (6.20) folgt für alle Maße $Q \in \mathcal{K}$ mit $u_\lambda^*(Q \| P) < \infty$, dass gilt

$$E_{Q^*}\left(u_\lambda^*\right)'\left(\frac{\mathrm{d}Q^*}{\mathrm{d}P}\right) \leq E_Q\left(u_\lambda^*\right)'\left(\frac{\mathrm{d}Q^*}{\mathrm{d}P}\right)$$

$$\Longleftrightarrow \quad E_Q I\left(\lambda \frac{\mathrm{d}Q^*}{\mathrm{d}P}\right) \leq E_{Q^*} I\left(\lambda \frac{\mathrm{d}Q^*}{\mathrm{d}P}\right) = x.$$

Das heißt der Claim $I\left(\lambda \frac{\mathrm{d}Q^*}{\mathrm{d}P}\right)$ ist finanzierbar bezüglich allen Maßen $Q \in \mathcal{K}$. Der maximal zu erwartende Nutzen bezüglich $Q \in \mathcal{K}$ finanzierbarer Claims ist also mindestens so groß wie der zu erwartende Nutzen des Claims $I\left(\lambda \frac{\mathrm{d}Q^*}{\mathrm{d}P}\right)$.

Es gilt $U_Q(x) \geq Eu\left(I\left(\lambda \frac{\mathrm{d}Q^*}{\mathrm{d}P}\right)\right) = U_{Q^*}(x)$ für alle $Q \in \mathcal{K}$.
Nach Bemerkung 6.15 gilt wegen Annahme (6.18), dass

$$\{Q \in \mathcal{K} : u_\lambda^*(Q \parallel P) < \infty\} = \{Q \in \mathcal{K} : U_Q(x) < \infty\}.$$

Also ist $U_{Q^*}(x) < \infty$ und es folgt, dass Q^* das Minimaxmaß für x und $\mathcal{K}$ ist. Mit Proposition 6.18 folgt somit $\lambda = \lambda_{Q^*}(x) \in \partial U(x)$. $\qquad\square$

6.3.2 Zusammenhang zur Portfoliooptimierung

Thema dieses Abschnittes ist es einen Zusammenhang der Resultate in Abschn. 6.3.1 über Minimumdistanz-Martingalmaße und Minimaxmaße zum Portfoliooptimierungsproblem in (6.2) zu zeigen. Generell werden die Bedingungen (6.17) und (6.18) für $\mathcal{K} = \mathcal{M}_{\mathrm{loc}}$ angenommen sowie vorausgesetzt, das $\overline{x} > -\infty$ ist. Für eine Lösung des Portfoliooptimierungsproblems müssen Zulässigkeitsbedingungen an die Klasse der Strategien gestellt werden um Verdoppelungsstrategien auszuschließen.

Definition 6.24 (Zulässige Handelsstrategien) *Die Mengen der **zulässigen Integranden** seien*

$$\Theta_0 = \left\{\vartheta \in L(S) \,\bigg|\, \int \vartheta \,\mathrm{d}S \text{ ist gleichmäßig nach unten beschränkt}\right\},$$

$$\Theta_1 = \left\{\vartheta \in L(S) \,\bigg|\, \int \vartheta \,\mathrm{d}S \text{ ist ein } Q^*\text{-Supermartingal}\right\},$$

$$\Theta_2 = \left\{\vartheta \in L(S) \,\bigg|\, \int \vartheta \,\mathrm{d}S \text{ ist ein } Q\text{-Supermartingal für alle } Q \in \mathcal{M}^f\right\}.$$

Weiterhin seien die Mengen Θ_1' und Θ_2' dadurch definiert, dass man in Θ_1 bzw. Θ_2 Supermartingal durch Martingal ersetzt.

Θ_0 repräsentiert die Klasse der zulässigen Handelsstrategien für einen Händler mit endlichem Kreditrahmen. Diese Definition verwenden Goll und Rüschendorf (2001) und dabei ist $\sum_{i=0}^{d} \vartheta_t^i S_t^i = x + \int_0^t \vartheta \,\mathrm{d}S$ für jedes $t \in [0, T]$. Die Mengen Θ_1' und Θ_2' werden für den exponentiellen Nutzen in Rheinländer und Sexton (2011) verwendet. Eine Diskussion zulässiger Strategien findet sich in Schachermayer (2003).

Für $\overline{x} = -\infty$ ist das optimale Portfolio im Allgemeinen nicht nach unten beschränkt und somit ist die optimale Portfoliostrategie nicht in Θ_0 enthalten. Der folgende Satz verbindet Minimumdistanz-Martingalmaße mit Minimaxmaßen und mit optimalen Portfoliostrategien.

Satz 6.25 *Sei $Q^* \in \mathcal{M}^e_{\text{loc}}$, so dass $u^*_{\lambda_0}(Q^* \| P) < \infty$ und $I\left(\lambda_0 \frac{\mathrm{d}Q^*}{\mathrm{d}P}\right) \in L^1(Q^*)$, sei S (lokal) beschränkt, und sei $\lambda_0 \in \partial U(x)$. Dann gilt*

(i) Folgende Aussagen sind äquivalent:

    (a) Q^* ist ein (lokales) Minimumdistanz-Martingalmaß.

    (b) $E_Q I\left(\lambda_0 \frac{\mathrm{d}Q^*}{\mathrm{d}P}\right) \leq E_{Q^*} I\left(\lambda_0 \frac{\mathrm{d}Q^*}{\mathrm{d}P}\right)$, $\forall Q \in \mathcal{M}_{\text{loc}}$ mit $u^*_{\lambda_0}(Q \| P) < \infty$.

    (c) $I\left(\lambda_0 \frac{\mathrm{d}Q^*}{\mathrm{d}P}\right) = x + \int_0^T \widehat{\vartheta} \, \mathrm{d}S$ und $\widehat{\vartheta} \in \Theta'_1$.

(ii) Gilt (c) so gilt für $i = 0, 1, 2$

$$\sup_{\vartheta \in \Theta_i} Eu\left(x + \int_0^T \vartheta \, \mathrm{d}S\right) = Eu\left(x + \int_0^T \widehat{\vartheta} \, \mathrm{d}S\right) = U_{Q^*}(x) = U(x),$$

und $\widehat{\vartheta} \in \Theta_i$ für $i = 0, 1, 2$. Außerdem ist $\widehat{\vartheta}$ die optimale Strategie in Θ'_1.
(iii) Gilt (a) so ist Q^* ein (lokales) Minimaxmaß.

Beweis Nach Gl. (6.20) gilt $(u^*_\lambda)'(x) = -\lambda I(\lambda x)$.

(i) Die Äquivalenz (a) $\Leftrightarrow$ (b) folgt mit Satz 6.8 (i): $Q^* \in \mathcal{M}^e_{\text{loc}}$ mit $u^*_{\lambda_0}(Q^* \| P) < \infty$ ist genau dann ein (lokales) Minimumdistanz-Martingalmaß, wenn

$$E_{Q^*}\left(u^*_{\lambda_0}\right)'\left(\frac{\mathrm{d}Q^*}{\mathrm{d}P}\right) \leq E_Q\left(u^*_{\lambda_0}\right)'\left(\frac{\mathrm{d}Q^*}{\mathrm{d}P}\right), \quad \forall Q \in \mathcal{M}_{\text{loc}}$$

mit $u^*_{\lambda_0}(Q \| P) < \infty$. Mit Gl. (6.20) erhält man

$$E_{Q^*}\left(u^*_{\lambda_0}\right)'\left(\frac{\mathrm{d}Q^*}{\mathrm{d}P}\right) \leq E_Q\left(u^*_{\lambda_0}\right)'\left(\frac{\mathrm{d}Q^*}{\mathrm{d}P}\right)$$

$$\Longleftrightarrow E_{Q^*} I\left(\lambda_0 \frac{\mathrm{d}Q^*}{\mathrm{d}P}\right) \geq E_Q I\left(\lambda_0 \frac{\mathrm{d}Q^*}{\mathrm{d}P}\right).$$

(a) $\Rightarrow$ (c): Ist Q^* ein (lokales) Minimumdistanz-Martingalmaß, so folgt aus Satz 6.10 bzw. Proposition 6.12 und Gleichung (6.20) die Darstellung von $I\left(\lambda_0 \frac{\mathrm{d}Q^*}{\mathrm{d}P}\right)$ mit $\int_0^{\cdot} \widehat{\vartheta} \, \mathrm{d}S$ ein Q^*-Martingal für einen S-integrierbaren, vorhersehbaren Prozess $\widehat{\vartheta}$, d. h. $\widehat{\vartheta} \in \Theta'_1$. Es bleibt also noch die Richtung (c) $\Rightarrow$ (a) zu zeigen. Aus $I : \mathbb{R} \to (\overline{x}, \infty)$ und der Annahme, dass $\overline{x} > -\infty$ erhalten wir, dass $x + (\widehat{\vartheta} \cdot S)_T \geq \overline{x} > -\infty$. Da zudem $\widehat{\vartheta} \cdot S$ ein Q^*-Martingal ist und $Q^* \sim P$, ist $-\widehat{\vartheta} \cdot S$ P-fast sicher nach unten beschränkt. Somit erhalten wir mit Satz 6.13, dass Q^* die $u^*_{\lambda_0}$-Projektion von P auf $\mathcal{M}_{\text{loc}}$ ist.

(ii) Zuerst zeigen wir, dass die Strategie $\widehat{\vartheta}$ in der jeweiligen Menge der zulässigen Strategien ist. Nach (c) ist $\widehat{\vartheta} \in \Theta_1'$ und da $\Theta_1' \subset \Theta_1$ ist $\widehat{\vartheta}$ somit auch in Θ_1. Wie im Beweis von (i) kann man für einen Prozess $\widehat{\vartheta}$, der die Bedingung (c) erfüllt, folgern, dass $\widehat{\vartheta} \cdot S$ nach unten beschränkt ist und somit gilt $\widehat{\vartheta} \in \Theta_0$. Weiter kann man mit Korollar 3.5 aus Ansel und Stricker (1994) folgern, dass $\left(\widehat{\vartheta} \cdot S\right)_T$ ein Q-Supermartingal für alle $Q \in \mathcal{M}^f$ und somit in Θ_2 ist.

Es bleibt zu zeigen, dass $\widehat{\vartheta}$ die optimale Strategie ist. Nach Korollar 3.5 aus Ansel und Stricker (1994) ist $\vartheta \cdot S$ ein lokales Q^*-Martingal und für jedes $\vartheta \in \Theta_0$ auch nach unten beschränkt, und somit ein Q^*-Supermartingal. Für $\vartheta \in \Theta_1, \Theta_2$ und $\vartheta \in \Theta_1'$ folgt die Supermartingaleigenschaft direkt. Wegen der Supermartingaleigenschaft gilt

$$E_{Q^*}[x + (\vartheta \cdot S)_T] \leq E_{Q^*}[x + (\vartheta \cdot S)_0] = x.$$

Analog zu Lemma 6.14 (ii) kann man für $i = 0, 1, 2$ schließen, dass

$$\sup_{\vartheta \in \Theta_i} Eu\left(x + \int_0^T \vartheta \, dS\right) = Eu\left(x + \int_0^T \widehat{\vartheta} \, dS\right)$$

und somit ist $\widehat{\vartheta}$ eine optimale Portfoliostrategie. Genauso folgt, dass $\widehat{\vartheta}$ die optimale Strategie in Θ_1' ist. Weiterhin gilt nach (c)

$$Eu\left(x + \int_0^T \widehat{\vartheta} \, dS\right) = Eu\left(I\left(\lambda_0 \frac{dQ^*}{dP}\right)\right) = U_{Q^*}(x).$$

Nach Proposition 6.18 folgt daher $U_{Q^*}(x) = U(x)$.

(iii) Da Q^* ein (lokales) Minimumdistanz-Martingalmaß ist und die Voraussetzungen von Proposition 6.18 erfüllt sind, erhalten wir durch Anwendung von Proposition 6.18 (ii), dass Q^* ein (lokales) Minimaxmaß ist. □

Bemerkung 6.26
*(1) Ist $\overline{x} = -\infty$, so ist in (i) und (ii) nur $x + \left(\widehat{\vartheta} \cdot S\right)_T \geq -\infty$, woraus in Teil (i) nicht folgt, dass $-\widehat{\vartheta} \cdot S$ P-fast sicher nach unten beschränkt ist. Des Weiteren können wir in Teil (ii) nicht folgern, dass $\widehat{\vartheta} \in \Theta_0$ ist. Folglich reicht es für $\overline{x} = -\infty$ nicht aus, Θ_0 als Menge der zulässigen Strategien zu betrachten. In diesem Fall verwendet man die größere Klasse Θ_2 (vgl. Schachermayer (2003)).
(2) Für den exponentiellen Nutzen ist die optimale Strategie $\widehat{\vartheta}$ auch in Θ_2'. Für allgemeine Nutzenfunktionen liegt diese jedoch nicht in Θ_2'.*

Korollar 6.27 *Sei Q^* ein Minimaxmaß für x und $\mathcal{M}_{\text{loc}}$.*

(i) Ist $u^*\left(\widehat{Q} \parallel P\right) < \infty$ für ein Maß $\widehat{Q} \in \mathcal{M}_{\text{loc}}^e$, dann ist $Q^* \sim P$.

(ii) Falls $Q^* \sim P$ und S (lokal) beschränkt ist, dann gilt

$$I\left(\lambda_{Q^*}(x)\frac{\mathrm{d}Q^*}{\mathrm{d}P}\right) = x + \int_0^T \widehat{\vartheta}\,\mathrm{d}S,$$

wobei $\widehat{\vartheta}$ eine optimale Portfoliostrategie ist und es gilt

$$U(x) = U_{Q^*}(x) = \sup\{Eu(Y) : E_Q Y \leq x \text{ für alle } Q \in \mathcal{M}_{\mathrm{loc}}\}.$$

Beweis

(i) Proposition 6.18 (iii) zeigt, dass Q^* eine $u^*_{\lambda_{Q^*}(x)}$-Projektion ist. Da $u^*\left(\widehat{Q} \,\|\, P\right) = Eu^*\left(\frac{\mathrm{d}\widehat{Q}}{\mathrm{d}P}\right) < \infty$ und die Annahme (6.18) erfüllt ist, erhalten wir nach Bemerkung 6.15, $U_{\widehat{Q}}(x) < \infty$ und somit nach Bemerkung 6.17, dass $u^*_{\lambda_{Q^*}(x)}\left(\widehat{Q} \,\|\, P\right) < \infty$. Wegen Gl. (6.20) und $I(0) = \infty$ gilt $\left(u^*_{\lambda_{Q^*}(x)}\right)'(0) = -\lambda_{Q^*}(x)I\left(\lambda_{Q^*}(x)\cdot 0\right) = -\infty$. Nun sind die Voraussetzungen aus Korollar 6.9 erfüllt und es folgt $Q^* \sim P$.

(ii) Mit Proposition 6.18 (iii) folgt, dass Q^* eine $u^*_{\lambda_{Q^*}(x)}$-Projektion ist, $\lambda_{Q^*}(x) \in \partial U(x)$ mit $U_{Q^*}(x) < \infty$ und somit ist $u^*_{\lambda_{Q^*}(x)}(Q^* \,\|\, P) < \infty$. Mit Satz 6.25 (i) folgt deshalb, dass

$$I\left(\lambda_{Q^*}(x)\frac{\mathrm{d}Q^*}{\mathrm{d}P}\right) = x + \left(\widehat{\vartheta}\cdot S\right)_T, \tag{6.21}$$

wobei $\widehat{\vartheta} \in \Theta_1'$. Mit Satz 6.25 (ii) folgt dann, dass

$$\sup_{\vartheta \in \Theta_i} Eu\left(x + \int_0^T \vartheta\,\mathrm{d}S\right) = Eu\left(x + \int_0^T \widehat{\vartheta}\,\mathrm{d}S\right) = U_{Q^*}(x) = U(x)$$

für $i = 0, 1, 2$ und $\widehat{\vartheta} \in \Theta_i$ für $i = 0, 1, 2$. Ebenfalls ist $\widehat{\vartheta}$ die optimale Strategie in Θ_1'. Es bleibt also zu zeigen, dass $U_{Q^*}(x) = \sup\{Eu(Y) : E_Q Y \leq x \text{ für alle } Q \in \mathcal{M}_{\mathrm{loc}}\}$.

Nach Korollar 3.5 aus sel und Stricker (1994) ist $\widehat{\vartheta} \cdot S$ ein lokales Q-Martingal und wegen der Darstellung (6.21) und da $I : \mathbb{R} \to (\overline{x}, \infty)$ ist es ein Q-Supermartinga für jedes $Q \in \mathcal{M}_{\mathrm{loc}}$. Somit erhalten wir für alle $Q \in \mathcal{M}_{\mathrm{loc}}$

$$E_Q\left[x + \left(\widehat{\vartheta}\cdot S\right)_T\right] \leq E_Q\left[x + \left(\widehat{\vartheta}\cdot S\right)_0\right] = x.$$

Daher ist der optimale Claim aus (6.21) finanzierbar bezüglich jedem Preismaß $Q \in \mathcal{M}_{\mathrm{loc}}$.

Nach Lemma 6.14 gilt, dass $U_{Q^*}(x) = Eu\left(I\left(\lambda_{Q^*}(x)\frac{\mathrm{d}Q^*}{\mathrm{d}P}\right)\right)$. Angenommen es gäbe ein $\widetilde{Y} \neq I\left(\lambda_{Q^*}(x)\frac{\mathrm{d}Q^*}{\mathrm{d}P}\right)$ mit $E_Q\widetilde{Y} \leq x$ für alle $Q \in \mathcal{M}_{\mathrm{loc}}$ und

$Eu(\widetilde{Y}) = \sup\{Eu(Y) : E_Q Y \leq x$ für alle $Q \in \mathcal{M}_{\text{loc}}\}$. Da $Q^* \in \mathcal{M}_{\text{loc}}$ gilt auch $E_{Q^*}\widetilde{Y} \leq x$ und somit wäre $U_{Q^*}(x) = Eu(\widetilde{Y})$, was ein Widerspruch dazu ist, dass $I\left(\lambda_{Q^*}(x)\frac{dQ^*}{dP}\right)$ ein optimaler Claim ist. Es gilt also

$$U_{Q^*}(x) = \sup\left\{Eu(Y) : E_Q Y \leq x \text{ für alle } Q \in \mathcal{M}_{\text{loc}}\right\}. \qquad \square$$

Bemerkung 6.28 *Berechnet man Derivatspreise mit einem Minimax- bzw. einem Minimumdistanz-Martingalmaß Q^*, so zeigt Satz 6.25, dass der optimale Claim, d. h. die Lösung des Problems (6.15) für $Q = Q^*$, durch eine Portfoliostrategie $\widehat{\vartheta}$ gehedgt werden kann. Kein Handel in Derivaten steigert somit den maximal zu erwartenden Nutzen im Vergleich zu einem optimalen Portfolio, falls die Preise durch Q^* berechnet werden. Es gilt*

$$Eu\left(x + \left(\widehat{\vartheta} \cdot S\right)_T\right) \geq Eu(Y)$$

für alle Claims Y, so dass $E_{Q^*}Y \leq x$, d. h. für alle Claims, die unter dem Preismaß Q^* finanzierbar sind.

Davis schlägt eine weitere Methode zur Bepreisung eines Claims vor. Ist der Preis eines contingent claims durch Davis' fairen Preis definiert, so kann man den maximal zu erwartenden Nutzen des Endvermögens nicht durch eine infinitesimale long- oder short-Position des Derivats steigern im Vergleich zu einem optimalen Portfolio. Unter Regularitätsannahmen erhält man **Davis' fairen Preis** eines contingent claims B in Abhängigkeit der anfänglichen finanziellen Ausstattung x durch

$$p(B) = \frac{E\left[u'\left(x + \left(\widehat{\vartheta} \cdot S\right)_T\right)B\right]}{\text{const}}, \qquad (6.22)$$

wobei $\widehat{\vartheta}$ die optimale Portfoliostrategie ist. Setzt man in Formel (6.22) die Darstellung der Dichte des Minimumdistanz-Martingalmaßes aus Satz 6.25 (i) ein, so erhält man Davis' fairen Preis als Erwartungswert des Claims B bezüglich des Minimumdistanz-Martingalmaßes. Somit steigert weder infinitesimales noch allgemeines Handeln den maximal zu erwartenden Nutzen.

Korollar 6.29 *Es gelten die Annahmen aus Satz 6.25. Ist Q^* das Minimumdistanz-Martingalmaß, so ist **Davis' fairer Derivatspreis** gegeben durch*

$$p(B) = E_{Q^*}B. \qquad (6.23)$$

Betrachten wir den exponentiellen Nutzen, so gelten die Dualitätsresultate auch
für Θ'_2. Dazu betrachten wir für $p > 0$ das Portfoliooptimierungsproblem (6.2) für
$i = 0, 1, 2$ und ebenso für Θ'_1 und Θ'_2, d. h.

$$\sup_{\vartheta \in \Theta_i} E \left[1 - \exp\left(-p \left(x + \int_0^T \vartheta_t \, dS_t \right) \right) \right] \tag{6.24}$$

bzw. das assoziierte Minimum-Distanzproblem. Hierfür ergibt sich:

Satz 6.30 *Es gilt*

$$\inf_{\vartheta \in \Theta'_i} E \exp\left(-p \int_0^T \vartheta_t \, dS_t \right) = \exp\left(-H(Q^* \parallel P) \right), \tag{6.25}$$

*wobei Q^* das minimale Entropie-Martingalmaß ist und das Infimum durch $-\frac{1}{p}\widehat{\vartheta} \in$
Θ'_i für $i = 1, 2$ angenommen wird.*

Beweisskizze Zuerst wird das Resultat für Θ'_1 gezeigt. Dabei ist

$$\frac{dQ^*}{dP} = \exp\left(x + \int_0^T \widehat{\vartheta}_t \, dS_t \right), \quad \widehat{\vartheta} \in \Theta'_1$$

die Darstellung der Dichte des minimalen Entropiemaßes (siehe Rheinländer und
Sexton (2011, Satz 7.14)) fundamental. Als zusätzliches Hilfsmittel wird die Jensen-
Ungleichung verwendet.

Danach wird das Resultat auf Θ'_2 ausgeweitet. Die gleiche Vorgehensweise wie für
den ersten Fall liefert Gl. (6.25). Dann muss noch gezeigt werden, dass $-\frac{1}{p}\widehat{\vartheta} \in \Theta'_2$.
Dazu zeigt man mit Hilfe von Barron's Ungleichung, siehe Proposition 7.21 aus
Rheinländer und Sexton (2011), die gleichgradige Integrierbarkeit von $\left\{ \int_0^\tau \widehat{\vartheta}_t \, dS_t \right\}_\tau$,
wobei τ aus der Menge der Stoppzeiten mit Werten in $[t, T]$ ist. Damit folgt dann
mit einem Ergebnis von Chou et al. (1980), dass $\int \widehat{\vartheta} \, dS$ ein Q-Martingal für alle
$Q \in \mathcal{M}^f$ ist.

Für den exponentiellen Nutzen ist also die entropische Dualität gültig für Θ'_2, die
Menge der zulässigen Strategien so dass $\left(\widehat{\vartheta} \cdot S \right)_T$ ein Q-Martingal für alle $Q \in$
$\mathcal{M}^f$ ist, ist. Die Dualitätsresultate für Θ'_2 lassen sich jedoch nicht auf allgemeine
Nutzenfunktionen $u : \mathbb{R} \to \mathbb{R}$ ausweiten, da die Klasse Θ'_2 zu klein ist, um die
optimale Strategie zu enthalten (vgl. Schachermayer (2003, Proposition 4)).

6.4 Nutzenbasiertes Hedging

Für das nutzenbasierte Hedging-Problem (6.3)

$$\sup_{\vartheta \in \mathcal{E}} Eu \left(x + \int_0^T \vartheta_t \, dS_t - B \right)$$

mit $\mathcal{E} = \Theta_i$, $i = 0, 1, 2$ mit einem contingent claim $B \geq 0$ gibt es eine ähnliche Dualitätstheorie wie für das entsprechende Portfoliooptimierungsproblem in Abschn. 6.3.2. Gesucht wird eine zulässige Hedging-Strategie, die bei dem Anfangskapital x den claim B bezüglich der Kostenfunktion u möglichst gut hedgt. u beschreibt dabei die Risikoaversion eines Investors.

Ist $\overline{x} := \inf\{x \in \mathbb{R}; u(x) > -\infty\} \geq 0$, so lässt das Kriterium (6.3) nur Super-Hedging-Strategien zu, da in diesem Fall $x + \int_0^T \vartheta \, dS - B \geq 0$. Um allgemeinere Strategien zuzulassen, nehmen wir an, dass

$$-\infty < \overline{x} < 0 \quad \text{und} \quad x - \overline{x} > \sup_{Q \in \mathcal{M}_{\text{loc}}^e} E_Q B.$$

Dabei entspricht $\sup_{Q \in \mathcal{M}_{\text{loc}}^e} E_Q B$ den minimalen Kosten einer Super-Hedging-Strategie. Wir wählen $\overline{x}$ zum einen so klein, dass nicht ausschließlich Super-Hedging-Strategien zugelassen werden und zum andern so groß, dass Super-Hedging-Strategien nicht ausgeschlossen werden.

Analog zu Abschn. 6.3.2 definieren wir für $Q \in \mathcal{K}$ und $x > \overline{x}$

$$U_Q^B(x) := \sup\{Eu(Y - B); E_Q Y \leq x, Eu(Y - B)^- < \infty\}.$$

$U_Q^B(x)$ entspricht dem maximal zu erwartenden Nutzen bei nutzenbasiertem Hedging des Claims B, das mit einem Grundkapital x erreicht werden kann, wenn Marktpreise mit Q berechnet werden. Das folgende Lemma verallgemeinert Lemma 6.14, der Beweis dazu ist ähnlich.

Lemma 6.31 *Sei $Q \in \mathcal{M}_{\text{loc}}$ und $E_Q \left[I \left(\lambda \frac{dQ}{dP} \right) + B \right] < \infty \; \forall \lambda > 0$. Dann gilt*

(i) $U_Q^B(x) = \inf_{\lambda > 0} \left(Eu^* \left(\lambda \frac{dQ}{dP} \right) + \lambda \left(x - E_Q B \right) \right)$.

(ii) Für die Gleichung $E_Q \left[I \left(\lambda \frac{dQ}{dP} \right) + B \right] = x$ gibt es eine eindeutige Lösung für λ, bezeichnet durch $\lambda_Q(x) \in (0, \infty)$, und es gilt

$$U_Q^B(x) = Eu \left(I \left(\lambda_Q(x) \frac{dQ}{dP} \right) \right).$$

Beweis Sei $I\left(\lambda\frac{\mathrm{d}Q}{\mathrm{d}P}\right) + B \in L^1(Q)$ mit $E_Q Y \leq x$ und $Eu(Y - B)^- < \infty$. Dann gilt für $\lambda > 0$

$$
\begin{aligned}
Eu(Y - B) &\leq Eu(Y - B) + \lambda(x - E_Q Y) \\
&= Eu(Y - B) + \lambda\left(x - E_Q\left[Y - B + B\right]\right) \\
&= Eu(Y - B) - E\left[\lambda\frac{\mathrm{d}Q}{\mathrm{d}P}(Y - B)\right] + \lambda\left(x - E_Q B\right) \\
&\leq Eu^*\left(\lambda\frac{\mathrm{d}Q}{\mathrm{d}P}\right) + \lambda\left(x - E_Q B\right) \\
&= Eu\left(I\left(\lambda\frac{\mathrm{d}Q}{\mathrm{d}P}\right)\right) - E\left[\lambda\frac{\mathrm{d}Q}{\mathrm{d}P}I\left(\lambda\frac{\mathrm{d}Q}{\mathrm{d}P}\right)\right] + \lambda\left(x - E_Q B\right) \\
&= Eu\left(I\left(\lambda\frac{\mathrm{d}Q}{\mathrm{d}P}\right)\right) + \lambda\left(x - E_Q\left[I\left(\lambda\frac{\mathrm{d}Q}{\mathrm{d}P}\right) + B\right]\right).
\end{aligned}
\tag{6.26}
$$

Gleichheit gilt genau dann, wenn $Y - B = I\left(\lambda_Q(x)\frac{\mathrm{d}Q}{\mathrm{d}P}\right)$ mit $\lambda_Q(x)$ Lösung der Gleichung $E_Q\left[I\left(\lambda\frac{\mathrm{d}Q}{\mathrm{d}P}\right) + B\right] = x$. Die eindeutige Existenz von $\lambda_Q(x)$ sowie die Tatsache, dass

$$
E\left[u\left(I\left(\lambda_Q(x)\frac{\mathrm{d}Q}{\mathrm{d}P}\right)\right)\right]^- < \infty
$$

zeigt man analog zum Beweis von Lemma 6.14. Damit gilt also:

$$
U_Q^B(x) = Eu\left(I\left(\lambda_Q(x)\frac{\mathrm{d}Q}{\mathrm{d}P}\right)\right)
\tag{6.27}
$$

mit $E_Q\left[I\left(\lambda_Q(x)\frac{\mathrm{d}Q}{\mathrm{d}P}\right) + B\right] = x$. Nach (6.26) erhalten wir

$$
U_Q^B(x) = \inf_{\lambda > 0}\left\{Eu^*\left(\lambda\frac{\mathrm{d}Q}{\mathrm{d}P}\right) + \lambda\left(x - E_Q B\right)\right\}. \qquad \square
$$

Definiere

$$
U^B(x) := \inf_{Q \in \mathcal{M}_{\mathrm{loc}}} \sup_{E_Q Y \leq x} Eu(Y - B).
\tag{6.28}
$$

Das Maß Q^*, das die Abbildung $Q \mapsto U_Q^B$ minimiert, ist das Analogon zum Minimaxmaß im nutzenbasierten Hedging-Fall.

Im Folgenden sei $U^B(x) < \infty$ und Annahme (6.18) sei für $\mathcal{M}_{\mathrm{loc}}$ erfüllt. Des Weiteren sei S lokal beschränktes Semimartingal.

Zu dem Hedging-Problem (6.3) wird dual ein Minimierungsproblem über Martingalmaße eingeführt, nämlich für $\lambda_0 \in \partial U^B(x)$:

$$\inf_{Q \in \mathcal{M}_{\text{loc}}} E\left[u^*\left(\lambda_0 \frac{\mathrm{d}Q}{\mathrm{d}P}\right) - \lambda_0 \frac{\mathrm{d}Q}{\mathrm{d}P} B\right]. \tag{D}$$

Für nutzenbasiertes Hedging erhält man folgendes Dualitätsresultat.

Satz 6.32 *Sei $\lambda_0 \in \partial U^B(x)$ und sei $Q^* \in \mathcal{M}_{\text{loc}}^e$, so dass $u_{\lambda_0}^*(Q^* \| P) < \infty$ und*

$$I\left(\lambda_0 \frac{\mathrm{d}Q^*}{\mathrm{d}P}\right) + B \in L^1(Q^*).$$

Dann gilt

(i) Die folgenden Aussagen sind äquivalent:

(a) Q^* löst Problem (D).

(b) $E_Q\left[I\left(\lambda_0 \frac{\mathrm{d}Q^*}{\mathrm{d}P}\right) + B\right] \leq E_{Q^*}\left[I\left(\lambda_0 \frac{\mathrm{d}Q^*}{\mathrm{d}P}\right) + B\right]$, $\quad \forall Q \in \mathcal{M}_{\text{loc}}$ mit

$$E\left[u^*\left(\lambda_0 \frac{\mathrm{d}Q}{\mathrm{d}P}\right) - \lambda_0 \frac{\mathrm{d}Q}{\mathrm{d}P} B\right] < \infty.$$

(c) $I\left(\lambda_0 \frac{\mathrm{d}Q^*}{\mathrm{d}P}\right) + B = x + \int_0^T \widehat{\vartheta} \, \mathrm{d}S$ und $\widehat{\vartheta} \in \Theta_1'$.

(ii) Gilt (c) so ist $\widehat{\vartheta}$ eine optimale Hedging-Strategie.

Der Beweis verwendet wesentlich ein Resultat analog zu Satz 6.8 (i).

Satz 6.33 *Sei $Q^* \in \mathcal{M}_{\text{loc}}$ mit $u_{\lambda_0}^*(Q^* \| P) < \infty$ und $I\left(\lambda_0 \frac{\mathrm{d}Q^*}{\mathrm{d}P}\right) \in L^1(Q^*)$. Dann löst Q^* das duale Problem (D) genau dann, wenn*

$$E_Q\left[I\left(\lambda_0 \frac{\mathrm{d}Q^*}{\mathrm{d}P}\right) + B\right] \leq E_{Q^*}\left[I\left(\lambda_0 \frac{\mathrm{d}Q^*}{\mathrm{d}P}\right) + B\right], \quad \forall Q \in \mathcal{M}_{\text{loc}}$$

mit $E\left[u^*\left(\lambda_0 \frac{\mathrm{d}Q}{\mathrm{d}P}\right) - \lambda_0 \frac{\mathrm{d}Q}{\mathrm{d}P} B\right] < \infty$.

Beweis Der Beweis ist analog zu dem Beweis von Satz 6.8. Für $Q \in \mathcal{M}_{\text{loc}}$ mit

$$E\left[u^*\left(\lambda_0 \frac{\mathrm{d}Q}{\mathrm{d}P}\right) - \lambda_0 \frac{\mathrm{d}Q}{\mathrm{d}P} B\right] < \infty$$

und $\alpha \in [0, 1]$ definieren wir

$$
\begin{aligned}
h_\alpha := \frac{1}{\alpha - 1} &\left[u^* \left(\lambda_0 \left(\alpha \frac{\mathrm{d}Q^*}{\mathrm{d}P} + (1 - \alpha) \frac{\mathrm{d}Q}{\mathrm{d}P} \right) \right) \right. \\
&\left. - \lambda_0 B \left(\alpha \frac{\mathrm{d}Q^*}{\mathrm{d}P} + (1 - \alpha) \frac{\mathrm{d}Q}{\mathrm{d}P} \right) u^* \left(\lambda_0 \frac{\mathrm{d}Q^*}{\mathrm{d}P} \right) + \lambda_0 \frac{\mathrm{d}Q^*}{\mathrm{d}P} B \right] \\
= \frac{1}{\alpha - 1} &\left[u^* \left(\lambda_0 \left(\alpha \frac{\mathrm{d}Q^*}{\mathrm{d}P} + (1 - \alpha) \frac{\mathrm{d}Q}{\mathrm{d}P} \right) \right) - u^* \left(\lambda_0 \frac{\mathrm{d}Q^*}{\mathrm{d}P} \right) \right] \\
&- \lambda_0 B \left(\frac{\alpha}{\alpha - 1} \frac{\mathrm{d}Q^*}{\mathrm{d}P} + \frac{1 - \alpha}{\alpha - 1} \frac{\mathrm{d}Q}{\mathrm{d}P} \right) + \lambda_0 B \frac{1}{\alpha - 1} \frac{\mathrm{d}Q^*}{\mathrm{d}P} \\
= -\lambda_0 B &\left(\frac{\mathrm{d}Q^*}{\mathrm{d}P} - \frac{\mathrm{d}Q}{\mathrm{d}P} \right) + \frac{1}{\alpha - 1} \left[u^* \left(\lambda_0 \left(\alpha \frac{\mathrm{d}Q^*}{\mathrm{d}P} + (1 - \alpha) \frac{\mathrm{d}Q}{\mathrm{d}P} \right) \right) \right. \\
&\left. - u^* \left(\lambda_0 \frac{\mathrm{d}Q^*}{\mathrm{d}P} \right) \right].
\end{aligned}
$$

Mit der Regel von L'Hôpital sieht man, dass h_α für $\alpha \uparrow 1$ gegen folgenden Ausdruck konvergiert:

$$
\begin{aligned}
\lim_{\alpha \uparrow 1} h_\alpha &= \lim_{\alpha \uparrow 1} \left(u^*_{\lambda_0} \right) \left(\alpha \frac{\mathrm{d}Q^*}{\mathrm{d}P} + (1 - \alpha) \frac{\mathrm{d}Q}{\mathrm{d}P} \right) \left(\frac{\mathrm{d}Q^*}{\mathrm{d}P} - \frac{\mathrm{d}Q}{\mathrm{d}P} \right) - \lambda_0 B \left(\frac{\mathrm{d}Q^*}{\mathrm{d}P} - \frac{\mathrm{d}Q}{\mathrm{d}P} \right) \\
&= \lim_{\alpha \uparrow 1} -\lambda_0 I \left(\lambda_0 \left(\alpha \frac{\mathrm{d}Q^*}{\mathrm{d}P} + (1 - \alpha) \frac{\mathrm{d}Q}{\mathrm{d}P} \right) \right) \left(\frac{\mathrm{d}Q^*}{\mathrm{d}P} - \frac{\mathrm{d}Q}{\mathrm{d}P} \right) - \lambda_0 B \left(\frac{\mathrm{d}Q^*}{\mathrm{d}P} - \frac{\mathrm{d}Q}{\mathrm{d}P} \right) \\
&= -\lambda_0 I \left(\lambda_0 \frac{\mathrm{d}Q^*}{\mathrm{d}P} \right) \left(\frac{\mathrm{d}Q^*}{\mathrm{d}P} - \frac{\mathrm{d}Q}{\mathrm{d}P} \right) - \lambda_0 B \left(\frac{\mathrm{d}Q^*}{\mathrm{d}P} - \frac{\mathrm{d}Q}{\mathrm{d}P} \right) \\
&= \left(\lambda_0 I \left(\lambda_0 \frac{\mathrm{d}Q^*}{\mathrm{d}P} \right) + \lambda_0 B \right) \left(\frac{\mathrm{d}Q}{\mathrm{d}P} - \frac{\mathrm{d}Q^*}{\mathrm{d}P} \right).
\end{aligned}
$$

Um zu sehen, dass h_α in α wachsend ist, zeigen wir, dass $h_0 \leq \lim_{\alpha \uparrow 1} h_\alpha$ und dass h_α konkav ist. Sei

$$
\begin{aligned}
h_0 &= -\lambda_0 B \left(\frac{\mathrm{d}Q^*}{\mathrm{d}P} - \frac{\mathrm{d}Q}{\mathrm{d}P} \right) - \left[u^* \left(\lambda_0 \frac{\mathrm{d}Q}{\mathrm{d}P} \right) - u^* \left(\lambda_0 \frac{\mathrm{d}Q^*}{\mathrm{d}P} \right) \right] \\
&= \left(u^* \left(\lambda_0 \frac{\mathrm{d}Q^*}{\mathrm{d}P} \right) - \lambda_0 B \frac{\mathrm{d}Q^*}{\mathrm{d}P} \right) - \left(u^* \left(\lambda_0 \frac{\mathrm{d}Q}{\mathrm{d}P} \right) - \lambda_0 B \frac{\mathrm{d}Q}{\mathrm{d}P} \right).
\end{aligned}
$$

Da $u^*_{\lambda_0}$ konvex ist, folgt

$$
\begin{aligned}
u^* \left(\lambda_0 \frac{\mathrm{d}Q}{\mathrm{d}P} \right) &\geq u^* \left(\lambda_0 \frac{\mathrm{d}Q^*}{\mathrm{d}P} \right) + \left(u^*_{\lambda_0} \right)' \left(\frac{\mathrm{d}Q^*}{\mathrm{d}P} \right) \left(\frac{\mathrm{d}Q}{\mathrm{d}P} - \frac{\mathrm{d}Q^*}{\mathrm{d}P} \right) \\
&= u^* \left(\lambda_0 \frac{\mathrm{d}Q^*}{\mathrm{d}P} \right) - \lambda_0 I \left(\lambda_0 \frac{\mathrm{d}Q^*}{\mathrm{d}P} \right) \left(\frac{\mathrm{d}Q}{\mathrm{d}P} - \frac{\mathrm{d}Q^*}{\mathrm{d}P} \right),
\end{aligned}
$$

und es gilt

$$u^* \left(\lambda_0 \frac{\mathrm{d}Q^*}{\mathrm{d}P} \right) - u^* \left(\lambda_0 \frac{\mathrm{d}Q}{\mathrm{d}P} \right) \le \lambda_0 I \left(\lambda_0 \frac{\mathrm{d}Q^*}{\mathrm{d}P} \right) \left(\frac{\mathrm{d}Q}{\mathrm{d}P} - \frac{\mathrm{d}Q^*}{\mathrm{d}P} \right).$$

Daraus folgt

$$\begin{aligned}
h_0 &= u^* \left(\lambda_0 \frac{\mathrm{d}Q^*}{\mathrm{d}P} \right) - u^* \left(\lambda_0 \frac{\mathrm{d}Q}{\mathrm{d}P} \right) + \lambda_0 B \left(\frac{\mathrm{d}Q}{\mathrm{d}P} - \frac{\mathrm{d}Q^*}{\mathrm{d}P} \right) \\
&\le \lambda_0 I \left(\lambda_0 \frac{\mathrm{d}Q^*}{\mathrm{d}P} \right) \left(\frac{\mathrm{d}Q}{\mathrm{d}P} - \frac{\mathrm{d}Q^*}{\mathrm{d}P} \right) + \lambda_0 B \left(\frac{\mathrm{d}Q}{\mathrm{d}P} - \frac{\mathrm{d}Q^*}{\mathrm{d}P} \right) \\
&= \lim_{\alpha \uparrow 1} h_\alpha.
\end{aligned}$$

Zum Nachweis der Konkavität von h_α sei $\widetilde{h}_\alpha := (\alpha - 1)h_\alpha$. Dann ist die 2. Ableitung von $\widetilde{h}_\alpha \ge 0$ und $\widetilde{h}_\alpha$ somit konvex. Es folgt, dass h_α konkav ist.

Mit der Konkavität von h_α und $h_0 \le \lim_{\alpha \uparrow 1} h_\alpha$ sehen wir, dass h_α monoton gegen

$$\left(\lambda_0 I \left(\lambda_0 \frac{\mathrm{d}Q^*}{\mathrm{d}P} \right) + \lambda_0 B \right) \left(\frac{\mathrm{d}Q}{\mathrm{d}P} - \frac{\mathrm{d}Q^*}{\mathrm{d}P} \right)$$

wächst. Wir können also den Satz der monotonen Konvergenz von Beppo Levi anwenden und erhalten, dass $\int h_\alpha \, \mathrm{d}P$ gegen $\int (\lambda_0 I \left(\lambda_0 \frac{\mathrm{d}Q^*}{\mathrm{d}P} \right) + \lambda_0 B)(\mathrm{d}Q - \mathrm{d}Q^*)$ konvergiert.

Da $\mathcal{M}_{\text{loc}}$ konvex ist, ist $\alpha \frac{\mathrm{d}Q^*}{\mathrm{d}P} + (1 - \alpha)\frac{\mathrm{d}Q}{\mathrm{d}P}$ in $\mathcal{M}_{\text{loc}}$. Löst Q^* das Problem (D), so ist $h_\alpha \le 0$ für alle $\alpha \in [0, 1]$ und es folgt $\int h_\alpha \, \mathrm{d}P \le 0$. Weiter folgt, dass der Grenzwert

$$\int \left(\lambda_0 I \left(\lambda_0 \frac{\mathrm{d}Q^*}{\mathrm{d}P} \right) + \lambda_0 B \right) (\mathrm{d}Q - \mathrm{d}Q^*)$$

auch ≤ 0 ist und wir haben die erste Richtung gezeigt.

Ist andererseits $\int \left(\lambda_0 I \left(\lambda_0 \frac{\mathrm{d}Q^*}{\mathrm{d}P} \right) + \lambda_0 B \right) (\mathrm{d}Q - \mathrm{d}Q^*) \le 0$, dann erhalten wir durch die Monotonie von h_α, dass

$$\begin{aligned}
\int h_0 \, \mathrm{d}P &= \int \left[u^* \left(\lambda_0 \frac{\mathrm{d}Q^*}{\mathrm{d}P} \right) - \lambda_0 B \frac{\mathrm{d}Q^*}{\mathrm{d}P} - \left(u^* \left(\lambda_0 \frac{\mathrm{d}Q}{\mathrm{d}P} \right) - \lambda_0 B \frac{\mathrm{d}Q}{\mathrm{d}P} \right) \right] \mathrm{d}P \\
&\le \int \left(\lim_{\alpha \uparrow 1} h_\alpha \right) \mathrm{d}P \\
&\le 0.
\end{aligned}$$

Somit löst Q^* das duale Problem (D). $\qquad\qquad\qquad\qquad\qquad\qquad\qquad\square$

Beweis von Satz 6.32

(i) Wegen Satz 6.25 reicht es (b) $\Longleftrightarrow$ (c) zu zeigen.

(b) $\Longrightarrow$ (c) Mit der Annahme von (b) folgt nach dem Projektionssatz 4.18 (ii), dass

$$I\left(\lambda_0 \frac{dQ^*}{dP}\right) + B \in L^1(F, Q^*),$$

dem Abschluss von F in $L^1(Q^*)$. Analog zu Satz 6.11 folgt dann eine Darstellung als stochastisches Integral $I\left(\lambda_0 \frac{dQ^*}{dP}\right) + B = c + \left(\widehat{\vartheta} \cdot S\right)_T$ für einen S-integrierbaren, vorhersehbaren Prozess $\widehat{\vartheta}$ mit $\int_0^\cdot \widehat{\vartheta}\, dS$ ein Q^*-Martingal, d. h. $\widehat{\vartheta} \in \Theta_1'$. Mit Lemma 6.31 erhalten wir für Q^*, die Lösung des dualen Problems (D)

$$\begin{aligned}
U_{Q^*}^B(x) &= \inf_{\lambda>0}\left\{Eu^*\left(\lambda\frac{dQ^*}{dP}\right) + \lambda\left(x - E_{Q^*}B\right)\right\} \\
&= \inf_{\lambda>0}\left\{E\left[u^*\left(\lambda\frac{dQ^*}{dP}\right) - \lambda\frac{dQ^*}{dP}B\right] + \lambda x\right\} \\
&= \inf_{\lambda>0}\inf_{Q\in\mathcal{M}_{\text{loc}}}\left\{E\left[u^*\left(\lambda\frac{dQ}{dP}\right) - \lambda\frac{dQ}{dP}B\right] + \lambda x\right\} \\
&= \inf_{Q\in\mathcal{M}_{\text{loc}}}\inf_{\lambda>0}\left\{E\left[u^*\left(\lambda\frac{dQ}{dP}\right) - \lambda\frac{dQ}{dP}B\right] + \lambda x\right\} \\
&= \inf_{Q\in\mathcal{M}_{\text{loc}}} U_Q^B(x) = U^B(x).
\end{aligned}$$

Insgesamt gilt also

$$\begin{aligned}
U^B(x) &= \sup\left\{Eu(Y - B) : E_{Q^*}Y \le x,\, Eu(Y - B)^- < \infty\right\} \\
&= Eu\left(I\left(\lambda_0\frac{dQ^*}{dP}\right)\right),
\end{aligned}$$

und $E_{Q^*}\left[I\left(\lambda_0\frac{dQ^*}{dP}\right) + B\right] = x$. Da $\widehat{\vartheta}\cdot S$ ein Q^*-Martingal ist, folgt $c = x$ und es gilt $I\left(\lambda_0\frac{dQ^*}{dP}\right) + B = x + \left(\widehat{\vartheta}\cdot S\right)_T$.

(c) $\Longrightarrow$ (b) Mit $I : \mathbb{R} \to (\overline{x}, \infty)$ und da B nichtnegativ ist, dass

$$x + \left(\widehat{\vartheta}\cdot S\right)_T \ge x + \left(\widehat{\vartheta}\cdot S\right)_T - B \ge \overline{x}.$$

Wie im Beweis von Satz 6.25 ist $\widehat{\vartheta}\cdot S$ ein Q^*-Martingal und mit $Q^* \sim P$, dass $\widehat{\vartheta}\cdot S$ P-fast sicher nach unten beschränkt ist. Nach Ansel und Stricker (1994, Korollar 3.5) folgt, dass $\widehat{\vartheta}\cdot S$ ein lokales Q-Martingal ist und somit auch ein

Q-Supermartingal für jedes $Q \in \mathcal{M}_{loc}$. Somit erhalten wir mit Voraussetzung (c) und der Supermartingaleigenschaft

$$E_Q\left[I\left(\lambda_0\frac{dQ^*}{dP}\right) + B\right] = x + E_Q\left(\widehat{\vartheta} \cdot S\right)_T$$
$$\leq x + E_Q\left(\widehat{\vartheta} \cdot S\right)_0 = x$$
$$= E_{Q^*}\left[I\left(\lambda_0\frac{dQ^*}{dP}\right) + B\right].$$

(ii) Zuerst zeigen wir, dass die Strategie $\widehat{\vartheta}$ in der jeweiligen Menge der zulässigen Strategien ist. Nach (c) ist $\widehat{\vartheta} \in \Theta'_1 \subset \Theta_1$. Für einen Prozess $\widehat{\vartheta}$, der (c) erfüllt, kann man wie in (i) schließen, dass $\widehat{\vartheta} \cdot S$ P-fast sicher nach unten beschränkt ist und somit $\widehat{\vartheta} \in \Theta_0$. Wie oben folgt, dass $\left(\widehat{\vartheta} \cdot S\right)_T$ ein Q-Supermartingal für alle $Q \in \mathcal{M}^f$ ist und somit $\widehat{\vartheta} \in \Theta_2$.
Ist $\vartheta \in \Theta_i$ für $i = 0, 1, 2$ bzw. $\vartheta \in \Theta'_1$ eine zulässige Strategie, so gilt

$$Eu\left(x + (\vartheta \cdot S)_T - B\right)$$
$$\leq E\left[u\left(x + \left(\widehat{\vartheta} \cdot S\right)_T - B\right) + u'\left(x + \left(\widehat{\vartheta} \cdot S\right)_T - B\right)\left((\vartheta \cdot S)_T - \left(\widehat{\vartheta} \cdot S\right)_T\right)\right]$$
$$= E\left[u\left(x + \left(\widehat{\vartheta} \cdot S\right)_T - B\right) + u'\left(I\left(\lambda_0\frac{dQ^*}{dP}\right)\right)\left((\vartheta \cdot S)_T - \left(\widehat{\vartheta} \cdot S\right)_T\right)\right]$$
$$= E\left[u\left(x + \left(\widehat{\vartheta} \cdot S\right)_T - B\right) + \lambda_0\frac{dQ^*}{dP}\left((\vartheta \cdot S)_T - \left(\widehat{\vartheta} \cdot S\right)_T\right)\right]$$
$$\leq Eu\left(x + \left(\widehat{\vartheta} \cdot S\right)_T - B\right).$$

Da u konkav ist, ist $-u$ konvex; es gilt daher die erste Ungleichung. Die erste Gleichheit gilt mit der Darstellung $I\left(\lambda_0\frac{dQ^*}{dP}\right) + B = x + \int_0^T \widehat{\vartheta}\, dS$ aus (c). Die zweite Gleichheit folgt mit $I := (u')^{-1}$.

Wie gehabt ist $\vartheta \cdot S - \widehat{\vartheta} \cdot S$ ein lokales Q^*-Martingal. Für die letzte Ungleichung differenzieren wir bei der Argumentation danach ob wir das Supremum über $\vartheta \in \Theta_0$ oder über $\vartheta \in \Theta_i$ für $i = 1, 2$ bzw. $\vartheta \in \Theta'_1$ betrachten:
Ist $\vartheta \in \Theta_0$, so ist $\vartheta \cdot S$ nach unten beschränkt. Wie in Teil (i) kann man folgern, dass $-\widehat{\vartheta} \cdot S$ fast sicher nach unten beschränkt ist. Somit ist auch $\vartheta \cdot S - \widehat{\vartheta} \cdot S$ fast sicher nach unten beschränkt und daher, da es auch ein lokales Q^*-Martingal ist, ein Q^*-Supermartingal. Es gilt also $E_{Q^*}\left[(\vartheta \cdot S)_T - \left(\widehat{\vartheta} \cdot S\right)_T\right] \leq E_{Q^*}\left[(\vartheta \cdot S)_0 - \left(\widehat{\vartheta} \cdot S\right)_0\right] = 0$.
Die letzte Ungleichung folgt, da $\lambda_0 > 0$.
Ist $\vartheta \in \Theta_i$ für $i = 1, 2$ bzw. $\vartheta \in \Theta'_1$ so ist $\vartheta \cdot S$ ein Q^*-Supermartingal und es gilt

$$E_{Q^*}(\vartheta \cdot S)_T \leq E_{Q^*}(\vartheta \cdot S)_0 = 0.$$

Analog zu Teil (i) sieht man, dass $-\widehat{\vartheta} \cdot S$ fast sicher nach unten beschränkt ist, also auch ein Q^*-Supermartingal. Damit gilt

$$E_{Q^*}\left[-\left(\widehat{\vartheta} \cdot S\right)_T\right] \le E_{Q^*}\left[-\left(\widehat{\vartheta} \cdot S\right)_0\right] = 0$$

und die letzte Ungleichung folgt, da $\lambda_0 > 0$.   □

Zum Schluss dieses Kapitels geben wir noch das Dualitätsresultat für den exponentiellen Nutzen mit Claim B an (vgl. Rheinländer und Sexton (2011)).

Korollar 6.34 *Für jedes $x \in \mathbb{R}$ gilt*

$$\sup_{\vartheta \in \Theta_i} E\left[1 - \exp\left(-p\left(x + \int_0^T \vartheta_t \, dS_t - B\right)\right)\right]$$

$$= 1 - \exp\left(-p \inf_{Q \in \mathcal{M}^f}\left(\frac{1}{p}H(Q \parallel P) + x - E_Q B\right)\right).$$

und das Supremum wird angenommen für $\widehat{\vartheta} \in \Theta_2'$.

Der Beweis dieses Resultats basiert auf einer Anwendung des Satzes 6.30, Maßwechsel und auf der Darstellung der Dichte des minimalen Entropie-Martingalmaßes.

6.5   Beispiele in exponentiellen Lévy-Modellen

Exponentielle Lévy-Prozesse sind wichtige Modelle für Preisprozesse. In diesem Kapitel werden mit Hilfe der Resultate aus den Abschn. 6.2 und 6.3 optimale Portfolios sowie Minimumdistanz-Martingalmaße für einige Standardnutzenfunktionen ermittelt.

Exponentielle Nutzenfunktion
Der zu minimierende Abstand, der zur exponentiellen Nutzenfunktion $u(x) = 1 - e^{-px}$ gehört, ist die relative Entropie, die durch die Funktion $f(x) = x \log x$ gegeben ist. Mit den notwendigen und hinreichenden Bedingungen aus den Sätzen 6.10–6.13 erhalten wir für das Minimumdistanz-Martingalmaß eine Darstellung der Dichte der Form

$$\frac{dQ^*}{dP} = \frac{1}{\lambda_0} \exp\left(-p\left(x + (\vartheta \cdot S)_T\right)\right). \tag{6.29}$$

Satz 6.13 liefert eine hinreichende Bedingung: Ist das stochastische Integral aus (6.29) P-fast sicher nach unten beschränkt und ein Q^*-Martingal, so ist Q^* das minimale Entropie-Martingalmaß und ϑ ist eine optimale Portfoliostrategie. Generell ist die Frage, ob $(\vartheta \cdot S)_T$ nach unten beschränkt ist, d. h. die Zulässigkeit von ϑ, ein interessanter Punkt.

Sei $X = (X^1, \ldots, X^d)$ ein $\mathbb{R}^d$-wertiger Lévy-Prozess, $\mathcal{E}$ das stochastische Exponential und der positive Preisprozess $S = (S^1, \ldots, S^d)$ sei gegeben durch

$$S^i = S_0^i \mathcal{E}(X^i). \qquad (6.30)$$

Diese Prozesse lassen auch eine Darstellung der Form $S^i = S_0^i \exp\left(\widetilde{X}^i\right)$ für einen $\mathbb{R}^d$-wertigen Lévy-Prozess $\widetilde{X}$ zu (siehe Goll und Kallsen (2000)).

Sei (b, c, F) das charakteristische Triplet (die differentielle Charakteristik) von X bezüglich einer Abschneidefunktion $h : \mathbb{R}^d \to \mathbb{R}^d$. Weiterhin existiere ein $\gamma \in \mathbb{R}^d$ mit folgenden Eigenschaften:

1. $\displaystyle\int |xe^{-\gamma^\top x} - h(x)| F(\mathrm{d}x) < \infty,$

2. $\displaystyle b - c\gamma + \int \left(xe^{-\gamma^\top x} - h(x)\right) F(\mathrm{d}x) = 0. \qquad (6.31)$

Sei $\vartheta_t^i := \frac{\gamma^i}{S_{t-}^i}$ für $i = 1, \ldots, d$, $\quad \vartheta_t^0 := x + \int_0^t \vartheta_s \, \mathrm{d}S_s - \sum_{i=1}^d \vartheta_t^i S_t^i$ für $t \in (0, T]$. Definiere $Z_t = \mathcal{E}\left(-\gamma^\top X_s^c + \left(e^{-\gamma^\top x} - 1\right) * \left(\mu^X - \nu\right)_s\right)_t$.

Das Minimumdistanz-Martingalmaß bzgl. der Entropie beschreibt das folgende Korollar.

Korollar 6.35 *Das durch $\frac{\mathrm{d}Q^*}{\mathrm{d}P} = Z_T$ definierte Maß Q^* ist ein äquivalentes lokales Martingalmaß. Ist $\gamma \cdot X$ nach unten beschränkt, dann minimiert Q^* die relative Entropie zwischen P und $\mathcal{M}_{\mathrm{loc}}$, d.h. $H(Q^* \mid P) = H(\mathcal{M}_{\mathrm{loc}} \mid P)$.*

Beweis In Kallsen (2000) wird gezeigt, dass Z wie oben definiert, ein Martingal ist und $S^i Z$ ein lokales Martingal bezüglich P für $i \in \{1, \ldots, d\}$ ist. Die Dichte $Z_T = \frac{\mathrm{d}Q^*}{\mathrm{d}P}$ von Q^* bezüglich P ist ein stochastisches Exponential und hat eine Darstellung wie in (6.29) mit $\vartheta_t^i := \frac{\gamma^i}{S_{t-}^i}$. Des Weiteren gilt $E_{Q^*}(\vartheta \cdot S)_T = 0$. Dies impliziert, dass die relative Entropie zwischen Q^* und P endlich ist, d.h. $E_{Q^*} \log\left(\frac{\mathrm{d}Q^*}{\mathrm{d}P}\right) < \infty$.

Ist der Prozess $\vartheta \cdot S = \gamma \cdot X$ nach unten beschränkt, so folgt nach Satz 6.13, dass Q^* die relative Entropie zwischen P und $\mathcal{M}_{\mathrm{loc}}$ minimiert. $\qquad\square$

Die Bedingung, dass $\gamma \cdot X = \vartheta \cdot S$ nach unten beschränkt ist, ist im Allgemeinen nicht erfüllt. Im Zusammenhang der Portfoliooptimierung für den nicht-beschränkten Fall wird diese Fragestellung in Kallsen (2000) und Schachermayer (2001) diskutiert.

Logarithmische Nutzenfunktion

Zur der logarithmischen Nutzenfunktion $u(x) = \log x$ ist der f-Divergenzabstand mit $f(x) = -\log x$ assoziiert, die reverse relative Entropie.

Die Charakteristik (B, C, v) des $\mathbb{R}^d$-wertigen Semimartingals $(S^1, \ldots, S^d)$ bezüglich einer festen Abschneidefunktion $h : \mathbb{R}^d \to \mathbb{R}^d$ sei gegeben durch

$$B = \int_0^{\cdot} b_t \, dA_t, \quad C = \int_0^{\cdot} c_t \, dA_t, \quad v = A \otimes F, \tag{6.32}$$

wobei $A \in \mathcal{A}_{\mathrm{loc}}^+$ ein vorhersehbarer Prozess, b ein vorhersehbarer $\mathbb{R}^d$-wertiger Prozess, c ein vorhersehbarer $\mathbb{R}^{d \times d}$-wertiger Prozess, dessen Werte nichtnegative, symmetrische Matrizen sind, und F ein Übergangskern von $(\Omega \times \mathbb{R}_+, \mathscr{P})$ nach $(\mathbb{R}^d, \mathbb{B}^d)$ ist. Dabei beschreibt $\mathcal{A}_{\mathrm{loc}}^+$ die Klasse der lokal integrierbaren, adaptierten, wachsenden Prozesse und $\mathscr{P}$ die vorhersehbare σ-Algebra.

Weiterhin existiere ein $\mathbb{R}^d$-wertiger, S-integrierbarer Prozess H mit folgenden Eigenschaften:

1. $1 + H_t^{\top} x > 0$ für $(A \otimes F)$-fast alle $(t, x) \in [0, T] \times \mathbb{R}^d$,

2. $\displaystyle\int \left| \frac{x}{1 + H_t^{\top} x} - h(x) \right| F_t(dx) < \infty \quad (P \otimes A)$-fast überall auf $\Omega \times [0, T]$,

3. $\displaystyle b_t - c_t H_t + \int \left(\frac{x}{1 + H_t^{\top} x} - h(x) \right) F_t(dx) = 0 \tag{6.33}$

$(P \otimes A)$-fast überall auf $\Omega \times [0, T]$.

Sei für $t \in (0, T]$

$$\vartheta_t^i := x H_t^i \mathcal{E} \left(\int_0^{\cdot} H_s \, dS_s \right)_{|t-} \quad \text{für } i = 1, \ldots d, \quad \vartheta_t^0 := x + \int_0^t \vartheta_s \, dS_s - \sum_{i=1}^d \vartheta_t^i S_t^i.$$

für $t \in (0, T]$.

In Satz 3.1 aus Goll und Kallsen (2000) wird gezeigt, dass ϑ, definiert wie oben, eine optimale Portfoliostrategie für das logarithmische Nutzenmaximierungsproblem ist. Hierauf basierend ergibt sich mit Satz 6.13 eine Charakterisierung des lokalen Martingalmaßes, das die reverse relative Entropie minimiert.

Korollar 6.36 *Ist $Z_t := \mathcal{E} \left(-H \cdot S_s^c + \left(\frac{1}{1 + H^{\top} x} - 1 \right) * (\mu^S - v)_s \right)_t$ ein Martingal, so ist das zugehörige Maß Q^* mit Dichte Z_T ein äquivalentes lokales Martingalmaß und minimiert die reverse relative Entropie.*

Beweis Nach Goll und Kallsen (2000, Beweis zu Satz 3.1) ist (Z_t) ein positives, lokales Martingal, so dass $S^i Z$ ein lokales Martingal für $i \in \{1, \ldots, d\}$ ist. Weiter ist $\frac{x}{Z_T} = x + (\vartheta \cdot S)_T$ und $\vartheta \cdot S$ nach unten beschränkt. Ist Z wie vorausgesetzt ein Martingal, so ist Z_T die Dichte eines äquivalenten lokalen Martingalmaßes Q^*. Für Q^* gilt

$$E \left[-\log \left(\frac{dQ^*}{dP} \right) \right] = E \log \left(\frac{1}{Z_T} \right) = E \log (x + (\vartheta \cdot S)_T) - \log x.$$

Wie im Beweis zu Lemma 6.14 folgt, dass

$$E\left[-\log\left(\frac{dQ^*}{dP}\right)\right] + \log x = E\log\left(x + (\vartheta \cdot S)_T\right) \le E\left[-\log\left(\frac{dQ}{dP}\right)\right] + x$$

für alle $Q \in \mathcal{M}_{loc}$.

Ist die reverse relative Entropie von Q^* unendlich, so folgt aus dieser Ungleichung, dass auch alle anderen Maße $Q \in \mathcal{M}_{loc}$ unendliche inverse relative Entropie besitzen.

Wegen

$$E_{Q^*}[x + (\vartheta \cdot S)_T] = E[Z_T (x + (\vartheta \cdot S)_T)] = x$$

folgt mit Satz 6.13, dass Q^* die inverse relative Entropie minimiert. $\qquad\square$

Derivatbepreisung durch die Esschertransformierte
In diesem Unterkapitel zeigen wir, dass die Lösung des Nutzenmaximierungsproblems bezüglich einer speziellen Potenznutzenfunktion mit Hilfe der Esschertransformation bestimmt werden kann.

Die Esschertransformation ist ein klassisches Mittel, um ein äquivalentes Martingalmaß zu finden. Der Preisprozess $S = (S_t)_{t \le T}$ sei durch einen Lévy-Prozess $X = (X_t)_{t \le T}$ mit $X_0 = 0$ erzeugt, so dass $S_t = e^{X_t}$. Sei M die momenterzeugende Funktion von X mit $M(u, t) = M(u)^t = Ee^{uX_t}$. M existiere für $|u| < C$ für eine Konstante $C > 0$. Die Esschertransformation definiert eine Menge von Maßen $\{Q^\vartheta : |\vartheta| < C\}$ durch

$$\frac{dQ^\vartheta}{dP} = \frac{e^{\vartheta X_T}}{M(\vartheta)^T}.$$

Ist $\widehat{\vartheta}$ eine Lösung von

$$0 = \log\left(\frac{M(\vartheta + 1)}{M(\vartheta)}\right), \tag{6.34}$$

dann ist $Q^{\widehat{\vartheta}}$ ein äquivalentes Martingalmaß, das Esscher-Preis-Maß (die Escher-Transformierte).

Sei u die Potenznutzenfunktion, $u(x) = \frac{x^p}{p}$, $p \in (-\infty, 1)\setminus\{0\}$. Dann ist die Bedingung (c) aus Satz 6.25 (i) für ein minimales Distanz-Martingalmaß und einer Strategie $\widehat{\varphi}$ äquivalent zu

$$\frac{dQ^*}{dP} = \frac{(x + (\widehat{\varphi} \cdot S)_T)^{p-1}}{\lambda_0} \quad \text{und } \widehat{\varphi} \cdot S \text{ ist ein } Q^*\text{-Martingal.}$$

Das Esscher-Martingalmaß $Q^{\widehat{\vartheta}}$, definiert durch

$$\frac{\mathrm{d}Q^{\widehat{\vartheta}}}{\mathrm{d}P} = \frac{e^{\widehat{\vartheta}X_T}}{M(\widehat{\vartheta})^T} \quad \text{mit } \widehat{p} = \widehat{\vartheta} + 1,$$

mit der konstanten Strategie $\widehat{\varphi} = x$ und $\lambda_0 = x^{\widehat{\vartheta}} M(\widehat{\vartheta})$ erfüllt die Bedingung (c) aus Satz 6.25 (i) beziehungsweise die Annahme aus Proposition 6.12. Als Folgerung ergibt sich daher das folgende Korollar.

Korollar 6.37 *Im Modell eines exponentiellen Lévy-Prozesses ist die Esscher-transformierte $Q^{\widehat{\vartheta}}$ ein Minimumdistanz-Martingalmaß für Potenzdivergenz $f(x) = -\frac{\widehat{p}-1}{\widehat{p}} x^{\frac{\widehat{p}}{\widehat{p}-1}}$, falls $\widehat{\vartheta}$ (6.34) löst und $\widehat{p} = \widehat{\vartheta} + 1 < 1$. Darüber hinaus ist $Q^{\widehat{\vartheta}}$ ein Minimaxmaß für die Potenznutzenfunktion $\frac{x^{\widehat{p}}}{\widehat{p}}$.*

Korollar 6.37 zeigt, dass das Esschermaß $\mathbb{Q}^{\widehat{\vartheta}}$ Minimumdistanz-Martingalmaß zu der (speziellen) Potenznutzenfunktion $u(x) = \frac{x^{\widehat{p}}}{\widehat{p}}$ gehört, wobei der Parameter $\widehat{p}$ so bestimmt ist, dass $K \cdot e^{X_T}$ dem Wert des optimalen Portfolios zur Zeit T entspricht. Die optimale Portfoliostrategie investiert konstant das komplette Vermögen in das risikobehaftete Wertpapier.

Im nächsten Unterkapitel betrachten wir die Lösung dieses Problems für allgemeine Potenznutzenfunktionen.

Potenznutzenfunktion

Als Nächstes bestimmen wir das lokale Martingalmaß, das den f-Divergenzabstand für die allgemeine Potenznutzenfunktion $f(x) = -\frac{p-1}{p} x^{\frac{p}{p-1}}$ ($p \in (-\infty, 1) \setminus \{0\}$) minimiert, falls der diskontierte Preisprozess $S = (S^1, \ldots, S^d)$ von der Form

$$S^i = S_0^i \mathcal{E}(X^i) \tag{6.35}$$

für einen $\mathbb{R}^d$-wertigen Lévy-Prozess $X = (X^1, \ldots, X^d)$ ist. Nach Satz 6.25 entspricht dieses Problem dem Problem der Portfoliooptimierung zur Nutzenfunktion $u(x) = \frac{x^p}{p}$, fs

Sei (b, c, F) das differentielle Triplet von X bezüglich einer Abschneidefunktion $h : \mathbb{R}^d \to \mathbb{R}^d$. Es existiere ein $\gamma \in \mathbb{R}^d$ mit den folgenden Eigenschaften:

1. $F(\{x \in \mathbb{R}^d : 1 + \gamma^\top x \leq 0\}) = 0,$

2. $\int \left| \dfrac{x}{(1 + \gamma^\top x)^{1-p}} - h(x) \right| F(\mathrm{d}x) < \infty,$

3. $b + (p-1)c\gamma + \int \left(\dfrac{x}{(1 + \gamma^\top x)^{1-p}} - h(x) \right) F(\mathrm{d}x) = 0.$ (6.36)

Sei $\vartheta_t^i := \dfrac{\gamma^i}{S_{t-}^i} \widetilde{V}_{t-}$ für $i = 1, \ldots, d$, $\quad \vartheta_t^0 := x + \int_0^t \vartheta_s \, \mathrm{d}S_s - \sum_{i=1}^d \vartheta_t^i S_t^i$

für $t \in (0, T]$, wobei $\widetilde{V}$ der Werteprozess bezüglich ϑ ist, d. h. für $f = u^*$.
Definiere $Z_t := \mathcal{E}\left((p-1)\gamma^\top X_s^c + \left((1 + \gamma^\top x)^{p-1} - 1\right) * (\mu^X - \nu)_s \right)_t$, dann gilt

Korollar 6.38 *Das durch $\dfrac{\mathrm{d}Q^*}{\mathrm{d}P} = Z_T$ definierte Maß Q^* ist ein äquivalentes lokales Martingalmaß und minimiert den f-Divergenzabstand für $f(x) = -\dfrac{p-1}{p} x^{\frac{p}{p-1}}$.*

Beweis Im Beweis zu Satz 3.2 in Kallsen (2000) wird gezeigt, dass Z ein positives Martingal ist, so dass $S^i Z$ ein lokales Martingal bezüglich P für $i \in \{1, \ldots, d\}$ ist. Der Dichteprozess $Z_T = \dfrac{\mathrm{d}Q^*}{\mathrm{d}P}$ von Q^* bezüglich P besitzt die Darstellung

$$Z_T = \frac{(x + (\vartheta \cdot S)_T)^{p-1}}{E \, (x + (\vartheta \cdot S)_T)^{p-1}}$$

mit $\vartheta_t^i := \dfrac{\gamma^i}{S_{t-}^i} \widetilde{V}_{t-}$. Des Weiteren gilt $E_{Q^*}(\vartheta \cdot S)_T = 0$ und daher folgt $f(Q^* \parallel P) < \infty$. Da der Prozess $\vartheta \cdot S$ nach unten beschränkt ist, folgt die Behauptung nach Satz 6.13. $\qquad \square$

Die Portfoliostrategie ϑ investiert einen konstanten Anteil des relativen Werteprozesses $\dfrac{\widetilde{V}_{t-}}{S_{t-}^i}$ in den stock. Nach Kallsen (2000) ist ϑ eine optimale Portfoliostrategie. Für lokal beschränkte exponentielle Lévy-Prozesse folgt diese Aussage auch aus Satz 6.13.

Bemerkung 6.39 *Mit Hilfe des Begriffes der w-zulässigen Strategien aus Definition 5.56 und des zugehörigen Darstellungssatzes 5.58 lassen sich die Charakterisierungen von Minimumdistanz-Martingalmaßen, Minimaxmaßen und den assoziierten optimalen Portfoliostrategien auf den Fall von nicht notwendig lokal beschränkten Preismodellen übertragen (vgl. Biagini und Frittelli (2004, 2005)).*

6.6   Eigenschaften des Nutzenindifferenzpreises

Der Nutzenindifferenzpreis (NIP) $\pi(B)$ für einen Verkäufer mit Kapital x eines Claims B in einem Markt mit Handelsmöglichkeit ist in (6.8) definiert als Lösung $\pi(B)$ der Gleichung

$$V(x) = V(x + \pi(B) - B);$$

ohne Handelsmöglichkeit als Lösung $\pi_0(B)$ der Gl. (6.7)

$$u(x) = Eu(x + \pi_0(B) - B).$$

Der NIP ist i.A. wegen der Konkavität der Nutzenfunktion eine nichtlinear Funktion auf der Menge der Claims.

Sei im Folgenden $\mathcal{M}^f$ definiert auf $\mathcal{K} = \mathcal{M}_{\mathrm{loc}}$ und sei S ein lokal beschränktes Semimartingal. Die Herleitung der folgenden Eigenschaften des NIP macht wesentlichen Gebrauch von den Dualitätssätzen aus Abschn. 6.3, insbesondere von

$$V(x) = \sup_{\vartheta \in \Theta_2} Eu\left(x + \int_0^T \vartheta_t\, dS_t\right) = \inf_{\substack{\lambda > 0 \\ Q \in \mathcal{M}^f}} \left\{u_\lambda^*(Q \,\|\, P) + \lambda x\right\} \tag{6.37}$$

$$\begin{aligned}
V(x + \pi(B) - B) &= \sup_{\vartheta \in \Theta_2} Eu\left(x + \pi(B) + \int_0^T \vartheta_t\, dS_t - B\right) \\
&= \inf_{\substack{\lambda > 0 \\ Q \in \mathcal{M}^f}} \left\{u_\lambda^*(Q \,\|\, P) + \lambda(x + \pi(B) - E_Q B)\right\}
\end{aligned} \tag{6.38}$$

Die folgenden Resultate basieren auf den Arbeiten Owen und Žitković (2009), Biagini et al. (2011) sowie Rheinländer und Sexton (2011).

Proposition 6.40 (Eigenschaften des Nutzenindifferenzpreises) *Der Nutzenindifferenzpreis ist wohldefiniert und erfüllt folgende Eigenschaften:*

(1) (Translationsinvarianz) $\pi(B + c) = \pi(B) + c$ *für* $c \in \mathbb{R}$;
(2) (Monotonie) $\pi(B_1) \le \pi(B_2)$ *falls* $B_1 \le B_2$;
(3) (Konvexität) Gegeben zwei contingent claims B_1 *und* B_2, *so gilt für jedes* $\gamma \in [0, 1]$

$$\pi(\gamma B_1 + (1 - \gamma)B_2) \le \gamma \pi(B_1) + (1 - \gamma)\pi(B_2);$$

(4) (Bepreisung hedgebarer Claims) Für einen hedgebaren Claim $B = b + \int_0^T \vartheta_t\, dS_t$ *mit* $\vartheta \in \Theta_2'$ *gilt:*

$$\pi\left(b + \int_0^T \vartheta_t\, dS_t\right) = b;$$

(5) (Bepreisung mit entropischem Strafterm) $\pi(B)$ erlaubt die duale Darstellung

$$\pi(B) = \sup_{Q \in \mathcal{M}^f} \{E_Q B - \alpha(Q)\}$$

mit einem Strafterm $\alpha : \mathcal{M}^f \to [0, \infty)$, $\alpha(Q) = \inf_{\lambda > 0} \frac{1}{\lambda}(u_\lambda^*(Q \| P) + \lambda x - V(x))$

(6) (Preisschranken) Sei Q^* das Minimumdistanz-Martingalmaß, so gilt

$$E_{Q^*} B \leq \pi(B) \leq \sup_{Q \in \mathcal{M}^f} E_Q B,$$

wobei $E_{Q^*} B$ Davis' fairer Preis ist;

(7) (Starke Stetigkeit) Ist $(B_n)_{n \geq 0}$ eine Folge von contingent claims, so dass

$$\sup_{Q \in \mathcal{M}^f} E_Q[B_n - B] \to 0 \; und \; \inf_{Q \in \mathcal{M}^f} E_Q[B_n - B] \to 0,$$

so gilt

$$\pi(B_n) \to \pi(B);$$

(8) (Fatou-Eigenschaft) Für eine Folge von contingent claims $(B_n)_{n \geq 0}$ gilt

$$\pi\left(\liminf_{n \to \infty} B_n\right) \leq \liminf_{n \to \infty} \pi(B_n);$$

(9) (Stetigkeit nach unten) Ist $(B_n)_{n \geq 0}$ eine Folge von contingent claims, dann gilt

$$B_n \uparrow B \; P\text{-fast sicher} \; \Rightarrow \; \pi(B_n) \uparrow \pi(B). \qquad \square$$

Bemerkung

(a) Für den Nutzenindifferenzpreis $\widetilde{\pi}$ des Käufers nach Definition 6.3 erhält man in Teil (3) anstelle der Konvexität die Konkavität des Nutzenindifferenzpreises des Käufers. In Teil (5) erhält man für den Nutzenindifferenzpreis des Käufers die Darstellung

$$\widetilde{\pi}(B) = \inf_{Q \in \mathcal{M}^f} \{E_Q B + \alpha(Q)\},$$

in Teil (6) erhält man als Preisschranken

$$\inf_{Q \in \mathcal{M}^f} E_Q B \leq \widetilde{\pi}(B) \leq E_{Q^*} B$$

und in Teil (9) erhält man Stetigkeit von oben.

(b) Als Konsequenz der starken Stetigkeit wird in Biagini et al. (2011) die Norms-
    tetigkeit gezeigt. Das Hauptargument besteht darin, eine Erweiterung des Nami-
    oka-Klee-Theorems (siehe Biagini und Frittelli (2009, Theorem 1)) anzuwen-
    den. Aus dieser Erweiterung des Namioka-Klee-Theorems folgt ebenfalls, dass
    π subdifferenzierbar ist.

Beweis Für die Existenz und Eindeutigkeit einer Lösung von (6.1) betrachte $V(x +
p - B)$. Analog zum Beweis von Teil (2) und (3) kann man zeigen, dass diese
Funktion in p monoton wachsend und konkav ist. Mit dem Satz über monotone
Konvergenz und der Fenchel-Ungleichung sieht man, dass die Funktion $V(x + p -
B)$ in p Werte in $(-\infty, u(+\infty)]$ annimmt und es folgt die Wohldefiniertheit.

(1) Folgt direkt aus der Definition und der Wohldefiniertheit von π.
(2) Mit Hilfe des Dualitätsresultats (6.37) folgt, dass $V(x)$ monoton wachsend ist.
    Sei dazu $x_1 \leq x_2$ und Q_2^* optimal im dualen Problem für den Anfangswert x_2.
    Dann gilt

$$
\begin{aligned}
V(x_1) &= \inf_{\substack{\lambda > 0 \\ Q \in \mathcal{M}^f}} \left\{ u_\lambda^*(Q \parallel P) + \lambda x_1 \right\} \\
&\leq \inf_{\lambda > 0} \left\{ u_\lambda^*(Q_2^* \parallel P) + \lambda x_1 \right\} \\
&\leq \inf_{\lambda > 0} \left\{ u_\lambda^*(Q_2^* \parallel P) + \lambda x_2 \right\} \\
&= \inf_{\substack{\lambda > 0 \\ Q \in \mathcal{M}^f}} \left\{ u_\lambda^*(Q \parallel P) + \lambda x_2 \right\} = V(x_2).
\end{aligned}
$$

Damit folgt die Behauptung aus der Monotonie von $V(x)$ und der Definition des
Nutzenindifferenzpreises.

(3) Aus dem Dualitätsresultat (6.37) folgt weiter, dass $V(x)$ konkav ist.
    Sei dazu $\gamma \in [0, 1]$, dann gilt

$$
\begin{aligned}
&V(\gamma x_1 + (1 - \gamma) x_2) \\
&= \inf_{\substack{\lambda > 0 \\ Q \in \mathcal{M}^f}} \left\{ u_\lambda^*(Q \parallel P) + \lambda(\gamma x_1 + (1 - \gamma) x_2) \right\} \\
&= \inf_{\substack{\lambda > 0 \\ Q \in \mathcal{M}^f}} \left\{ \gamma(u_\lambda^*(Q \parallel P) + \lambda x_1) + (1 - \gamma)(u_\lambda^*(Q \parallel P) + \lambda x_2) \right\} \\
&\geq \inf_{\substack{\lambda > 0 \\ Q \in \mathcal{M}^f}} \left\{ \gamma(u_\lambda^*(Q \parallel P) + \lambda x_1) \right\} + \inf_{\substack{\lambda > 0 \\ Q \in \mathcal{M}^f}} \left\{ (1 - \gamma)(u_\lambda^*(Q \parallel P) + \lambda x_2) \right\} \\
&= \gamma V(x_1) + (1 - \gamma) V(x_2).
\end{aligned}
$$

Ebenso ist $V(x, B) := V(x - B) = \sup_{v \in \Theta_2} Eu(x + \int_0^T \vartheta_t \, dS_t)$ konkav in B. Denn für $\gamma \in (0, 1)$ gilt

$$V(x, \gamma B_1 + (1 - \gamma)B_2)$$
$$= \sup_{\vartheta \in \Theta_2} Eu(x + (\vartheta \cdot S)_T - (\gamma B_1 + (1 - \gamma)B_2))$$
$$= \sup_{\vartheta_1, \vartheta_2 \in \Theta_2} Eu(\gamma(x + (\vartheta_1 \cdot S)_T - B_1) + (1 - \gamma)(x + (\vartheta_2 \cdot S)_T - B_2))$$
$$\geq \sup_{\vartheta_1, \vartheta_2 \in \Theta_2} [\gamma E(x + (\vartheta_1 \cdot S)_T - B_1) + (1 - \gamma)E(x + (\vartheta_2 \cdot S) - B_2]$$
$$= \gamma V(x, B_1) + (1 - \gamma)V(x, B_2).$$

Daraus folgt

$$V(\gamma x + (1 - \gamma)x + \gamma \pi(B_1) + (1 - \gamma)\pi(B_2) - \gamma B_1 - (1 - \gamma)B_2)$$
$$= V(\gamma(x + \pi(B_1) - B_1) + (1 - \gamma)(x + \pi(B_2) - B_2))$$
$$\geq \gamma V(x + \pi(B_1) - B_1) + (1 - \gamma)V(x + \pi(B_2) - B_2)$$
$$= \gamma V(x) + (1 - \gamma)V(x) = V(x).$$

Insgesamt ergibt sich damit

$$V(x) = V(x + \pi(\gamma B_1 + (1 - \gamma)B_2) - (\gamma B_1 + (1 - \gamma)B_2))$$
$$\leq V(x + \gamma \pi(B_1) + (1 - \gamma)\pi(B_2) - (\gamma B_1 + (1 - \gamma)B_2)).$$

Wegen der Monotonie von $V(x)$ gilt daher

$$\pi(\gamma B_1 + (1 - \gamma)B_2) \leq \gamma \pi(B_1) + (1 - \gamma)\pi(B_2),$$

d. h. π ist konvex.

(4) Da $\vartheta \in \Theta_2'$ ist $\int \vartheta \, dS$ ein Q-Martingal für alle $Q \in \mathcal{M}^f$. Zusammen mit dem Dualitätsresultat (6.38) erhalten wir

$$V\left(x + \pi\left(b + \int_0^T \vartheta_t \, dS_t\right) - b - \int_0^T \vartheta_t \, dS_t\right)$$
$$= \inf_{\substack{\lambda > 0 \\ Q \in \mathcal{M}^f}} \left\{u_\lambda^*(Q \parallel P) + \lambda\left(x + \pi\left(b + \int_0^T \vartheta_t \, dS_t\right) - b\right)\right\}.$$

Damit

$$V\left(x + \pi\left(b + \int_0^T \vartheta_t \, dS_t\right) - b - \int_0^T \vartheta_t \, dS_t\right) = V(x)$$

gilt, muss wegen (6.37) bereits $\pi\left(b + \int_0^T \vartheta_t \, dS_t\right) = b$ gelten.

(5) Mit Definition 6.3 von $\pi(B)$ und der dualen Darstellung (6.38) ergibt sich

$$
\begin{aligned}
V(x) &= V(x + \pi(B) - B) \\
&= \inf_{\substack{\lambda > 0 \\ Q \in \mathcal{M}^f}} \{u_\lambda^*(Q \parallel P) + \lambda(x + \pi(B) - E_Q B)\} \\
&\leq \inf_{Q \in \mathcal{M}^f} \{u_\lambda^*(Q \parallel P) + \lambda(x + \pi(B) - E_Q B)\}, \quad \forall \lambda > 0.
\end{aligned}
$$

Daher gilt: $\pi(B) \geq \dfrac{V(x)}{\lambda} - \inf_{Q \in \mathcal{M}^f} \left\{ \dfrac{u_\lambda^*(Q \parallel P)}{\lambda} + x - E_Q B \right\}, \quad \forall \lambda > 0$

$$
\geq \frac{V(x)}{\lambda} - \frac{u_\lambda^*(Q \parallel P)}{\lambda} - x + E_Q B, \quad \forall \lambda > 0, \ \forall Q \in \mathcal{M}^f.
$$

Es folgt also, dass für alle $Q \in \mathcal{M}^f$ gilt

$$
\pi(B) \geq E_Q B - \inf_{\lambda > 0} \left\{ \frac{u_\lambda^*(Q \parallel P)}{\lambda} + x - \frac{V(x)}{\lambda} \right\},
$$

mit Gleichheit für das optimale Maß Q^*. Damit folgt

$$
\pi(B) = \sup_{Q \in \mathcal{M}^f} \left\{ E_Q B - \underbrace{\inf_{\lambda > 0} \left\{ \frac{u_\lambda^*(Q \parallel P)}{\lambda} + x - \frac{V(x)}{\lambda} \right\}}_{=:\alpha(Q)} \right\}.
$$

(6) Die erste Ungleichung folgt aus der Darstellung in (5) und aus $\alpha(Q^*) = 0$:

$$
\pi(B) = \sup_{Q \in \mathcal{M}^f} \{E_Q B - \alpha(Q)\} \geq E_{Q^*} B - \alpha(Q^*) \geq E_{Q^*} B.
$$

Die zweite Ungleichung folgt, da der Strafterm $\alpha(Q) \geq 0$ ist und wir erhalten als obere Schranke den schwachen Superreplikationspreis $\sup_{Q \in \mathcal{M}^f} E_Q B$.

(7) Diese Eigenschaft folgt aus der Darstellung des Nutzenindifferenzpreises in Teil (5), da

$$
\begin{aligned}
\inf_{Q \in \mathcal{M}^f} E_Q[B_n - B] &= - \sup_{Q \in \mathcal{M}^f} E_Q[B - B_n] \\
&= - \sup_{Q \in \mathcal{M}^f} \{(E_Q B - \alpha(Q)) - (E_Q B_n - \alpha(Q))\} \\
&\leq - \sup_{Q \in \mathcal{M}^f} \{E_Q B - \alpha(Q)\} + \sup_{Q \in \mathcal{M}^f} \{E_Q B_n - \alpha(Q)\} \\
&= \pi(B_n) - \pi(B) \leq \sup_{Q \in \mathcal{M}^f} \{(E_Q B_n - \alpha(Q)) - (E_Q B - \alpha(Q))\} \\
&= \sup_{Q \in \mathcal{M}^f} E_Q[B_n - B].
\end{aligned}
$$

Somit folgt $\pi(B_n) \to \pi(B)$.

(8) Diese Eigenschaft folgt aus der Darstellung des Nutzenindifferenzpreises in Teil
(5) und dem Lemma von Fatou:

$$
\begin{aligned}
\pi\left(\liminf_{n\to\infty} B_n\right) &= \sup_{Q\in\mathcal{M}^f}\left\{E_Q\left[\liminf_{n\to\infty} B_n\right] - \alpha(Q)\right\}\\
&\leq \sup_{Q\in\mathcal{M}^f}\liminf_{n\to\infty}\left\{E_Q[B_n] - \alpha(Q)\right\}\\
&\leq \liminf_{n\to\infty}\sup_{Q\in\mathcal{M}^f}\left\{E_Q[B_n] - \alpha(Q)\right\}\\
&= \liminf_{n\to\infty}\pi(B_n).
\end{aligned}
$$

(9) Diese Eigenschaft folgt direkt aus der Fatou-Eigenschaft. Es gilt

$$
\pi(B) = \pi\left(\liminf_{n\to\infty} B_n\right) \leq \liminf_{n\to\infty}\pi(B_n). \qquad \square
$$

Bemerkung

(a) Wegen der Darstellung aus Teil (5) kann der Nutzenindifferenzpreis als Bepreisung mit entropischem Strafterm betrachtet werden.
(b) Für den Fall der exponentiellen Nutzenfunktion hängt der Nutzenindifferenzpreis nicht vom anfänglichen Kapital ab und man kann den Nutzenindifferenzpreis $\pi(B; p)$ zum Risikoaversionsparameter p nach (5) auch darstellen als

$$
\pi(B; p) = \sup_{Q\in\mathcal{M}^f}\left\{E_Q B - \frac{1}{p}\big(H(Q \parallel P) - H(Q^* \parallel P)\big)\right\}.
$$

(vgl. Rheinländer und Sexton (2011, Gl. 7.15)). In diesem Fall erhält man die Darstellung des Nutzenindifferenzpreises auch durch die duale Darstellung des Nutzenmaximierungsproblems:

$$
\inf_{Q\in\mathcal{M}^f}\frac{1}{p}H(Q \parallel P) = \inf_{Q\in\mathcal{M}^f}\left\{\frac{1}{p}H(Q \parallel P) + \pi(B; p) - E_Q B\right\}.
$$

(c) Nach Definition 6.3 gilt $\pi(B) = -\widetilde{\pi}(-B)$ mit $\widetilde{\pi}$ der Nutzenindifferenzpreis des Käufers. Wegen der Konvexität des Nutzenindifferenzpreises und $\pi(0) = 0$ folgt, dass

$$
\pi(B) \geq \widetilde{\pi}(B).
$$

(d) Der Nutzenindifferenzpreis ist wachsend bezüglich der Risikoaversion. Ist der Investor risikoavers, erwartet er für ein eingegangenes Risiko eine Risikoprämie. Das heißt je risikoscheuer der Investor ist, desto höher ist die Risikoprämie und somit der Nutzenindifferenzpreis.

Das nächste Thema ist die Untersuchung der Volumen-Asymptotik-Eigenschaften für den Mittelwert des Nutzenindifferenzpreises des Verkäufers für b Einheiten $b > 0$ für $b \to \infty$ und $b \to 0$ des contingent claims B, also für $\frac{\pi(bB)}{b}$.

Proposition 6.41 (**Volumen-Asymptotik**) *Sei B ein contingent claim und $b > 0$. Dann ist $\frac{\pi(bB)}{b}$ eine in b stetige, wachsende Funktion. Des Weiteren gilt*

(i) $E_{Q^*} B \leq \frac{\pi(bB)}{b} \leq \sup\limits_{Q \in \mathcal{M}^f} E_Q B$;

(ii) $\lim\limits_{b \uparrow \infty} \frac{\pi(bB)}{b} = \sup\limits_{Q \in \mathcal{M}^f} E_Q B$;

(iii) $\lim\limits_{b \downarrow 0} \frac{\pi(bB)}{b} = E_{Q^*} B$. $\qquad\qquad\square$

Beweis Die Stetigkeit in b folgt aus der starken Stetigkeit aus Proposition 6.40. Sei $0 < b_1 \leq b_2$. Setze $\gamma = \frac{b_1}{b_2}$, $B_1 = b_2 B$ und $B_2 = 0$. Wegen der Konvexität von $\pi(B)$ gilt

$$\frac{\pi(b_1 B)}{b_1} = \frac{1}{b_1} \pi \left(\underbrace{\frac{b_1}{b_2}}_{=\gamma} \underbrace{b_2 B}_{=B_1} + \underbrace{\left(1 - \frac{b_1}{b_2} \right)}_{=(1-\gamma)} \underbrace{B_2}_{=0} \right)$$

$$\leq \frac{1}{b_1} \frac{b_1}{b_2} \pi(b_2 B) + \frac{1}{b_1} \left(1 - \frac{b_1}{b_2} \right) \underbrace{\pi(0)}_{=0} = \frac{\pi(b_2 B)}{b_2}.$$

(i) Folgt aus Proposition 6.40, Teil (6).

(ii) Diese Aussage beweisen wir durch Widerspruch. Angenommen es existiere ein $\widetilde{Q} \in \mathcal{M}^f$, so dass $E_{\widetilde{Q}} B > \lim\limits_{b \uparrow \infty} \frac{\pi(bB)}{b}$. Dann gilt für jedes $b > 0$,

$$V(x) = V(x + \pi(bB) - bB)$$

$$= \inf_{\substack{\lambda > 0 \\ Q \in \mathcal{M}^f}} \{ u_\lambda^*(Q \parallel P) + \lambda(x + \pi(bB) - b E_Q B) \}$$

$$\leq \inf_{\lambda > 0} u_\lambda^*(\widetilde{Q} \parallel P) + \lambda x + \lambda b \left(\frac{\pi(bB)}{b} - E_{\widetilde{Q}} B \right).$$

Die rechte Seite geht für $b \uparrow \infty$ gegen $-\infty$ und führt daher zu einem Widerspruch.

(iii) $\pi'(C, B)$ bezeichne die Richtungsableitung von π an der Stelle C in Richtung B, d. h.

$$\pi'(C, B) = \lim_{b \downarrow 0} \frac{\pi(C + bB) - \pi(C)}{b}.$$

Für konvexe Funktionen f (auf einem Banachraum X mit Werten in $\mathbb{R} \cup \{\infty\}$ gilt für alle Stetigkeitsstellen $\overline{x}$ mit $f(\overline{x}) < \infty$

$$f'(\overline{x}, d) = \max\{\langle x^*, d \rangle; x^* \in \partial f(\overline{x})\}$$

(vgl. Borwein und Zhu (2005)). Damit folgt für die konvexe Preisfunktion π und einen Stetigkeitspunkt C die Darstellung

$$\pi'(C, B) = \sup_{Q \in \partial \pi(C)} E_Q B.$$

Mit $C = 0$ und $\pi(0) = 0$ erhalten wir

$$\lim_{b \downarrow 0} \frac{\pi(bB)}{b} = \pi'(0, B) = \sup_{Q \in \partial \pi(0)} E_Q B.$$

Nach einer Folgerung aus der Eigenschaft der dualen Darstellung aus Proposition 6.40 Teil (5) (siehe Biagini et al. (2011, Proposition 4.2, Gl. (4.4))), ist das Subdifferential von π an der Stelle Null $\partial \pi(0)$ gleich dem minimierenden Maß des dualen Problems (6.37), also gleich Q^* und die Aussage folgt. $\square$

Bemerkung 6.42
(a) Für den Limes in Teil (ii) erhält man als asymptotisches Verhalten den schwachen Superreplikationspreis für B.
(b) Mit Hilfe von Proposition 6.41 ergibt sich für die exponentielle Nutzenfunktion mit Korollar 7.28 (iii) aus Rheinländer und Sexton (2011):

$$\lim_{p \uparrow \infty} \pi(B; p) = \sup_{Q \in \mathcal{M}^e} E_Q B, \qquad \lim_{p \downarrow 0} \pi(B; p) = E_{Q^*} B.$$

Strebt der Risikoaversionsparameter p gegen unendlich, so konvergiert der Nutzenindifferenzpreis gegen den Superreplikationspreis. Geht der Risikoaversionsparameter p gegen 0, so ergibt sich eine lineare Bepreisungsregel unter dem minimalen Entropie-Martingalmaß Q^*. Der Preis bezüglich dem minimalen Entropiemaß ist mit Davis' fairem Preis (vgl. Korollar 6.29) identisch.

Als Folgerung aus Proposition 6.40 erhält man

Korollar 6.43 *Die Abbildung $\varrho : B \mapsto \pi(-B)$ ist ein konvexes Risikomaß auf der Menge der beschränkten Claims.*

Beweis Wegen der Translationsinvarianz, der Monotonie und der Konvexität aus Proposition 6.40 (1), (2) und (3) und $\pi(0) = 0$ sind die geforderten Eigenschaften eines konvexen Risikomaßes erfüllt. $\square$

Varianz-minimales Hedgen 7

Dieses Kapitel ist der Bestimmung von optimalen Hedging-Strategien durch das Kriterium der varianz-minimalen Strategie gewidmet. In unvollständigen Marktmodellen ist nicht jeder Claim H hedgebar. Eine natürliche Frage ist daher: Wie gut ist H hedgebar?

Bezüglich der quadratischen Abweichung wurde diese Frage in Föllmer und Sondermann (1986), in Föllmer und Schweizer (1991) und in Schweizer (1991) untersucht. Die Antwort auf diese Frage beruht auf der Föllmer-Schweizer-Zerlegung, einer Verallgemeinerung der Kunita-Watanabe-Zerlegung, und dem assoziierten minimalen Martingalmaß.

Es lassen sich zwei Typen von Hedging-Problemen unterscheiden. Im ersten Typ wird das Anfangskapital x_0 der Hedging-Strategie fixiert. Im zweiten wird über alle Startwerte x der Strategie der Hedging-Fehler minimiert.

Als Kriterien ergeben sich dazu die folgenden Hedging-Probleme:

Definition 7.1 (mean-variance Hedging-Problem) *Sei* $H \in L_+^2(\mathcal{A}_T, P)$ *ein contingent claim.*

a) *Eine Strategie* φ *heißt zulässig, wenn* $\varphi \in \mathcal{L}^2(S)$.

b) *Ein Paar* $\Phi = (x_0, \varphi^*)$, φ^* *zulässig, heißt* **varianz-minimale Hedging-Strategie** *für H, wenn*

$$E_P(H - x_o - V_T(\varphi^*))^2 = \inf_{x,\varphi} . \tag{7.1}$$

c) *Eine zulässige Strategie* $\varphi^* \in \mathcal{L}^2(S)$ *heißt* **varianz-minimal für C zum Anfangskapital x**, *wenn*

$$E_P(H - x - V_T(\varphi^*))^2 = \inf_{\varphi} . \tag{7.2}$$

L. Rüschendorf, *Stochastische Prozesse und Finanzmathematik,* Masterclass, https://doi.org/10.1007/978-3-662-61973-5_7

Ist (x, φ) Lösung des Hedging-Problems (7.1), dann ist $x + V_T(\varphi)$ der hedgebare Anteil des Claims H. x ist der zugehörige ‚faire‘ Preis von H bzgl. des Varianz-Kriteriums.

7.1   Hedgen im Martingalfall

Im Fall des Hedgens bzgl. eines Martingalmaßes Q liefert die Kunita-Watanabe-Zerlegung für Martingale eine optimale Hedging-Strategie. Sei also $P = Q$ ein Martingalmaß für S, $S \in \mathcal{M}_{\mathrm{loc}}(Q)$ und $H \in \mathcal{L}^2(\mathcal{A}_T, Q)$. Dann induziert H das Martingal $V_t = E_Q(H \mid \mathcal{A}_t), 0 \le t \le T$.

Satz 7.2 (mean-variance hedging, Martingalfall) *Seien* $S \in \mathcal{M}_{\mathrm{loc}}(Q)$ *und* $H \in L^2(\mathcal{A}_T, Q)$ *und sei*

$$H = x_0 + \int_0^T \varphi_u^* \, \mathrm{d}S_u + L_T \tag{7.3}$$

die Kunita-Watanabe-Zerlegung von V *mit* $\varphi^* \in \mathcal{L}^2(S)$, $L_0 = 0$, $L \in \mathcal{M}^2$, *so dass* L *streng orthogonal zu* V *ist, d. h.* $\langle V, L \rangle = 0$.
Dann ist $\Phi^* = (x_0, \varphi^*)$ *eine varianz-minimale Hedging-Strategie für* H.

Beweis Nach dem Projektionssatz für $\mathcal{L}^2(Q)$ ist $\Phi^* = (x_0, \varphi^*)$ optimale Hedging-Strategie

$$\Longleftrightarrow E(H - x_0 - V_T(\varphi^*))(x + V_T(\varphi)) = 0, \quad \forall x, \forall \varphi \in \mathcal{L}^2(S), E = E_Q.$$

Hierzu äquivalent ist aber, dass $x_0 = E_Q H$ und mit Hilfe der Kunita-Watanabe-Zerlegung, dass

$$E(H - x_0 - V_T(\varphi^*))V_T(\varphi) = E L_T \Big(\int_0^T \varphi_u^* \, \mathrm{d}S_u \Big)$$

$$= E \int_0^T \varphi_n^* \mathrm{d}\langle L, S \rangle_u = 0,$$

da L streng orthogonal zu S ist, d. h. $\langle L, S \rangle = 0$. $\Phi^* = (x_0, \varphi^*)$ ist also eine varianz-minimale Hedging-Strategie für H. $\square$

Ein alternativer Zugang zum optimalen Hedgen wird ermöglicht durch die Betrachtung verallgemeinerter, nicht notwendig selbstfinanzierender Strategien, die den Claim H hedgen.

Definition 7.3 (verallgemeinerte Hedging-Strategie) *Ein Paar* $\Phi = (\varphi^0, \varphi)$, $\varphi \in$ $\mathcal{L}^2(S)$, φ^0 *ein adaptierter càdlàg-Prozess heißt* **(verallgemeinerte) Hedging-Strategie** *für* $H \in L^2(Q)$, *wenn der Werteprozess*

$$V_t(\Phi) = \varphi_t^0 + \varphi_t S_t \in L^2(Q) \quad und \quad V_T(Q) = H. \tag{7.4}$$

Implizit wird der diskutierte Werteprozess $\widetilde{V}_t(\Phi) = \varphi_t^0 + \varphi_t \widetilde{S}_t$ betrachtet, so dass hier der Zinsfaktor $r_t \equiv 1$ gewählt wird. Es gilt

$$V_t(\Phi) = V_o(\Phi) + \int_0^t \varphi_u \, dS_u \tag{7.5}$$

genau dann, wenn Φ selbstfinanzierend ist, d. h. der Werteprozess $V_t(\Phi)$ ist gegeben durch den Anfangswert $V_0(\Phi)$ plus dem Gewinnprozess $G_t(\varphi) := \int_0^t \varphi_u \, dS_u$.

Definiert man den **Kostenprozess** als Differenz zwischen dem Werteprozess und dem Gewinnprozess

$$C_t := C_t(\Phi) := V_t(\Phi) - G_t(\Phi), \tag{7.6}$$

dann ist Φ selbstfinanzierend, genau dann wenn $C_t = \text{const.} = V_0(\Phi)$. Der Kostenprozess beschreibt also, wie viel Kapital zusätzlich zu dem Handeln mit Φ aufzubringen ist, um den Werteprozess zu realisieren.

Ziel ist es dann: Minimiere (quadratische) Funktionale des Kostenprozesses C unter allen verallgemeinerten Strategien, die den Claim H hedgen, d. h. $V_T(\Phi) = H$.

Unter der Annahme $H \in L^2(P)$, $S_t \in L^2(P)$, $\forall t$, führt dies zu folgender Definition.

Definition 7.4 (risikominimierende Strategie)

a) $\Phi = (\varphi^0, \varphi)$ *heißt* $\mathcal{L}^2$*-zulässige (Hedging-)Strategie für* H, *wenn*

$$V_T(\Phi) = H, \quad \varphi \in \mathcal{L}^2(S) \quad und \quad V_t \in L^2(P), \forall t.$$

b) **(Rest-)Risikoprozess**

$$R_t(\Phi) := E((C_T - C_t)^2 \mid \mathcal{A}_t) \tag{7.7}$$

heißt **(Rest-)Risikoprozess von** Φ.
c) Eine $\mathcal{L}^2$*-zulässige Strategie* $\widehat{\Phi}$ *für* H *ist* **risiko-minimierend**, *wenn*

$$R_t(\widehat{\Phi}) \le R_t(\Phi), \quad \forall t \le T, \forall \Phi \; \mathcal{L}^2\text{-zulässig.}$$

Unter allen $\mathcal{L}^2$-zulässigen Strategien für H minimiert eine risiko-minimierende Strategie $\hat{\Phi}$ den Risikoprozess zu allen Zeitpunkten $\leq T$. Für hedgebare Claims H und insbesondere im Fall eines vollständigen Marktmodells ist risiko-minimierend äquivalent dazu, dass φ selbstfinanzierend ist und $R_t(\Phi) = 0$, $\forall t \leq T$. Risiko-minimierende Strategien haben die abgeschwächte Eigenschaft ‚selbstfinanzierend im Mittel' zu sein.

Definition 7.5 (selbstfinanzierend im Mittel) *Eine $\mathcal{L}^2$-zulässige Strategie Φ für H ist **selbstfinanzierend im Mittel**, wenn $C(\Phi) \in \mathcal{M}(P)$, d. h. für $s \leq t$ gilt*

$$E(C_t(\Phi) \mid \mathcal{A}_s) = C_s(\Phi).$$

Proposition 7.6 *Ist Φ risikominimierend für H, dann ist Φ selbstfinanzierend im Mittel.*

Beweis Zu $s \in [0, T]$ und $\Phi = (\varphi^0, \varphi)$ sei $\widetilde{\varphi} \in \mathcal{L}^2(S)$ und $\widetilde{\eta}$ so, dass

$$V_t(\widetilde{\Phi}) = V_t(\Phi) \quad \text{für } 0 \leq t < s$$

$$\text{und} \quad V_t(\widetilde{\Phi}) = E\left(V_T(\Phi) - \int_t^T \varphi_u \, dS_u \mid \mathcal{A}_t\right).$$

Dann ist $\widetilde{\Phi}$ eine zulässige Strategie für H, denn $V_T(\widetilde{\Phi}) = V_t(\Phi) = H$ und $C_T(\widetilde{\Phi}) = C_T(\Phi)$.

Nach Konstruktion von $\widetilde{\Phi}$ gilt:

$$C_T(\Phi) - C_s(\Phi) = C_T(\widetilde{\Phi}) - C_s(\widetilde{\Phi}) + E(C_T(\widetilde{\Phi}) \mid \mathcal{A}_s) - C_s(\Phi).$$

Damit folgt

$$R_s(\Phi) = R_s(\widetilde{\Phi}) + \left(E(C_T(\Phi) \mid \mathcal{A}_s) - C_s(\Phi)\right)^2.$$

Da Φ risiko-minimierend ist gilt

$$R_s(\Phi) - R_s(\widetilde{\Phi}) \leq 0.$$

Damit folgt: $E(C_T(\Phi) \mid \mathcal{A}_s) = C_s(\Phi)$ f.s., d. h. Φ ist selbstfinanzierend im Mittel. $\square$

Die Existenz und Eindeutigkeit einer risikominimierenden Strategie wird in Föllmer und Sondermann (1986) gezeigt. Eine Beschreibung dieser Strategie ergibt sich aus der Kunita-Watanabe-Zerlegung (KW-Zerlegung) von H

$$H = EH + \int_0^T \varphi_u^H \, dS_u + L_T^H, \tag{7.8}$$

wobei $L^H \in \mathcal{M}^2$ ein L^2-Martingal orthogonal zu S ist, d.h. $\langle H, S \rangle = 0$. Mit dem Werteprozess

$$V_t^H = H_0 + \int_0^t \varphi_u^H \, dS_u + L_t^H \tag{7.9}$$

ergibt sich $V_t^H = E(H \mid \mathcal{A}_t)$ und

$$\varphi^H = \frac{d\langle V^H, S \rangle}{d\langle S \rangle}. \tag{7.10}$$

Zum Nachweis, dass φ^H risikominimierend ist, noch eine Definition.

Definition 7.7 *Der Prozess*

$$\widehat{R}_t = E((L_T^H - L_t^H)^2 \mid \mathcal{A}_t) = \widehat{R}_t(H), \quad 0 \le t \le T$$

heißt **intrinsischer Risikoprozess** *von* H.

Satz 7.8 *Es existiert eine eindeutige risiko-minimierende Strategie für* H, *nämlich* $\widehat{\Phi} : (V^H - \varphi^H \cdot S, \varphi^H)$ *und es gilt*

$$R_t(\widehat{\Phi}) = \widehat{R}_t.$$

Beweis Nach Definition ist $\widehat{\Phi}$ zulässig für H, d.h. $V_T(\widehat{\Phi}) = H$ f.s. Sei Φ eine zulässige Fortsetzung von $\widehat{\Phi}$ zur Zeit t, d.h.

$$\Phi_s = \widehat{\Phi}_s \text{ für } s < t \quad \text{und} \quad V_T(\Phi) = V_T(\widehat{\Phi}) = H.$$

Dann gilt

$$\begin{aligned}
C_T(\Phi) - C_t(\Phi) &= V_T(\Phi) - V_t(\Phi) - \int_t^T \varphi_u \, dS_u \\
&= \widehat{V}_0 + \int_0^T \varphi_u^H \, dS_u + L_T^H - V_t(\Phi) - \int_t^T \varphi_u \, dS_u \\
&= \int_t^T (\varphi_u^H - \varphi_u) \, dS_u + (L_T^H - L_t^H) + (V_t(\widehat{\Phi}) - V_t(\Phi))
\end{aligned}$$

Da S und L^H orthogonal sind folgt

$$\begin{aligned}
R_t(\Phi) &= E((C_T(\Phi) - C_t(\Phi))^2 \mid \mathcal{A}_t) \\
&= E\left(\int_t^T (\varphi_u^H - \varphi_u)^2 d\langle S_u \rangle \mid \mathcal{A}_t \right) + R_t(\widehat{\Phi}) + (V_t(\widehat{\Phi}) - V_t(\Phi))^2 \\
&\ge R_t(\widehat{\Phi}); \tag{7.11}
\end{aligned}$$

also ist $\widehat{\Phi}$ eine risiko-minimale Strategie für H.

Zum Nachweis der Eindeutigkeit sei $\widetilde{\Phi} = (\widetilde{\eta}, \widetilde{\varphi})$ eine weitere risiko-minimale Strategie für H. Dann folgt aus (7.11), dass $\varphi_t^H = \widehat{\varphi}_t$ f.s. für $0 \leq t \leq T$.

Da nach Proposition 7.6 $C(\widetilde{\Phi}) = V(\widetilde{\Phi}) - G(\Phi)$ ein Martingal ist folgt, dass $V(\widetilde{\Phi})$ ein Martingal ist. Wegen $V_T(\widetilde{\Phi}) = V_T(\widehat{\Phi}) = H$ folgt daher $V_t(\widetilde{\Phi}) = V_t(\widehat{\Phi})$, $0 \leq t \leq T$ und daher $\widehat{\Phi} = \widetilde{\Phi}$. $\qquad\qquad\qquad\qquad\qquad\qquad\qquad\qquad\qquad\qquad\qquad\quad\square$

Insbesondere ergibt sich für hedgbare Claims das folgende Korollar.

Korollar 7.9 (**Hedgebare Claims**) *Die folgenden Aussagen sind äquivalent:*
Die risiko-minimierende Strategie ist selbstfinanzierend
$\Longleftrightarrow$ *Das intrinsische Risiko von H ist 0, $\widehat{R}_t(H) = 0$, für alle $t \leq T$*
$\Longleftrightarrow$ *H ist hedgebar, d. h. H hat eine Darstellung der Form*

$$H = EH + \int_0^T \varphi_u^H \, dS_u \ f.s.$$

Es zeigt sich jedoch im Folgenden, dass im nicht-vollständigen Fall die risikominimierende Strategie $\varphi^H = \varphi_Q$ vom gewählten Martingalmaß Q abhängig ist. Daher stellt sich die Frage nach der Auswahl eines ‚geeigneten' Martingalmaßes sowie die Frage nach dem Hedgen unter dem (statistischen) Maß P.

7.2   Hedgen im Semimartingalfall

Sein nun $S = (S_t)_{0 \leq t \leq T}$ ein Semimartingal mit Doob-Meyer-Zerlegung

$$S = S_0 + M + A \tag{7.12}$$

mit $M \in \mathcal{M}^2$ und $A \in V$ vorhersehbar mit beschränkter Variation $|A|$. Dann ist

$$E(S_0^2 + \langle X \rangle_T + |A|_T^2) < \infty \text{ und } \langle X \rangle = \langle M \rangle.$$

Der Kostenprozess einer Strategie $\Phi = (\varphi^0, \varphi)$ ist gegeben durch

$$C_t(\Phi) = V_t(\Phi) - \int_0^t \varphi_s \, dM_s - \int_0^t \varphi_s \, dA_s. \tag{7.13}$$

Im Unterschied zum Martingalfall existiert keine direkte Verallgemeinerung der KW-Zerlegung von H in ein stochastisches Integral und eine orthogonale Komponente.

Schweizer (1991) führte das Konzept der lokal risiko-minimierenden Strategie ein, d. h. einer Strategie die das Risiko unter kleinen Störungen minimiert. Es zeigt sich, dass lokal risiko-minimierende Strategien selbstfinanzierend sind (vgl.

Abschn. 7.2.1). Zur Bestimmung solcher optimalen (= risiko-minimalen) Strategien gibt es eine Charakterisierung über eine erweiterte Zerlegung, der Föllmer-Schweizer-Zerlegung, die auf die Lösung einer Optimalitätsgleichung für die optimale Strategie führt (vgl. Abschn. 7.2.1). Ein zweiter Ansatz von Föllmer und Schweizer (1991) führt die Bestimmung der optimalen Strategie im Semimartingalfall bzgl. des Maßes P zurück auf die Bestimmung einer optimalen Strategie im Martingalfall, d. h. bzgl. eines geeigneten äquivalenten Martingalmaßes, dem ‚minimalen Martingalmaß' (vgl. Abschn. 7.2.2).

7.2.1 Föllmer-Schweizer-Zerlegung und Optimalitätsgleichung

Zur Einführung von lokal risiko-minimierenden Strategien wird der Begriff einer ‚kleinen Störung' einer Strategie φ benötigt.

Definition 7.10 *Eine Strategie* $\Delta = (\varepsilon, \delta)$ *heißt (kleine) Störung(sstrategie), wenn*

1) δ *ist beschränkt,*

2) $\displaystyle\int_0^T \delta_s \, \mathrm{d}\,|A|_s$ *ist beschränkt und*

3) $\delta_T = \varepsilon_T = 0.$

Insbesondere gilt für eine zulässige Strategie Φ und eine (kleine) Störung, dass $\Phi + \Delta$ zulässig ist und die Einschränkung von Δ auf ein Teilintervall wieder eine kleine Störung ist.

Für eine endliche Zerlegung $\tau = (t_i)_{1 \leq i \leq N}$ von $[0, T]$ mit $0 = t_0 < t_1 < \cdots < t_N = T$ sei $|\tau| = \max |t_i - t_{i-1}|$. Eine Folge (τ_n) von Zerlegungen heißt aufsteigend, wenn $\tau_n \subset \tau_{n+1}, \forall n$; Bezeichnung: $(\tau_n) \uparrow$.

Für eine Störung $\Delta = (\varepsilon, \delta)$ sei die Restriktion $\Delta \,|_{(s,t]} = (\varepsilon \,|_{(s,t]}, \delta \,|_{(s,t]})$ definiert durch $\delta_u \,|_{(s,t]} (u, w) = \delta_u(w) 1_{(s,t]}(u)$ und $\varepsilon \,|_{(s,t]} (u, w) = \varepsilon - u(w) 1_{(s,t]}(u)$.

Definition 7.11 *a) Für eine Strategie* Φ, *eine Störung* Δ *und eine Partition* τ *sei*

$$r^\tau(\Phi, \Delta)(w, t) := \sum_{t_i \in \tau} \frac{R_{t_i}(\Phi + \Delta \,|_{(t_i, t_{i+1}]}) - R_{t_i}(\Phi)}{E(\langle M \rangle_{t_{i+1}} - \langle M \rangle_{t_i} \mid \mathcal{A}_{t_i})}(w) 1_{(t_i, t_{i+1}]}(t)$$

   *der **Risiko-Quotient**.*

b) Eine zulässige Strategie Φ *für H heißt **lokal risiko-minimierend**, wenn für alle Störungen* Δ

$$\lim_{\substack{n \to \infty \\ (\tau_n)\uparrow, \\ |\tau_n| \to 0}} r^{\tau_n}(\Phi, \Delta) \geq 0. \tag{7.14}$$

Der Risiko-Quotient beschreibt den relativen Wechsel des Risikos, wenn Φ durch eine Störung Δ entlang einer Partition τ gestört wird. Es gilt ein Analogon von Proposition 7.6 für lokal risiko-minimierende Strategien.

Proposition 7.12 *Sei für P fast alle w der Träger des Maßes d$\langle M\rangle(w)$ gleich $[0, T]$. Dann gilt: Ist Φ lokal risiko-minimierend, dann ist Φ selbstfinanzierend im Mittel.*

Beweisidee: Der Beweis ist ähnlich zu dem von Proposition 7.6. Sei $\widetilde{\Phi} = (\widetilde{\varphi}_0, \widetilde{\varphi})$ eine selbstfinanzierende Strategie mit $\widetilde{\varphi} = \varphi$ und $\widetilde{\varphi}_{0,t} = E(C_T(\Phi) \mid \mathcal{A}_t) + \int_0^t \varphi_u \, dS_u - \varphi_t S_t$. Dann ist $\Delta = \widetilde{\Phi} - \Phi$ eine Störung. Mit ähnlichen Überlegungen wie im Beweis zu Proposition 7.6 folgt dann, dass für eine geeignete Partition τ der Risiko-Quotient $r^\tau(\Phi, \Delta)$ nicht P f.s. größer gleich 0 ist im Widerspruch zur Annahme, dass Φ risiko-minimierend ist. $\quad\square$

Insbesondere benötigt man zum Auffinden einer lokal risiko-minimalen (LRM)-Strategie nur die Bestimmung von φ, da φ^0 sich dann eindeutig aus der Martingaleigenschaft von $C(\Phi)$ ergibt.

Wir treffen nun die folgenden Regularitätsannahme:

Annahme A)
1) A ist stetig
2) $A \ll \langle M\rangle$ mit Dichte $\alpha \in L \log^+ L \, [P \times \langle M\rangle]$
3) S ist stetig in T P f.s.

Es gilt nun der folgende Charakterisierungssatz von Schweizer (1991), den wir ohne Beweis angeben:

Theorem 7.13 (Charakterisierungssatz von LRM) *Unter der Annahme A) gilt für eine H-zulässige Strategie Φ:*

Φ *ist LRM* $\Longleftrightarrow$ Φ *ist selbstfinanzierend im Mittel und das Martingal $C(\Phi)$ ist orthogonal zu M.*

LRM-Strategien bezeichnen wir unter Verwendung von Theorem 7.13 als optimal.

Definition 7.14 *Eine zulässige im Mittel selbstfinanzierende Strategie Φ für H heißt ,optimal', wenn das Martingal $C(\Phi)$ orthogonal zu M ist.*

Der folgende grundlegende Satz gibt eine Charakterisierung optimaler Strategien und ist eine Erweiterung der Kunita-Watanabe-Zerlegung.

Satz 7.15 (Föllmer-Schweizer-Zerlegung, (FS-Zerlegung) *Die Existenz einer optimalen Strategie* $\widehat{\Phi}$ *für H ist äquivalent zur Existenz der FS-Zerlegung*

$$H = H_0 + \int_0^T \varphi_u^H \, dS_u + L^H \qquad (7.15)$$

mit $H_0 = E(H \mid \mathcal{A}_0)$, $\varphi^H \in \mathcal{L}^2(S)$ *und* $L_t^H = E(L_T^H \mid \mathcal{A}_t) \in \mathcal{M}^2$, *so dass* L^H *orthogonal zu M ist, d. h.* $\langle L^H, M \rangle = 0$.

Beweis

„$\Longleftarrow$": Hat H eine Darstellung der Form (7.15) und sei die Strategie $\widehat{\Phi}$ definiert durch $\widehat{\Phi} = (V - \varphi^H \cdot S, \varphi^H)$ mit $V_t = H_0 + \int_0^t \varphi_u^H \, dS_u + L_t^H$. Dann ist $\widehat{\varphi}$ zulässig für H und der Kostenprozess $C_t = H_0 + L_t^H$ ist ein Martingal bzgl. P orthogonal zu M, d. h. $\widehat{\Phi}$ ist optimal für H (vgl. Definition 7.14).

„$\Longrightarrow$": Ist $\widehat{\Phi} = (\varphi_0, \varphi^H)$ optimal für H, dann ist $C_t = E(C_T \mid \mathcal{A}_t)$ ein zu M orthogonales Martingal. Damit gilt die FS-Zerlegung

$$H = V_T(\widehat{\Phi}) = C_T + \int_0^T \varphi_u^H \, dS_u$$

$$= H_0 + \int_0^T \varphi_u^H \, dS_u + L_T^H$$

mit $L_T^H = C_T - C_0$ und L^H ist orthogonal zu M unter P. $\qquad \square$

Mit Satz 7.15 ist die Bestimmung optimaler und damit lokal risiko-minimierender Hedging-Strategien für H äquivalent zur Bestimmung der FS-Zerlegung von H. Ein direkter Zugang hierzu besteht in folgenden drei Schritten:

1) Anwendung der KW-Zerlegung von H bzgl. dem Martingal $M \in \mathcal{M}^2$ liefert

$$H = N_0 + \int_0^T \mu_s \, dM_s + N^H \quad \text{f.s. bzgl. } P \qquad (7.16)$$

mit dem Martingal $N_t^H = E(N_T^H \mid \mathcal{A}_t)$. Es ist $EN^H = 0$ und N^H ist orthogonal zu M bzgl. P.

2) Anwendung der KW-Zerlegung auf $\int \varphi^H \, dA$ liefert

$$\int_0^T \varphi_s^H \, dA_s = N_0^\varphi + \int_0^T \mu_s^{\varphi^H} \, dM_s + N^{\varphi^H} \qquad (7.17)$$

mit $N_t^{\varphi^H} = E(N_T^{\varphi^H} \mid \mathcal{A}_t)$, einem Martingal mit $EN_t^{\varphi^H} = 0$ und N^{φ^H} orthogonal zu M.

3) Aus der FS-Zerlegung (7.15) und der KW-Zerlegung (7.16) folgt:

$$H = (H_0 + N_0^{\varphi^H}) + \int_0^T (\varphi_s^H + \mu_s^{\varphi^H})\, dM_s + (L_T^H + N_T^{\varphi^H}). \qquad (7.18)$$

Da die KW-Zerlegung von H eindeutig ist, folgt für eine optimale Strategie $\widehat{\Phi}$: $\widehat{\Phi}$ ist Lösung der **Optimalitätsgleichung:**

$$\varphi_s^H + \mu_S^{\varphi^H} = \mu_s, \qquad (7.19)$$

Der Integrand φ^H der FS-Zerlegung unterscheidet sich also i. A. von dem Integranden μ der KW-Zerlegung durch den Kompensationsterm μ^{φ^H}. Für einige Klassen von Beispielen wird dieses Programm in Schweizer (1990, 1991) durchgeführt.

7.2.2   Minimale Martingalmaße und optimale Strategien

Die Bestimmung optimaler Strategien lässt sich alternativ auch auf den Martingalfall zurückführen durch die Auswahl eines geeignete Martingalmaßes, dem minimalen Martingalmaß.

Definition 7.16 (minimales Martingalmaß) *Ein äquivalentes Martingalmaß* $\widehat{P} \in \mathcal{M}^e(P)$ *heißt* **minimal,** *wenn*

1) $\widehat{P} = P$ auf $\mathcal{A}_0$ und
2) $L \in \mathcal{M}^2$ und $\langle L, M \rangle = 0$ P f.s. impliziert $L \in \mathcal{M}(\widehat{P})$.

Ein äquivalentes Martingalmaß $\widehat{P}$ ist eindeutig bestimmt durch das rechtsseitig stetige Martingal $\widehat{G} \in \mathcal{M}^2(P)$, definiert durch

$$\widehat{G}_t = E\left(\frac{d\widehat{P}}{dP} \mid \mathcal{A}_t\right). \qquad (7.20)$$

Bzgl. P ist die Doob-Meyer-Zerlegung von S gleich $S = S_0 + M + A$. Daher ist die Doob-Meyer-Zerlegung von M bzgl. $\widehat{P}$ gegeben durch

$$M = -S_0 + S + (-A). \qquad (7.21)$$

Mit Hilfe der Girsanov-Transformation ergibt sich, dass der vorhersehbare Prozess $-A \in \mathcal{V}$ bestimmt werden kann mit Hilfe von $\widehat{G}$ in der Form

$$-A_t = \int_0^t \frac{1}{\widehat{G}_{s-}}\, d\langle M, \widehat{G}\rangle_s, \quad 0 \le t \le T. \qquad (7.22)$$

Da $\langle M, \widehat{G} \rangle \ll \langle M \rangle = \langle S \rangle$ ist A absolut stetig bzgl. $\langle S \rangle$ hnd hat daher eine Darstellung der Form

$$A_t = \int_0^t \alpha_u \mathrm{d}\langle S \rangle_u, \quad 0 \le t \le T. \tag{7.23}$$

Damit erhält man eine Existenz- und Eindeutigkeitsaussage für das minimale Martingalmaß. Wir nehmen in folgendem Satz an, dass S ein stetiges Semimartingal ist.

Satz 7.17 (Existenz und Eindeutigkeit) *Sei S ein stetiges Semimartingal.*

1) Das minimale Martingalmaß $\widehat{P}$ ist eindeutig bestimmt, falls es existiert.
2) $\widehat{P}$ existiert genau dann, wenn

$$\widehat{G}_t = \exp\left(-\int_0^t \alpha_s \, \mathrm{d}M_s - \frac{1}{2} \int_0^t \alpha_s^2 \mathrm{d}\langle S \rangle_s \right) \tag{7.24}$$

ein L^2-Martingal unter P definiert, d. h. $\widehat{G} \in \mathcal{M}^2(P)$. In diesem Fall gilt:

$$\frac{\mathrm{d}\widehat{P}}{\mathrm{d}P} = \widehat{G}_T. \tag{7.25}$$

3) Das minimale Martingalmaß $\widehat{P}$ erhält die Orthogonalität von L^2-Martingalen, d. h.: Wenn für ein $L \in \mathcal{M}^2$ gilt: $\langle L, M \rangle = 0$ bzgl. P, dann gilt $\langle L, S \rangle = 0$ auch bzgl. $\widehat{P}$.

Beweis
1) Sei $\widehat{P}$ minimales Martinalmaß und sei $\widehat{G} \in \mathcal{M}^2(P)$, dann gilt nach KW

$$\widehat{G}_t = \widehat{G}_0 + \int_0^t \beta_s \, \mathrm{d}M_s + L_t, \quad 0 \le t \le T,$$

mit $L \in \mathcal{M}^2(P)$, $\langle L, M \rangle = 0$, $\beta \in \mathcal{L}^2(M)$. Bzgl. $\widehat{P}$ ist

$$-A_t = \int_0^t \frac{1}{\widehat{G}_{s-}} \mathrm{d}\langle M, \widehat{G} \rangle_s = \int_0^t \frac{1}{\widehat{G}_{s-}} \beta_u \mathrm{d}\langle S \rangle_u.$$

Daher folgt:

$$\alpha = -\frac{\beta}{\widehat{G}_-}. \tag{7.26}$$

Es ist $\widehat{G} > 0[P]$ wegen $\widehat{P} \approx P$ und $\langle M \rangle = \langle S \rangle$ und daher gilt, dass $\int_0^T \alpha_u^2 \mathrm{d}\langle S \rangle_u < \infty$ P f.s. Da nach Annahme $\widehat{P}$ minimal ist, folgt $\widehat{G}_0 = E\left(\frac{\mathrm{d}\widehat{P}}{\mathrm{d}P} \mid \mathcal{A}_0 \right) = 1$ und

$L \in \mathcal{M}(\widehat{P})$ nach Definition 7.16. Daher folgt: $\langle L, \widehat{G} \rangle = 0$ und damit $\langle L \rangle = \langle L, \widehat{G} \rangle = 0$, also $L = 0$.

$\widehat{G}$ löst daher die Gleichung

$$\widehat{G}_t = 1 + \int_0^t \widehat{G}_{s^-}(-\alpha_s)\, dM_s. \tag{7.27}$$

Die Lösung für ein stetiges Martingal M von (7.27) ist gegeben durch das stochastische Exponential $\widehat{G}$ in (7.24). Daraus folgt die Eindeutigkeit des minimalen Martingalmaßes

2) Sei $\widehat{G}$ definiert in (7.24) ein L^2-Martingal, $G \in \mathcal{M}^2(P)$. Um nachzuweisen, dass $\widehat{P}$ minimal ist, ist zu zeigen:

$$L \in \mathcal{M}^2(P) \quad \text{und} \quad \langle L, M \rangle = 0 \text{ bzgl. } P \implies L \in \mathcal{M}(\widehat{P}).$$

Da $L, \widehat{G} \in \mathcal{M}^2(P)$, folgt nach der Maximalungleichung

$$E_{\widehat{P}} \sup_{0 \le t \le T} |L_t| = E\left(\sup_{0 \le t \le T} |L_t| \right) \widehat{G}_T$$

$$\le E\left(\sup_{0 \le t \le T} L_t^2 \right)^{\frac{1}{2}} (E\widehat{G}_T^2)^{\frac{1}{2}} \le 4(EL_T^2)^{\frac{1}{2}}(E\widehat{G}_T^2)^{\frac{1}{2}} < \infty.$$

Daraus folgt, dass $L \in \mathcal{M}(\widehat{P})$.

3) Zum Nachweis, dass $\widehat{P}$ die Orthogonalität erhält, sei $L \in \mathcal{M}^2$ und $\langle L, M \rangle = 0$ bzgl. P. Für Semimartingale Y, Z ist die quadratische Kovariation

$$[Y, Z] = \langle Y^c, Z^c \rangle + \sum_s \Delta Y_s \Delta Z_s.$$

Da S und A stetig sind, gilt:

$$\langle L, S \rangle = \langle L^c, S \rangle + \langle L^d, S \rangle = \langle L^c, S \rangle$$
$$= \langle L, S \rangle = [L, M] + [L, A] = [L, M]$$

bzgl. $\widehat{P}$. Wegen der Stetigkeit von M gilt
$[L, M] = \langle L^c, M \rangle = \langle L, M \rangle = 0$ bzgl. P und daher ist auch $[L, M] = 0$ bzgl. $\widehat{P}$. $\qquad \square$

Das minimale Martingalmaß wird durch die exponentielle Dichte in (7.24) beschrieben. Nach Korollar 6.35 ist $\widehat{P}$ damit unter den dortigen Voraussetzungen eine Projektion von P auf die Menge der Martingalmaße bzgl. der relativen Entropie

$$H(Q \parallel P) = \begin{cases} \int \log \dfrac{dQ}{dP}\, dQ, & \text{für } Q \ll P, \\ \infty & \text{sonst.} \end{cases}$$

Der folgende Satz gibt einen eigenständigen Beweis zu diesem wichtigen Resultat.

Satz 7.18 (Minimales Martingalmaß und Entropie)

a) Das minimale Martingalmaß $\widehat{P}$ minimiert das Funktional

$$H(Q \parallel P) - \frac{1}{2} E_Q \int_0^T \alpha_u^2 \, d\langle S \rangle_u \tag{7.28}$$

auf der Menge $\mathcal{M}^e$, α die $\langle S \rangle$-Dichte von A aus (7.23).
b) Für $Q \in \mathcal{M}^e$ gilt:

$$H(Q \parallel P) \geq \frac{1}{2} E_Q \int_0^T \alpha_u^2 \, d\langle S \rangle_u. \tag{7.29}$$

Für $Q = \widehat{P}$ gilt Gleichheit in (7.29).
c) $\widehat{P}$ minimiert die relative Entropie $H(\cdot \parallel P)$ auf der Menge der Martingalmaße $Q \in \mathcal{M}^e$ mit

$$E_Q \int_0^T \alpha_u^2 \, d\langle S \rangle_u \geq E_{\widehat{P}} \int_0^T \alpha_u^2 \, d\langle S \rangle_u.$$

Beweis Sei $Q \in \mathcal{M}^e$; dann hat M bzgl. Q die Doob-Meyer-Zerlegung (vgl. (7.21))

$$M_t = S_t - S_0 + \left(- \int_0^t \alpha_u \, d\langle S \rangle_u \right). \tag{7.30}$$

Nach (7.24) ist $\widehat{G}_T = \frac{d\widehat{P}}{dP} \in \mathcal{L}^2(P)$ und daher $H(\widehat{P} \parallel P) = \int \widehat{G}_T \log \widehat{G}_T \, dP < \infty$.

Sei nun $\widehat{Q} \in \mathcal{M}^e$ das minimale Martingalmaß, dann folgt mit $\widetilde{G}_T = \frac{d\widehat{Q}}{dP}$ nach (7.30):

$$H(\widehat{P} \parallel P) = H(\widehat{P} \parallel \widehat{Q}) + \int \log \widetilde{G}_T \, d\widehat{P}$$

$$= H(\widehat{P} \parallel \widehat{Q}) + \int \left(- \int_0^T \alpha_s \, dM_s - \frac{1}{2} \int_0^T \alpha_u^2 \, d\langle S \rangle_u \right) d\widehat{Q}$$

$$= H(\widehat{P} \parallel \widehat{Q}) + \frac{1}{2} E_{\widehat{Q}} \left(\int_0^T \alpha_u^2 \, d\langle S_u \rangle \right)$$

$$< \infty \quad \text{nach Annahme.}$$

Daraus ergibt sich

$$H(\widehat{P} \parallel P) - \frac{1}{2} E_{\widehat{Q}} \left(\int_0^T \alpha_u^2 \, d\langle S \rangle_u \right) = H(\widehat{P} \parallel \widehat{Q}) \geq 0. \tag{7.31}$$

Hieraus folgen (7.28) und (7.29).

In Gleichung (7.31) ist $H(\widehat{P} \parallel Q) = 0$ genau dann, wenn $\widehat{P} = Q$. Hieraus folgt
c). $\square$

Als Resultat ergibt sich nun, dass die FS-Zerlegung bestimmt werden kann über die
KW-Zerlegung bzgl. des minimalen Martingalmaßes. Damit erhält man auch eine
Darstellung der optimalen Strategie.

Satz 7.19 (Optimale Strategie)

a) *Die optimale Strategie $\widehat{\Phi}$ und damit auch die FS-Zerlegung in (7.15) ist eindeutig*
   bestimmt. Sie kann mit Hilfe der KW-Zerlegung von H in (7.3) bzgl. des minimalen
   Martingalmaßes $\widehat{P}$ bestimmt werden.
b) *Ist $\widehat{V}$ eine rechtsseitig stetige Version des Martingals $E_{\widehat{P}}(H \mid \mathcal{A}_t)$, dann ist die*
   optimale Strategie $\widehat{\Phi}$ gegeben durch

$$\widehat{\Phi} = (\varphi^H, \widehat{V} - \varphi^H \cdot S) \; mit \; \varphi^H = \frac{d\langle \widehat{V}, S \rangle}{d\langle S \rangle} \; bzgl. \; \widehat{P}$$

(vgl. Definition 7.11).

Beweis Da $H \in L^2(P)$ und $\frac{d\widehat{P}}{dP} \in L^2(P)$, folgt $H \in L^2(\widehat{P})$ und das Martingal
$E_{\widehat{P}}(H \mid \mathcal{A}_t) = \widehat{V}_t$ ist wohldefiniert. Sei nun

$$V_t = H_0 + \int_0^t \varphi_u^H \, dS_u + L_t^H \tag{7.32}$$

eine FS-Zerlegung von H unter P, dann ist $L^H \in \mathcal{M}(\widehat{P})$ und $\int_0^t \varphi_u^H \, dS_u \in \mathcal{M}(\widehat{P})$
und damit gilt $\widehat{V}_t = E_{\widehat{P}}(H \mid \mathcal{A}_t) = V_t$. Mit $\overline{P} = P \times d\langle X \rangle$ definiert auf der σ-
Algebra $\mathcal{P}$ der vorhersehbaren Mengen in $\overline{\Omega} = \Omega \times [0, T]$, $\overline{P}(d\omega, dt) = P(d\omega)$
$d\langle S \rangle_t(\omega)$ und analog $\overline{\widehat{P}}$ gilt:

$$\langle L^H, S \rangle = 0 \, [\overline{P}]$$

und daher auch nach Satz 7.17 3): $\langle L^H, S \rangle = 0 \, [\overline{\widehat{P}}]$. Daher ist der Prozess L^H aus der
FS-Zerlegung in (7.32) auch ein $\widehat{P}$-Martingal orthogonal zu S. Die FS-Zerlegung in
(7.32) bzgl. P ist also identisch mit der KW-Zerlegung von H unter dem minimalen
Martingalmaß $\widehat{P}$.

Nach Satz 7.8 folgt also, dass durch $\widehat{\Phi} = (\varphi^H, V - \varphi^H \cdot S)$ eine optimale Strategie definiert wird. $\square$

Bemerkung In Föllmer und Schweizer (1991) wird der vorliegende Zugang zu
optimalen Strategien erweitert auf den Fall mit unvollständiger Information, d.h.

es gibt eine Filtration $\widetilde{\mathcal{A}}_t \subset \mathcal{A}_t$, $0 \leq t \leq T$, so dass H darstellbar ist bzgl. dieser größeren Filtration

$$H = \widetilde{H}_0 + \int_0^T \widetilde{\varphi}_n^H \, dS_u,$$

$\widetilde{\varphi}^H \in \mathcal{L}(\widetilde{\mathcal{P}})$ vorhersehbar bzgl. $(\widetilde{\mathcal{A}}_t)$. Die optimale Strategie erhält man dann aus der Projektion der optimalen Strategie $\widetilde{\varphi}^H$ auf $\mathcal{P}$, die vorhersehbare σ-Algebra bzgl. $(\mathcal{A}_t)$, bzgl. des minimalen Martingalmaßes

$$\varphi_u^H = E_{\widehat{P}}(\widetilde{\varphi}_u^H \mid \mathcal{P}) \text{ und } \varphi_0^H = V - \varphi_u^H \cdot S, \ V_t = E_{\widehat{P}}(H \mid \mathcal{A}_t).$$

Literatur

J.-P. Ansel und C. Stricker. Couverture des actifs contingents et prix maximum. *Ann. Inst. Henri Poincaré, Probab. Stat.*, 30 (2): 303–315, 1994.

J. Azema und M. Yor. Une solution simple au problème de Skorokhod. *Lect. Notes Math.*, 721:90–115, 1979.

H. Bauer. *Wahrscheinlichkeitstheorie und Grundzüge der Maßtheorie. 4. Aufl.* Berlin – New York: de Gruyter, 1991.

F. Bellini und M. Frittelli. On the existence of minimax martingale measures. *Math. Finance*, 12(1):1–21, 2002.

S. Biagini. Expected utility maximization: Duality methods. In R. Cont, editor, *Encyclopedia of Quantitative Finance.* Wiley & Sons, Ltd, 2010.

S. Biagini und M. Frittelli. On the super replication price of unbounded claims. *Ann. Appl. Probab.*, 14(4):1970–1991, 2004.

S. Biagini und M. Frittelli. Utility maximization in incomplete markets for unbounded processes. *Finance Stoch.*, 9(4): 493–517, 2005.

S. Biagini und M. Frittelli. A unified framework for utility maximization problems: An Orlicz space approach. *Ann. Appl. Probab.*, 18 (3): 929–966, 2008.

S. Biagini und M. Frittelli. On the extension of the Namioka–Klee theorem and on the Fatou property for risk measures. In F. Delbaen, M. Rásonyi and C. Stricker, editors, *Optimality and Risk – Modern Trends in Mathematical Finance*, pages 1–28. Berlin – Heidelberg: Springer, 2009.

S. Biagini, M. Frittelli und M. Grasselli. Indifference price with general semimartingales. *Math. Finance*, 21 (3):423–446, 2011.

T. Björk. *Arbitrage Theory in Continuous Time.* Oxford: Oxford University Press, 4th edition, 2019.

F. Black und M. Scholes. The pricing of options and corporate liabilities. *J. Polit. Econ.*, 81(3):637–654, 1973.

J. Borwein und Q. Zhu. *Techniques of Variational Analysis.* Number 20 in CMS Books in Mathematics. Springer, 2005.

R. Carmona, editor. *Indifference Pricing: Theory and Applications.* Princeton, NJ: Princeton University Press, 2009.

C. S. Chou, P. A. Meyer und C. Stricker. Sur les intégrales stochastiques de processus prévisibles non bornes, 1980.

J. C. Cox und C. Huang. Optimal consumption and portfolio policies when asset prices follow a diffusion process. *J. Econ. Theory*, 49(1):33–83, 1989.

I. Csiszár. I-divergence geometry of probability distributions and minimization problems. *Ann. Probab.*, 3:146–158, 1975.

F. Delbaen und W. Schachermayer. A general version of the fundamental theorem of asset pricing. *Math. Ann.*, 300(3):463–520, 1994.

F. Delbaen und W. Schachermayer. The no-arbitrage property under a change of numéraire. *Stochastics Stochastics Rep.*, 53(3-4):213–226, 1995.

F. Delbaen und W. Schachermayer. The fundamental theorem of asset pricing for unbounded stochastic processes. *Math. Ann.*, 312(2):215–250, 1998.

F. Delbaen und W. Schachermayer. A compactness principle for bounded sequences of martingales with applications. In *Seminar on Stochastic analysis, random fields and applications. Centro Stefano Franscini, Ascona, Italy, September 1996*, pages 137–173. Basel: Birkhäuser, 1999.

F. Delbaen und W. Schachermayer. *The Mathematics of Arbitrage*. Berlin: Springer, 2006.

R. Durrett. *Brownian Motion and Martingales in Analysis*. Belmont, California: Wadsworth Advanced Books & Software, 1984.

E. B. Dynkin. *Theory of Markov Processes*. Pergamon, 1960.

E. B. Dynkin. *Markov Processes. Volumes I, II*, volume 121/122 of *Grundlehren Math. Wiss.* Springer, Berlin, 1965.

R. J. Elliott. *Stochastic Calculus and Applications*, volume 18 of *Applications of Mathematics*. Springer, 1982.

H. Föllmer and Y. M. Kabanov. Optional decomposition and Lagrange multipliers. *Finance Stoch.*, 2(1):69–81, 1998.

H. Föllmer und P. Leukert. Quantile hedging. *Finance Stoch.*, 3(3):251–273, 1999.

H. Föllmer und P. Leukert. Efficient hedging: cost versus shortfall risk. *Finance Stoch.*, 4(2):117–146, 2000.

H. Föllmer und M. Schweizer. Hedging of contingent claims under incomplete information. In M. H. A. Davis und R. J. Elliott, editors, *Applied Stochastic Analysis*, pages 389–414. Gordon & Breach, 1991.

H. Föllmer und D. Sondermann. Hedging of non-redundant contingent claims. *Contributions to Mathematical Economics, Hon. G. Debreu*, pages 206–223, 1986.

M. Frittelli. The minimal entropy martingale measure and the valuation problem in incomplete markets. *Math. Finance*, 10(1):39–52, 2000.

R. Geske und H. E. Johnson. The American Put Option Valued Analytically, 1984.

P. Gänssler und W. Stute. *Wahrscheinlichkeitstheorie*. Berlin–Heidelberg–New York: Springer-Verlag, 1977.

T. Goll und J. Kallsen. Optimal portfolios for logarithmic utility. *Stochastic Processes Appl.*, 89(1):31–48, 2000.

T. Goll und L. Rüschendorf. Minimax and minimal distance martingale measures and their relationship to portfolio optimization. *Finance Stoch.*, 5(4):557–581, 2001.

S. Gümbel. Dualitätsresultate zur Nutzenoptimierung und allgemeiner Nutzenindifferenzpreis. Master-Arbeit, Universität Freiburg, Mathematisches Institut, 2015.

J. M. Harrison and D. M. Kreps. Martingales and arbitrage in multiperiod securities markets. *J. Econ. Theory*, 20:381–408, 1979.

J. M. Harrison und S. R. Pliska. Martingales und stochastic integrals in the theory of continuous trading. *Stochastic Processes Appl.*, 11:215–260, 1981.

H. He und N. D. Pearson. Consumption and portfolio policies with incomplete markets and short-sale constraints: The finite-dimensional case. *Math. Finance*, 1(3):1–10, 1991a.

H. He und N. D. Pearson. Consumption and portfolio policies with incomplete markets and short-sale constraints: The infinite dimensional case. *J. Econ. Theory*, 54(2):259–304, 1991b.

A. Irle. *Finanzmathematik: Die Bewertung von Derivaten*. Teubner Studienbücher, 2003.

K. Itô. *Foundations of Stochastic Differential Equations in Infinite Dimensional Spaces*, volume 47. Philadelphia, PA: Society for Industrial and Applied Mathematics (SIAM), 1984.

K. Itô und H. McKean, jun. *Diffusion Processes and their Sample Paths. 2nd printing (corrected)*, volume 125. Springer, Berlin, 1974.

S. D. Jacka. A martingale representation result and an application to incomplete financial markets. *Mathematical Finance*, 2(4):239–250, 1992.

J. Jacod. *Calcul Stochastique et Problèmes de Martingales*, volume 714 of *Lect. Notes Math.* Springer, Cham, 1979.

J. Jacod. Intégrales stochastiques par rapport à une semimartingale vectorielle et changements de filtration. Seminaire de probabilitiès XIV, 1978/79: 161–172, 1980.

J. Jacod und P. Protter. *Probability Essentials*. Berlin – Heidelberg: Springer, 2004.

J. Jacod und A. N. Shiryaev. *Limit Theorems for Stochastic Processes*, volume 288. Springer, Berlin, 1987.

O. Kallenberg. *Foundations of Modern Probability*. New York, NY: Springer, 2nd edition, 2002.

J. Kallsen. Optimal portfolios for exponential Lévy processes. *Mathematical Methods of Operations Research*, 51(3):357–374, 2000.

I. Karatzas und S. E. Shreve. *Brownian Motion und Stochastic Calculus*. Springer, 1991.

I. Karatzas und S. E. Shreve. *Methods of Mathematical Finance*. Springer, 1998.

I. Karatzas, J. P. Lehoczky, S. E. Shreve und G.-L. Xu. Martingale und duality methods for utility maximization in an incomplete market. *SIAM J. Control Optim.*, 29(3):702–730, 1991.

A. Klenke. *Wahrscheinlichkeitstheorie*. Berlin: Springer, 2006.

D. O. Kramkov. Optional decomposition of supermartingales and hedging contingent claims in incomplete security markets. *Probab. Theory Relat. Fields*, 105(4):459–479, 1996.

D. O. Kramkov und W. Schachermayer. The asymptotic elasticity of utility functions und optimal investment in incomplete markets. *Ann. Appl. Probab.*, 9(3):904–950, 1999.

H. Kunita und S. Watanabe. On square integrable martingales. *Nagoya Math. J.*, 30:209–245, 1967.

H.-H. Kuo. *Introduction to Stochastic Integration*. Springer, 2006.

F. Liese und I. Vajda. *Convex Statistical Distances*, volume 95 of *Teubner-Texte zur Mathematik*. Leipzig: BSB B. G. Teubner Verlagsgesellschaft, 1987.

J. Memin. Espaces de semi martingales et changement de probabilité. *Z. Wahrscheinlichkeitstheorie Verw. Geb.*, 52:9–39, 1980.

R. C. Merton. Optimum consumption und portfolio rules in a continuous-time model. *J. Econ. Theory*, 3:373–413, 1971.

R. C. Merton. Theory of rational option pricing. *Bell J. Econ. Manage. Sci.*, 4(1):141–183, 1973.

M. P. Owen und G. Žitković. Optimal investment with an unbounded random endowment and utility-based pricing. *Math. Finance*, 19(1):129–159, 2009.

P. Protter. *Stochastic Integration und Differential Equations. A new approach*, volume 21 of *Applications of Mathematics*. Berlin etc.: Springer-Verlag, 1990.

S. T. Rachev und L. Rüschendorf. Models for option prices. *Theory Probab. Appl.*, 39(1):120–152, 1994.

S. T. Rachev und L. Rüschendorf. *Mass Transportation Problems. Vol. 1: Theory. Vol. 2: Applications*. New York, NY: Springer, 1998.

D. Revuz und M. Yor. *Continuous Martingales und Brownian Motion*, volume 293. Berlin: Springer, 3rd (3rd corrected printing) edition, 2005.

T. Rheinländer und J. Sexton. *Hedging Derivatives*, volume 15 of *Adv. Ser. Stat. Sci. Appl. Probab.* Hackensack, NJ: World Scientific, 2011.

R. Rockafellar. *Convex Analysis*. Princeton University Press, 1970.

L. C. G. Rogers und D. Williams. *Diffusions, Markov Processes und Martingales. Vol. 2: Itô calculus.* Cambridge: Cambridge University Press, 2nd edition, 2000.

L. Rüschendorf. On the minimum discrimination information theorem. *Suppl. Issues Stat. Decis.*, 1:263–283, 1984.

L. Rüschendorf. *Wahrscheinlichkeitstheorie*. Heidelberg: Springer Spektrum, 2016.

W. Schachermayer. Optimal investment in incomplete markets when wealth may become negative. *Ann. Appl. Probab.*, 11(3):694–734, 2001.

W. Schachermayer. A super-martingale property of the optimal portfolio process. *Finance Stoch.*, 7(4):433–456, 2003.

W. Schachermayer. Aspects of mathematical finance. In M. Yor, editor, *Aspects of Mathematical Finance. Académie des Sciences, Paris, France, February 1, 2005*, pages 15–22. Berlin: Springer, 2008.

H. H. Schaefer. *Topological Vector Spaces*, volume 3. Springer, New York, NY, 1971.

M. Schweizer. Risk-minimality und orthogonality of martingales. *Stochastics Stochastics Rep.*, 30(2):123–131, 1990.

M. Schweizer. Option hedging for semimartingales. *Stochastic Processes Appl.*, 37(2):339–363, 1991.

A. N. Shiryaev. *Probability*, volume 95 of *Graduate Texts in Mathematics*. New York, NY: Springer-Verlag, 2nd edition, 1995.

D. W. Stroock und S. R. S. Varadhan. *Multidimensional Diffusion Processes*, volume 233 of *Grundlehren der Mathematischen Wissenschaften*. Springer, Berlin, 1979.

M. Yor. Sous-espaces denses dans L^1 ou H^1 et représentation des martingales (avec J. de Sam Lazaro pour l'appendice). *Lect. Notes Math.*, 649:265–309, 1978.

K. Yosida. *Functional Analysis*, volume 123 of *Grundlehren der Mathematischen Wissenschaften*. Springer, Berlin, 4th edition, 1974.

Stichwortverzeichnis

Printed in the United States
By Bookmasters